Reise in die Aequinoctial-Gegenden des neuen Continents.

Band 2.

Alexander von Humboldt

(Translator: Hermann Hauff)

Alpha Editions

This edition published in 2022

ISBN : 9789356711525

Design and Setting By
Alpha Editions
www.alphaedis.com
Email - info@alphaedis.com

Contents

Neuntes Kapitel.

Körperbeschaffenheit und Sitten der Chaymas. – Ihre Sprachen.

Der Beschreibung unserer Reise nach den Missionen am Caripe wollte ich keine allgemeinen Betrachtungen über die Stämme der Eingeborenen, welche Neu-Andalusien bewohnen, über ihre Sitten, ihre Sprache und ihren gemeinsamen Ursprung einflechten. Jetzt, da wir wieder am Orte sind, von dem wir ausgegangen, möchte ich alles dieß, das für die Geschichte des Menschengeschlechts von so großer Bedeutung ist, unter Einem Gesichtspunkt zusammenfassen. Je weiter wir von jetzt an ins Binnenland eindringen, desto mehr wird uns das Interesse für diese Gegenstände, den Erscheinungen der physischen Natur gegenüber, in Anspruch nehmen. Der nordöstliche Theil des tropischen Amerikas, Terra Firma und die Ufer des Orinoco, gleichen hinsichtlich der Mannigfaltigkeit der Völkerschaften, die sie bewohnen, den Thälern des Caucasus, den Bergen des Hindoukho, dem nördlichen Ende Asiens jenseits der Tungusen und Tartaren, die an der Mündung des Lena hausen. Die Barbarei, die in diesen verschiedenen Landstrichen herrscht, ist vielleicht nicht sowohl der Ausdruck ursprünglicher völliger Culturlosigkeit, als vielmehr die Folge langer Versunkenheit. Die meisten der Horden, die wir Wilde nennen, stammen wahrscheinlich von Völkern, die einst auf bedeutend höherer Culturstufe standen, und wie soll man ein Stehenbleiben im Kindesalter der Menschheit (wenn ein solches überhaupt vorkommt) vom Zustand sittlichen Verfalls unterscheiden, in dem Vereinzelung, die Noth des Lebens, gezwungene Wanderungen, oder ein grausames Klima jede Spur von Cultur ausgetilgt haben? Wenn Alles, was sich auf die ursprünglichen Zustände des Menschen und auf die älteste Bevölkerung eines Festlandes bezieht, an und für sich der Geschichte angehörte, so würden wir uns auf die indischen Sagen berufen, auf die Ansicht, die in den Gesetzen Menus und im Ramajan so oft ausgesprochen wird, nach der die Wilden aus der bürgerlichen Gesellschaft ausgestoßene, in die Wälder getriebene Stämme sind. Das Wort *'Barbar'*, das wir von Griechen und Römern angenommen, ist vielleicht nur der Name einer solchen versunkenen Horde.

Zu Anfang der Eroberung Amerikas bestanden große gesellschaftliche Vereine unter den Eingeborenen nur auf dem Rücken der Cordilleren und auf den Asien gegenüber liegenden Küsten. Auf den mit Wald bedeckten, von Flüssen durchschnittenen Ebenen, auf den endlosen Savanen, die sich ostwärts ausbreiten und den Horizont begrenzen, traf man nur umherziehende Völkerschaften, getrennt durch Verschiedenheit der Sprache und der Sitten, zerstreut gleich den Trümmern eines Schiffbruchs. Wir wollen versuchen, ob uns in Ermangelung aller andern Denkmale die Verwandtschaft der Sprachen und die Beobachtung der Körperbildung dazu dienen können, die verschiedenen Stämme zu gruppiren, die Spuren ihrer weiten Wanderungen zu verfolgen und ein paar jener Familienzüge aufzufinden, durch die sich die ursprüngliche Einheit unseres Geschlechtes verräth.

Die Eingeborenen oder Ureinwohner bilden in den Ländern, deren Gebirge wir vor Kurzem durchwandert, in den beiden Provinzen Cumana und Nueva Barcelona, beinahe noch die Hälfte der schwachen Bevölkerung. Ihre Kopfzahl läßt sich auf 60,000 schätzen, wovon 24,000 auf Neu-Andalusien kommen. Diese Zahl ist bedeutend gegenüber der Stärke der Jägervölker in Nordamerika; sie erscheint klein, wenn man die Theile von Neuspanien dagegen hält, wo seit mehr als acht Jahrhunderten der Ackerbau besteht, z. B. die Intendanz Oaxaca, in der die Mixteca und Tzapoteca des alten mexicanischen Reiches liegen. Diese Intendanz ist um ein Drittheil kleiner als die zwei Provinzen Cumana und Barcelona zusammen, zählt aber über 400,000 Einwohner von der reinen kupferfarbigen Race. Die Indianer in Cumana leben nicht alle in den Missionsdörfern; man findet sie zerstreut in der Umgegend der Städte, auf den Küsten, wohin sie des Fischfangs wegen ziehen, selbst auf den kleinen Höfen in den Llanos oder Savanen. In den Missionen der aragonesischen Kapuziner, die wir besucht, leben allein 15,000 Indianer, die fast sämmtlich dem Chaymasstamm angehören. Indessen sind die Dörfer dort nicht so stark bevölkert, wie in der Provinz Barcelona. Die mittlere Seelenzahl ist nur fünf- bis sechshundert, während man weiter nach Westen in den Missionen der Franciskaner von Piritu indianische Dörfer mit zwei- bis dreitausend Einwohnern trifft. Wenn ich die Zahl der Eingeborenen in den Provinzen Cumana und Barcelona auf 60,000 schätzte, so meinte ich nur die in Terra Firma lebenden, nicht die Guaiqueries auf der Insel Margarita und die große Masse der Guaraunos, die auf den Inseln im Delta des Orinoco ihre Unabhängigkeit behauptet haben. Diese schätzt man gemeiniglich auf 6000 bis 8000; dieß scheint mir aber zu viel. Außer den Guaraunos-Familien, die sich hie und da auf den sumpfigten, mit Morichepalmen bewachsenen Landstrichen (zwischen dem Caño Manamo und dem Rio Guarapiche), also auf dem Festlande selbst blicken lassen, gibt es seit dreißig Jahren in Neu-Andalusien keine wilden Indianer mehr.

Ungern brauche ich das Wort *'wild'*, weil es zwischen dem **unterworfenen**, in den Missionen lebenden, und dem freien oder unabhängigen Indianer einen Unterschied in der Cultur voraussetzt, dem die Erfahrung häufig widerspricht. In den Wäldern Südamerikas gibt es Stämme Eingeborener, die unter Häuptlingen friedlich in Dörfern leben, auf ziemlich ausgedehntem

Gebiet Pisang, Manioc und Baumwolle bauen und aus letzterer ihre Hängematten weben. Sie sind um nichts barbarischer als die nackten Indianer in den Missionen, die man das Kreuz hat schlagen lehren. Die irrige Meinung, als wären sämmtliche nicht unterworfene Eingeborene umherziehende Jägervölker, ist in Europa ziemlich verbreitet. In Terra Firma bestand der Ackerbau lange vor Ankunft der Europäer; er besteht noch jetzt zwischen dem Orinoco und dem Amazonenstrom in den Lichtungen der Wälder, wohin nie ein Missionär den Fuß gesetzt hat. Das verdankt man allerdings dem Regiment der Missionen, daß der Eingeborene Anhänglichkeit an Grund und Boden bekommt, sich an festen Wohnsitz gewöhnt und ein ruhigeres, friedlicheres Leben lieben lernt. Aber der Fortschritt in dieser Beziehung ist langsam, oft unmerklich, weil man die Indianer völlig von allem Verkehr abschneidet, und man macht sich ganz falsche Vorstellungen vom gegenwärtigen Zustand der Völker in Südamerika, wenn man einerseits **christlich**, **unterworfen** und **civilisirt**, andererseits **heidnisch**, **wild** und **unabhängig** für gleichbedeutend hält. Der unterworfene Indianer ist häufig so wenig ein Christ als der unabhängige Götzendiener; beide sind völlig vom augenblicklichen Bedürfnis in Anspruch genommen, und bei beiden zeigt sich in gleichem Maße vollkommene Gleichgültigkeit gegen christliche Vorstellungen und der geheime Hang, die Natur und ihre Kräfte göttlich zu verehren. Ein solcher Gottesdienst gehört dem Kindesalter der Völker an; er kennt noch keine Götzen und keine heiligen Orte außer Höhlen, Schluchten und Forsten.

Wenn die unabhängigen Indianer nördlich vom Orinoco und Apure, d. h. von den Schneebergen von Merida bis zum Vorgebirge Paria, seit einem Jahrhundert fast ganz verschwunden sind, so darf man daraus nicht schließen, daß es jetzt in diesen Ländern weniger Eingeborene gibt, als zur Zeit des Bischofs von Chiapa, Bartholomäus Las Casas. In meinem Werke über Mexico habe ich dargethan, wie sehr man irrt, wenn man die Ausrottung der Indianer oder auch nur die Abnahme ihrer Volkszahl in den spanischen Colonien als eine allgemeine Thatsache hinstellt. Die kupferfarbige Race ist auf beiden Festländern Amerikas noch über sechs Millionen stark, und obgleich unzählige Stämme und Sprachen ausgestorben sind oder sich verschmolzen haben, so unterliegt es doch keinem Zweifel, daß zwischen den Wendekreisen, in dem Theile der neuen Welt, in den die Cultur erst seit Christoph Columbus eingedrungen ist, die Zahl der Eingeborenen bedeutend zugenommen hat. Zwei caraibische Dörfer in den Missionen von Piritu oder am Carony zählen mehr Familien als vier oder fünf Völkerschaften am Orinoco. Die gesellschaftlichen Zustände der unabhängig gebliebenen Caraiben an den Quellen des Esquibo und südlich von den Bergen von Pacaraimo thun zur Genüge dar, wie sehr auch bei diesem schönen Menschenschlag die Bevölkerung der Missionen die Masse der unabhängigen und verbündeten Caraiben übersteigt. Uebrigens verhält es sich mit den Wilden im heißen Erdstrich ganz anders als mit denen am Missouri. Diese bedürfen eines weiten Gebiets, weil sie nur von der Jagd leben; die Indianer in spanisch Guyana dagegen bauen Manioc und Bananen, und ein kleines Stück Land reicht zu ihrem Unterhalt hin. Sie scheuen nicht die Berührung mit den Weißen, wie die Wilden in den Vereinigten Staaten, die, nach einander hinter die Aleghanis, hinter Ohio und Mississippi zurückgedrängt, sich den Lebensunterhalt in dem Maaße abgeschnitten sehen, in dem man ihr Gebiet beschränkt. In der gemäßigten Zone, in den *provincias internas* von Mexico so gut wie in Kentucky ist die Berührung mit den europäischen Ansiedlern den Eingeborenen verderblich geworden, weil die Berührung dort eine unmittelbare ist.

Im größten Theil von Südamerika fallen diese Ursachen weg. Unter den Tropen bedarf der Ackerbau keiner weiten Landstrecken, und die Weißen breiten sich langsam aus. Die Mönchsorden haben ihre Niederlassungen zwischen den Besitzungen der Colonisten und dem Gebiet der freien Indianer gegründet. Die Missionen sind als Zwischenstaaten zu betrachten; sie haben allerdings die Freiheit der Eingeborenen beschränkt, aber fast aller Orten ist durch sie eine Zunahme der Bevölkerung herbeigeführt worden, wie sie beim Nomadenleben der unabhängigen Indianer nicht möglich ist. Im Maaß als die Ordensgeistlichen gegen die Wälder vorrücken und den Eingeborenen Land abgewinnen, suchen ihrerseits die weißen Ansiedler von der andern Seite her das Gebiet der Missionen in Besitz zu bekommen. Dabei sucht der weltliche Arm fortwährend die unterworfenen Indianer dem Mönchsregiment zu entziehen. Nach einem ungleichen Kampfe treten allmählich Pfarrer an die Stelle der Missionäre. Weiße und Mischlinge lassen sich, begünstigt von den Corregidoren, unter den Indianern nieder. Die Missionen werden zu spanischen Dörfern und die Eingeborenen wissen bald gar nicht mehr, daß sie eine Volkssprache gehabt haben. So rückt die Cultur von der Küste ins Binnenland vor, langsam, durch menschliche Leidenschaften aufgehalten, aber sichern, gleichmäßigen Schrittes.

Die Provinzen Neu-Andalusien und Barcelona, die man unter dem Namen *Govierno de Cumana* begreift, zählen in ihrer gegenwärtigen Bevölkerung mehr als vierzehn Völkerschaften: es sind in Neu-Andalusien die Chaymas, Guaiqueries, Pariagotos, Quaquas, Aruacas, Caraiben und Guaraunos; in der Provinz Barcelona die Cumanagotos, Palenques, Caraiben, Piritus, Tomuzas, Topocuares, Chacopotas und Guarives. Neun oder zehn unter diesen vierzehn Völkerschaften glauben selbst, daß sie ganz verschiedener Abstammung sind. Man weiß nicht genau, wie viele Guaraunos es gibt, die ihre Hütten an der Mündung des Orinoco auf Bäumen bauen; der Guaiqueries in der Vorstadt von Cumana und auf der Halbinsel Araja sind es 2000 Köpfe. Unter den übrigen Völkerschaften sind die Chaymas in den Bergen von Caripe, die Caraiben auf den südlichen Savanen von Neu-

Barcelona und die Cumanagotos in den Missionen von Piritu die zahlreichsten. Einige Familien Guaraunos sind auf dem linken Ufer des Orinoco, da wo das Delta beginnt, der Missionszucht unterworfen worden. Die Sprachen der Guaraunos, Caraiben, Cumanagotos und Chaymas sind die verbreitetsten. Wir werden bald sehen, daß sie demselben Sprachstamm anzugehören scheinen und in ihren grammatischen Formen so nahe verwandt sind, wie, um bekanntere Sprachen zur Vergleichung herbeizuziehen, das Griechische, Deutsche, Persische und Sanskrit.

Trotz dieser Verwandtschaft sind die Chaymas, Guaraunos, Caraiben, Quaquas, Aruacas und Cumanagotos als verschiedene Völker zu betrachten. Von den Guaiqueries, Pariagotos, Piritus, Tomuzas und Chacopatas wage ich nicht das Gleiche zu behaupten. Die Guaiqueries geben selbst zu, daß ihre Sprache und die der Guaraunos einander nahe stehen. Beide sind Küstenvölker, wie die Malaien in der alten Welt. Was die Stämme betrifft, die gegenwärtig die Mundarten der Cumanagotos, Caraiben und Chaymas haben, so läßt sich über ihre ursprüngliche Abstammung und ihr Verhältniß zu andern, ehemals mächtigeren Völkern schwer etwas aussagen. Die Geschichtschreiber der Eroberung, wie die Geistlichen, welche die Entwicklung der Missionen beschrieben haben, verwechseln, nach der Weise der Alten, immer geographische Bezeichnungen mit Stammnamen. Sie sprechen von Indianern von Cumana und von der Küste von Paria, als ob die Nachbarschaft der Wohnsitze gleiche Abstammung bewiese. Meist benennen sie sogar die Stämme nach ihren Häuptlingen, nach dem Berg oder dem Thal, die sie bewohnen. Dadurch häuft sich die Zahl der Völkerschaften ins Unendliche und werden alle Angaben der Missionäre über die ungleichartigen Elemente in der Bevölkerung ihrer Missionen in hohem Grade schwankend. Wie will man jetzt ausmachen, ob der Tomuza und der Piritu verschiedener Abstammung sind, da beide cumanagotisch sprechen, was im westlichen Theil des Govierno de Cumana die herrschende Sprache ist, wie die der Caraiben und der Chaymas im südlichen und östlichen? Durch die große Uebereinstimmung in der Körperbildung werden Untersuchungen der Art sehr schwierig. Die beiden Continente verhalten sich in dieser Beziehung völlig verschieden; auf dem neuen findet man eine erstaunliche Mannigfaltigkeit von Sprachen bei Völkern desselben Ursprungs, die der Reisende nach ihrer Körperlichkeit kaum zu unterscheiden vermag; in der alten Welt dagegen sprechen körperlich ungemein verschiedene Völker, Lappen, Finnen und Esthen, die germanischen Völker und die Hindus, die Perser und die Kurden Sprachen, die im Bau und in den Wurzeln die größte Aehnlichkeit mit einander haben.

Die Indianer in den Missionen treiben sämmtlich Ackerbau, und mit Ausnahme derer, die in den hohen Gebirgen leben, bauen alle dieselben Gewächse; ihre Hütten stehen am einen Orte in Reihen wie am andern; die

Eintheilung ihres Tagewerks, ihre Arbeit im Gemeindeconuco, ihr Verhältniß zu den Missionären und den aus ihrer Mitte gewählten Beamten, Alles ist nach Vorschriften geordnet, die überall gelten. Und dennoch – und dieß ist eine höchst merkwürdige Beobachtung in der Geschichte der Völker – war diese große Gleichförmigkeit der Lebensweise nicht im Stande, die individuellen Züge, die Schattirungen, durch welche sich die amerikanischen Völkerschaften unterscheiden, zu verwischen. Der Mensch mit kupferfarbiger Haut zeigt eine geistige Starrheit, ein zähes Festhalten an den bei jedem Stamm wieder anders gefärbten Sitten und Gebräuchen, das der ganzen Race recht eigentlich den Stempel aufdrückt. Diesen Charakterzügen begegnet man unter allen Himmelsstrichen vom Aequator bis zur Hudsonsbai und bis zur Magellanschen Meerenge; sie sind bedingt durch die physische Organisation der Eingeborenen, aber die mönchische Zucht leistet ihnen wesentlich Vorschub.

Es gibt in den Missionen nur wenige Dörfer, wo die Familien verschiedenen Völkerschaften angehören und nicht dieselbe Sprache reden. Aus so verschiedenartigen Elementen bestehende Gemeinheiten sind schwer zu regieren. Meist haben die Mönche ganze Nationen, oder doch bedeutende Stücke derselben Nation in nahe bei einander gelegenen Dörfern untergebracht. Die Eingeborenen sehen nur Leute ihres eigenen Stammes; denn Hemmung des Verkehrs, Vereinzelung, das ist ein Hauptartikel in der Staatskunst der Missionare. Bei den unterworfenen Chaymas, Caraiben, Tamanacas erhalten sich die nationalen Eigenthümlichkeiten um so mehr, da sie auch noch ihre Sprachen besitzen. Wenn sich die Individualität des Menschen in den Mundarten gleichsam abspiegelt, so wirken diese wieder auf Gedanken und Empfindung zurück. Durch diesen innigen Verband zwischen Sprache, Volkscharakter und Körperbildung erhalten sich die Völker einander gegenüber in ihrer Verschiedenheit und Eigenthümlichkeit, und dieß ist eine unerschöpfliche Quelle von Bewegung und Leben in der geistigen Welt.

Die Missionäre konnten den Indianern gewisse alte Gebräuche bei der Geburt eines Kindes, beim Mannbarwerden, bei der Bestattung der Todten verbieten; sie konnten es dahin bringen, daß sie sich nicht mehr die Haut bemalten oder in Kinn, Nase und Wangen Einschnitte machten; sie konnten beim großen Haufen die abergläubischen Vorstellungen ausrotten, die in manchen Familien im Geheimen forterben; aber es war leichter Gebräuche abzustellen und Erinnerungen zu verwischen, als die alten Vorstellungen durch neue zu ersetzen. In den Missionen ist dem Indianer sein Lebensunterhalt gesicherter als zuvor. Er liegt nicht mehr in beständigem Kampfe mit feindlichen Gewalten, mit Menschen und Elementen, und führt so dem wilden, unabhängigen Indianer gegenüber ein einförmigeres, unthätigeres, der Entwicklung der Geistes- und Gemüthskraft weniger günstiges Leben. Wenn er gutmüthig ist, so kommt dieß nur daher, weil er die Ruhe liebt, nicht weil er gefühlvoll ist und gemüthlich. Wo er außer Verkehr mit den Weißen auch all den Gegenständen ferne geblieben ist, welche die Cultur der neuen Welt zugebracht, hat sich der Kreis seiner Vorstellungen nicht erweitert. Alle seine Handlungen scheinen nur durch das augenblickliche Bedürfniß bestimmt zu werden. Er ist schweigsam, verdrossen, in sich gekehrt, seine Miene ist ernst, geheimnißvoll. Wer nicht lange in den Missionen gelebt hat und an das Aussehen der Eingeborenen nicht gewöhnt ist, hält ihre Trägheit und geistige Starrheit leicht für den Ausdruck der Schwermuth und des Tiefsinns.

Ich habe die Charakterzüge des Indianers und die Veränderungen, die sein Wesen unter der Zucht der Missionare erleidet, so scharf hervorgehoben, um den einzelnen Beobachtungen, die den Inhalt dieses Abschnittes bilden sollen, mehr Interesse zu geben. Ich beginne mit der Nation der Chaymas, deren über 15,000 in den oben beschriebenen Missionen leben. Diese nicht sehr kriegerische Nation, welche Pater Francisco de Pamplona um die Mitte des siebzehnten Jahrhunderts in Zucht zu nehmen anfing, hat gegen West die Cumanagotos, gegen Ost die Guaraunos, gegen Süd die Caraiben zu Nachbarn. Sie wohnt entlang dem hohen Gebirge des Cocollar und Guacharo an den Ufern des Guarapiche, des Rio Colorado, des Areo und des Caño de Caripe. Nach der genauen statistischen Aufnahme des Paters Präfekten zählte man im.Jahr 1792 in den Missionen der aragonesischen Kapuziner in Cumana neunzehn **Missions**dörfer; das älteste ist von 1728, und sie zählten 6433 Einwohner in 1465 Haushaltungen; sechzehn Dörfer *de doctrina*; das älteste ist von 1660, und sie hatten 8170 Einwohner in 1766 Familien.

Diese Missionen hatten in den Jahren 1681, 1697 und 1720 viel zu leiden; die damals noch unabhängigen Caraiben machten Einfälle und brannten ganze Dörfer nieder. Zwischen den Jahren 1730 und 1736 ging die Bevölkerung zurück in Folge der Verheerungen durch die Blattern, die der kupferfarbigen Race immer verderblicher sind als den Weißen. Viele Guaraunos, die bereits angesiedelt waren, entliefen wieder in ihre Sümpfe. Vierzehn alte Missionen blieben wüste liegen oder wurden nicht wieder aufgebaut.

Die Chaymas sind meist von kleinem Wuchs; dieß fällt namentlich auf, wenn man sie nicht mit ihren Nachbarn, den Caraiben, oder den Payaguas und Guayquilit in Paraguay, die sich alle durch hohen Wuchs auszeichnen, sondern nur mit den Eingeborenen Amerikas im Durchschnitt vergleicht. Die Mittelgröße eines Chaymas beträgt 1 Meter 57 Centimeter oder 4 Fuß 10 Zoll. Ihr Körper ist gedrungen, untersetzt, die Schultern sind sehr breit, die Brust flach, alle Glieder rund und fleischigt. Ihre Hautfarbe ist die der ganzen amerikanischen Race von den kalten Hochebenen Quitos und Neugrenadas bis herab zu den heißen Tiefländern am Amazonenstrom. Die climatischen Unterschiede äußern keinen Einfluß mehr auf dieselbe; sie ist durch organische Verhältnisse bedingt, die sich seit Jahrhunderten unabänderlich von Geschlecht zu Geschlecht fortpflanzen. Gegen Nord wird die gleichförmige Hautfarbe röther, dem Kupfer ähnlicher; bei den Chaymas dagegen ist sie dunkelbraun und nähert sich dem Lohfarbigen. Der Ausdruck »kupferfarbige Menschen« zur Bezeichnung der Eingeborenen wäre im tropischen Amerika niemals aufgekommen.

Der Gesichtsausdruck der Chaymas ist nicht eben hart und wild, hat aber doch etwas Ernstes, Finsteres. Die Stirne ist klein, wenig gewölbt; daher heißt es auch in mehreren Sprachen dieses Landstrich von einem schönen Weibe, »sie sey fett und habe eine schmale Stirne.« Die Augen der Chaymas sind schwarz, tiefliegend und stark in die Länge gezogen; sie sind weder so schief gestellt noch so klein wie bei den Völkern mongolischer Race, von denen Jornandes sagt, sie haben »vielmehr Punkte als Augen,« *magis puncta quam lumina.* Indessen ist der Augenwinkel den Schläfen zu dennoch merklich in die Höhe gezogen; die Augbraunen sind schwarz oder dunkelbraun, dünn, wenig geschweift; die Augenlieder haben sehr lange Wimpern, und die Gewohnheit, sie wie schläfrig niederzuschlagen, gibt dem Blick der Weiber etwas Sanftes und läßt das verschleierte Auge kleiner erscheinen, als es wirklich ist. Wenn die Chaymas, wie überhaupt alle Eingeborenen Südamerikas und Neuspaniens, durch die Form der Augen, die vorspringenden Backenknochen, das straffe, glatte Haar, den fast gänzlich mangelnden Bart sich der mongolischen Race nähern, so unterscheiden sie sich von derselben auffallend durch die Form der Nase, die ziemlich lang ist, der ganzen Länge nach vorspringt und bei den Naslöchern dicker wird, welch letztere nach unten gerichtet sind, wie bei den Völkern caucasischer Race. Der große Mund mit breiten, aber nicht dicken Lippen hat häufig einen gutmüthigen Ausdruck. Zwischen Nase und Mund laufen bei beiden Geschlechtern zwei Furchen von den Naslöchern gegen die Mundwinkel. Das Kinn ist sehr kurz und rund; die Kinnladen sind auffallend stark und breit.

Die Zähne sind bei den Chaymas schön und weiß, wie bei allen Menschen von einfacher Lebensweise, aber lange nicht so stark wie bei den Negern. Den ersten Reisenden war der Brauch aufgefallen, mit gewissen Pflanzensäften und Aetzkalk die Zähne schwarz zu färben; gegenwärtig weiß man nichts mehr davon. Die Völkerstämme in diesem Landstrich sind, namentlich seit den Einfällen der Spanier, welche Sklavenhandel trieben, so hin und her geschoben worden, daß die Einwohner von Paria, die Christoph Columbus und Ojeda gesehen, ohne Zweifel nicht vom selben Stamme waren wie die Chaymas. Ich bezweifle sehr, daß der Brauch des Schwärzens der Zähne, wie Gomara behauptet, mit seltsamen Schönheitsbegriffen zusammenhängt[1], oder daß es ein Mittel gegen Zahnschmerzen seyn sollte.

Von diesem Uebel wissen die Indianer so gut wie nichts; auch die Weißen in den spanischen Colonien, wenigstens in den heißen Landstrichen, wo die Temperatur so gleichförmig ist, leiden selten daran. Auf dem Rücken der Cordilleren, in Santa-Fe und Popayan sind sie demselben mehr ausgesetzt.

Die Chaymas haben, wie fast alle eingeborenen Völker, die ich gesehen, kleine, schmale Hände. Ihre Füße aber sind groß und die Zehen bleiben beweglicher als gewöhnlich. Alle Chaymas sehen einander ähnlich wie nahe Verwandte, und diese gleichförmige Bildung, die von den Reisenden so oft hervorgehoben worden ist, wird desto auffallender, als sich bei ihnen zwischen dem zwanzigsten und fünfzigsten Jahr das Alter nicht durch Hautrunzeln, durch graues Haar oder Hinfälligkeit des Körpers verräth. Tritt man in eine Hütte, so kann man oft unter den Erwachsenen kaum den Vater vom Sohn, die eine Generation von der andern unterscheiden. Nach meiner Ansicht beruht dieser Familienzug auf zwei sehr verschiedenen Momenten, auf den örtlichen Verhältnissen der indianischen Völkerschaften und auf der niedrigen Stufe ihrer geistigen Entwicklung. Die wilden Völker zerfallen in eine Unzahl von Stämmen, die sich tödtlich hassen und niemals Ehen unter einander schließen, selbst wenn ihre Mundarten demselben Sprachstamme angehören und nur ein kleiner Flußarm oder eine Hügelkette ihre Wohnsitze trennt. Je weniger zahlreich die Stämme sind, desto mehr muß sich, wenn sich Jahrhunderte lang dieselben Familien mit einander verbinden, eine gewisse gleichförmige Bildung, ein organischer, recht eigentlich nationaler Typus festsetzen.[2] Dieser Typus erhält sich unter der Zucht der Missionen, die nur Eine Völkerschaft unter der Obhut haben. Die Vereinzelung ist so stark wie früher; Ehen werden nur unter Angehörigen derselben Dorfschaft geschlossen. Für diese Blutsverwandtschaft, welche so ziemlich um eine ganze Völkerschaft ein Band schlingt, hat die Sprache der Indianer, die in den Missionen geboren sind oder erst nach ihrer Aufnahme aus den Wäldern spanisch gelernt haben, einen naiven Ausdruck. Wenn sie von Leuten sprechen, die zum selben Stamme gehören, sagen sie *mis parientes*, meine Verwandten.

Zu diesen Ursachen, die sich nur auf die Vereinzelung beziehen, deren Einfluß sich ja auch bei den europäischen Juden, bei den indischen Kasten und allen Gebirgsvölkern bemerklich macht, kommen nun noch andere, bisher weniger beachtete. Ich habe schon früher bemerkt, daß es vorzüglich die Geistesbildung ist, was Menschengesichter von einander verschieden macht. Barbarische Nationen haben vielmehr eine Stamm- oder Hordenphysiognomie als eine, die diesem oder jenem Individuum zukäme. Der wilde Mensch verhält sich hierin dem gebildeten gegenüber wie die Thiere einer und derselben Art, die zum Theil in der Wildnis leben, während die andern in der Umgebung des Menschen gleichsam an den Segnungen und den Uebeln der Cultur Theil nehmen. Abweichungen in Körperbau und

Farbe kommen nur bei den Hausthieren häufig vor. Welcher Abstand, was Beweglichkeit der Züge und mannigfaltigen physiognomischen Ausdruck betrifft, zwischen den Hunden, die in der neuen Welt wieder verwildert sind, und den Hunden in einem wohlhabenden Hause, deren geringste Launen man befriedigt! Beim Menschen und bei den Thieren spiegeln sich die Regungen der Seele in den Zügen ab, und die Züge werden desto beweglicher, je häufiger, mannigfaltiger und andauernder die Empfindungen sind. Aber der Indianer in den Missionen, von aller Cultur abgeschnitten, wird allein vom physischen Bedürfniß bestimmt, und da er dieses im herrlichen Klima fast mühelos befriedigt, führt er ein träges, einförmiges Leben. Unter den Gemeindegliedern herrscht die vollkommenste Gleichheit, und diese Einförmigkeit, diese Starrheit der Verhältnisse drückt sich auch in den Gesichtszügen der Indianer aus.

Unter der Zucht der Mönche wandeln heftige Leidenschaften, wie Groll und Zorn, den Eingeborenen ungleich seltener an, als wenn er in den Wäldern lebt. Wenn der wilde Mensch sich raschen, heftigen Gemüthsbewegungen überläßt, so wird sein bis dahin ruhiges, starres Gesicht auf einmal krampfhaft verzerrt; aber seine Aufregung geht um so rascher vorüber, je stärker sie ist. Beim Indianer in den Missionen dagegen ist, wie ich am Orinoco oft beobachten konnte, der Zorn nicht so heftig, nicht so offen, aber er hält länger an. Uebrigens ist es auf allen Stufen menschlicher Entwicklung nicht die Stärke oder die augenblickliche Entfesselung der Leidenschaften, was den Zügen den eigentlichen Ausdruck gibt, sondern vielmehr jene Reizbarkeit der Seele, die uns in beständiger Berührung mit der Außenwelt erhält, Zahl und Maaß unserer Schmerzen und unserer Freuden steigert und auf Physiognomie, Sitten und Sprache zugleich zurückwirkt. Wenn Mannigfaltigkeit und Beweglichkeit der Züge das belebte Naturreich verschönern, so ist auch nicht zu läugnen, daß beide zwar nicht allein Produkte der Cultur sind, wohl aber mit ihr sich steigern. In der großen Völkerfamilie kommen diese Vorzüge keiner Race in höherem Maaße zu als der caucasischen oder europäischen. Nur beim weißen Menschen tritt das Blut plötzlich in das Gewebe der Haut und tritt damit jener leise Wechsel der Gesichtsfarbe ein, der den Ausdruck der Gemüthsbewegungen so bedeutend verstärkt. »Wie soll man Menschen trauen, die nicht roth werden können?« sagt der Europäer in seinem eingewurzelten Hasse gegen den Neger und den Indianer. Man muß übrigens zugeben, daß diese Starrheit der Züge nicht allen Racen mit sehr dunkel gefärbter Haut zukommt; sie ist beim Afrikaner lange nicht so bedeutend, wie bei den eingeborenen Amerikanern.

Dieser physischen Schilderung der Chaymas lassen wir einige allgemeine Bemerkungen über ihre Lebensweise und ihre Sitten folgen. Da ich die Sprache des Volks nicht verstehe, kann ich keinen Anspruch darauf machen, während meines nicht sehr langen Aufenthalts in den Missionen ihren

Charakter durchgängig kennen gelernt zu haben. So oft im Folgenden von den Indianern die Rede ist, stelle ich das, was wir von den Missionären erfahren, neben das Wenige, was wir selbst beobachten konnten.

Die Chaymas haben, wie alle halbwilden Völker in sehr heißen Ländern, eine entschiedene Abneigung gegen Kleider. Von mittelalterlichen Schriftstellern hören wir, daß im nördlichen Europa die Hemden und Beinkleider, welche die Missionäre austheilten, nicht wenig zur Bekehrung der Heiden beigetragen haben. In der heißen Zone dagegen schämen sich die Eingeborenen, wie sie sagen, daß sie Kleider tragen sollen, und sie laufen in die Wälder, wenn man sie zu frühe nöthigt, ihr Nacktgehen aufzugeben. Bei den Chaymas bleiben, trotz des Eiferns der Mönche, Männer und Weiber im Innern der Häuser nackt. Wenn sie durch das Dorf gehen, tragen sie eine Art Hemd aus Baumwollenzeug, das kaum bis zum Knie reicht. Bei den Männern hat dasselbe Aermel, bei den Weibern und den Jungen bis zum zehnten, zwölften Jahr bleiben Arme, Schultern und der obere Theil der Brust frei. Das Hemd ist so geschnitten, daß Vorderstück und Rückenstück durch zwei schmale Bänder auf der Schulter zusammenhängen. Es kam vor, daß wir Eingeborenen außerhalb der Mission begegneten, die, namentlich bei Regenwetter, ihr Hemd ausgezogen hatten und es aufgerollt unter dem Arm trugen. Sie wollten sich lieber auf den bloßen Leib regnen, als ihre Kleider naß werden lassen. Die ältesten Weiber versteckten sich dabei hinter die Bäume und schlugen ein lautes Gelächter auf, wenn wir an ihnen vorüber kamen. Die Missionäre klagen meist, daß Schaam und Gefühl für das Anständige bei den jungen Mädchen nicht viel entwickelter seyen als bei den Männern. Schon Ferdinand Columbus erzählt, sein Vater habe im Jahr 1498 auf der Insel Trinidad völlig nackte Weiber angetroffen, während die Männer den *'Guayuco'* trugen, der vielmehr eine schmale Binde ist als eine Schürze. Zur selben Zeit unterschieden sich auf der Küste von Paria die Mädchen von den verheiratheten Weibern dadurch, daß sie, wie Cardinal Bembo behauptet, ganz nackt gingen, oder, nach Gomara, dadurch, daß sie einen anders gefärbten Guayuco trugen. Diese Binde, die wir noch bei den Chaymas und allen nackten Völkerschaften am Orinoco angetroffen, ist nur zwei bis drei Zoll breit und wird mit beiden Enden an einer Schnur befestigt, die mitten um den Leib gebunden ist. Die Mädchen heirathen häufig mit zwölf Jahren; bis zum neunten gestatten ihnen die Missionäre, nackt, das heißt ohne Hemd, zur Kirche zu kommen. Ich brauche hier nicht daran zu erinnern, daß bei den Chaymas, wie in allen spanischen Missionen und indianischen Dörfern, die ich besucht, Beinkleider, Schuhe und Hut Luxusartikel sind, von denen die Eingeborenen nichts wissen. Ein Diener, der uns auf der Reise nach Charipe und an den Orinoco begleitet und den ich mit nach Frankreich gebracht, konnte sich, nachdem wir ans Land gestiegen, nicht genug verwundern, als er einen Bauern mit dem Hut auf dem

Kopf ackern sah, und er glaubte »in einem armseligen Lande zu seyn, wo sogar die Edelleute (*los mismos caballeros*) hinter dem Pfluge gehen.«

Die Weiber der Chaymas sind nach unsern Schönheitsbegriffen nicht hübsch; indessen haben die jungen Mädchen etwas Sanftes und Wehmüthiges im Blick, das von dem ein wenig harten und wilden Ausdruck des Mundes angenehm absticht. Die Haare tragen sie in zwei lange Zöpfe geflochten. Die Haut bemalen sie sich nicht und kennen in ihrer Armuth keinen andern Schmuck als Hals- und Armbänder aus Muscheln, Vögelknochen und Fruchtkernen. Männer und Weiber sind sehr musculös, aber der Körper ist fleischigt mit runden Formen. Ich brauche kaum zu sagen, daß mir nie ein Individuum mit einer natürlichen Mißbildung aufgestoßen ist; dasselbe gilt von den vielen tausend Caraiben, Muyscas, Mexicanern und Peruanern, die wir in fünf Jahren gesehen. Dergleichen Mißbildungen sind bei gewissen Racen ungemein selten, besonders aber bei Völkern, deren Hautgewebe stark gefärbt ist. Ich kann nicht glauben, daß sie allein Folgen höherer Cultur, einer weichlicheren Lebensweise und der Sittenverderbniß sind. In Europa heirathet ein buckligtes oder sehr häßliches Mädchen, wenn sie Vermögen hat, und die Kinder erben häufig die Mißbildung der Mutter. Im wilden Zustand, in dem zugleich vollkommene Gleichheit herrscht, kann nichts einen Mann vermögen, eine Mißbildete oder sehr Kränkliche zum Weibe zu nehmen. Hat eine solche das seltene Glück, daß sie das Alter der Reife erreicht, so stirbt sie sicher kinderlos. Man möchte glauben, die Wilden seyen alle so wohlgebildet und so kräftig, weil die schwächlichen Kinder aus Verwahrlosung frühe wegsterben und nur die kräftigen am Leben bleiben; aber dieß kann nicht von den Indianern in den Missionen gelten, welche die Sitten unserer Bauern haben, noch auch von den Mexicanern in Cholula und Tlascala, die in einem Wohlstand leben, den sie von civilisirteren Vorfahren ererbt. Wenn die kupferfarbige Race auf allen Culturstufen dieselbe Starrheit zeigt, dieselbe Unfähigkeit, vom ursprünglichen Typus abzuweichen, so müssen wir darin doch wohl großentheils angeborene Anlage erblicken, das, worin eben der eigenthümliche Racencharakter besteht. Ich sage absichtlich: großentheils, weil ich den Einfluß der Cultur nicht ganz ausschließen möchte. Beim kupferfarbigen Menschen, wie beim Weißen, wird der Körper durch Luxus und Weichlichkeit geschwächt, und aus diesem Grunde waren früher Mißbildungen in Couzco und Tenochtitlan häufiger; aber unter den heutigen Mexicanern, die alle Landbauern sind und in der größten Sitteneinfalt leben, hätte Montezuma nimmermehr die Zwerge und Bucklichten aufgetriehen, die Bernal Diaz bei seiner Mahlzeit erscheinen sah.

Die Sitte des frühzeitigen Heirathens ist, wie die Ordensgeistlichen bezeugen, der Zunahme der Bevölkerung durchaus nicht nachtheilig. Diese frühe Mannbarkeit ist Racencharakter und keineswegs Folge des heißen Klimas; sie kommt ja auch auf der Nordwestküste von Amerika, bei den Eskimos vor, so wie in Asien bei den Kamtschadalen und Koriäken, wo häufig zehnjährige Mädchen Mütter sind. Man kann sich nur wundern, daß die Tragezeit, die Dauer der Schwangerschaft sich im gesunden Zustande bei keiner Race und in keinem Klima verändert.

Die Chaymas haben beinahe keinen Bart am Kinn, wie die Tongusen und andere Völker mongolischer Race. Die wenigen Haare, die sprossen, reißen sie aus; aber im Allgemeinen ist es unrichtig, wenn man behauptet, sie haben nur deßhalb keinen Bart, weil sie denselben ausraufen. Auch ohne diesen Brauch wären die Indianer größtentheils ziemlich bartlos. Ich sage größtentheils, denn es gibt Völkerschaften, die in dieser Beziehung ganz vereinzelt neben den andern stehen und deßhalb um so mehr Aufmerksamkeit verdienen. Hieher gehören in Nordamerika die Chepewyans, die Mackenzie besucht hat, und die Yabipais bei den toltekischen Ruinen von Moqui, beide mit dichtem Bart, in Südamerika die Patagonen und Guaranys. Unter, letzteren sieht man Einzelne sogar mit behaarter Brust. Wenn die Chaymas, statt sich den dünnen Kinnbart auszuraufen, sich häufig rasiren, so wächst der Bart stärker. Solches sah ich mit Erfolg junge Indianer thun, die als Meßdiener lebhaft wünschten den Väter Kapuzinern, ihren Missionären und Meistern zu gleichen. Beim Volk im Ganzen aber ist und bleibt der Bart in dem Maße verhaßt, in dem er bei den Orientalen in Ehren steht. Dieser Widerwille fließt aus derselben Quelle wie die Vorliebe für abgeflachte Stirnen, die an den Bildnissen aztekischer Gottheiten und Helden in so seltsamer Weise zu Tage kommt. Den Völkern gilt immer für schön, was ihre eigene Körperbildung, ihre Nationalphysiognomie besonders auszeichnet.[3] Da ihnen nun die Natur sehr wenig Bart, eine schmale Stirne und eine rothbraune Haut gegeben hat, so hält sich jeder für desto schöner, je weniger sein Körper behaart, je flacher sein Kopf, je lebhafter seine Haut mit *'Roucou'*, *'Chica'* oder irgend einer kupferrothen Farbe bemalt ist.

Die Lebensweise der Chaymas ist höchst einförmig. Sie legen sich regelmäßig um sieben Uhr Abends nieder und stehen lange vor Tag, um halb fünf Uhr Morgens auf. Jeder Indianer hat ein Feuer bei seiner Hängematte. Die Weiber sind so frostig, daß ich sie in der Kirche vor Kälte zittern sah, wenn der hunderttheilige Thermometer noch auf 18 Grad stand. Im Innern sind die Hütten der Indianer äußerst sauber. Ihr Bettzeug, ihre Schilfmatten, ihre Töpfe mit Manioc oder gegohrenem Mais, ihre Bogen und Pfeile, Alles befindet sich in der schönsten Ordnung. Männer und Weiber baden täglich, und da sie fast immer nackt gehen, so kann bei ihnen die Unreinlichkeit nicht aufkommen, die beim gemeinen Volk in kalten Ländern vorzugsweise von den Kleidern herrührt. Außer dem Haus im Dorfe haben sie meist auf ihren *'Conucos'*, an einer Quelle oder am Eingang einer recht einsamen Schlucht, eine mit Palm- und Bananenblättern gedeckte Hütte von geringem Umfang. Obgleich sie auf dem Conuco weniger bequem leben, halten sie sich doch dort auf, so oft sie nur können. Schon oben gedachten wir ihres unwiderstehlichen Triebs, die Gesellschaft zu fliehen und zum Leben in der Wildniß zurückzukehren. Die kleinsten Kinder entlaufen nicht selten ihren Eltern und ziehen vier, fünf Tage in den Wäldern herum, von Früchten, von Palmkohl und Wurzeln sich nährend. Wenn man in den Missionen reist, sieht man häufig die Dörfer fast ganz leer stehen, weil die Einwohner in ihren Gärten sind oder auf der Jagd, *al monte*. Bei den civilisirten Völkern fließt wohl die Jagdlust zum Theil aus denselben moralischen Quellen, aus dem Reiz der Einsamkeit, dem angebotenen Unabhängigkeitstrieb, dem tiefen Eindruck, den die Natur überall auf den Menschen macht, wo er sich ihr allein gegenüber sieht.

Entbehrung und Leiden sind auch bei den Chaymas, wie bei allen halbbarbarischen Völkern, das Loos der Weiber. Die schwerste Arbeit fällt ihnen zu. Wenn wir die Chaymas Abends aus ihrem Garten heimkommen sahen, trug der Mann nichts als das Messer (*machette*), mit dem er sich einen Weg durch das Gesträuch bahnt. Das Weib ging gebückt unter einer gewaltigen Last Bananen und trug ein Kind auf dem Arm, und zwei andere saßen nicht selten oben auf dem Bündel. Trotz dieser gesellschaftlichen Unterordnung schienen mir die Weiber der südamerikanischen Indianer glücklicher als die der Wilden im Norden. Zwischen den Aleghanis und dem Mississippi werden überall, wo die Eingeborenen nicht größtentheils von der Jagd leben, Mais, Bohnen und Kürbisse nur von den Weibern gebaut; der Mann gibt sich mit dem Ackerbau gar nicht ab. In der heißen Zone gibt es nur sehr wenige Jägervölker, und in den Missionen arbeiten die Männer im Felde so gut wie die Weiber.

Man macht sich keinen Begriff davon, wie schwer die Indianer spanisch lernen. Sie haben einen Abscheu davor, so lange sie mit den Weißen nicht in Berührung kommen und ihnen der Ehrgeiz fremd bleibt, civilisirte Indianer zu heißen, oder, wie man sich in den Missionen ausdrückt, *'latinisirte'* Indianer, *Indios muy latinos*. Was mir aber nicht allein bei den Chaymas, sondern in allen sehr entlegenen Missionen, die ich später besucht, am meisten auffiel, das ist, daß es den Indianern so ungemein schwer wird, die einfachsten Gedanken zusammenzubringen und auf spanisch auszudrücken, selbst wenn sie die Bedeutung der Worte und den Satzbau ganz gut kennen. Man sollte sie für noch einfältiger halten als Kinder, wenn ein Weißer sie über Gegenstände befragt, mit denen sie von Kindesbeinen an vertraut sind. Die Missionäre versichern, dieses Stocken sey nicht Folge der Schüchternheit; bei den Indianern, die täglich ins Haus des Missionärs kommen und bei der öffentlichen Arbeit die Aussicht führen, sey es keineswegs natürliche Beschränktheit, sondern nur Unvermögen, den

Mechanismus einer von ihren Landessprachen abweichenden Sprache zu handhaben. Je uncultivirter der Mensch ist, desto mehr moralische Starrheit und Unbiegsamkeit kommt ihm zu. Es ist also nicht zu verwundern, wenn der Indianer, der vereinsamt in den Missionen lebt, Hemmnissen begegnet, von denen diejenigen nichts wissen, die mit Mestizen, Mulatten und Weißen in der Nähe der Städte in Pfarrdörfern wohnen. Ich war oft erstaunt, mit welcher Geläufigkeit in Caripe der *'Alcalde'*, der *'Governador'*, der *'Sargento mayor'* stundenlang zu den vor der Kirche versammelten Indianern sprachen; sie vertheilten die Arbeiten für die Woche, schalten die Trägen, drohten den Unanstelligen. Diese Häuptlinge, die selbst Chaymas sind und die Befehle des Missionärs der Gemeinde zur Kenntniß bringen, sprechen dabei alle auf einmal, mit lauter Stimme, mit starker Betonung, fast ohne Geberdenspiel. Ihre Züge bleiben dabei unbeweglich, ihr Blick ist ernst, gebieterisch.

Dieselben Menschen, die so viel Geisteslebendigkeit verriethen und ziemlich gut spanisch verstanden, konnten ihre Gedanken nicht mehr zusammenbringen, wenn sie uns auf unsern Ausflügen in der Nähe des Klosters begleiteten und wir durch die Mönche Fragen an sie richten ließen. Man konnte sie Ja oder Nein sagen lassen, je nachdem man die Frage stellte; und ihre Trägheit und nebenbei auch jene schlaue Höflichkeit, die auch dem rohesten Indianer nicht ganz fremd ist, ließ sie nicht selten ihren Antworten die Wendung geben, auf die unsere Fragen zu deuten schienen. Wenn sich Reisende auf die Aussagen von Eingeborenen berufen wollen, können sie vor diesem gefälligen Jasagen sich nicht genug in Acht nehmen. Ich wollte einmal einen indianischen Alcalden auf die Probe stellen und fragte ihn, ob er nicht meine, der Bach Caripe, der aus der Höhle des Guacharo herauskommt, laufe aus der andern Seite den Berg heraus und durch eine unbekannte Oeffnung herein. Er schien sich eine Weile zu besinnen und sagte dann zur Unterstützung meiner Annahme: »Freilich, wie wäre auch sonst vorne in der Höhle immer Wasser im Bett?«

Alle Zahlenverhältnisse fassen die Chaymas außerordentlich schwer. Ich habe nicht Einen gesehen, den man nicht sagen lassen konnte, er sey achtzehn oder aber sechzig Jahre alt. Marsden hat dieselbe Beobachtung an den Malaien auf Sumatra gemacht, die doch seit mehr als fünfhundert Jahren civilisirt sind. Die Chaymassprache hat Worte, die ziemlich große Zahlen ausdrücken, aber wenige Indianer wissen damit umzugehen, und da sie im Verkehr mit den Missionären dazu genöthigt sind, so zählen die fähigsten spanisch, aber so, daß man ihnen die geistige Anstrengung ansieht, bis auf 30 oder 50. In der Chaymassprache zählen dieselben Menschen nicht über 5 oder 6. Es ist natürlich, daß sie sich vorzugsweise der Worte einer Sprache bedienen, in der sie die Reihen der Einer und der Zehner kennen gelernt haben. Seit die europäischen Gelehrten es der Mühe werth halten, den Bau der amerikanischen Sprachen zu studiren, wie man den Bau der semitischen

Sprachen, des Griechischen und des Lateinischen studirt, schreibt man nicht mehr der Mangelhaftigkeit der Sprachen zu, was nur aus Rechnung der Rohheit der Völker kommt. Man erkennt an, daß fast überall die Mundarten reicher sind und feinere Wendungen aufzuweisen haben, als man nach der Culturlosigkeit der Völker, die sie sprechen, vermuthen sollte. Ich bin weit entfernt, die Sprachen der neuen Welt den schönsten Sprachen Asiens und Europas gleichstellen zu wollen; aber keine von diesen hat ein klareres, regelmäßigeres und einfacheres Zahlsystem als das Oquichua und das Aztekische, die in den großen Reichen Couzco und Anahuac gesprochen wurden. Dürfte man nun sagen, in diesen Sprachen zähle man nicht über vier, weil es in den Dörfern, wo sich dieselben unter den armen Bauern von peruanischem oder mexicanischem Stamm erhalten haben, Menschen gibt, die nicht weiter zählen können? Die seltsame Ansicht, nach der so viele Völker Amerikas nur bis zu fünf, zehn oder zwanzig sollen zählen können, ist durch Reisende aufgekommen, die nicht wußten, daß die Menschen, je nach dem Geist der verschiedenen Mundarten, in allen Himmelsstrichen nach 5, 10 oder 20 Einheiten (das heißt nach den Fingern Einer Hand, beider Hände, der Hände und Füße zusammen) einen Abschnitt machen, und daß 6, 13 oder 20 auf verschiedene Weise durch fünf eins, zehn drei und »Fuß zehn« ausgedrückt werden. Kann man sagen, die Zahlen der Europäer gehen nicht über zehen, weil wir Halt machen, wenn eine Gruppe von zehn Einheiten beisammen ist?

Die amerikanischen Sprachen sind so ganz anders gebaut, als die Töchtersprachen des Lateinischen, daß die Jesuiten, welche Alles, was ihre Anstalten fördern konnte, aufs Sorgfältigste in Betracht zogen, bei den Neubekehrten statt des Spanischen einige indianische sehr reiche, sehr regelmäßige und weit verbreitete Sprachen, namentlich das Oquichua und das Guarani, einführten. Sie suchten durch diese Sprachen die ärmeren, plumperen, im Satzbau nicht so regelmäßigen Mundarten zu verdrängen. Und der Tausch gelang ohne alle Schwierigkeit; die Indianer verschiedener Stämme ließen sich ganz gelehrig dazu herbei, und so wurden diese verallgemeinerten amerikanischen Sprachen zu einem bequemen Verkehrsmittel zwischen den Missionären und den Neubekehrten. Mit Unrecht würde man glauben, der Sprache der Incas sey nur darum der Vorzug vor dem Spanischen gegeben worden, um die Missionen zu isoliren und sie dem Einfluß zweier auf einander eifersüchtiger Gewalten, der Bischöfe und der Statthalter, zu entziehen; abgesehen von ihrer Politik hatten die Jesuiten noch andere Gründe, wenn sie gewisse indianische Sprachen zu verbreiten suchten. Diese Sprachen boten ihnen ein bequemes Mittel, um ein Band um zahlreiche Horden zu schlingen, die bis jetzt vereinzelt, einander feindlich gesinnt, durch die Sprachverschiedenheit geschieden waren; denn in uncultivirten Ländern bekommen die Dialekte nach mehreren Jahrhunderten nicht selten die Form oder doch das Aussehen von Ursprachen.

Wenn es heißt, ein Däne lerne leichter Deutsch, ein Spanier leichter Italienisch oder Lateinisch als jede andere Sprache, so meint man zunächst, dieß rühre daher, daß alle germanischen Sprachen oder alle Sprachen des lateinischen Europas eine Menge Wurzeln mit einander gemein haben; man vergißt, daß es neben dieser Aehnlichkeit der Laute eine andere gibt, die Völker von gemeinsamem Ursprung noch ungleich tiefer anregt. Die Sprache ist keineswegs ein Ergebniß willkührlicher Uebereinkunft; der Mechanismus der Flexionen, die grammatischen Formen, die Möglichkeit der Inversionen, Alles ist ein Ausfluß unseres Innern, unserer eigenthümlichen Organisation. Im Menschen lebt ein unbewußt thätiges und ordnendes Princip, das bei Völkern von verschiedener Race auch verschieden angelegt ist. Das mehr oder weniger rauhe Klima, der Aufenthalt im Hochgebirg oder am Meeresufer, die ganze Lebensweise mögen die Laute umwandeln, die Gemeinsamkeit der Wurzeln unkenntlich machen und ihrer neue erzeugen; aber alle diese Ursachen lassen den Bau und das innere Getriebe der Sprachen unberührt. Die Einflüsse des Klimas und aller äußern Verhältnisse sind ein verschwindendes Moment dem gegenüber, was der Racencharakter wirkt, die Gesammtheit der dem Menschen eigenthümlichen, sich vererbenden Anlagen.

In Amerika nun – und dieses Ergebniß der neuesten Forschungen ist für die Geschichte unserer Gattung von der höchsten Bedeutung – in Amerika haben vom Lande der Eskimos bis zum Orinoco, und von den heißen Ufern dieses Flusses bis zum Eis der Magellanschen Meerenge den Wurzeln nach ganz verschiedene Stammsprachen so zu sagen dieselbe Physiognomie. Nicht allein ausgebildete Sprachen, wie die der Incas, das Aymare, Guarany, Cora und das Mexicanische, sondern auch sehr rohe Sprachen zeigen in ihrem grammatischen Bau die überraschendsten Aehnlichkeiten. Idiome, deren Wurzeln einander um nichts ähnlicher sind als die Wurzeln des Slavischen und des Baskischen, gleichen einander im inneren Mechanismus wie Sanskrit, Persisch, Griechisch und die germanischen Sprachen. So findet man fast überall in der neuen Welt, daß die Zeitwörter eine ganze Menge Formen und Tempora haben, ein künstliches, sehr verwickeltes Verfahren, um entweder durch Flexion der persönlichen Fürwörter, welche die Wortendungen bilden, oder durch Einschieben eines Suffixes zum voraus Wesen und Verhältnisse des Subjekts zu bezeichnen, um anzugeben, ob dasselbe lebendig ist oder leblos, männlichen oder weiblichen Geschlechts, einfach oder in vielfacher Zahl. Eben wegen dieser allgemeinen Aehnlichkeit im Bau, und weil amerikanische Sprachen, die auch nicht ein Wort mit einander gemein haben (z. B. das Mexicanische und das Oquichua), in ihrer inneren Gliederung übereinkommen und von den Töchtersprachen des Lateinischen durchaus abweichen, lernt der Indianer in den Missionen viel leichter eine amerikanische Sprache als die des europäischen Mutterlandes. In den Wäldern am Orinoco habe ich die rohesten Indianer zwei, drei Sprachen sprechen hören. Häufig verkehren Wilde verschiedener Nationen in einem andern als ihrem eigenen Idiom mit einander.

Hätte man das System der Jesuiten befolgt, so wären bereits weit verbreitete Sprachen fast allgemein geworden. Auf Terra Firma und am Orinoco spräche man jetzt nur Caraibisch oder Tamanakisch, im Süden und Südwesten Oquichua, Guarani, Omagua und Araucanisch. Die Missionäre könnten sich diese Sprachen zu eigen machen, deren grammatische Formen höchst regelmäßig und fast so fest sind wie im Griechischen und Sanskrit, und würden so den Eingeborenen, über die sie herrschen, weit näher kommen. Die zahllosen Schwierigkeiten in der Verwaltung von Missionen, die aus einem Dutzend Völkerschaften bestehen, verschwänden mit der Sprachverwirrung. Die wenig verbreiteten Mundarten würden todte Sprachen; aber der Indianer behielte mit einer amerikanischen Sprache auch seine Individualität und seine nationale Physiognomie. Man erreichte so auf friedlichem Wege, was die allzu sehr gepriesenen Incas, die den Fanatismus in die neue Welt eingeführt, mit Waffengewalt durchzuführen begonnen.

Wie mag man sich auch wundern, daß die Chaymas, die Caraiben, die Saliven oder Otomaken im Spanischen so geringe Fortschritte machen, wenn man bedenkt, daß fünf-, sechshundert Indianern Ein Weißer, Ein Missionär gegenübersteht, und daß dieser alle Mühe hat, einen Governador, Alcalden oder Fiscal zum Dolmetscher heranzubilden! Könnte man statt der Zucht der Missionäre die Indianer auf anderem Wege civilisiren, oder vielmehr ihre Sitten sänftigen (denn der unterworfene Indianer hat weniger rohe Sitten, ohne deßhalb gebildeter zu seyn), könnte man die Weißen, statt sie ferne zu halten, in neu gebildeten Gemeinden unter den Eingeborenen leben lassen, so wären die amerikanischen Sprachen bald von den europäischen verdrängt, und die Eingeborenen überkämen mit den letzteren die gewaltige Masse neuer Vorstellungen, welche die Früchte der Cultur sind. Dann brauchte man allerdings keine allgemeinen Sprachen, wie die der Incas oder das Guarany, einzuführen. Aber nachdem ich mich in den Missionen des südlichen Amerikas so lange aufgehalten, nachdem ich die Vorzüge und die Mißbräuche des Regiments der Missionare kennen gelernt, darf ich wohl die Ansicht aussprechen, daß dieses Regiment nicht so leicht abzuschaffen seyn wird, ein System, das sich gar wohl bedeutend verbessern läßt und das als Vorbereitung und Uebergang zu einem unsern Begriffen von bürgerlicher Freiheit entsprechenderen erscheint. Man wird mir einwenden, die Römer haben in Gallien, in Bätica, in der Provinz Afrika mit ihrer Herrschaft schnell auch ihre Sprache eingeführt; aber die eingeborenen Völker dieser Länder waren keine Wilde. Sie wohnten in Städten, sie kannten den Gebrauch des Geldes, sie hatten bürgerliche Einrichtungen, die eine ziemlich hohe Stufe der Cultur voraussetzen. Durch die Lockungen des Waarentausches und den langen Aufenthalt der Legionen waren sie mit den Eroberern in unmittelbare Berührung gekommen. Dagegen sehen wir der Einführung der Sprachen der Mutterländer überall fast unüberwindliche Hindernisse entgegentreten, wo carthaginensische, griechische oder römische Colonien auf wirklich barbarischen Küsten angelegt wurden. Zu allen Zeiten und unter allen Himmelsstrichen ist Flucht der erste Gedanke des Wilden dem civilisirten Menschen gegenüber.

Die Sprache der Chaymas schien mir nicht so wohlklingend wie das Caraibische, das Salivische und andere Orinocosprachen: Namentlich hat sie weniger in accentuirten Vocalen ausklingende Endungen. Sylben wie *guaz*, *ez*, *puic*, *pur* kommen auffallend oft vor. Wir werden bald sehen, daß diese Endungen zum Theil Flexionen des Zeitworts **seyn** sind, oder aber Postpositionen, die nach dem Wesen der amerikanischen Sprachen den Worten selbst einverleibt sind. Mit Unrecht würde man diese Rauheit des Sprachtons dem Leben der Chaymas im Gebirge zuschreiben, denn sie sind ursprünglich diesem gemäßigten Klima fremd. Sie sind erst durch die Missionäre dorthin versetzt worden, und bekanntlich war den Chaymas, wie allen Bewohnern heißer Landstriche, die Kälte in Caripe, wie sie es nennen, Anfangs sehr zuwider. Während unseres Aufenthalts im Kapuzinerkloster haben Bonpland und ich ein kleines Verzeichniß von Chaymasworten angelegt. Ich weiß wohl, daß der Bau und die grammatischen Formen für die Sprachen weit bezeichnender sind als die Analogie der Laute und der Wurzeln, und daß diese Analogie der Laute nicht selten in verschiedenen Dialekten derselben Sprache völlig unkenntlich wird; denn die Stämme, in welche eine Nation zerfällt, haben häufig für dieselben Gegenstände völlig verschiedene Benennungen. So kommt es, daß man sehr leicht irre geht, wenn man, die Flexionen außer Augen lassend, nur nach den Wurzeln, z. B. nach den Worten für Mond, Himmel, Wasser, Erde, zwei Idiome allein wegen der Unähnlichkeit der Laute für völlig verschieden erklärt. Trotz dieser Quelle des Irrthums thun, denke ich, die Reisenden gut, wenn sie immer alles Matterial sammeln, das ihnen zugänglich ist. Machen sie auch nicht mit der inneren Gliederung und dem allgemeinen Plane des Baus bekannt, so lehren sie doch wichtige Theile desselben für sich kennen. Die Wörterverzeichnisse sind nicht zu vernachläßigen; sie geben sogar über den wesentlichen Charakter einer Sprache einigen Ausschluß, wenn der Reisende Sätze sammelt, aus denen man ersieht, wie das Zeitwort flektirt wird und, was in den verschiedenen Sprachen in so abweichender Weise geschieht, die persönlichen und possessiven Fürwörter bezeichnet werden.

Die drei verbreitetsten Sprachen in den Provinzen Cumana und Barcelona sind gegenwärtig die der Chaymas, das Cumanagotische und das Caraibische. Sie haben im Lande von jeher als verschiedene Idiome gegolten; jede hat ihr Wörterbuch, zum Gebrauch der Missionen verfaßt von den Patres Tauste, Ruiz-Blanco und Breton. Das *Vocabulario y arte de la lengua de los Indios Chaymas* ist sehr selten geworden. Die wenigen Exemplare der meist im siebzehnten Jahrhundert gedruckten amerikanischen Sprachlehren sind in die Missionen gekommen und in den Wäldern zu Grunde gegangen. Wegen der großen Feuchtigkeit und der Gefräßigkeit der Insekten lassen sich in diesen heißen Ländern Bücher fast gar nicht aufbewahren. Trotz aller Vorsichtsmaßregeln sind sie in kurzer Zeit gänzlich verdorben. Nur mit großer Mühe konnte ich in den Missionen und Klöstern die Grammatiken amerikanischer Sprachen zusammenbringen, die ich gleich nach meiner Rückkehr nach Europa dem Professor und Bibliothekar Severin Vater zu Königsberg übermacht habe; sie lieferten ihm gutes Material zu seinem schönen großen Werk über die Sprachen der neuen Welt. Ich hatte damals versäumt meine Notizen über die Chaymassprache aus meinem Tagebuch abzuschreiben und diesem Gelehrten mitzutheilen. Da weder Pater Gili, noch der Abt Hervas dieser Sprache erwähnen, gebe ich hier kurz das Ergebniß meiner Untersuchungen.

Auf dem rechten Ufer des Orinoco, südöstlich von der Mission Encaramada, über hundert Meilen von den Chaymas, wohnen die Tamanacu, deren Sprache in mehrere Dialekte zerfällt. Diese einst sehr mächtige Nation ist auf wenige Köpfe zusammengeschmolzen; sie ist von den Bergen von Caripe durch den Orinoco, durch die großen Steppen von Caracas und Cumana, und durch eine noch schwerer zu übersteigende Schranke, durch Völker von caraibischem Stämme getrennt. Trotz dieser Entfernung und der vielfachen örtlichen Hindernisse erkennt man in der Sprache der Chaymas einen Zweig der Tamanacusprache. Die ältesten Missionare in Caripe wissen nichts von dieser interessanten Beobachtung, weil die aragonesischen Kapuziner fast nie an das südliche Ufer des Orinoco kommen und von der Existenz der Tamanacu so gut wie nichts wissen. Die Verwandtschaft zwischen der Sprache dieses Volks und der der Chaymas habe ich erst lange nach meiner Rückkehr nach Europa aufgefunden, als ich meine gesammelten Notizen mit einer Grammatik verglich, die ein alter Missionär am Orinoco in Italien drucken lassen. Ohne die Sprache der Chaymas zu kennen, hatte schon der Abt Gili vermuthet, daß die Sprache der Einwohner von Paria mit dem Tamanacu verwandt seyn müsse.

Ich thue diese Verwandtschaft auf dem doppelten Wege dar, aus dem man die Analogie der Sprachen erkennt, durch den grammatischen Bau und durch die Uebereinstimmung der Worte oder Wurzeln. – Hier sind zuerst die persönlichen Fürwörter der Chaymas, die zugleich Possessiva sind: *u-re*, ich, *cu-re*, du, *tiu-re*, er. Im Tamanacu: *u-re*, ich, *amare* oder *an-ja*, du, *iteu-ja*, er. Die

Wurzel der ersten und der dritten Person ist im Chaymas *u* und *teu* dieselben Wurzeln finden sich im Tamanacu.

Chaymas	Tamanacu
Ure, ich.	*ure.*
Tuna, Wasser.	*Tuna.*
Conopo, Regen.	*Canepo.*
Poturu, Wissen.	*Puturo.*
Apoto, Feuer.	*U-apto.*
Nunu, Mond, Monat.	*Nuna.*
Je, Baum.	*Jeje.*
Ata, Haus.	*Aute.*
Euya, dir.	*Auya.*
Toya, ihm.	*Iteuya.*
Guane, Honig.	*Uane.*
Nacaramayre, er hat's gesagt.	*Nacaramai.*
Piache, Zauberer, Arzt.	*Psiache.*
Tibin, eins.	*Obin.*
Aco, zwei.	*Oco.*
Oroa, drei.	*Orua.*
Pun, Fleisch.	*Punu.*
Pra, nicht.	*Pra.*

Seyn heißt im Chaymas *az*, setzt man vor das Zeitwort das persönliche Fürwort **ich** (*u* von *u-re*), so läßt man des Wohlklangs wegen vor dem *u* ein *g* hören, also *guaz*, **ich bin**, eigentlich *g-u-az*. Wie die erste Person durch ein *u* so wird die zweite durch ein *m*, die dritte durch ein *i* bezeichnet: du bist, *maz*, »*muerepuec araquapemaz*,«, » warum bist du traurig?« wörtlich: »das für traurig du seyn?« »*punpuec topuchemaz*,« »du bist fett von Körper;« wörtlich: »Fleisch *(pun)* für *(puec)* fett *(topuche)* du seyn *(maz)*.« Die zueignenden Fürwörter kommen vor das Hauptwort zu stehen: »*upatay,*« »in meinem Hause;« wörtlich: »ich Haus in.« Alle Präpositionen wie die Negation *pra* werden nachgesetzt, wie im Tamanacu. Man sagt im Chaymas: »*ipuec,* mit ihm,« wörtlich »er mit;« »*euya,* zu dir, oder dir zu;« »*epuec charpe guaz*« »ich bin lustig mit dir;« wörtlich: »du mit lustig ich seyn;« »*ucarepra,* nicht wie ich;« wörtlich: »ich wie nicht;« »*quenpotupra quoguaz* ich kenne ihn nicht;« wörtlich: »ihn kennend nicht ich bin;« »*quenepra quoguaz,* ich habe ihn nicht gesehen,« wörtlich: »ihn sehend nicht ich bin.« Im Tamanacu sagt man: »*acurivane,* schön,« und »*acurivanepra,* häßlich, nicht schön;« »*uotopra,* es gibt keinen Fisch,« wörtlich: »Fisch nicht;« »*uteripipra,* ich will nicht gehen;« wörtlich: »ich gehen wollen nicht;« und dieß ist zusammengesetzt aus *iteri* gehen, *ipiri* wollen, und *pra,* nicht. Bei den Caraiben, deren Sprache auch Aehnlichkeit mit dem Tamanacu hat, obgleich weit weniger als das Chaymas, wird die Verneinung durch ein *m* vor dem Zeitwort ausgedrückt: »*amoyenlenganti,* es ist sehr kalt;« »*mamoyenlenganti,* es ist nicht sehr kalt.« In ähnlicher Weise gibt im Tamanacu die Partikel *mna,* dem Zeitwort nicht angehängt, sondern eingeschoben, demselben einen verneinenden Sinn, z. B. *taro,* sagen, *taromnar,* nicht sagen.

Das Hauptzeitwort **seyn**, das in allen Sprachen sehr unregelmäßig ist, lautet im Chaymas *az* oder *ats,* im Tamanacu *nochiri* (in den Zusammensetzungen *uac, uatscha*). Es dient nicht bloß zur Bildung des Passivs, sondern wird offenbar auch, wie durch Agglutination, in vielen Tempora der Wurzel der attributiven Zeitwörter angehängt. Diese Agglutinationen erinnern an den Gebrauch der Hülfszeitwörter *as* und *bhu* im Sanskrit, des *fu* oder *fuo* im Lateinischen,[4] das *izan, ucan* und *eguin* im Baskischen. Es gibt gewisse Punkte, in denen die einander unähnlichsten Sprachen zusammentreffen; das Gemeinsame in der geistigen Organisation des Menschen spiegelt sich ab im allgemeinen Bau der Sprachen, und in jedem Idiom, auch dem scheinbar barbarischsten, offenbart sich ein regelndes Princip, das es geschaffen.

Die Mehrzahl hat im Tamanacu siebenerlei Formen je nach der Endung des Substantiv, oder je nachdem es etwas Lebendes oder etwas Lebloses bedeutet.[5] Im Chaymas wird die Mehrzahl, wie im Caraibischen, durch *on* bezeichnet: »*teure,* er selbst,« »*teurecon,* sie selbst;« »*taronocon,* die hier;« »*montaonocon,* die dort,« wenn der Sprechende einen Ort meint, an dem er sich selbst befand; »*miyonocon,* die dort,« wenn er von einem Ort spricht, an dem er nicht war. Die Chaymas haben auch die spanischen Adverbe *aqui* und *alà (allà),* deren Sinn sich in den Sprachen von germanischer und lateinischer Abstammung nur mittelst Umschreibung wiedergeben läßt.

Manche Indianer, die spanisch verstanden, versicherten uns, ***zis*** bedeute nicht nur Sonne, sondern auch Gottheit. Dieß schien mir um so auffallender, da man bei allen andern amerikanischen Völkern besondere Worte für Gott und für Sonne findet. Der Caraibe wirft »*tamoussicabo,* den Alten des Himmels,« und »*veyou,* die Sonne,« nicht zusammen. Sogar der Peruaner, der die Sonne anbetet, erhebt sich zur Vorstellung eines Wesens, das den Lauf der Sterne lenkt. In der Sprache der Incas heißt die Sonne, fast wie im Sanskrit, ***Inti***,[6] während Gott ***Vinay Huayna***, der ewig Junge, genannt wird.

Die Satzbildung ist im Chaymas wie bei allen Sprachen beider Continente, die sich eine gewisse Jugendlichkeit bewahrt haben. Das Negierte kommt vor das Zeitwort zu stehen, das Zeitwort vor das persönliche Fürwort. Der Gegenstand, auf den der Hauptnachdruck fällt, geht Allem voran, was sonst ausgesagt wird. Der Amerikaner würde sagen: »Freiheit völlige lieben wir,« statt: wir lieben völlige Freiheit; »dir nicht glücklich bin ich,« statt: mit dir bin ich glücklich. Diese Sätze haben eine gewisse Unmittelbarkeit, Bestimmtheit, Bündigkeit, und sie erscheinen desto naiver, da der Artikel fehlt. Ob wohl diese Völker, bei fortschreitender Cultur und sich selbst überlassen, mit der Zeit von dieser Satzbildung abgegangen wären? Man könnte es vermuthen, wenn man bedenkt, wie stark die Syntax der Römer in ihren bestimmten, klaren, aber etwas schüchternen Töchtersprachen umgewandelt worden ist.

Im Chaymas, wie im Tamanacu und den meisten amerikanischen Sprachen, fehlen gewisse Buchstaben ganz, so namentlich das *f, b* und *d.* Kein Wort beginnt mit einem *l.* Dasselbe gilt von der mexicanischen Sprache, in der doch die Sylben *tli, tla* und *itl* als Endungen oder mitten in den Worten so häufig vorkommen. Der Chaymas-Indianer spricht *r* statt *l* weil er dieses nicht aussprechen kann, was ja in allen Himmelsstrichen vorkommt. Auf diese Weise wurden aus den **Caribes** am Orinoco im französischen Guyana **Galibi**; an die Stelle des *r* trat *l* und das *c* erweichte sich. Aus dem spanischen Wort ***soldado*** hat das Tamanacu *choraro (solalo)* gemacht. Wenn *f* und *b* in so vielen amerikanischen Mundarten fehlen, so kommt dieß vom innigen Verwandtschaftsverhältniß zwischen gewissen Lauten, wie es sich in allen Sprachen gleicher Abstammung offenbart. Die Buchstaben *f* und *v, b* und *p* werden verwechselt; z. B. Persisch: ***peder***, *pater*, *father*, Vater; ***burader***, *frater*, Bruder; *behar*, ver; Griechisch: *phorton* (forton), Bürde, ***pous***, Fuß. Gerade so wird bei den Amerikanern *f* und *b* zu *p*, und aus *d* wird *t.* Der Chaymas-Indianer spricht *patre, Tios, Atani, aracapucha* statt *padre, Dios, Adan, arcabuz* (Büchse).

Trotz der erwähnten Aehnlichkeiten glauben wir nicht, daß das Chaymas als ein Dialekt des Tamanacu zu betrachten ist, wie die drei Dialekte Maitano, Cuchivero und Crataima. Der Abweichungen sind viele und wesentliche, und die beiden Sprachen scheinen mir höchstens in dem Grade verwandt, wie das Deutsche, Schwedische und Englische. Sie gehören derselben Unterabtheilung der großen Familie der tamanakischen, caraibischen und arouakischen Sprachen an. Da es für die Sprachverwandtschaft kein absolutes Maaß gibt, so lassen sich dergleichen Verwandtschaftsgrade nur durch von bekannten Sprachen hergenommene Beispiele bezeichnen. Wir rechnen zur selben Familie Sprachen, die einander so nahe stehen, wie Griechisch, Deutsch, Persisch und Sanskrit.

Die sprachvergleichende Wissenschaft glaubte gefunden zu haben, daß alle Sprachen in zwei große Classen zerfallen, indem die einen, mit vollkommenerem Bau, freier, rascher in der Bewegung, eine innere Entwicklung durch **Flexion** bezeichnen, während die andern, plumperen, weniger bildungsfähigen, nur kleine **Formen** oder agglutinirte Partikeln roh neben einander stellen, die alle, wenn man sie für sich braucht, ihre eigenthümliche Physiognomie beibehalten. Diese höchst geistreiche Auffassung wäre unrichtia, wenn man annähme, es gebe vielsylbige Sprachen ohne alle Flexion, oder aber diejenigen, die sich wie von innen heraus organisch entwickeln, kennen gar keinen äußerlichen Zuwachs durch **Suffixe** und **Affixe**, welchen Zuwachs wir schon öfters als Agglutination oder Incorporation bezeichnet haben. Viele Formen, die wir jetzt für Flexionen der Wurzel halten, waren vielleicht ursprünglich Affixe, von denen nur ein oder zwei Consonanten übrig geblieben sind. Es ist mit den Sprachen wie mit allem Organischen in der Natur; nichts steht ganz für sich, nichts ist dem Andern völlig unähnlich. Je weiter man in ihren innern Bau eindringt, desto mehr schwinden die Contraste, die auffallenden Eigenthümlichkeiten. »Es ist damit wie mit den Wolken, die nur von weitem scharf umrissen scheinen.« [Wilhelm v. Humboldt]

Lassen wir aber auch für die Sprachen keinen durchgreifenden Eintheilungsgrund gelten, so ist doch vollkommen zuzugeben, daß im gegenwärtigen Zustand die einen mehr Neigung haben zur Flexion, die andern zur äußerlichen Aggregation. Zu den ersteren gehören bekanntlich die Sprachen des indischen, pelasgischen und germanischen Sprachstammes, zu den letzteren die amerikanischen Sprachen, das Koptische oder Altegyptische und in gewissem Grade die semitischen Sprachen und das Baskische. Schon das Wenige, das wir vom Idiom der Chaymas oben mitgetheilt, zeigt deutlich die durchgehende Neigung zur Incorporation oder Aggregation gewisser Formen, die sich abtrennen lassen, wobei aber ein ziemlich entwickeltes Gefühl für Wohllaut ein paar Buchstaben wegwirft oder aber zusetzt. Durch diese Affixe im Auslaut der Worte werden die mannigfaltigsten Zahl-, Zeit- und Raumverhältnisse bezeichnet.

Betrachtet man den eigenthümlichen Bau der amerikanischen Sprachen näher, so glaubt man zu errathen, woher die alte, in allen Missionen verbreitete Ansicht rührt, daß die amerikanischen Sprachen Aehnlichkeit mit dem Hebräischen und dem Baskischen haben. Ueberall, im Kloster Caripe wie am Orinoco, in Peru, wie in Mexico, hörte ich diesen Gedanken äußern, besonders Geistliche, die vom Hebräischen und Baskischen einige oberflächliche Kenntniß hatten. Liegen etwa religiöse Rücksichten einer so seltsamen Annahme zu Grunde? In Nordamerika, bei den Chactas und Chicasas, haben etwas leichtgläubige Reisende das Hallelujah der Hebräer singen hören, wie, den Pandits zufolge, die drei heiligen Worte der eleusinischen Mysterien (*konx om pax*) noch heutzutage in Indien ertönen. Ich will nicht glauben, daß die Völker des lateinischen Europa Alles hebräisch oder baskisch nennen, was ein fremdartiges Aussehen hat, wie man lange Alles, was nicht im griechischen oder römischen Styl gehalten war, egyptische Denkmäler nannte. Ich glaube vielmehr, daß das grammatische System der amerikanischen Sprachen die Missionäre des sechzehnten Jahrhunderts in ihrer Annahme von der asiatischen Herkunft der Völker der neuen Welt bestärkt hat. Einen Beweis hiefür liefert die langweilige Compilation des Paters GARCIA: »*Tratad del origen de los indios.*« Daß die possessiven und persönlichen Fürwörter hinter Substantiven und Zeitwörtern stehen, und daß letztere so viele Tempora haben, das sind Eigenthümlichkeiten des Hebräischen und der andern semitischen Sprachen. Manche Missionare fanden es nun sehr merkwürdig, daß die amerikanischen Sprachen dieselben Formen aufzuweisen haben. Sie wußten nicht, daß die Uebereinstimmung in verschiedenen einzelnen Zügen für die gemeinsame Abstammung der Sprachen nichts beweist.

Weniger zu verwundern ist, wenn Leute, die nur zwei von einander sehr verschiedene Sprachen, spanisch und baskisch, verstehen, an letzterer eine Familienähnlichkeit mit den amerikanischen Sprachen fanden. Die Wortbildung, die Leichtigkeit, mit der sich die einzelnen Elemente auffinden lassen, die Formen des Zeitworts und die mannigfaltigen Gestalten, die es je nach dem Wesen des regierten Worts annimmt, alles dieß konnte die Täuschung erzeugen und unterhalten. Aber, wir wiederholen es, mit der gleichen Neigung zur Aggregation und Incorporation ist noch keineswegs gleiche Abstammung gegeben. Ich gebe einige Beispiele dieser physiognomischen Verwandtschaft zwischen den amerikanischen Sprachen und dem Baskischen, die in den Wurzeln durchgängig von einander abweichen. **Chaymas**: *quenpotupra guoguaz* ich kenne nicht, wörtlich: wissend nicht ich bin. **Tamanacu**: *jarer-uacure*, tragend bin ich, ich trage; *anarepna aichi*, er wird nicht tragen, wörtlich: tragend nicht wird seyn; *patcurbe* gut, *patcutari*, sich gut machen; *Tamanacu*, ein Tamanacu; *Tamanacutari*, sich zum Tamanacu machen; *Pongheme*, Spanier; *ponghemtari*, sich hispanisiren; *tenectschi*, ich werde sehen; *teneicre*, ich werde wiedersehen; *tecscha*, ich gehe; *tecschare*, ich kehre zurück; *Maypur butkè*, ein kleiner Maypure-Indianer; *aicabutkè*, ein kleines Weib;[7] *maypuritaje*, ein böser Maypure-Indianer; *aicataje* ein böses Weib.

Baskisch: *maitetutendot*, ich liebe ihn, wörtlich: ich liebend ihn bin; *beguia*, Auge, und *beguitsa*, sehen; *aitagana*, zum Vater; durch den Zusatz von *tu* entsteht das Wort *aitaganatu*, zum Vater gehen; *ume-tasuna*, sanftes, kindlich offenes Benehmen; *ume-queria* widriges kindisches Benehmen.[8]

Diesen Beispielen mögen einige beschreibende Composita folgen, die an die Kindheit des Menschengeschlechts mahnen und in den amerikanischen Sprachen wie im Baskischen durch eine gewisse Naivetät des Ausdrucks überraschen. **Tamanacu**: Wespe, *uane-imu*, wörtlich: Vater (*im-de*) des Honigs (*uane*); die Zehen, *ptari-mucuru*, wörtlich: die Söhne des Fußes; die Finger, *amgna-mucuru*, die Söhne der Hand; die Schwämme, *jeje-panari*, wörtlich: die Ohren des Baums; die Adern der Hand, *amgna-mitti*, wörtlich: verästete Wurzeln; die Blätter, *prutpe-jareri*, wörtlich: die Haare des Baumwipfels; *puirene-veju*, wörtlich: gerade oder senkrechte Sonne; Blitz, *kinemeru-uaptori*, wörtlich: das Feuer des Donners oder des Gewitters. **Baskisch**: *becoquia*, Stirne, wörtlich: was zum Auge gehört; *odotsa*, Getöse der Wolke, der Donner; *arribicia*, das Echo, wörtlich: der lebendige Stein.

Im Chaymas und Tamanacu haben die Zeitwörter eine Unzahl Tempora, ein doppeltes Präsens, vier Präterita, drei Futura. Diese Häufung ist selbst den rohesten amerikanischen Sprachen eigen. In der Grammatik des Baskischen zählt Astarloa gleichfalls zweihundert sechs Formen des Zeitworts auf. Die Sprachen, welche vorherrschende Neigung zur Flexion haben, reizen die gemeine Neugier weniger als solche, die durch bloße Nebeneinanderstellung von Elementen gebildet erscheinen. In den ersteren sind die Elemente, aus denen die Worte zusammengesetzt sind und die meist aus wenigen Buchstaben bestehen, nicht mehr kenntlich. Für sich geben diese Bestandtheile keinen Sinn; alles ist verschlungen und verschmolzen. Die amerikanischen Sprachen dagegen gleichen einem verwickelten Mechanismus mit offen zu Tage liegendem Räderwerk. Man erkennt die Künstlichkeit, man kann sagen den ausgearbeiteten Mechanismus des Baus. Es ist, als bildeten sie sich erst unter unsern Augen, und man könnte sie für sehr neuen Ursprungs halten, wenn man nicht bedächte, daß der menschliche Geist unverrückt einem einmal erhaltenen Anstoß folgt, daß die Völker nach einem ursprünglich angelegten Plan den grammatischen Bau ihrer Sprachen erweitern, vervollkommnen oder ausbessern, und daß es Länder gibt, wo Sprache, Verfassung, Sitten und Künste seit vielen Jahrhunderten wie festgebannt sind.

Die höchste geistige Entwicklung hat bis jetzt bei den Völkern stattgefunden, welche dem indischen und pelasgischen Stamm angehören. Die hauptsächlich durch Aggregation gebildeten Sprachen erscheinen als ein natürliches Hinderniß der Culturentwicklung; es geht ihnen großentheils die rasche Bewegung ab, das innerliche Leben, die die Flexion der Wurzeln mit sich bringt und die den Werken der Einbildungskraft den Hauptreiz geben. Wir dürfen indessen nicht vergessen, daß ein schon im hohen Alterthum hochberühmtes Volk, dem selbst die Griechen einen Theil ihrer Bildung entlehnten, vielleicht eine Sprache hatte, die in ihrem Bau unwillkürlich an die amerikanischen Sprachen erinnert. Welche Masse ein- oder zweisylbiger Partikeln werden im Coptischen dem Zeitwort oder Hauptwort angehängt! Das Chaymas und Tamanacu, halb barbarische Sprachen, haben ziemlich kurze abstrakte Benennungen für Größe, Neid, Leichtsinn, *cheictivate*, *uoite*, *uonde*; aber im Coptischen ist das Wort Bosheit, *metrepherpeton*, aus fünf leicht zu unterscheidenden Elementen zusammengesetzt, und bedeutet: die Eigenschaft (*met*) eines Subjektes (*reph*), das thut (*er*) das Ding (*pet*), (das ist) böse (*on*). Und dennoch hatte die coptische Sprache ihre Literatur, so gut wie die chinesische, in der die Wurzeln nicht einmal aggregirt, sondern kaum an einander gerückt sind und sich gar nicht unmittelbar berühren. So viel ist gewiß, sind einmal die Völker aus ihrem Schlummer aufgerüttelt und auf die Bahn der Cultur geworfen, so bietet ihnen die seltsamste Sprache das Werkzeug, um Gedanken bestimmt auszudrücken und Seelenregungen zu schildern. Ein achtungswerther Mann, der in der blutigen Revolution von Quito das Leben verloren, Don Juan de la Rea, hat ein paar Idyllen Theokrits in die Sprache der Incas einfach und zierlich übertragen, und man hat mich versichert, mit Ausnahme naturwissenschaftlicher und philosophischer Werke, lasse sich so ziemlich jedes neuere Literaturprodukt ins Peruanische übersetzen.

Der starke Verkehr zwischen den Eingeborenen und den Spaniern seit der Eroberung hat zur natürlichen Folge gehabt, daß nicht wenige amerikanische Worte in die spanische Sprache übergegangen sind. Manche dieser Worte bezeichnen meist Dinge, die vor der Entdeckung der neuen Welt unbekannt waren, und wir denken jetzt kaum mehr an ihren barbarischen Ursprung (z. B. Savane, Canibale). Fast alle gehören der Sprache der großen Antillen au, die früher die Sprache von Haiti, Quizqueja oder Itis hieß. Ich nenne nur die Worte Mais, Tabak, Canoe, Batata, Cazike, Balsa, Conuco u. s. w. Als die Spanier mit dem Jahr 1498 anfingen Terra Firma zu besuchen, hatten sie bereits Worte für die nutzbarsten Gewächse, die auf den Antillen, wie auf den Küsten von Cumana und Paria vorkommen. Sie behielten nicht nur diese von den Haitiern entlehnten Benennungen bei, durch sie wurden dieselben über ganz Amerika verbreitet, zu einer Zeit, wo die Sprache von Haiti bereits eine todte Sprache war, und bei Völkern, die von der Existenz der Antillen gar nichts wußten. Manchen Worten, die in den spanischen Colonien in täglichem Gebrauche sind, schreibt man indessen mit Unrecht haitischen Ursprung zu. ***Banana*** ist aus der Chacosprache, ***Arepa*** (Maniocbrod von *Jatropha Maniot*) und ***guayuco*** (Schürze, *perizoma*) sind caraibisch, *Curiaca* (sehr langes Canoe) ist tamanakisch, *Chinchorro* (Hängematte) und *Tutuma* (die Frucht der *Crescentia Cujete*, oder ein Gefäß für Flüssigkeiten) sind Chaymaswörter.

Ich habe lange bei Betrachtungen über die amerikanischen Sprachen verweilt; ich glaubte, wenn ich sie zum erstenmal in diesem Werke bespräche, anschaulich zu machen, von welcher Bedeutung Untersuchungen der Art sind. Es verhält sich damit wie mit der Bedeutung, die den Denkmälern halb barbarischer Völker zukommt. Man beschäftigt sich mit ihnen nicht, weil sie für sich auf den Rang von Kunstwerken Anspruch machen können, sondern weil die Untersuchung für die Geschichte unseres Geschlechts und den Entwicklungsgang unserer Geisteskräfte nicht ohne Belang ist.

Ehe Cortes nach der Landung an der Küste von Mexico seine Schiffe verbrannte, ehe er im Jahr 1521 in die Hauptstadt Montezumas einzog, war Europa auf die Länder, die wir bisher durchzogen, aufmerksam geworden. Mit der Beschreibung der Sitten der Einwohner von Cumana und Paria glaubte man die Sitten aller Eingeborenen der neuen Welt zu schildern. Dieß fällt alsbald auf, wenn man die Geschichtschreiber der Eroberung liest, namentlich die Briefe Peter Martyrs von Anghiera, die er am Hofe Ferdinands des Katholischen geschrieben, die reich sind an geistreichen Bemerkungen über Christoph Columbus, Leo X. und Luther, und aus denen edle Begeisterung für die großen Entdeckungen eines an außerordentlichen Ereignissen so reichen Jahrhunderts spricht. Eine nähere Beschreibung der Sitten der Völker, die man lange unter der Gesammtbenennung Cumanier (*cumaneses*) zusammengeworfen hat, liegt nicht in meiner Absicht; dagegen scheint es mir von Belang, einen Punkt aufzuklären, den ich im spanischen Amerika häufig habe besprechen hören.

Die heutigen Pariagotes oder Parias sind rothbraun, wie die Caraiben, die Chaymas und fast alle Eingeborenen der neuen Welt. Wie kommt es nun, daß die Geschichtschreiber des sechzehnten Jahrhunderts behaupten, die ersten Besucher haben am Vorgebirge Paria weiße Menschen mit blonden Haaren gesehen? Waren dieß Indianer mit weniger dunkler Haut, wie Bonpland und ich in Esmeralda an den Quellen des Orinoco gesehen? Aber diese Indianer hatten so schwarzes Haar wie die Otomacas und andere Stämme mit dunklerer Hautfarbe. Waren es Albinos, dergleichen man früher auf der Landenge von Panama gefunden? Aber Fälle dieser Mißbildung sind bei der kupferfarbigen Race ungemein selten, und Anghiera, wie auch Gomara sprachen von den Einwohnern von Paria überhaupt, nicht von einzelnen Individuen. Beide[9] beschreiben sie wie Völker germanischen Stammes: sie seyen weiß mit blonden Haaren. Ferner sollen sie ähnlich wie Türken gekleidet gewesen seyn.[10] Gomara und Anghiera schreiben nach mündlichen Berichten, die sie gesammelt.

Diese Wunderdinge verschwinden, wenn wir den Bericht, den Ferdinand Columbus den Papieren seines Vaters entnommen, näher ansehen. Da heißt es bloß, »der Admiral habe zu seiner Ueberraschung die Einwohner von Paria und der Insel Trinidad wohlgebildeter, cultivirter (*de buena conversacion*) und weißer gefunden als die Eingeborenen, die er bis dahin gesehen.« Damit ist doch wohl nicht gesagt, daß die Pariagotos weiß gewesen. In der helleren Haut der Eingeborenen und in den sehr kühlen Morgen sah der große Mann eine Bestätigung seiner seltsamen Hypothese von der unregelmäßigen Krümmung der Erde und der hohen Lage der Ebenen in diesem Erdstrich in Folge einer gewaltigen Anschwellung der Erdkugel in der Richtung der Parallelen. Amerigo Vespucci (wenn man sich auf seine angebliche **erste** Reise berufen darf, die vielleicht nach den Berichten anderer Reisenden zusammengetragen ist) vergleicht die Eingeborenen mit den **tartarischen** Völkern, nicht wegen der Hautfarbe, sondern wegen des breiten Gesichts und wegen des ganzen Ausdrucks desselben.

Gab es aber zu Ende des fünfzehnten Jahrhunderts auf den Küsten von Cumana so wenig als jetzt Menschen mit weißlichter Haut, so darf man daraus deßhalb nicht schließen, daß bei den Eingeborenen der neuen Welt das Hautsystem durchgängig gleichförmig organisirt sey. Wenn man sagt, sie seyen alle kupferfarbig, so ist dieß so unrichtig, als wenn man behauptet, sie wären nicht so dunkel gefärbt, wenn sie sich nicht der Sonnengluth aussetzten oder nicht von der Luft gebräunt würden. Man kann die Eingeborenen in zwei, der Zahl nach sehr ungleiche Gruppen theilen. Zur einen gehören die Eskimos in Grönland, in Labrador und auf der Nordküste der Hudsonsbai, die Bewohner der Behringsstraße, der Halbinsel Alaska und des Prinz-Williams-Sunds. Der östliche und der westliche Zweig dieser Polarrace, die Eskimos und die Tschugasen, sind trotz der ungeheuern Strecke von 800 Meilen, die zwischen ihnen liegt, durch sehr nahe Sprachverwandtschaft eng verbunden. Diese Verwandtschaft erstreckt sich sogar, wie in neuerer Zeit außer Zweifel gesetzt worden ist, noch weiter, zu den Bewohnern des nordöstlichen Asiens; denn die Mundart der Tschuktschen an der Mündung des Anadyr hat dieselben Wurzeln wie die Sprache der Eskimos auf der Europa gegenüberliegenden Küste von Amerika. Die Tschuktschen sind die asiatischen Eskimos. Gleich den Malayen wohnt diese hyperboräische Race nur am Meeresufer. Sie nähren sich von Fischen, sind fast durchgängig von kleinerer Statur als die andern Amerikaner, sind lebhaft, beweglich, geschwätzig. Ihre Haare sind schlicht, glatt und schwarz; aber (und dieß zeichnet die Race, die ich die Eskimo-Tschugasische nennen will, ganz besonders aus) ihre Haut ist ursprünglich weißlicht. Es ist gewiß, daß die Kinder der Grönländer weiß zur Welt kommen; bei manchen erhält sich diese Farbe, und auch bei den dunkelsten (den von der Luft am meisten gebräunten) sieht man nicht selten das Blut auf den Wangen roth durchschimmern.

Die zweite Gruppe der Eingeborenen Amerikas umfaßt alle Völler außer den Eskimo-Tschugasen, vom Cooksfluß bis zur Magellanschen Meerenge, von den Ugaljachmusen und Kinais am St. Eliasberg bis zu den Puelchen und Tehuelhets in der südlichen Halbkugel. Die Völker dieses zweiten Zweiges sind größer, stärker, kriegerischer und schweigsamer. Auch sie weichen hinsichtlich der Hautfarbe auffallend von einander ab. In Mexico, in Peru, in Neugrenada, in Quito, an den Ufern des Orinoco und des Amazonenstroms, im ganzen Strich von Südamerika, den ich gesehen, im Tiefland wie auf den sehr kalten Hochebenen, sind die indianischen Kinder im Alter von zwei, drei Monaten ebenso broncefarbig als die Erwachsenen. Daß die Eingeborenen nur von Luft und Sonne gebräunte Weiße seyn möchten, ist einem Spanier in Quito oder an den Ufern des Orinoco nie in den Sinn gekommen. Im nordwestlichen Amerika dagegen gibt es Stämme, bei denen die Kinder weiß sind und erst mit der Mannbarkeit so broncefarbig werden wie die Eingeborenen von Peru und Mexico. Bei dem Häuptling der Miamis Michikinakua waren die Arme und die der Sonne nicht ausgesetzten Körpertheile fast weiß. Dieser Unterschied in der Farbe der bedeckten und nicht bedeckten Theile wird bei den Eingeborenen von Peru und Mexico niemals beobachtet, selbst nicht bei sehr wohlhabenden Familien, die sich fast beständig in ihren Häusern aufhalten. Westwärts von den Miamis, auf der gegenüberliegenden asiatischen Küste, bei den Koluschen und Tschinkitanen in der Norfolkbai, erscheinen die erwachsenen Mädchen, wenn sie angehalten werden sich zu waschen, so weiß wie Europäer. Diese weiße Hautfarbe soll, nach einigen Reiseberichten, auch den Gebirgsvölkern in Chili zukommen.[11]

Dieß sind sehr bemerkenswerthe Thatsachen, die der nur zu sehr verbreiteten Ansicht von der außerordentlichen Gleichförmigkeit der Körperbildung bei den Eingeborenen Amerikas widersprechen. Wenn wir dieselben in **Eskimos** und **Nicht-Eskimos** theilen, so geben wir gerne zu, daß die Eintheilung um nichts philosophischer ist, als wenn die Alten in der ganzen bewohnten Welt nur Celten und Scythen, Griechen und Barbaren sahen. Handelt es sich indessen davon, zahllose Volksstämme zu gruppiren, so gewinnt man immer doch etwas, wenn man ausschließend zu Werke geht. Wir wollten hier darthun, daß, wenn man die Eskimo-Tschugasen ausscheidet, mitten unter den kupferbraunen Amerikanern Stämme vorkommen, bei denen die Kinder weiß zur Welt kommen, ohne daß sich, bis zur Zeit der Eroberung zurück, darthun ließe, daß sie sich mit Europäern vermischt hätten. Dieser Umstand verdient genauere Untersuchung durch Reisende, die bei physiologischen Kenntnissen Gelegenheit finden, die braunen Kinder der Mexicaner und die weißen der Miamis im Alter von zwei Jahren zu beobachten, sowie die Horden am Orinoco, die im heißesten Erdstrich ihr Leben lang und bei voller Kraft die weißlichte Hautfarbe der Mestizen behalten. Der geringe Verkehr, der bis jetzt zwischen Nordamerika und den spanischen Colonien stattfindet, hat alle derartigen Untersuchungen unmöglich gemacht.

Beim Menschen betreffen die Abweichungen vom ganzen gemeinsamen Racentypus mehr den Wuchs, den Gesichtsausdruck, den Körperbau, als die Farbe. Bei den Thieren ist es anders; bei diesen sind Spielarten nach der Farbe häufiger als solche nach dem Körperbau. Das Haar der Säugethiere, die Federn der Vögel, selbst die Schuppen der Fische wechseln die Farbe je nach dem vorherrschenden Einflusse von Licht oder von Dunkelheit, je nach den Hitze- und Kältegraden. Beim Menschen scheint sich der Farbstoff im Hautsystem durch die Haarwurzeln oder Zwiebeln abzulagern, und aus allen guten Beobachtungen geht hervor, daß sich die Hautfarbe wohl beim Einzelnen in Folge von Hautreizen, aber nicht erblich bei einer ganzen Race ändert. Die Eskimos in Grönland und die Lappen sind gebräunt durch den Einfluß der Luft, aber ihre Kinder kommen weiß zur Welt. Ob und welche Veränderungen die Natur in Zeiträumen hervorbringen mag, gegen welche alle geschichtliche Ueberlieferung verschwindet, darüber haben wir nichts zu sagen. Bei Untersuchungen der Art macht der forschende Gedanke Halt, sobald er Erfahrung und Analogie nicht mehr zu Führern hat.

Die Völker mit weißer Haut beginnen ihre Cosmogonie mit weißen Menschen; nach ihnen sind die Neger und alle dunkelfarbigen Völker durch die übermäßige Sonnengluth geschwärzt oder gebräunt worden. Diese Ansicht, die schon bei den Griechen herrschte,[12] wenn auch nicht ohne Widerspruch, hat sich bis auf unsere Zeit erhalten. Buffon wiederholt in Prosa, was Theodectes zweitausend Jahre früher poetisch ausgesprochen: »die Nationen tragen die Livree der Erdstriche, die sie bewohnen.« Wäre die Geschichte von schwarzen Völkern geschrieben worden, sie hätten behauptet, was neuerdings sogar von Europäern angenommen worden ist, der Mensch sey ursprünglich schwarz oder doch sehr dunkelfarbig, und in Folge der Civilisation und fortschreitenden Verweichlichung haben sich manche Racen gebleicht, wie ja auch bei den Thieren im zahmen Zustand die dunkle Färbung in eine hellere übergeht. Bei Pflanzen und Thieren sind Spielarten, die sich durch Zufall unter unsern Augen gebildet, beständig geworden und haben sich unverändert fortgepflanzt; aber nichts weist darauf hin, daß, unter den gegenwärtigen Verhältnissen der menschlichen Organisation, die verschiedenen Menschenracen, die schwarze, gelbe, kupferfarbige und weiße, so lange sie sich unvermischt erhalten, durch den Einfluß des Klimas, der Nahrung und anderer äußerer Umstände vom ursprünglichen Typus bedeutend abweichen.

Ich werde Gelegenheit haben auf diese allgemeinen Betrachtungen zurückzukommen, wenn wir die weiten Hochebenen der Cordilleren besteigen, die vier- und fünfmal höher liegen als das Thal von Caripe. Ich berufe mich hier vorläufig nur auf das Zeugniß ULLOAs.[13] Dieser Gelehrte sah die Indianer in Chili, auf den Anden von Peru, an den heißen Küsten von Panama, und wiederum in Louisiana, im nördlichen gemäßigten Erdstrich. Er hatte den Vortheil, daß er in einer Zeit lebte, wo der Ansichten noch nicht so vielerlei waren, und es fiel ihm auf, wie mir, daß der Eingeborene unter der Linie im kalten Klima der Cordilleren so broncefarbig, so braun ist als auf den Ebenen. Bemerkt man Abweichungen in der Farbe, so sind es feste Stammunterschiede. Wir werden bald an den heißen Ufern des Orinoco Indianern mit weißlichter Haut begegnen: *est durans originis vis.*

1.

Die Völker, welche die Spanier auf der Küste von Paria antrafen, hatten wahrscheinlich den Gebrauch, die Geschmacksorgane mit Aetzkalk zu reizen, wozu andere Tabak, Chimo, Coccablätter oder Betel brauchen. Diese Sitte herrscht noch jetzt auf derselben Küste, nur weiter ostwärts, bei den Guajiros an der Mündung des Rio la Hacha. Diese Indianer, die wild geblieben sind, führen das Pulver von kleinen calcinirten Muschelschaalen in einer Frucht, die als Kapsel dient, am Gürtel. Dieses Pulver der Guajiros ist ein Handelsartikel, wie früher, nach Gomara, das der Indianer in Paria. In Europa werden die Zähne vom übermäßigen Tabakrauchen gleichfalls gelb und schwarz. Wäre der Schluß richtig, man rauche bei uns, weil man gelbe Zähne schöner finde als weiße?

2.

S. TACITUS *Germania.* Cap. 4.

3.

So übertrieben die Griechen bei ihren schönsten Statuen die Stirnbildung, indem sie den Gesichtswinkel zu groß annahmen.

4.

Daher *fu-ero, amav-issem, amav-eram, post-sum (pot-sum).*

5.

Tamanacu hat in der Mehrzahl *Tamanakemi*; *Pongheme* heißt ein Spanier, wörtlich ein bekleideter Mensch; *Pongamo,* die Spanier oder die Bekleideten. Der Pluralis auf *cne* kommt leblosen Gegenständen zu; z. B. *cene,* Ding, *cenecne,* Dinge, *jeje*, Baum, *jejecne* Bäume.

6.

In der Sprache der Incas heißt Sonne ***inti,*** Liebe ***munay,*** groß ***veypul***; im Sanskrit: Sonne ***indre,*** Liebe ***manya***, groß ***vipulo***. Es sind dieß die einzigen Fälle von Lautähnlichkeit, die man bis jetzt aufgefunden. Im grammatischen Bau sind die beiden Sprachen völlig verschieden.

7.

Das Diminutiv von Frau oder von Maypure-Indianer wird dadurch gebildet, daß man *butkè* das Ende des Wortes *cujuputkè*, klein, beisetzt. *Taje* entspricht dem Italienischen *accio.*

8.

Die Endung *tasuna* bedeutet eine gute Eigenschaft, *queria* eine schlimme und kommt her von *eria*, Krankheit.

9.

Aethiopes nigri, crispi lanati, Paria incolae ***albi****, capillis oblongis protensis* ***flavis****. Utriusque sexus indigenae* ***albi veluti nostrates, praeter eos, qui sub sole versantur***. Gomara sagt von den Eingeborenen, die Columbus an der Mündung des Flusses Cumana gesehen: »*Las donzellas eran amorosas, desnudas y* **blancas** *(las de la casa); los Indios que van al campo, estan negros del sol.*«

10.

Sie trugen nach Ferdinand Columbus ein Tuch von gestreiftem Baumwollenzeug um den Kopf. Hat man etwa diesen Kopfputz für einen Turban angesehen? Daß ein Volk unter diesem Himmelsstrich den Kopf bedeckt haben sollte, ist auffallend; aber was noch weit merkwürdiger ist, Pinzon will auf einer Fahrt, die er allein an die Küste von Paria unternommen und die wir bei Peter Martyr d'Anghiera beschrieben finden, bekleidete Eingeborene gesehen haben: »*Incolas omnes, genu tenus mares, foeminas surarum tenus, gossampinis vestibus amictos simplicibus repererunt, sed viros, more Turcarum, insuto minutim gossipio ad belli usum, duplicibus.*« Was soll man aus diesen Völkern machen, die civilisirter gewesen und Mantel getragen, wie man auf dem Rücken der Anden trägt, und auf einer Küste gelebt, wo man vor und nach Pinzon nur nackte Menschen gesehen?

11.

Darf man an die blauen Augen der Borroas in Chili und der Guayanas am Uruguay glauben, die wie Völker vom Stamme Odins geschildert werden? (Azzara, *Reise.*)

12.

Onesicritus, bei STRABO, Lib. XV. Die Züge Alexanders scheinen viel dazu beigetragen zu haben, die Griechen auf die große Frage nach dem Einfluß des Klimas aufmerksam zu machen. Sie hatten von Reisenden vernommen, daß in Hindostan die Völker im Süden dunkelfarbiger seyen, als im Norden in der Nähe der Gebirge, und sie setzten voraus, daß beide derselben Race angehören.

13.

»Die Indianer sind kupferroth, und diese Farbe wird durch den Einfluß von Sonne und Luft dunkler. Ich muß darauf aufmerksam machen, daß weder die Hitze noch ein kaltes Klima die Farbe merkbar verändern, so daß man die Indianer auf den Cordilleren von Peru und die auf den heißesten Ebenen leicht verwechselt, und man diejenigen, die unter der Linie, und die unter dem vierzigsten nördlichen und südlichen Breitengrade nicht unterscheiden kann.« *Noticias americanas* Cap. 17 Kein alter Schriftsteller hat die beiden Anschauungsweisen, nach denen man sich noch gegenwärtig von der Verschiedenheit benachbarter Völker nach Farbe und Gesichtszügen Rechenschaft gibt, klarer angedeutet, als TACITUS im Leben des *Agricola.* Er unterscheidet zwischen der erblichen Anlage und dem Einfluß des Klima, und thut keinen Ausspruch als ein Philosoph, der gewiß weiß, daß wir von den ersten Ursachen der Dinge nichts wissen.»Habitus corporum varii atque ex eo argumenta. Seu durante originis vi, seu procurrentibus in diversa terris, positio coeli corporibus habitum dedit.« *Agricola.* cap. 11

Zehntes Kapitel.

Zweiter Aufenthalt in Cumana. – Erdbeben. –
Ungewöhnliche Meteore.

Wir blieben wieder einen Monat in Cumana. Die beschlossene Fahrt auf dem Orinoco und Rio Negro erforderte Zurüstungen aller Art. Wir mußten die Instrumente auswählen, die sich auf engen Canoes am leichtesten fortbringen ließen; wir mußten uns für eine zehnmonatliche Reise im Binnenlande, das in keinem Verkehr mit den Küsten steht, mit Geldmitteln versehen. Da astronomische Ortsbestimmung der Hauptzweck dieser Reise war, so war es mir von großem Belang, daß mir die Beobachtung einer Sonnenfinsterniß nicht entging, die Ende Oktobers eintreten sollte. Ich blieb lieber bis dahin in Cumana, wo der Himmel meist schön und heiter ist. An den Orinoco konnten wir nicht mehr kommen, und das hohe Thal von Caracas war für meinen Zweck minder günstig wegen der Dünste, welche die nahen Gebirge umziehen. Wenn ich die Länge von Cumana genau bestimmte, so hatte ich einen Ausgangspunkt für die chronometrischen Bestimmungen, auf die ich allein rechnen konnte, wenn ich mich nicht lange genug aufhielt, um Mondsdistanzen zu nehmen oder die Jupiterstrabanten zu beobachten.

Fast hätte ein Unfall mich genöthigt, die Reise an den Orinoco aufzugeben oder doch lange hinauszuschieben. Am 27. Oktober, den Tag vor der Sonnenfinsterniß, gingen wir, wie gewöhnlich, am Ufer des Meerbusens, um der Kühle zu genießen und das Eintreten der Fluth zu beobachten, die an diesem Seestrich nicht mehr als 12–13 Zoll beträgt. Es war acht Uhr Abends und der Seewind hatte sich noch nicht aufgemacht. Der Himmel war bedeckt und bei der Windstille war es unerträglich heiß. Wir gingen über den Strand zwischen dem Landungsplatz und der Vorstadt der Guaiqueries. Ich hörte hinter mir gehen, und wie ich mich umwandte, sah ich einen hochgewachsenen Mann von der Farbe der **Zambos**, nackt bis zum Gürtel. Er hielt fast über meinem Kopf eine **Macana**, einen dicken, unten keulenförmig dicker werdenden Stock aus Palmholz. Ich wich dem Schlage aus, indem ich links zur Seite sprang. Bonpland, der mir zur Rechten ging, war nicht so glücklich; er hatte den Zambo später bemerkt als ich, und erhielt über der Schläfe einen Schlag, der ihn zu Boden streckte. Wir waren allein, unbewaffnet, eine halbe Meile von jeder Wohnung auf einer weiten Ebene an der See. Der Zambo kümmerte sich nicht mehr um mich, sondern ging langsam davon und nahm Bonplands Hut auf, der die Gewalt des Schlags etwas gebrochen hatte und weit weggeflogen war. Aufs Aeußerste erschrocken, da ich meinen Reisegefährten zu Boden stürzen und eine Weile bewußtlos daliegen sah, dachte ich nur an ihn. Ich half ihm aufstehen; der Schmerz und der Zorn gaben ihm doppelte Kraft. Wir stürzten auf den Zambo zu, der, sey es aus Feigheit, die bei diesem Menschenschlag gemein ist, oder weil er von weitem Leute am Strande sah, nicht auf uns wartete und dem **Tunal** zulief, einem kleinen Buschwerk aus Fackeldisteln und baumartigen Avicennien. Zufällig fiel er unterwegs, Bonpland, der zunächst an ihm war, rang mit ihm und setzte sich dadurch der äußersten Gefahr aus. Der Zambo zog ein langes Messer aus seinem Beinkleid, und im ungleichen Kampfe wären wir sicher verwundet worden, wären nicht biscayische Handelsleute, die auf dem Strande Kühlung suchten, uns zu Hülfe gekommen. Als der Zambo sich umringt sah, gab er die Gegenwehr auf; er entsprang wieder, und nachdem wir ihm lange durch die stachligten Cactus nachgelaufen, schlüpfte er in einen Viehstall, aus dem er sich ruhig herausholen und ins Gefängniß führen ließ.

Bonpland hatte in der Nacht Fieber; aber als ein kräftiger Mann, voll der Munterkeit, die eine der kostbarsten Gaben ist, welche die Natur einem Reisenden verleihen kann, ging er schon des andern Tags wieder seiner Arbeit nach. Der Schlag der Macana hatte bis zum Scheitel die Haut gequetscht und er spürte die Nachwehen mehrere Monate während unseres Aufenthaltes in Caracas. Beim Bücken, um Pflanzen aufzunehmen, wurde er mehreremale von einem, Schwindel befallen, der uns befürchten ließ, daß im Schädel etwas ausgetreten seyn möchte. Zum Glück war diese Besorgniß ungegründet, und die Symptome, die uns Anfangs beunruhigt, verschwanden nach und nach. Die Einwohner von Cumana bewiesen uns die rührendste Theilnahme. Wir hörten, der Zambo sey aus einem der indianischen Dörfer gebürtig, die um den großen See Maracaybo liegen. Er hatte auf einem Caperschiff von St. Domingo gedient und war in Folge eines Streits mit dem Capitän, als das Schiff aus dem Hafen von Cumana auslief, an der Küste zurückgelassen worden. Er hatte das Signal bemerkt, das wir aufstellen lassen, um die Höhe der Fluth zu beobachten, und hatte gelauert, um uns auf dem Strande anzufallen. Aber wie kam es, daß er, nachdem er einen von uns niedergeschlagen, sich mit dem Raub eines Hutes zu begnügen schien? Im Verhör waren seine Antworten so verworren und albern, daß wir nicht klug aus der Sache werden konnten; meist behauptete er, seine Absicht sey nicht gewesen, uns zu berauben; aber in der Erbitterung über die schlechte Behandlung am Bord des Capers von St. Domingo, habe er dem Drang, uns eines zu versetzen, nicht widerstehen können, sobald er uns habe französisch sprechen hören. Da der Rechtsgang hier zu Lande so langsam ist, daß die Verhafteten, von denen die Gefängnisse wimmeln, sieben, acht Jahre auf ihr Urtheil warten müssen, so hörten wir wenige Tage nach unserer Abreise von Cumana nicht ohne Befriedigung, der Zambo sey aus dem Schlosse San Antonio entsprungen.

Trotz des Unfalls, der Bonpland betroffen, war ich andern Tags, am 28. October um fünf Uhr Morgens auf dem Dach unseres Hauses, um mich zur Beobachtung der Sonnenfinsterniß zu rüsten. Der Himmel war klar und rein. Die Sichel der Venus und das Sternbild des Schiffes, das durch seine gewaltigen Nebelflecke nahe aneinander so stark hervortritt, verschwanden in den Strahlen der aufgehenden Sonne. Ich hatte mir zu einem so schönen Tag um so mehr Glück zu wünschen, als ich seit mehreren Wochen wegen der Gewitter, die regelmäßig zwei, drei Stunden nach dem Durchgang der Sonne durch den Meridian in Süd und Südost aufzogen, die Uhren nicht nach correspondirenden Höhen hatte richten können. Ein röthlichter Dunst, der in den tiefen Luftschichten auf den Hygrometer fast gar nicht wirkt, verschleierte bei Nacht die Sterne. Diese Erscheinung war sehr ungewöhnlich, da man in andern Jahren oft drei, vier Monate lang keine Spur von Wolken und Nebel sieht. Ich konnte den Verlauf und das Ende der Sonnenfinsterniß vollständig beobachten. Das Ende der Finsterniß war um 2 Uhr 14 Minuten 23,4 Secunden mittlerer Zeit in Cumana. Das Ergebniß meiner Beobachtung wurde nach den alten Tafeln von Ciccolini in Bologna und Triesnecker in Wien berechnet und in der *Conaissance des temps* (im neunten Jahrgang) veröffentlicht. Dieses Ergebniß wich um nicht weniger als um 1 Minute 9 Secunden Zeit von der Länge ab, die der Chronometer mir ergeben; dasselbe wurde aber von Oltmanns nach den neuen Mondtafeln von Burg und den Sonnentafeln von Delambre noch einmal berechnet, und jetzt stimmten Sonnenfinsterniß und Chronometer bis auf 10 Secunden überein. Ich führe diesen merkwürdigen Fall, wo ein Fehler durch die neuen Tafeln auf 1/7 reducirt wurde, an, um die Reisenden darauf aufmerksam zu machen, wie sehr es in ihrem Interesse liegt, die kleinsten Umstände bei ihren einzelnen Beobachtungen aufzuzeichnen und bekannt zu machen. Die vollkommene Uebereinstimmung zwischen den Jupiterstrabanten und den Angaben des Chronometers, von der ich mich an Ort und Stelle überzeugt, hatten mir großes Zutrauen zu Louis Berthoud's Uhr gegeben, so oft sie nicht auf den Maulthieren starken Stößen ausgesetzt war.

Die Tage vor und nach der Sonnenfinsterniß boten sehr auffallende atmosphärische Erscheinungen. Wir waren im hiesigen sogenannten Winter, das heißt in der Jahreszeit des bewölkten Himmels und der kurzen Gewitterregen. Vom 10. October bis 3. November stieg mit Einbruch der Nacht ein röthlichter Nebel am Horizont auf und zog in wenigen Minuten einen mehr oder minder dichten Schleier über das blaue Himmelsgewölbe. Der Saussuresche Hygrometer zeigte keineswegs größere Feuchtigkeit an, sondern ging vielmehr oft von 90° auf 83° zurück. Die Hitze bei Tag war 28–32°, also für diesen Strich der heißen Zone sehr stark. Zuweilen verschwand der Nebel mitten in der Nacht auf einmal, und im Augenblick, wo ich die Instrumente aufstellte, bildeten sich blendend weiße Wolken im Zenith und dehnten sich bis zum Horizont aus. Am 18. October waren diese

Wolken so auffallend durchsichtig, daß man noch Sterne der vierten Größe dadurch sehen konnte. Die Mondflecken sah ich so deutlich, daß es war, als stünde die Scheibe vor den Wolken. Diese standen ausnehmend hoch und bildeten Streifen, die, wie durch elektrische Abstoßung, in gleichen Abständen fortliefen. Es sind dieß dieselben kleinen weißen Dunstmassen, die ich auf den Gipfeln der höchsten Anden über mir gesehen, und die in mehreren Sprachen **Schäfchen**, *moutons* heißen. Wenn der röthliche Nebel den Himmel leicht überzog, so behielten die Sterne der ersten Größen, die in Cumana über 20–25 Grad hoch fast nie flimmern, nicht einmal im Zenith ihr ruhiges, planetarisches Licht. Sie flimmerten in allen Höhen, wie nach einem starken Gewitterregen. Diese Wirkung eines Nebels, der auf den Hygrometer an der Erdoberfläche nicht wirkte, erschien mir auffallend. Ich blieb einen Theil der Nacht auf einem Balkon sitzen, wo ich einen großen Theil des Horizonts übersah. Unter allen Himmelsstrichen hat es viel Anziehendes für mich, bei heiterem Himmel ein großes Sternbild ins Auge zu fassen und zuzusehen, wie Haufen von Dunstbläschen sich bilden, wie um einen Kern anschießen, verschwinden und sich von neuem bilden.

Zwischen dem 28. October und 3. November war der röthlichte Nebel dicker als je bisher; bei Nacht war die Hitze erstickend, obgleich der Thermometer nur auf 26° stand. Der Seewind, der meist von acht oder neun Uhr Abends die Luft abkühlt, ließ sich gar nicht spüren. Die Luft war wie in Gluth; der staubigte, ausgedörrte Boden bekam überall Risse. Am 4. November gegen zwei Uhr Nachmittags hüllten dicke, sehr schwarze Wolken die hohen Berge Brigantin und Tataraqual ein. Sie rückten allmählich bis ins Zenith. Gegen vier Uhr fing es an über uns zu donnern, aber ungemein hoch, ohne Rollen, trockene, oft kurz abgebrochene Schläge. Im Moment, wo die stärkste elektrische Entladung stattfand, um 4 Uhr 12 Minuten, erfolgten zwei Erdstöße, 15 Secunden hinter einander. Das Volk schrie laut auf der Straße. Bonpland, der über einen Tisch gebeugt Pflanzen untersuchte, wurde beinahe zu Boden geworfen. Ich selbst spürte den Stoß sehr stark, obgleich ich in einer Hängematte lag. Die Richtung des Stoßes war, was in Cumana ziemlich selten vorkommt, von Nord nach Süd. Sklaven, die aus einem 18–20 Fuß tiefen Brunnen am Manzanares Wasser schöpften, hörten ein Getöse wie einen starken Kanonenschuß. Das Getöse schien aus dem Brunnen herauf zu kommen, eine auffallende Erscheinung, die übrigens in allen Ländern Amerikas, die den Erdbeben ausgesetzt sind, häufig vorkommt.

Einige Minuten vor dem ersten Stoß trat ein heftiger Sturm ein, dem ein elektrischer Regen mit großen Tropfen folgte. Ich beobachtete sogleich die Elektricität der Luft mit dem Voltaschen Elektrometer. Die Kügelchen wichen vier Linien auseinander; die Elektricität wechselte oft zwischen positiv und negativ, wie immer bei Gewittern und im nördlichen Europa zuweilen selbst bei Schneefall. Der Himmel blieb bedeckt und auf den Sturm folgte eine Windstille, welche die ganze Nacht anhielt. Der Sonnenuntergang bot ein Schauspiel von seltener Pracht. Der dicke Wolkenschleier zerriß dicht am Horizont wie zu Fetzen, und die Sonne erschien 12 Grad hoch auf indigoblauem Grunde. Ihre Scheibe war ungemein stark in die Breite gezogen, verschoben und am Rande ausgeschweift. Die Wolken waren vergoldet und Strahlenbündel in den schönsten Regenbogenfarben liefen bis zur Mitte des Himmels auseinander. Aus dem großen Platze war viel Volk versammelt. Letztere Erscheinung, das Erdbeben, der Donnerschlag während desselben, der rothe Nebel seit so vielen Tagen, Alles wurde der Sonnenfinsterniß zugeschrieben.

Gegen neun Uhr Abends erfolgte ein dritter Erdstoß, weit schwächer als die ersten, aber begleitet von einem deutlich vernehmbaren unterirdischen Geräusch. Der Barometer stand ein klein wenig tiefer als gewöhnlich, aber der Gang der stündlichen Schwankungen oder der kleinen atmosphärischen H Ebbe und Fluth wurde durchaus nicht unterbrochen. Das Quecksilber stand im Moment, wo der Erdstoß eintrat, eben auf dem Minimum der Höhe; es stieg wieder bis elf Uhr Abends und fiel dann wieder bis vier ein halb Uhr Morgens, vollkommen entsprechend dem Gesetze der barometrischen Schwankungen. In der Nacht vom 3. zum 4. November war der röthlichte Nebel so dick, daß ich den Ort, wo der Mond stand, nur an einem schönen Hof von 12 Grad Durchmesser erkennen konnte.

Es waren kaum zweiundzwanzig Monate verflossen, seit die Stadt Cumana durch ein Erdbeben fast gänzlich zerstört worden. Das Volk sieht die Nebel, welche den Horizont umziehen, und das Ausbleiben des Seewindes bei Nacht für sichere schlimme Vorzeichen an. Wir erhielten viele Besuche, die sich erkundigten, ob unsere Instrumente nene Stöße für den andern Tag anzeigten. Besonders groß und allgemein wurde die Unruhe, als am 5. November, zur selben Stunde wie Tags zuvor, ein heftiger Sturm eintrat, dem ein Donnerschlag und ein paar Tropfen Regen folgten; aber es ließ sich kein Stoß spüren. Sturm und Gewitter kamen fünf oder sechs Tage zur selben Stunde, ja fast zur selben Minute wieder. Schon seit langer Zeit haben die Einwohner von Cumana und so vieler Orte unter den Tropen die Beobachtung gemacht, daß scheinbar ganz zufällige atmosphärische Veränderungen wochenlang mit erstaunlicher Regelmäßigkeit nach einem gewissen Typus eintreten. Dieselbe Erscheinung kommt Sommers auch im gemäßigten Erdstrich vor und ist dem Scharfblick der Astronomen nicht entgangen. Häufig sieht man nämlich bei heiterem Himmel drei, vier Tage hinter einander an derselben Stelle des Himmels sich Wolken bilden, nach derselben Richtung fortziehen und sich in derselben Höhe wieder auflösen, bald vor, bald nach dem Durchgang eines Sterns durch den Meridian, also bis auf wenige Minuten zur selben **wahren Zeit**.

Das Erdbeben vom 4. November, das erste, das ich erlebt, machte einen um so stärkeren Eindruck auf mich, da es, vielleicht zufällig, von so auffallenden meteorischen Erscheinungen begleitet war. Auch war es eine wirkliche Hebung von unten nach oben, kein wellenförmiger Stoß. Ich hätte damals nicht geglaubt, daß ich nach langem Aufenthalt auf den Hochebenen von Quito und an den Küsten von Peru mich selbst an ziemlich starke Bewegungen des Bodens so sehr gewöhnen würde, wie wir in Europa an das Donnern gewöhnt sind. In der Stadt Quito dachten wir gar nicht mehr daran, bei Nacht aufzustehen, wenn ein unterirdisches Gebrülle (*bramidos*) das immer vom Vulkan Pichincha herzukommen scheint (2–3, zuweilen 7–8 Minuten vorher) einen Stoß ankündigte, dessen Stärke nur selten mit dem Grad des Getöses im Verhältniß steht. Die Sorglosigkeit der Einwohner, die wissen, daß in dreihundert Jahren ihre Stadt nicht zerstört worden ist, theilt sich bald selbst dem ängstlichsten Fremden mit. Ueberhaupt ist es nicht so sehr die Besorgniß vor Gefahr, als die eigenthümliche Empfindung, was einen so sehr aufregt, wenn man zum erstenmal auch nur einen ganz leichten Erdstoß empfindet.

Von Kindheit auf prägen sich unserer Vorstellung gewisse Contraste ein; das Wasser gilt uns für ein bewegliches Element, die Erde für eine unbewegliche, träge Masse. Tiefe Begriffe sind das Produkt der täglichen Erfahrung und hängen mit allen unsern Sinneseindrücken zusammen. Läßt sich ein Erdstoß spüren, wankt die Erde in ihren alten Grundfesten, die wir für unerschütterlich gehalten, so ist eine langjährige Täuschung in einen Augenblick zerstört. Es ist als erwachte man, aber es ist kein angenehmes Erwachen; man fühlt, die vorausgesetzte Ruhe der Natur war nur eine scheinbare, man lauscht hinfort auf das leiseste Geräusch, man mißtraut zum erstenmal einem Boden, auf den man so lange zuversichtlich den Fuß gesetzt. Wiederholen sich die Stöße, treten sie mehrere Tage hinter einander häufig ein, so nimmt dieses Zagen bald ein Ende. Im Jahr 1784 waren die Einwohner von Mexico so sehr daran gewöhnt, unter ihren Füßen donnern zuhören, wie wir an den Donner in der Luft. Der Mensch faßt sehr schnell wieder Zutrauen, und an den Küsten von Peru gewöhnt man sich am Ende an die Schwankungen des Bodens, wie der Schiffer an die Stöße, die das Fahrzeug von den Wellen erhält.

Der röthlichte Dunst, der kurz nach Sonnenuntergang den Horizont umzog, hatte seit dem 7. November aufgehört. Die Luft war wieder so rein wie sonst und das Himmelsgewölbe zeigte im Zenith das Dunkelblau, das den Klimaten eigen ist, wo die Wärme, das Licht und große Gleichförmigkeit der elektrischen Spannung mit einander die vollständigste Auflösung des Wassers in der Luft zu bewirken scheinen. In der Nacht vom siebten zum achten beobachtete ich die Immersion des zweiten Jupiterstrabanten. Die Streifen des Planeten waren deutlicher, als ich sie je zuvor gesehen.

Einen Theil der Nacht verwendete ich dazu, die Lichtstärke der schönen Sterne am südlichen Himmel zu vergleichen. Ich hatte schon zur See sorgfältige Beobachtungen der Art angestellt und setzte sie später bei meinem Aufenthalt in Lima, Guayaquil und Mexico in beiden Hemisphären fort. Es war über ein halbes Jahrhundert verflossen, seit Lacaille den Strich des Himmels, der in Europa unsichtbar ist, untersucht hatte. Die Sterne nahe am Südpol werden meist so oberflächlich und so wenig anhaltend beobachtet, daß in ihrer Lichtstärke und in ihrer eigenen Bewegung die größten Veränderungen eintreten können, ohne daß die Astronomen das Geringste davon erfahren. Ich glaube Veränderungen der Art in den Sternbildern des Kranichs und des Schiffes wahrgenommen zu haben. Nach einem Mittel aus sehr vielen Schätzungen habe ich die relative Lichtstärke der großen Sterne in nachstehender Reihenfolge abnehmen sehen: Sirius, Canopus, α des Centauren, Achernar, β des Centauren, Fomalhaut, Rigel, Procyon, Beteigeuze, ε des großen Hundes, δ des großen Hundes, α des Kranichs, α des Pfauen. Diese Arbeit, deren numerische Ergebnisse ich anderswo veröffentlicht habe, wird an Bedeutung gewinnen, wenn nach je 50–60 Jahren Reisende die Lichtstärke der Sterne von Neuem beobachten und darin Wechsel wahrnehmen, die entweder von Vorgängen an der Oberfläche der Himmelskörper oder von ihrem veränderten Abstand von unserem Planetensystem herrühren.

Hat man in unsern nördlichen Himmelsstrichen und in der heißen Zone lange mit denselben Fernröhren beobachtet, so ist man überrascht, wie deutlich in letzterer, in Folge der Durchsichtigkeit der Luft und der geringeren Schwächung des Lichts, die Doppelsterne, die Trabanten des Jupiters und gewisse Nebelsterne erscheinen. Bei gleich heiterem Himmel glaubt man bessere Instrumente unter den Händen zu haben, so viel deutlicher, so viel schärfer begrenzt zeigen sich diese Gegenstände unter den Tropen. So viel ist sicher, wird einst Südamerika der Mittelpunkt einer ausgebreiteten Cultur, so muß die physische Astronomie ungemeine Fortschritte machen, sobald man einmal anfängt im trockenen, heißen Klima von Cumana, Coro und der Insel Margarita den Himmel mit vorzüglichen Werkzeugen zu beobachten. Des Rückens der Cordilleren erwähne ich dabei nicht, weil, einige ziemlich dürre Hochebenen in Mexico und Peru ausgenommen, auf sehr hohen Plateaus, auf solchen, wo der Luftdruck um 10–11 Zoll geringer ist als an der Meeresfläche, die Luft nebligt und die Witterung sehr veränderlich ist. Sehr reine Luft, wie sie in den Niederungen in der trockenen Jahreszeit fast beständig vorkommt, bietet vollen Ersatz für die hohe Lage und die verdünnte Luft auf den Plateaus.

Die Nacht vom 11. zum 12. November war kühl und ausnehmend schön. Gegen Morgen, von halb drei Uhr an, sah man gegen Ost höchst merkwürdige Feuermeteore. Bonpland, der aufgestanden war, um auf der Galerie der Kühle zu genießen, bemerkte sie zuerst. Tausende von Feuerkugeln und Sternschnuppen fielen hinter einander, vier Stunden lang. Ihre Richtung war sehr regelmäßig von Nord nach Süd; sie füllten ein Stück des Himmels, das vom wahren Ostpunkt 30 Grad nach Nord und nach Süd reichte. Auf einer Strecke von 60 Graden sah man die Meteore in Ostnordost und Ost über den Horizont aufsteigen, größere oder kleinere Bogen beschreiben und, nachdem sie in der Richtung des Meridians fortgelaufen, gegen Süd niederfallen. Manche stiegen 40 Grad hoch, alle höher als 25–30 Grad. Der Wind war in der niedern Luftregion sehr schwach und blies aus Ost; von Wolken war keine Spur zu sehen. Nach Bonplands Aussage war gleich zu Anfang der Erscheinung kein Stück am Himmel so groß als drei Monddurchmesser, das nicht jeden Augenblick von Feuerkugeln und Sternschnuppen gewimmelt hätte. Der ersteren waren wenigere; da man ihrer aber von verschiedenen Größen sah, so war zwischen diesen beiden Classen von Erscheinungen unmöglich eine Grenze zu ziehen. Alle Meteore ließen 8–10 Grad lange Lichtstreifen hinter sich zurück, was zwischen den Wendekreisen häufig vorkommt. Die Phosphorescenz dieser Lichtstreifen hielt 7–8 Secunden an. Manche Sternschnuppen hatten einen sehr deutlichen Kern von der Größe der Jupiterscheibe, von dem sehr stark leuchtende Lichtfunken ausfuhren. Die Feuerkugeln schienen wie durch Explosion zu platzen; aber die größten, von 1–1° 13' Durchmesser, verschwanden ohne Funkenwerfen und ließen leuchtende, 15–20 Minuten breite Streifen (*'trabes'*) hinter sich. Das Licht der Meteore war weiß, nicht röthlicht, wahrscheinlich weil die Luft ganz dunstfrei und sehr durchsichtig war. Aus demselben Grunde haben unter den Tropen die Sterne erster Größe beim Aufgehen ein auffallend weißeres Licht als in Europa.

Fast alle Einwohner von Cumana sahen die Erscheinung mit an, weil sie vor vier Uhr aus den Häusern gehen, um die Frühmesse zu hören. Der Anblick der Feuerkugeln war ihnen keineswegs gleichgültig; die ältesten erinnerten sich, daß dem großen Erdbeben des Jahres 1766 ein ganz ähnliches Phänomen vorausgegangen war. In der indianischen Vorstadt waren die Guaiqueries auf den Beinen; sie behaupteten, »das Feuerwerk habe um ein Uhr Nachts begonnen, und als sie vom Fischfang im Meerbusen zurückgekommen, haben sie schon Sternschnuppen, aber ganz kleine, im Osten aufsteigen sehen.« Sie versicherten zugleich, auf dieser Küste seyen nach zwei Uhr Morgens Feuermeteore sehr selten.

Von vier Uhr an hörte die Erscheinung allmählich auf; Feuerkugeln und Sternschnuppen wurden seltener; indessen konnte man noch eine Viertelstunde nach Sonnenaufgang mehrere an ihrem weißen Licht und dem raschen Hinfahren erkennen. Dieß erscheint nicht so auffallend, wenn ich daran erinnere, daß im Jahr 1788 in der Stadt Popayan am hellen Tage das

Innere der Häuser durch einen ungeheuer großen Meteorstein stark erleuchtet wurde; er ging um ein Uhr Nachmittags bei hellem Sonnenschein über die Stadt weg. Am 26. September 1800, während unseres zweiten Aufenthalts in Cumana, gelang es Bonpland und mir, nachdem wir die Immersion des ersten Jupiterstrabanten beobachtet, 18 Minuten nachdem sich die Sonnenscheibe über den Horizont erhoben, den Planeten mit bloßem Auge deutlich zu sehen. Gegen Ost war sehr leichtes Gewölk, aber Jupiter stand auf blauem Grunde. Diese Fälle beweisen, wie rein und durchsichtig die Luft zwischen den Wendekreisen ist. Die Masse des zerstreuten Lichts ist desto kleiner, je vollständiger der Wasserdunst aufgelöst ist. Dieselbe Ursache, welche der Zerstreuung des Sonnenlichts entgegenwirkt, vermindert auch die Schwächung des Lichts, das von den Feuerkugeln, vom Jupiter, vom Mond am zweiten Tag nach der Conjunction ausgeht.

Der 12. November war wieder ein sehr heißer Tag und der Hygrometer zeigte eine für dieses Klima sehr starke Trockenheit an. Auch zeigte sich der röthlichte, den Horizont umschleiernde Dunst wieder und stieg 14 Grad hoch herauf. Es war das letztemal, daß man ihn in diesem Jahre sah. Ich bemerke hier, daß derselbe unter dem schönen Himmel von Cumana im Allgemeinen so selten ist, als er in Acapulco auf der Westküste von Mexico häufig vorkommt.

Da bei meinem Abgang von Europa die Physiker durch Chladnis Untersuchungen auf Feuerkugeln und Sternschnuppen besonders aufmerksam geworden waren, so versäumten wir auf unserer Reise von Caracas nach dem Rio Negro nicht, uns überall zu erkundigen, ob am 12. November die Meteore gesehen worden seyen. In einem wilden Lande, wo die Einwohner größtentheils im Freien schlafen, konnte eine so außerordentliche Erscheinung nur da unbemerkt bleiben, wo sie sich durch bewölkten Himmel der Beobachtung entzog. Der Kapuziner in der Mission San Fernando de Apure, die mitten in den Savanen der Provinz Barinas liegt, die Franciskaner an den Fällen des Orinoco und in Maroa am Rio Negro hatten zahllose Sternschnuppen und Feuerkugeln das Himmelsgewölbe beleuchten sehen. Maroa liegt 174 Meilen südwestlich von Cumana. Alle diese Beobachter verglichen das Phänomen mit einem schönen Feuerwerk, das von drei bis sechs Uhr Morgens gewährt. Einige Geistliche hatten diesen Tag in ihrem Ritual angemerkt, andere bezeichneten denselben nach den nächsten Kirchenfesten, leider aber erinnerte sich keiner der Richtung der Meteore oder ihrer scheinbaren Höhe. Nach der Lage der Berge und dichten Wälder, welche um die Missionen an den Cataracten und um das kleine Dorf Maroa liegen, mögen die Feuerkugeln noch 20 Grad über dem Horizont sichtbar gewesen seyn. Am Südende von spanisch Guyana, im kleinen Fort San Carlos, traf ich Portugiesen, die von der Mission San Jose dos

Maravitanos den Rio Negro herauf gefahren waren. Sie versicherten mich, in diesem Theile Brasiliens sey die Erscheinung zum wenigsten bis San Gabriel das Cachoeiras, also bis zum Aequator sichtbar gewesen.[14]

Ich wunderte mich sehr über die ungeheure Höhe, in der die Feuerkugeln gestanden haben mußten, um zu gleicher Zeit in Cumana und an der Grenze von Brasilien, auf einer Strecke von 230 Meilen gesehen zu werden. Wie staunte ich aber, als ich bei meiner Rückkehr nach Europa erfuhr, die selbe Erscheinung sey auf einem 64 Breite- und 91 Längegrade großen Stück des Erdballs, unter dem Aequator, in Südamerika, in Labrador und in Deutschland gesehen worden! Auf der Ueberfahrt von Philadelphia nach Bordeaux fand ich zufällig in den Verhandlungen der pennsylvanischen Gesellschaft die betreffende Beobachtung des Astronomen der Vereinigten Staaten, Ellicot (unter 30 Grad 42 Minuten), und als ich von Neapel wieder nach Berlin ging, auf der Göttinger Bibliothek den Bericht der mährischen Missionare bei den Eskimos. Bereits war damals von mehreren Physikern die Frage besprochen worden, ob die Beobachtungen im Norden und die in Cumana, die Bonpland und ich schon im Jahr 1800 bekannt gemacht, denselben Gegenstand betreffen.

Ich gebe im Folgenden eine gedrängte Zusammenstellung der Beobachtungen: 1) Die Feuermeteore wurden gegen Ost und Ost-Nord-Ost, bis zu 40 Grad über dem Horizont, von 2–6 Uhr Morgens gesehen in Cumana (Breite 10° 27' 52", Länge 66° 30'), in Porto-Cabello (Breite 10° 6' 52", Länge 67° 5') und an der Grenze von Brasilien in der Nähe des Aequators unter 70° der Länge vom Pariser Meridian. 2) In französisch Guyana (Breite 40° 56', Länge 54° 35') »sah man den Himmel gegen Norden wie in Flammen stehen. Anderthalb Stunden lang schossen unzählige Sternschnuppen durch den Himmel und verbreiteten ein so starkes Licht, daß man die Meteore mit den sprühenden Funkengarben bei einem Feuerwerk vergleichen konnte.« Für diese Thatsache liegt ein höchst achtungswerthes Zeugniß vor, das des Grafen Marbois, der damals als ein Opfer seines Rechtssinns und seiner Anhänglichkeit an verfassungsmäßige Freiheit als Deportirter in Cayenne lebte. 3) Der Astronom der Vereinigten Staaten, Ellicot, befand sich, nachdem er trigonometrische Vermessungen zur Grenzberichtigung am Ohio vollendet hatte, am 12. November im Kanal von Bahama unter 25 Grad der Breite und 81° 50' der Länge. Er sah am ganzen Himmel »so viel Meteore als Sterne; sie fuhren nach allen Richtungen dahin; manche schienen senkrecht niederzufallen und man glaubte jeden Augenblick, sie werden aufs Schiff herabkommen.« Dasselbe wurde auf dem Festland von Amerika bis zum 30° 43' der Breite beobachtet. 4) In Labrador zu Nain (Breite 56° 55') und Hoffenthal (Breite 58°,4'), in Grönland zu Lichtenau (Breite 61° 5') und Neu-Herrnhut (Breite 64° 14', Länge 52° 20') erschraken die Eskimos über die ungeheure Menge Feuerkugeln, die in der

Dämmerung nach allen Himmelsgegenden niederfielen, »und von denen manche einen Schuh breit waren.« 5) In Deutschland sah der Pfarrer von Itterstädt bei Weimar, Zeising (Breite 50° 59', östliche Länge 9° 1'), am 12. November zwischen 6 und 7 Uhr Morgens (als es in Cumana zwei ein halb Uhr war) einige Sternschnuppen mit sehr weißem Licht. »Kurz darauf erschienen gegen Süd und Südwest 4–6 Fuß lange, röthliche Lichtstreifen, ähnlich denen einer Rakete. In der Morgendämmerung zwischen 7 und 8 Uhr sah man von Zeit zu Zeit den Himmel durch weißlichte, in Schlangenlinien am Horizont hinfahrende Blitze stark beleuchtet. In der Nacht war es kälter geworden und der Barometer war gestiegen.« Sehr wahrscheinlich hätte das Meteor noch weiter ostwärts in Polen und Rußland gesehen werden können. Ohne die umständliche Angabe, die Ritter den Papieren des Pfarrers von Itterstädt entnommen, hätten wir auch geglaubt, die Feuerkugeln seyen außerhalb der Grenzen der neuen Welt nicht gesehen worden.

Von Weimar an den Rio Negro sind es 1800 Seemeilen, vom Rio Negro nach Herrnhut in Grönland 1300 Lieues. Sind an so weit auseinander gelegenen Punkten dieselben Meteore gesehen worden, so setzt dieß für dieselben eine Höhe von 411 Meilen voraus. Bei Weimar zeigten sich die Lichtstreifen gegen Süd und Südwest, in Cumana gegen Ost und Ost-Nord-Ost. Man könnte deßhalb glauben, zahllose Aerolithen müßten zwischen Afrika und Südamerika westwärts von den Inseln des grünen Vorgebirges ins Meer gefallen seyn. Wie kommt es aber, daß die Feuerkugeln, die in Labrador und Cumana verschiedene Richtungen hatten, am letzteren Orte nicht gegen Nord gesehen wurden, wie in Cayenne? Man kann nicht vorsichtig genug seyn mit einer Annahme, zu der es noch an guten, an weit aus einander gelegenen Orten angestellten Beobachtungen fehlt. Ich möchte fast glauben, daß die Chaymas in Cumana nicht dieselben Feuerkugeln gesehen haben, wie die Portugiesen in Brasilien und die Missionäre in Labrador; immer aber bleibt es unzweifelhaft (und diese Thatsache scheint mir höchst merkwürdig), daß in der neuen Welt zwischen 46° und 82° der Länge, vom Aequator bis zu 64° der Breite in denselben Stunden eine ungeheure Menge Feuerkugeln und Sternschnuppen gesehen worden ist. Auf einem Flächenraum von 921,000 Quadratmeilen erschienen die Meteore überall gleich glänzend.

Die Physiker (Benzenberg und Brandes), welche in neuerer Zeit über die Sternschnuppen und ihre Parallaxen so mühsame Untersuchungen angestellt haben, betrachten sie als Meteore, die der äußersten Grenze unseres Luftkreises, dem Raum zwischen der Region des Nordlichts und der der leichtesten Wolken[15] angehören. Es sind welche beobachtet worden, die nur 14,000 Toisen, etwa 5 Meilen hoch waren, und die höchsten scheinen nicht über 30 Meilen hoch zu seyn. Sie haben häufig über 100 Fuß Durchmesser und ihre Geschwindigkeit ist so bedeutend, daß sie in wenigen Secunden zwei Meilen zurücklegen. Man hat welche gemessen, die fast senkrecht oder unter einem Winkel von 50 Grad von unten nach oben liefen. Aus diesem sehr merkwürdigen Umstand hat man geschlossen, daß die Sternschnuppen keine Meteorsteine sind, die, nachdem sie lange gleich Himmelskörpern durch den Raum gezogen, sich entzünden, wenn sie zufällig in unsere Atmosphäre gerathen, und zur Erde fallen.

Welchen Ursprung nun auch diese Feuermeteore haben mögen, so hält es schwer, sich in einer Region, wo die Luft verdünnter ist als im luftleeren Raum unserer Luftpumpen, wo (in 25,000 Toisen Höhe) das Quecksilber im Barometer nicht 12/1000 Linie hoch stünde, sich eine plötzliche Entzündung zu denken. Allerdings kennen wir das bis auf 3/1000 gleichförmige Gemisch der atmosphärischen Luft nur bis zu 3000 Toisen Höhe, folglich nicht über die höchste Schichte der flockigten Wolken hinauf. Man könnte annehmen, bei den frühesten Umwälzungen des Erdballs seyen Gase, die uns bis jetzt ganz unbekannt geblieben, in die Luftregion aufgestiegen, in der sich die Sternschnuppen bewegen; aber aus genauen Versuchen mit Gemischen von Gasen von verschiedenem specifischem Gewicht geht hervor, daß eine oberste, von den untern Schichten ganz verschiedene Luftschicht undenkbar ist. Die gasförmigen Körper mischen sich und durchdringen einander bei der geringsten Bewegung, und im Laufe der Jahrhunderte hätte sich ein gleichförmiges Gemisch herstellen müssen, wenn man nicht eine abstoßende Kraft ins Spiel bringen will, von der an keinem der uns bekannten Körper etwas zu bemerken ist. Nimmt man ferner in den uns unzugänglichen Regionen der Feuermeteore, der Sternschnuppen, der Feuerkugeln und des Nordlichts eigenthümliche luftförmige Flüssigkeiten an, wie will man es erklären, daß sich nicht die ganze Schicht dieser Flüssigkeiten zumal entzündet, daß vielmehr Gasausströmungen, gleich Wolken, einen begrenzten Raum einnehmen? Wie soll man sich ohne die Bildung von Dünsten, die einer ungleichen Ladung fähig sind, eine elektrische Entladung denken, und das in einer Luft, deren mittlere Temperatur vielleicht 250° unter Null beträgt, und die so verdünnt ist, daß die Compression durch den elektrischen Schlag so gut wie keine Wärme mehr entbinden kann? Diese Schwierigkeiten würden großentheils beseitigt, wenn man die Sternschnuppen nach der Richtung, in der sie sich bewegen, als Körper mit festem Kern, als **kosmische** (dem Himmelsraum außerhalb unseres Luftkreises angehörige), nicht als **tellurische** (nur unserem Planeten angehörige) Erscheinungen betrachten könnte.

Hatten die Meteore in Cumana nur die Höhe, in der sich die Sternschnuppen gewöhnlich bewegen, so konnten dieselben Meteore an Punkten, die 310 Meilen aus einander liegen, über dem Horizont gesehen werden. Wie außerordentlich muß nun an jenem 12. November in den hohen

Luftregionen die Neigung zur Verbrennung gesteigert gewesen seyn, damit vier Stunden lang Milliarden von Feuerkugeln und Sternschnuppen fallen konnten, die am Aequator, in Grönland und in Deutschland gesehen wurden! Benzenberg macht die scharfsinnige Bemerkung, daß dieselbe Ursache, aus der das Phänomen häufiger eintritt, auch auf die Größe der Meteore und ihre Lichtstärke Einfluß äußert. In Europa sieht man in den Nächten, in denen am meisten Sternschnuppen fallen, immer auch sehr stark leuchtende unter ganz kleinen. Durch das Periodische daran wird die Erscheinung noch interessanter. In manchen Monaten zählte Brandes in unserem gemäßigten Erdstrich nur 60–80 Sternschnuppen in der Nacht, in andern steigt die Zahl auf 2000. Sieht man eine vom Durchmesser des Sirius oder des Jupiter, so kann man sicher darauf rechnen, daß hinter diesem glänzenden Meteor viele kleinere kommen. Fallen in einer Nacht sehr viele Sternschnuppen, so ist es höchst wahrscheinlich, daß dieß mehrere Wochen anhält. In den hohen Luftregionen, an der äußersten Grenze, wo Centrifugalkraft und Schwere sich ausgleichen, scheint periodisch eine besondere Disposition zur Bildung von Feuerkugeln, Sternschnuppen und Nordlichtern einzutreten. Hängt die Periodicität dieser wichtigen Erscheinung vom Zustand der Atmosphäre ab, oder von etwas, das der Atmosphäre von auswärts zukommt, während die Erde in der Ekliptik fortrückt? Von alle dem wissen wir gerade so viel, wie zur Zeit des Anaxagoras.

Was die Sternschnuppen für sich betrifft, so scheinen sie mir, nach meiner eigenen Erfahrung, unter den Wendekreisen häufiger zu seyn als in gemäßigten Landstrichen, über den Festländern und an gewissen Küsten häufiger als auf offener See. Ob wohl die strahlende Oberfläche des Erdballs und die elektrische Ladung der tiefen Luftregionen, die nach der Beschaffenheit des Bodens und nach der Lage der Continente und Meere sich ändert, ihre Einflüsse noch in Höhen äußern, wo ewiger Winter herrscht? Daß in gewissen Jahreszeiten und über manchen dürren, pflanzenlosen Ebenen der Himmel auch nicht die kleinsten Wolken zeigt, scheint darauf hinzudeuten, daß dieser Einfluß sich wenigstens bis zur Höhe von 5–600 Toisen geltend macht. In einem von Vulkanen starrenden Land, auf der Hochebene der Anden ist vor dreißig Jahren eine ähnliche Erscheinung wie die am 12. November beobachtet worden. Man sah in der Stadt Quito nur an Einem Stück des Himmels, über dem Vulkan Cayambe, Sternschnuppen in solcher Menge aufsteigen, daß man meinte, der ganze Berg stehe in Feuer. Dieses außerordentliche Schauspiel dauerte über eine Stunde; das Volk lief auf der Ebene von Exido zusammen, wo man eine herrliche Aussicht auf die höchsten Gipfel der Cordilleren hat. Schon war eine Procession im Begriffe vom Kloster San Francisco aufzubrechen, als man gewahr wurde, daß das Feuer am Horizont von Feuermeteoren herrührte, die bis zur Höhe von 12 bis 15 Grad nach allen Richtungen durch den Himmel schoßen.

14.

In Santa-Fe de Bogota, in Popayan und in der südlichen Halbkugel in Quito und Peru habe ich Niemand getroffen, der die Meteore gesehen hätte. Vielleicht war nur der Zustand der Atmosphäre, der in diesen westlichen Ländern sehr veränderlich ist, daran Schuld.

15.

Nach meinen Beobachtungen auf dem Rücken der Anden in mehr als 2700 Toisen Meereshöhe über die **Schäfchen** oder kleinen weißen, gekräuselten Wolken schätzte ich die Höhe derselben zuweilen auf mehr als [] Toisen über der Küste.

Elftes Kapitel.

Reise von Cumana nach Guayra. – Morro de Nueva Barcelona. – Das Vorgebirg Codera. – Weg von Guayra nach Caracas.

Am 18. November um acht Uhr Abends waren wir unter Segel, um längs der Küste von Cumana nach dem Hafen von Guayra zu fahren, aus dem die Einwohner von Venezuela den größten Theil ihrer Produkte ausführen. Es sind nur 60 Meilen und die Ueberfahrt währt meist nur 36–40 Stunden. Den kleinen Küstenfahrzeugen kommen Wind und Strömungen zumal zu gut; letztere streichen mehr oder minder stark von Ost nach West längs den Küsten von Terra Firma hin, besonders zwischen den Vorgebirgen Paria und Chichibacoa. Der Landweg von Cumana nach Neu-Barcelona und von da nach Caracas ist so ziemlich im selben Zustand wie vor der Entdeckung von Amerika. Man hat mit allen Hindernissen eines morastigen Bodens, zerstreuter Felsblöcke und einer wuchernden Vegetation zu kämpfen; man muß unter freiem Himmel schlafen, die Thäler des Unare, Tuy und Capaya durchziehen und über Ströme setzen, die wegen der Nähe des Gebirgs rasch anschwellen. Zu diesen Hindernissen kommt die Gefahr, die der Reisende läuft, weil das Land sehr ungesund ist, besonders die Niederungen zwischen der Küstenkette und dem Meeresufer, von der Bucht von Mochima bis Coro. Letztere Stadt aber, die von einem ungeheuren Gehölz von Fackeldisteln und stachlichten Cactus umgeben ist, verdankt, gleich Cumana, ihr gesundes Klima dem dürren Boden und dem Mangel an Regen.

Man zieht zuweilen den Weg zu Land dem zur See vor, wenn man von Caracas nach Cumana zurückgeht und nicht gerne gegen die Strömung fährt. Der Courier von Caracas braucht dazu neun Tage; wir sahen häufig Leute, die sich ihm angeschlossen, in Cumana krank an Typhus und miasmatischen Fiebern ankommen. Der Baum, dessen Rinde[16] ein treffliches Heilmittel gegen diese Fieber ist, wächst in denselben Thälern, am Saume derselben Wälder, deren Ausdünstungen so gefährlich sind. Der kranke Reisende macht Halt in einer Hütte, deren Bewohner nichts davon wissen, daß die Bäume, welche die Thalgründe umher beschatten, das Fieber vertreiben.

Als wir zur See von Cumana nach Guayra gingen, war unser Plan der: wir wollten bis zum Ende der Regenzeit in Caracas bleiben, von dort über die großen Ebenen oder **Llanos** in die Missionen am Orinoco reisen, diesen ungeheuren Strom südlich von den Cataracten bis zum Rio Negro und zur Grenze von Brasilien hinauffahren und über die Hauptstadt des spanischen Guyana, gemeiniglich wegen ihrer Lage **Angostura**, d. h. Engpaß geheißen, nach Cumana zurückkehren. Wie lange wir zu dieser Reise von 700 Meilen, wovon wir über zwei Drittheile im Canoe zu machen hatten, brauchen würden, ließ sich unmöglich bestimmen. Auf den Küsten kennt man nur das Stück des Orinoco nahe an seiner Mündung; mit den Missionen besteht lediglich kein Handelsverkehr. Was jenseits der Llanos liegt, ist für die Einwohner von Cumana und Caracas unbekanntes Land. Die einen glauben, die mit Rasen bedeckten Ebenen von Calabozo ziehen sich achthundert Meilen gegen Süd fort und stehen mit den Steppen oder Pampas von Buenos Ayres in Verbindung; andere halten wegen der großen Sterblichkeit unter den Truppen Iturriagas und Solanos auf ihrem Zug an den Orinoco alles Land südlich von den Kataraktem von Amtes für äußerst ungesund. In einem Lande, wo man so wenig reist, findet man Gefallen daran, den Fremden gegenüber die Gefahren, die vom Klima, von wilden Thieren und Menschen drohen, zu übertreiben. Wir waren an diese Abschreckungsmittel, welche die Colonisten mit naiver und gutgemeinter Offenheit in Anwendung bringen, noch nicht gewöhnt; trotzdem hielten wir an dem einmal gefaßten Entschlusse fest. Wir konnten auf die Theilnahme und Unterstützung des Statthalters der Provinz, Don Vicente Emparan, uns verlassen, so wie auf die Empfehlungen der Franziscanermönche, welche an den Ufern des Orinoco die eigentlichen Herren sind.

Zum Glück für uns war einer dieser Geistlichen, Juan Gonzales, eben in Cumana. Dieser junge Mönch war nur ein Laienbruder, aber sehr verständig, gebildet, voll Leben und Muth. Kurz nach seiner Ankunft auf der Küste hatte er sich bei Gelegenheit der Wahl eines neuen Gardians der Missionen von Piritu, wobei im Kloster zu Nueva Barcelona immer große Aufregung herrscht, das Mißfallen seiner Obern zugezogen. Die siegende Partei übte eine durchgreifende Reaction, welcher der Laienbruder nicht entgehen konnte. Er wurde nach Esmeralda geschickt, in die letzte Mission am obern Orinoco, berüchtigt durch die Unzahl bösartiger Insekten, welche Jahr aus Jahr ein die Luft erfüllen. Fray Juan Gonzales war mit den Wäldern zwischen den Katarakten und den Quellen des Orinoco vollkommen bekannt. Eine andere Umwälzung im republikanischen Regiment der Mönche hatte ihn seit einigen Jahren wieder an die Küste gebracht und er stand bei seinen Obern in verdienter Achtung. Er bestärkte uns in unserem Verlangen, die vielbestrittene Gabelung des Orinoco zu untersuchen; er ertheilte uns guten Rath für die Erhaltung der Gesundheit in einem Klima, in dem er selbst so lange an Wechselfiebern gelitten. Wir hatten das Vergnügen auf der Rückreise vom Rio Negro Frater Juan in Nueva Barcelona wieder anzutreffen. Da er sich in der Havana nach Cadix einschiffen wollte, übernahm er es gefällig, einen Theil unserer Pflanzensammlungen und unserer Insekten vom Orinoco nach Europa zu bringen, aber die Sammlungen gingen leider mit ihm zur See zu Grunde. Der vortreffliche junge Mann, der uns sehr zugethan war, und dessen muthvoller Eifer den

Missionen seines Ordens große Dienste hätte leisten können, kam im Jahr 1801 in einem Sturm an der afrikanischen Küste ums Leben.

Das Fahrzeug, in dem wir von Cumana nach Guayra[17] fuhren, war eines von denen, die zum Handel an den Küsten und mit den Antillen gebraucht werden. Sie sind dreißig Fuß lang und haben nicht mehr als drei Fuß Bord über Wasser; sie sind ohne Verdeck und laden gewöhnlich 200 bis 250 Centner. Obgleich die See vom Vorgebirge Codera bis Guayra sehr unruhig ist und sie ein ungeheures dreieckiges Segel führen, was bei den Windstößen, die aus den Bergschluchten herauskommen, nicht ohne Gefahr ist, hat man seit dreißig Jahren kein Beispiel, daß eines dieser Fahrzeuge auf der Ueberfahrt von Cumana an die Küste von Caracas gesunken wäre. Die indianischen Schiffer sind so gewandt, daß selbst bei ihren häufigen Fahrten von Cumana nach Guadeloupe oder den dänischen Inseln, die mit Klippen umgeben sind, ein Schiffbruch zu den Seltenheiten gehört. Diese 120 bis 150 Meilen weiten Fahrten auf offener See, wo man keine Küste mehr sieht, werden auf offenen Fahrzeugen, nach der Weise der Alten, ohne Beobachtung der Sonnenhöhe, ohne Seekarten, fast immer ohne Compaß unternommen. Der indianische Steuermann richtet sich bei Nacht nach dem Polarstern, bei Tag nach dem Sonnenlauf und dem Wind, der, wie er voraussetzt, selten wechselt. Ich habe Guayqueries und Steuerleute vom Schlage der Zambos gesehen, die den Polarstern nach der Linie zwischen und des großen Bären zu finden wußten, und es kam mir vor, als steuerten sie nicht sowohl nach dem Polarstern selbst als nach jener Linie. Man wundert sich, wie sie, so bald Land zu Gesicht kommt, richtig die Insel Guadeloupe oder Santa Cruz oder Portorico finden; aber im Ausgleichen der Abweichungen vom Curs sind sie nicht immer eben so glücklich. Wenn sich die Fahrzeuge unter dem Wind dem Lande nähern, kommen sie gegen Ost gegen Wind und Strömung nur sehr schwer weiter. In Kriegszeiten haben nun die Schiffer ihre Unwissenheit und ihre Unbekanntschaft mit dem Gebrauch des Octanten schwer zu büßen; denn die Caper kreuzen eben an den Vorgebirgen, welche die Fahrzeuge von Terra Firma, wenn sie von ihrem Curs abgekommen, in Sicht bekommen müssen, um ihres Weges gewiß zu seyn.

Wir fuhren rasch den kleinen Fluß Manzanares hinab, dessen Krümmungen Cocosbäume bezeichnen, wie Pappeln und alte Weiden in unsern Klimaten. Auf dem anstoßenden dürren Strande schimmerten auf den Dornbüschen, die bei Tag nur staubigte Blätter zeigen, da es noch Nacht war, viele tausend Lichtfunken. Die leuchtenden Insekten vermehren sich in der Regenzeit. Man wird unter den Tropen des Schauspiels nicht müde, wenn diese hin und her zuckenden röthlichen Lichter sich im klaren Wasser wiederspiegeln und ihre Bilder und die der Sterne am Himmelsgewölbe unter einander wimmeln.

Wir schieden vom Küstenlande von Cumana, als hätten wir lange da gelebt. Es war das erste Land, das wir unter einem Himmelsstrich betreten, nach dem ich mich seit meiner frühesten Jugend gesehnt hatte. Der Eindruck der Natur im indischen Klima ist so mächtig und großartig, daß man schon nach wenigen Monaten Aufenthalt lange Jahre darin verbracht zu haben meint. In Europa hat der Nordländer und der Bewohner der Niederung selbst nach kurzem Besuch eine ähnliche Empfindung, wenn er vom Golf von Neapel, von der köstlichen Landschaft zwischen Tivoli und dem See von Nemi, oder von der wilden, großartigen Scenerie der Hochalpen und Pyrenäen scheidet. Ueberall in der gemäßigten Zone zeigt die Physiognomie der Pflanzenwelt nur wenige Contraste. Die Fichten und Eichen auf den Gebirgen Schwedens haben Familienähnlichkeit mit denen, die unter dem schönen Himmel Griechenlands und Italiens wachsen. Unter den Tropen dagegen, in den Tiefländern beider Indien erscheint Alles neu und wunderbar in der Natur. Auf freiem Feld, im Waldesdickicht fast nirgends ein Bild, das an Europa mahnt; denn von der Vegetation hängt der Charakter einer Landschaft ab; sie wirkt auf unsere Einbildungskraft durch ihre Masse, durch den Contrast zwischen ihren Gebilden und den Glanz ihrer Farben. Je neuer und mächtiger die Eindrücke sind, desto mehr löschen sie frühere Eindrücke aus, und durch die Stärke erhalten sie den Anschein der Zeitdauer. Ich berufe mich auf alle, die mit mehr Sinn für die Schönheiten der Natur als für die Reize des geselligen Lebens lange in der heißen Zone gelebt haben. Das erste Land, das ihr Fuß betreten, wie theuer und denkwürdig bleibt es ihnen ihr Lebenlang! Oft, und bis ins höchste Alter, regt sich in ihnen ein dunkles Sehnsuchtsgefühl, es noch einmal zu sehen. Cumana und sein staubigter Boden stehen noch jetzt weit öfter vor meinem inneren Auge als alle Wunder der Cordilleren. Unter dem schönen südlichen Himmel wird selbst ein Land fast ohne Pflanzenwuchs reizend durch das Licht und die Magie der in der Luft spielenden Farben. Die Sonne beleuchtet nicht allein, sie färbt die Gegenstände, sie umgibt sie mit einem leichten Duft, der, ohne die Durchsichtigkeit der Luft zu mindern, die Farben harmonischer macht, die Lichteffekte mildert und über die Natur eine Ruhe ausgießt, die sich in unserer Seele wiederspiegelt. Um den gewaltigen Eindruck der Landschaften beider Indien, selbst kärglich bewaldeter Küstenstriche zu begreifen, bedenke man nur, daß von Neapel dem Aequator zu der Himmel in dem Verhältniß immer schöner wird, wie von der Provence nach Unteritalien.

Wir liefen während der Fluth über die Barre, welche der kleine Manzanares an seiner Mündung gebildet hat. Der abendliche Seewind schwellte sanft die Gewässer des Meerbusens von Cariaco. Der Mond war noch nicht aufgegangen, aber der Theil der Milchstraße zwischen den Füßen des Centauren und dem Sternbild des Schützen schien einen Silberschimmer auf die Meeresfläche zu werfen. Der weiße Fels, auf dem das Schloß San Antonio steht, tauchte zuweilen zwischen den hohen Wipfeln der Cocospalmen am

Ufer auf. Nicht lange, so erkannten wir die Küste nur noch an den zerstreuten Lichtern fischender Guayqueries: da empfanden wir doppelt den Reiz des Landes und das schmerzliche Gefühl, scheiden zu müssen. Vor fünf Monaten hatten wir dieses Ufer betreten, wie ein neu entdecktes Land, Fremdlinge in der ganzen Umgebung, in jeden Busch, an jeden feuchten, schattigen Ort nur mit Zagen den Fuß setzend. Jetzt, da diese Küste unsern Blicken entschwand, lebten Erinnerungen daran in uns, die uns uralt dünkten. Boden, Gebirgsart, Gewächse, Bewohner, mit Allem waren wir vertraut geworden.

Wir steuerten zuerst nach Nord-Nord-West, indem wir auf die Halbinsel Araya zuhielten; dann fuhren wir dreißig Meilen nach West und West-Süd-West. In der Nähe der Bank, die das Vorgebirge Arenas umgibt und bis zu den Bergölquellen von Maniquarez fortstreicht, hatten wir ein belebtes Schauspiel, dergleichen die starke Phosphorescenz der See in diesem Klima so häufig bietet. Schwärme von Tummlern zogen unserem Fahrzeug nach. Ihrer fünfzehn oder sechzehn schwammen in gleichem Abstand von einander. Wenn sie nun bei der Wendung mit ihren breiten Flossen auf die Wasserfläche schlugen, so gab es einen starken Lichtschimmer; es war, als bräche Feuer aus der Meerestiefe. Jeder Schwarm ließ beim Durchschneiden der Wellen einen Lichtstreif hinter sich zurück. Dieß fiel uns um so mehr auf, da außerdem die Wellen nicht leuchteten. Da der Schlag eines Ruders und der Stoß des Schiffes in dieser Nacht nur schwache Funken gaben, so muß man wohl annehmen, daß der starke Lichtschein, der von den Tummlern ausging, nicht allein vom Schlag ihrer Flossen herrührte, sondern auch von der gallertartigen Materie, die ihren Körper überzieht und vom Stoß der Wellen abgerieben wird.

Um Mitternacht befanden wir uns zwischen nackten Felseninseln, die wie Bollwerke aus dem Meere steigen; es ist die Gruppe der Caracas- und Chimanaseilande. Der Mond war aufgegangen und beschien die zerklüfteten, kahlen, seltsam gestalteten Felsmassen. Zwischen Cumana und Cap Codera bildet das Meer jetzt eine Art Bucht, eine leichte Einbiegung in das Land. Die Eilande Picua, Picuita, Caracas und Boracha erscheinen als Trümmer der alten Küste, die vom Bordones in der gleichen Richtung von Ost nach West lief. Hinter diesen Inseln liegen die Busen Mochima und Santa Fe, die sicher eines Tages stark besuchte Häfen werden. Das zerrissene Land, die zerbrochenen, stark fallenden Schichten, alles deutet hier auf eine große Umwälzung hin, vielleicht dieselbe, welche die Kette der Urgebirge gesprengt und die Glimmerschiefer von Araya und der Insel Margarita vom Gneiß des Vorgebirges Codera losgerissen hat. Mehrere dieser Inseln sieht man in Cumana von den flachen Dächern, und dort zeigen sich an ihnen in Folge der verschiedenen Temperatur der über einander gelagerten Luftschichten die sonderbarsten Verrückungen und Luftspiegelungen. Diese Felsen sind schwerlich über 150 Toisen hoch, aber Nachts bei Mondlicht scheinen sie von sehr bedeutender Höhe.

Man mag sich wundern, Inseln, die Caracas heißen, so weit von der Stadt dieses Namens, der Küste der Cumanagotos gegenüber zu finden; aber Caracas bedeutete in der ersten Zeit nach der Eroberung keinen Ort, sondern einen Indianerstamm. Die Gruppen der sehr gebirgigten Eilande, an denen wir nahe hinfuhren, entzog uns den Wind, und mit Sonnenaufgang trieben uns schmale Wasserfäden in der Strömung auf Boracha zu, das größte der Eilande. Da die Felsen fast senkrecht aufsteigen, so fällt der Meeresgrund steil ab und auf einer andern Fahrt habe ich Fregatten hier so nahe ankern sehen, daß sie beinahe ans Land stießen. Die Lufttemperatur war bedeutend gestiegen, seit wir zwischen den Inseln des kleinen Archipels hinfuhren. Das Gestein erhitzt sich am Tage und gibt bei Nacht die absorbirte Wärme durch Strahlung zum Theil wieder ab. Je mehr die Sonne über den Horizont stieg, desto weiter warfen die zerrissenen Berge ihre gewaltigen Schatten auf die Meeresfläche. Die Flamingos begannen ihren Fischfang allenthalben, wo nur in einer Bucht vor dem Kalkgestein ein schmaler Strand hinlief. Alle diese Eilande sind jetzt ganz unbewohnt; aber auf einer der Caracas leben wilde, braune, sehr große, schnellfüßige Ziegen mit – wie unser Steuermann versicherte – sehr wohlschmeckendem Fleisch. Vor dreißig Jahren hatte sich eine weiße Familie daselbst niedergelassen und Mais und Manioc gebaut. Der Vater überlebte allein alle scine Kinder. Da sich sein Wohlstand gehoben hatte, kaufte er zwei schwarze Sklaven, und dieß ward sein Verderben: er wurde von seinen Sklaven erschlagen. Die Ziegen verwilderten, nicht so die Kulturgewächse. Der Mais in Amerika, wie der Weizen in Europa, scheinen sich nur durch die Pflege des Menschen zu erhalten, an den sie seit seinen frühesten Wanderungen gekettet sind. Wohl wachsen diese nährenden Gräser hin und wieder aus verstreuten Samen auf; wenn sie sich aber selbst überlassen bleiben, so gehen sie ein, weil die Vögel die Samen aufzehren. Die beiden Sklaven von der Insel Caracas entgingen lange dem Arm der Gerechtigkeit; für ein an so einsamem Ort begangenes Verbrechen war es schwer Beweise aufzubringen. Der eine dieser Schwarzen ist jetzt in Cumana der Henker. Er hatte seinen Genossen angegeben, und da es an einem Nachrichter fehlte, so begnadigte man nach dem barbarischen Landesbrauch den Sklaven unter der Bedingung, daß er alle Verhafteten aufknüpfte, gegen die längst das Todesurtheil gefällt war. Man sollte kaum glauben, daß es Menschen gibt, die roh genug sind, um ihr Leben um solchen Preis zu erkaufen und mit ihren Händen diejenigen abzuthun, die sie Tags zuvor verrathen haben.

Wir verließen den Ort, an den sich so traurige Erinnerungen knüpfen, und ankerten ein paar Stunden auf der Rhede von Nueva Barcelona an der Mündung des Flusses Neveri, dessen indianischer (cumanagotischer) Namen

Inipiricuar lautet. Der Fluß wimmelt von Krokodilen, die sich zuweilen bis auf die hohe See hinaus wagen, besonders bei Windstille. Sie gehören zu der Art, die im Orinoco so häufig vorkommt und dem egyptischen Crokodil so sehr gleicht, daß man sie lange zusammengeworfen hat. Man sieht leicht ein, daß ein Thier, dessen Körper in einer Art Panzer steckt, für die Schärfe des Salzwassers nicht sehr empfindlich seyn kann. Schon Pigasetta sah, wie er in seinem kürzlich in Mailand erschienenen Tagebuch erzählt, auf der Küste der Insel Borneo Crokodile, die so gut in der See wie am Lande leben. Diese Beobachtungen werden für die Geologie von Bedeutung, seit man in dieser Wissenschaft die Süßwasserbildungen näher ins Auge faßt, so wie das auffallende Durcheinanderliegen von versteinerten See- und Süßwasserthieren in manchen sehr neuen Ablagerungen.

Der Hafen von Barcelona, der auf unsern Karten kaum angegeben ist, treibt seit 1795 einen sehr lebhaften Handel. Aus diesem Hafen werden größtentheils die Produkte der weiten Steppen ausgeführt, die sich vom Südabhang der Küstenkette bis zum Orinoco ausbreiten und sehr reich sind an Vieh aller Art, fast so reich wie die Pampas von Buenos-Ayres. Die Handelsindustrie dieser Länder gründet sich auf den Bedarf der großen und kleinen Antillen an gesalzenem Fleisch, Rindvieh, Maulthieren und Pferden. Da die Küsten von Terra Firma der Insel Cuba in einer Entfernung von 15–18 Tagereisen gegenüber liegen, so beziehen die Handelsleute in der Havana, zumal im Frieden, ihren Bedarf lieber aus dem Hafen von Barcelona, als daß sie das Wagniß einer langen Seefahrt in die andere Halbkugel zur Mündung des Rio de la Plata übernähmen. Von der schwarzen Bevölkerung von 1,300,000 Köpfen, die der Archipel der Antillen schon jetzt zählt, kommen auf Cuba allein über 230,000 Sklaven, deren Nahrung aus Gemüßen, gesalzenem Fleisch und getrockneten Fischen besteht. Jedes Fahrzeug, das gesalzenes Fleisch oder **Tasajo** von Terra Firma führt, ladet 20 bis 30,000 Arobas, deren Handelswerth über 45,000 Piaster beträgt. Barcelona ist besonders für den Viehhandel gut gelegen. Die Thiere kommen in drei Tagen aus den Llanos in den Hafen, während sie wegen der Gebirgskette des Bergantin und des Imposible nach Cumana acht bis neun brauchen. Nach den Angaben, die ich mir verschaffen konnte, wurden in den Jahren 1799 und 1800 in Barcelona 8000, in Porto-Cabello 6000, in Carupano 3000 Maulthiere nach den spanischen, englischen und französischen Inseln eingeschifft. Wie viele aus Burburata, Coro und aus den Mündungen des Guarapiche und Orinoco ausgeführt werden, weiß ich nicht genau; aber trotz der Einflüsse, durch welche die Zahl der Thiere in den Llanos von Cumana, Barcelona und Caracas herabgebracht worden ist, müssen, nach meiner Schätzung, diese unermeßlichen Steppen damals nicht unter 30,000 Maulthieren jährlich in den Handel mit den Antillen gebracht haben. Jedes Maulthier zu 26 Piaster (Kaufpreis) gerechnet, bringt also dieser Handelszweig allein gegen 3,700,000 Franken ein, abgesehen vom Gewinn durch die Schiffsfracht. De Pons, der sonst in seinen statistischen Angaben sehr genau ist, gibt kleinere Zahlen an. Da er nicht selbst die Llanos besuchen konnte, und da er als Agent der französischen Regierung sich fortwährend in der Stadt Caracas aufhalten mußte, so mögen die Besitzer der **Hatos** bei den Schätzungen, die sie ihm mittheilten, zu niedrig gegriffen haben.

Wir gingen am rechten Ufer des Neveri ans Land und bestiegen ein kleines Fort, el Morro de Barcelona, das 60–70 Toisen über dem Meere liegt. Es ist ein erst seit Kurzem befestigter Kalkfels. Er wird gegen Süd von einem weit höheren Berge beherrscht, und Sachverständige behaupten, es könnte dem Feind, nachdem er zwischen der Mündung des Flusses und dem Morro gelandet, nicht schwer werden, diesen zu umgehen und auf den umliegenden Höhen Batterien zu errichten. Vergebens warteten wir auf Nachricht über die englischen Kreuzer, die längs der Küsten stationirt waren. Zwei unserer Reisegefährten, Brüder des Marquis del Toro in Caracas, kamen aus Spanien, wo sie in der königlichen Garde gedient hatten. Es waren sehr gebildete Officiere, und sie kehrten jetzt nach langer Abwesenheit mit dem Brigadegeneral de Carigal und dem Grafen Tovar in ihr Heimathland zurück. Ihnen mußte noch mehr als uns davor bangen, aufgebracht und nach Jamaica geführt zu werden. Ich hatte keine Pässe von der Admiralität; aber im Vertrauen auf den Schutz, den die großbritannische Regierung Reisenden gewährt, die bloß wissenschaftliche Zwecke verfolgen, hatte ich gleich nach meiner Ankunft in Cumana an den Gouverneur der Insel Trinidad geschrieben und ihm mitgetheilt, was ich in diesen Ländern suchte. Die Antwort, die mir über den Meerbusen von Paria zukam, war sehr befriedigend.

Kurz bevor wir am 19. November Mittags unter Segel gingen, nahm ich Mondshöhen auf, um die Länge des Morro zu bestimmen. Die Meridiane von Cumana und von Barcelona, in welch letzterer Stadt ich im Jahr 1800 sehr viele astronomische Beobachtungen anstellte, liegen 34 Minuten 48 Secunden aus einander. Ich habe mich über diese Entfernung, über die damals viele Zweifel herrschten, anderswo ausgesprochen. Die Inclination der Magnetnadel fand ich gleich 42°,20; 224 Schwingungen gaben die Intensität der magnetischen Kraft an.

Vom Morro de Barcelona bis zum Vorgebirge Codera senkt sich das Land und zieht sich gegen Süden zurück; es streicht mit gleicher Wassertiefe drei Seemeilen weit in das Meer hinaus. Jenseits dieser Linie ist das Wasser 25–30 Faden tief. Die Temperatur des Meeres an der Oberfläche war 25°,9, als wir aber durch den schmalen Kanal zwischen den beiden Inseln Piritu mit drei Faden Tiefe liefen, zeigte der Thermometer nur noch 24°,5. Der Unterschied zeigte sich beständig; er wäre vielleicht bedeutender, wenn die Strömung, die rasch nach West zieht, tieferes Wasser heraufbrächte, und wenn nicht in einer so engen Durchfahrt das Land zur Erhöhung der

Meerestemperatur mitwirkte. Die Inseln Piritu gleichen den Bänken, die bei der Ebbe über Wasser kommen. Sie erheben sich nur 8–9 Zoll über den mittleren Wasserstand. Ihre Oberfläche ist völlig eben und mit Gras bewachsen, und man meint eine unserer nordischen Wiesen vor sich zu haben. Die Scheibe der untergehenden Sonne schien wie ein Feuerball über der Grasflur zu hängen. Ihre letzten, die Erde streifenden Strahlen beleuchteten die Grasspitzen, die der Abendwind stark hin und her wiegte. Wenn aber auch in der heißen Zone an tiefen, feuchten Orten Gräser und Riedgräser sich wie eine Wiese oder ein Rasen ausnehmen, so fehlt dem Bilde doch immer eine Hauptzierde, ich meine die mancherlei Wiesenblumen, die nur eben über die Gräser emporragen und sich vom ebenen grünen Grunde abheben. Bei der Kraft und Ueppigkeit der ganzen Vegetation ist unter den Tropen ein solcher Trieb in den Gewächsen, daß die kleinsten dicotyledonischen Pflanzen gleich zu Sträuchern werden. Man könnte sagen, die Liliengewächse, die unter den Gräsern wachsen, vertreten unsere Wiesenblumen. Sie fallen allerdings durch ihre Bildung stark ins Auge, sie nehmen sich durch die Mannigfaltigkeit und den Glanz ihrer Farben sehr gut aus, aber sie wachsen zu hoch und lassen so das harmonische Verhältniß nicht aufkommen, das zwischen den Gewächsen besteht, die bei uns den Rasen und die Wiese bilden. Die gütige Natur verleiht unter allen Zonen der Landschaft einen ihr eigenthümlichen Reiz des Schönen.

Man darf sich nicht wundern, daß fruchtbare Inseln so nahe der Küste gegenwärtig unbewohnt sind. Nur in der ersten Zeit der Eroberung, als die Caraiben, die Chaymas und Cumanagotos noch Herrn der Küsten waren, gründeten die Spanier auf Cubagua und Margarita Niederlassungen. Sobald die Eingeborenen unterworfen oder südwärts den Savanen zu gedrängt waren, ließ man sich lieber auf dem Festlande nieder, wo man die Wahl hatte unter Ländereien und Indianern, die man wie Lastthiere behandeln konnte. Lägen die kleinen Eilande Tortuga, Blanquilla und Orchilla mitten im Archipel der Antillen, so wären sie nicht unangebaut geblieben.

Schiffe mit bedeutendem Tiefgang fahren zwischen Terra Firma und der südlichsten der Piritu-Inseln. Da dieselben sehr niedrig sind, so ist ihre Nordspitze von den Schiffern, die in diesen Strichen dem Lande zufahren, sehr gefürchtet. Als wir uns westlich vom Morro von Barcelona und der Mündung des Rio Unare befanden, wurde das Meer, das bisher sehr still gewesen, immer unruhiger, je näher wir Cap Codera kamen. Der Einfluß dieses großen Vorgebirges ist in diesem Striche des Meeres der Antillen weithin fühlbar. Die Dauer der Ueberfahrt von Cumana nach Guayra hängt davon ab, ob man mehr oder weniger leicht um Cabo Codera herumkommt. Jenseits dieses Caps ist die See beständig so unruhig, daß man nicht mehr an der Küste zu seyn glaubt, wo man (von der Spitze von Paria bis zum

Vorgebirge San Romano) gar nichts von Stürmen weiß. Der Stoß der Wellen wurde auf unserem Fahrzeug schwer empfunden. Meine Reisegefährten litten sehr; ich aber schlief ganz ruhig, da ich, ein ziemlich seltenes Glück, nie seekrank werde. Es windete stark die Nacht über. Bei Sonnenaufgang am 20. November waren wir so weit, daß wir hoffen konnten das Cap in wenigen Stunden zu umschiffen, und wir gedachten noch am selben Tage nach Guayra zu kommen; aber unser Schiffer bekam wieder Angst vor den Capern, die dort vor dem Hafen lagen. Es schien ihm gerathen, sich ans Land zu machen, im kleinen Hafen Higuerote, über den wir schon hinaus waren, vor Anker zu gehen und die Nacht abzuwarten, um die Ueberfahrt fortzusetzen. Wenn man Leuten, die seekrank sind, vom Landen spricht, so weiß man zum voraus, wofür sie stimmen. Alle Vorstellungen halfen nichts, man mußte nachgeben, und schon um neun Uhr Morgens am 20. November lagen wir auf der Rhede in der Bucht von Higuerote, westwärts von der Mündung des Rio Capaya.

Wir fanden daselbst weder Dorf noch Hof, nur zwei oder drei von armen Fischern, Mestizen, bewohnte Hütten. Ihre gelbe Gesichtsfarbe und die auffallende Magerkeit der Kinder mahnten daran, daß diese Gegend eine der ungesundesten, den Fiebern am meisten unterworfenen auf der ganzen Küste ist. Die See ist hier so seicht, daß man in der kleinsten Barke nicht landen kann, ohne durch das Wasser zu gehen. Die Wälder ziehen sich bis zum Strande herunter, und diesen überzieht ein dichtes Buschwerk von sogenannten Wurzelträgern, Avicennien, Manschenillbäumen und der neuen Art der Gattung Suriana, die bei den Eingeborenen *'Romero de la mar'* heißt. Diesem Buschwerk, besonders aber den Ausdünstungen der Wurzelträger oder Manglebäume, schreibt man es hier, wie überall in beiden Indien, zu, daß die Luft so ungesund ist. Beim Landen kam uns auf 15–20 Klafter ein fader, süßlicher Geruch entgegen, ähnlich dem, den in verlassenen Bergwerksstollen, wo die Lichter zu verlöschen anfangen, das mit Schimmel überzogene Zimmerwerk verbreitet. Die Lufttemperatur stieg auf 34 Grad in Folge der Reverberation des weißen Sandes, der sich zwischen dem Buschwerk und den hochgipfligten Waldbäumen hinzog. Da der Boden einen ganz unbedeutenden Fall hat, so werden, so schwach auch Ebbe und Fluth hier sind, dennoch die Wurzeln und ein Theil des Stammes der Manglebäume bald unter Wasser gesetzt, bald trocken gelegt. Wenn nun die Sonne das nasse Holz erhitzt und den schlammigten Boden, die abgefallenen zersetzten Blätter und die im angeschwemmten Seetang hängenden Weichthiere gleichsam in Gährung versetzt, da bilden sich wahrscheinlich die schädlichen Gase, die sich der chemischen Untersuchung entziehen. Auf der ganzen Küste zeigt das Seewasser da, wo es mit den Manglebäumen in Berührung kommt, eine braungelbe Färbung.

Dieser Umstand fiel mir auf und ich sammelte daher in Higuerote ein ziemliches Quantum Wurzeln und Zweige, um gleich nach der Ankunft in Caracas mit dem Aufguß des Mangleholzes einige Versuche anzustellen. Der Aufguß mit heißem Wasser war braun, hatte einen zusammenziehenden Geschmack und enthielt ein Gemisch von Extractivstoff und Gerbstoff. Die Rhizophora, der Guy, der Kornelkirschbaum, alle Pflanzen aus den natürlichen Familien der Lorantheen und Caprifoliaceen haben dieselben Eigenschaften. Der Aufguß des Manglebaums wurde unter einer Glocke zwölf Tage lang mit atmosphärischer Luft in Berührung gebracht; die Reinheit derselben ward dadurch nicht merkbar vermindert. Es bildete sich ein kleiner flockigter, schwärzlichter Bodensatz, aber eine merkbare Absorption von Sauerstoff fand nicht statt. Holz und Wurzeln des Manglebaums wurden unter Wasser der Sonne ausgesetzt; ich wollte dabei nachahmen, was in der Natur auf der Küste bei steigender Fluth täglich vorgeht. Es entwickelten sich Luftblasen, die nach Verlauf von zehn Tagen ein Volumen von 33 Cubikzoll bildeten. Es war ein Gemisch von Stickstoff und Kohlensäure; Salpetergas zeigte kaum eine Spur von Sauerstoff an. Endlich ließ ich in einer Flasche mit eingeriebenem Stöpsel eine bestimmte Menge stark benetzter Manglewurzeln auf atmosphärische Luft einwirken. Aller Sauerstoff verschwand, und derselbe war keineswegs durch kohlensaures Gas ersetzt, denn das Kalkwasser zeigte von diesem nur 0,02 an. Ja die Verminderung des Volumens war bedeutender, als dem absorbirten Sauerstoff entsprach. Nach dieser nur noch flüchtigen Untersuchung war ich der Ansicht, daß die Luft in den Manglegebüschen durch das nasse Holz und die Rinde zersetzt wird, nicht durch die stark gelb gefärbte Schichte Seewasser, die längs der Küste einen deutlichen Streif bildet. In allen Graden der Zersetzung der Holzfaser habe ich nie, auch nur in Spuren, Schwefelwasserstoff sich entwickeln sehen, dem manche Reisende den eigenthümlichen Geruch unter den Manglebäumen zuschreiben. Durch die Zersetzung der schwefelsauren Erden und Alkalien und ihren Uebergang in schwefligtsaure Verbindungen wird ohne Zweifel aus manchen Strand- und Seegewächsen, wie aus den Tangen, Schwefelwasserstoff entbunden; ich glaube aber vielmehr, daß Rhizophora, Avicennia und Conocarpus die Luft besonders durch den thierischen Stoff verderben, den sie neben dem Gerbstoff enthalten. Diese Sträucher gehören zu den drei natürlichen Familien der Lorantheen, Combretaceen und Pyrenaceen, die reich sind an adstringirendem Stoff, und ich habe schon oben bemerkt, daß dieser Stoff selbst in der Rinde unserer Buchen, Erlen und Nußbäume mit Gallerte verbunden ist.

Uebrigens würde dichtes Buschwerk auf schlammigtem Boden schädliche Ausdünstungen Verbreiten, wenn es auch aus Bäumen bestände, die an sich keine der Gesundheit nachtheiligen Eigenschaften haben. Ueberall wo Manglebäume am Meeresufer wachsen, ziehen sich zahllose Weichthiere und

Insekten an den Strand. Diese Thiere lieben Beschattung und Zwielicht, und im dicken, verschlungenen Wurzelwerk, das wie ein Gitter über dem Wasser steht, finden sie Schutz gegen den Wellenschlag. Die Schaalthiere heften sich an das Gitter, die Crabben verkriechen sich in die hohlen Stämme, der Tang, den Wind und Fluth an die Küsten treiben, bleibt an den sich zum Boden niederneigenden Zweigen hängen. Auf diese Weise, indem sich der Schlamm zwischen den Wurzeln anhäuft, wird durch die Küstenwälder das feste Land allgemach vergrößert; aber während sie so der See Boden abgewinnen, nimmt dennoch ihre Breite fast nicht zu. Im Maaß, als sie vorrücken, gehen sie auch zu Grunde. Die Manglebäume und die andern Gewächse, die immer neben ihnen vorkommen, gehen ein, sobald der Boden trocken wird und sie nicht mehr im Salzwasser stehen. Ihre alten, mit Schaalthieren bedeckten, halb im Sand begrabenen Stämme bezeichnen nach Jahrhunderten den Weg, den sie bei ihrer Wanderung eingeschlagen, und die Grenze des Landstrichs, den sie dem Meere abgewonnen.

Die Bucht von Higuerote ist sehr günstig gelegen, um das Vorgebirge Codera, das sechs Seemeilen weit in seiner ganzen Breite vor einem daliegt, genau zu betrachten. Es imponirt mehr durch seine Masse als durch seine Höhe, die mir nach Höhenwinkeln, die ich am Strande gemessen, nicht über 200 Toisen zu betragen schien. Nach Nord, Ost und West fällt es steil ab, und man meint an diesen großen Profilen die fallenden Schichten zu unterscheiden. Die Schichten zunächst bei der Bucht strichen Nord 60° West und fielen unter 80° nach Nordwest. Am großen Berge Silla und östlich von Maniquarez auf der Landenge von Araya sind Streichung und Fall dieselben, und daraus scheint hervorzugehen, daß die Urgebirgskette dieser Landenge, die auf eine Strecke von 25 Meilen (zwischen den Meridianen von Maniquarez und Higuerote) vom Meere zerrissen oder verschlungen worden, im Cap Codera wieder auftritt und gegen West als Küstenkette fortstreicht.

Meinen Reisegefährten war bei der hochgehenden See vor dem Schlingern unseres kleinen Schiffes so bange, daß sie beschlossen, den Landweg von Higuerote nach Caracas einzuschlagen; derselbe führt durch ein wildes, feuchtes Land, durch die Montana de Capaja nördlich von Caucagua, durch das Thal des Rio Guatire und des Guarenas. Es war mir lieb, daß auch Bonpland diesen Weg wählte, auf dem er trotz des beständigen Regens und der ausgetretenen Flüsse viele neue Pflanzen zusammenbrachte. Ich selbst ging mit dem indianischen Steuermann allein zur See weiter; es schien mir zu gewagt, die Instrumente, die uns an den Orinoco begleiten sollten, aus den Augen zu lassen.

Wir gingen mit Einbruch der Nacht unter Segel. Der Wind war nicht sehr günstig und wir hatten viele Mühe, um Cap Codera herum zu kommen; die Wellen waren kurz und brachen sich häufig in einander; es gehörte die

Erschöpfung durch einen furchtbar heißen Tag dazu, um in einem kleinen, dicht am Wind segelnden Fahrzeug schlafen zu können. Die See ging um so höher, als der Wind bis nach Mitternacht der Strömung entgegen blies. Der zwischen den Wendekreisen überall bemerkliche Zug des Wassers gegen Westen ist an diesen Küsten nur während zwei Drittheilen des Jahrs deutlich zu spüren; in den Monaten September, October und November kommt es oft vor, daß die Strömung vierzehn Tage, drei Wochen lang nach Osten geht. Schon öfter konnten Schiffe auf der Fahrt nach Guayra oder Porto Cabello die Strömung, die von West nach Ost ging, nicht bewältigen, obgleich sie den Wind von hinten hatten. Die Ursache dieser Unregelmäßigkeiten ist bis jetzt nicht bekannt; die Schiffer schreiben sie Stürmen aus Nordwest im Golf von Mexico zu, aber diese Stürme sind im Frühjahr weit stärker als im Herbst. Bemerkenswerth ist dabei auch, daß die Strömung nach Osten geht, bevor der Seewind sich ändert; sie tritt bei Windstille ein, und erst nach einigen Tagen geht auch der Wind der Strömung nach und bläst beständig aus West. Während dieser Vorgänge bleiben die kleinen Schwankungen des Barometers auf und ab in ihrer Regelmäßigleit durchaus ungestört.

Mit Sonnenaufgang am 21. November befanden wir uns westwärts vom Cap Codera dem Curuao gegenüber. Der indianische Steuermann erschrack nicht wenig, als sich nordwärts in der Entfernung einer Seemeile eine englische Fregatte blicken ließ. Sie hielt uns wahrscheinlich für eines der Fahrzeuge, die mit den Antillen Schleichhandel trieben und – denn Alles organisirt sich mit der Zeit – vom Gouverneur von Trinidad unterzeichnete Lizenzscheine führten. Sie ließ uns durch das Boot, das auf uns zuzukommen schien, nicht einmal anrufen. Vom Cap Codera an ist die Küste felsigt und sehr hoch, und die Ansichten, die sie bietet, sind zugleich wild und malerisch. Wir waren so nahe am Land, daß wir die zerstreuten von Cocospalmen umgebenen Hütten unterschieden und die Massen von Grün sich vom braunen Grunde des Gesteins abheben sahen. Ueberall fallen die Berge drei, viertausend Fuß hoch steil ab; ihre Flanken werfen breite Schlagschatten über das feuchte Land, das sich bis zur See ausbreitet und geschmückt mit frischem Grün daliegt. Auf diesem Uferstrich wachsen großentheils die tropischen Früchte, die man auf den Märkten von Caracas in so großer Menge sieht. Zwischen dem Camburi und Niguatar ziehen sich mit Zuckerrohr und Mais bestellte Felder in enge Thäler hinauf, die Felsspalten gleichen. Die Strahlen der noch nicht hoch stehenden Sonne fielen hinein und bildeten die anziehendsten Contraste von Licht und Schatten.

Der Niguatar und die Silla bei Caracas sind die höchsten Gipfel dieser Küstenkette. Ersterer ist fast so hoch als der Canigu in den Pyrenäen; es ist als stiegen die Pyrenäen oder die Alpen, von ihrem Schnee entblöst, gerade aus dem Wasser empor, so gewaltig erscheinen einem die Gebirgsmassen, wenn man sie zum erstenmal von der See aus erblickt. Bei Caravalleda wird das bebaute Land breiter, Hügel mit sanftem Abhang erscheinen und die Vegetation reicht sehr weit hinauf. Man baut hier viel Zuckerrohr und die barmherzigen Brüder haben daselbst eine Pflanzung und 200 Sklaven. Die Gegend war früher den Fiebern sehr ausgesetzt, und man behauptet, die Luft sey gesünder geworden, seit man um einen Teich, dessen Ausdünstungen man besonders fürchtete, Bäume gepflanzt hat, so daß das Wasser weniger dem Sonnenstrahl ausgesetzt ist. Westlich von Caravalleda läuft wieder eine nackte Felsmauer bis an die See vor, sie ist aber von geringer Ausdehnung. Nachdem wir dieselbe umsegelt, lag das hübsch gelegene Dorf Macuto vor uns, weiterhin die schwarzen Felsen von Guayra mit ihren Batterien in mehreren Stockwerken über einander und in duftiger Ferne ein langes Vorgebirge mit kegelförmigen, blendend weißen Bergspitzen, *Cabo blanco*. Cocosnußbäume säumen das Ufer und geben ihm unter dem glühenden Himmel den Anschein von Fruchtbarkeit.

Nach der Landung im Hafen von Guayra traf ich noch am Abend Anstalt, um meine Instrumente nach Caracas schaffen zu lassen. Die Personen, denen ich empfohlen war, riethen mir, nicht in der Stadt zu schlafen, wo das gelbe Fieber erst seit wenigen Wochen aufgehört hatte, sondern über dem Dorfe Maiquetia in einem Hause auf einer kleinen Anhöhe, das dem kühlen Luftzug mehr ausgesetzt war als Guayra. Am 21. Abends kam ich in Caracas an, vier Tage früher als meine Reisegefährten, die auf dem Landweg zwischen Capaya und Curiepe durch die starken Regengüsse und die ausgetretenen Bergwasser viel auszustehen gehabt hatten. Um nicht öfters auf dieselben Gegenstände zurückzukommen, schließe ich der Beschreibung der Stadt Guayra und des merkwürdigen Weges, der von diesem Hafen nach Caracas führt, alle Beobachtungen an, die Bonpland und ich auf einem Ausflug nach Cabo Blanco zu Ende Januars 1800 gemacht. Da Depons die Gegend nach mir besucht hat, sein lehrreiches Werk aber vor dem meinen erschienen ist, so lasse ich mich auf eine nähere Beschreibung der Gegenstände, die er ausführlich behandelt hat, nicht ein.

Guayra ist vielmehr eine Rhede als ein Hafen; das Meer ist immer unruhig und die Schiffe werden vom Wind, von den Sandbänken, vom schlechten Ankergrund und den Bohrwürmern[18] zumal gefährdet. Das Laden ist mit großen Schwierigkeiten verbunden und wegen des starken Wellenschlags kann man hier nicht, wie in Nueva Barcelona und Porto Cabello, Maulthiere einschiffen. Die freien Neger und Mulatten, welche den Cacao an Bord der Schiffe bringen, sind ein Menschenschlag von ungemeiner Muskelkraft. Sie waten bis zu halbem Leibe durch das Wasser, und was sehr merkwürdig ist, sie haben von den Haisischen, die in diesem Hafen so häufig sind, nichts zu fürchten. Dieser Umstand scheint auf denselben Momenten zu beruhen, wie die Beobachtung, die ich unter den Tropen häufig an Thieren aus andern Klassen, die in Rudeln leben, wie an Affen und Crokodilen, gemacht habe.

In den Missionen am Orinoco und am Amazonenstrome wissen die Indianer, die Affen zum Verkauf fangen, ganz gut, daß die von gewissen Inseln leicht zu zähmen sind, während Affen derselben Art, die auf dem benachbarten Festland gefangen werden, aus Zorn oder Angst zu Grunde gehen, sobald sie sich in der Gewalt des Menschen sehen. Die Crokodile aus der einen Lache in den Llanos sind feig und ergreifen sogar im Wasser die Flucht, während die aus einer andern Lache äußerst unerschrocken angreifen. Aus den äußern Verhältnissen der Oertlichkeiten wäre diese Verschiedenheit in Gemüthsart und Sitten nicht leicht zu erklären. Mit den Haifischen im Hafen von Guayra scheint es sich ähnlich zu verhalten. Bei den Inseln gegenüber der Küste von Caracas, bei Noques, Bonayre und Curacao, sind sie gefährlich und blutgierig, während sie Badende in den Häfen von Guayra und Santa Marta nicht anfallen. Das Volk greift, um die Erklärung der Naturerscheinungen zu vereinfachen, überall zum Wunderbaren, und so glaubt es denn, an den genannten zwei Orten habe ein Bischof den Haien den Segen ertheilt.

Guayra ist ganz eigenthümlich gelegen; es läßt sich nur mit Santa Cruz auf Teneriffa vergleichen. Die Bergkette zwischen dem Hafen und dem hochgelegenen Thal von Caracas stürzt fast unmittelbar in die See ab und die Häuser der Stadt lehnen sich an eine schroffe Felswand. Zwischen dieser Wand und der See bleibt kaum ein 100–140 Toisen breiter ebener Raum. Die Stadt hat 6–8000 Einwohner und besteht nur aus zwei Straßen, die neben einander von Ost nach West laufen. Sie wird von der Batterie auf dem Cerro Colorado beherrscht und die Werke an der See sind gut angelegt und wohl erhalten. Der Anblick des Orts hat etwas Vereinsamtes, Trübseliges; man meint nicht auf einem mit ungeheuren Wäldern bedeckten Festland zu seyn, sondern auf einer felsigten Insel ohne Dammerde und Pflanzenwuchs. Außer Cabo Blanco und den Cocosnußbäumen von Maiquetia, besteht die ganze Landschaft aus dem Meereshorizont und dem blauen Himmelsgewölbe. Bei Tag ist die Hitze erstickend, und meistens auch bei Nacht. Das Klima von Guayra gilt mit Recht für heißer als das von Cumana, Porto Cabello und Coro, weil der Seewind schwächer ist und durch die Wärme, welche nach Sonnenuntergang von den senkrechten Felsen ausstrahlt, die Luft erhitzt wird. Man machte sich übrigens von der Luftbeschassenheit dieses Ortes und des ganzen benachbarten Küstenlandes eine unrichtige Vorstellung, wenn man nur die Temperaturen, wie der Thermometer sie angibt, vergleichen wollte. Eine stockende, in einer Bergschlucht eingeschlossene, mit nackten Felsmassen in Berührung stehende Luft wirkt auf unsere Organe ganz anders als eine gleich warme Luft in offener Gegend. Ich bin weit entfernt, die physische Ursache dieses Unterschieds nur in der verschiedenen elektrischen Ladung der Luft zu suchen, muß aber doch bemerken, daß ich etwas westlich von Guayra gegen Macuto zu, weit weg von den Häusern und über 300 Toisen von den Gneißfelsen, mehrere Tage lang kaum schwache Spuren von positiver Elektricität bemerken konnte, während in Cumana in denselben Nachmittagsstunden und am selben mit rauchendem Docht versehenen Voltaschen Elektrometer die Fliedermarkkügelchen 1–2 Linien auseinander gegangen waren. Ich verbreite mich weiter unten über die regelmäßigen täglichen Schwankungen in der elektrischen Spannung der Luft unter den Tropen, ein Verhältniß, das mit den Schwankungen in der Temperatur und mit dem Sonnenstand in auffallendem Zusammenhang steht.

Die von einem ausgezeichneten Arzt in Guayra neun Monate lang angestellten thermometrischen Beobachtungen, von denen ich Einsicht bekam, setzten mich in Stand, das Klima dieses Hafens mitdem von Cumana, Havana und Vera Cruz zu vergleichen. Diese Vergleichung erscheint um so interessanter, als der Gegenstand in den spanischen Colonien und unter den Seeleuten, die diese Länder besuchen, ein unerschöpflicher Stoff der Unterhaltung ist. Da in diesem Falle das Zeugniß der Sinne ungemein leicht täuscht, so läßt sich über die Verschiedenheit von Klimaten nur nach Zahlenverhältnissen urtheilen.

Die vier eben genannten Orte gelten für die heißesten auf dem Küstenstrich der neuen Welt; ihre Vergleichung mag dazu dienen, die schon öfters von uns gemachte Bemerkung zu bestätigen, daß im Allgemeinen nur das lange Anhalten einer hohen Temperatur, nicht die übermäßige Hitze oder die absolute Wärmemenge den Bewohnern der heißen Zone lästig wird.

Das Mittel aus den Beobachtungen um Mittag vom 27. Juni bis 16. November war in Guayra 31°,6 des hunderttheiligen Thermometers, in Cumana 29°,3, in Vera Cruz 28°,7, in der Havana 29°,5. Die täglichen Abweichungen betrugen zur selben Stunde nicht leicht über 0°,8–1°,4. Während dieser ganzen Zeit regnete es nur viermal, und nur 7–8 Minuten lang. Dieß ist der Zeitpunkt, wo das gelbe Fieber herrscht, das in Guayra, wie in Vera Cruz und auf der Insel St. Vincent, gemeiniglich aufhört, sobald die Tagestemperatur auf 24–25 Grad herabgeht. Die mittlere Temperatur des heißesten Monats war in Guayra etwa 29°,3, in Cumana 29°,1, in Vera Cruz 27°,7, in Cairo, nach Rouet, 29°,9, in Rom 25°,0. Vom 16. November bis 19. December war die mittlere Temperatur in Guayra um Mittag nur 24°,3, bei Nacht 21°,6. Um diese Zeit leidet man immer am wenigsten von der Hitze. Ich glaube übrigens, daß man den Thermometer (kurz vor Sonnenaufgang) nicht unter 21° fallen sieht; in Cumana fällt er zuweilen auf 21°,2, in Vera Cruz auf 16°, in der Havana (immer nur bei Nordwind) auf 8° und selbst darunter. Die mittlere Temperatur des kältesten Monats ist an diesen vier Orten: 23°,2, 26°,8, 21°, 21°,0; in Cairo 13°,4. Das Mittel der ganzen Jahrestemperatur ist, nach guten, sorgfältig berechneten Beobachtungen, in Guayra ungefähr 28°,1, in Cumana 27°,7, in Vera Cruz 25°,4, in der Havana 25°,6, in Rio Janeiro 23°,5, in Santa Cruz auf Teneriffa, unter 28° 28' der Breite, aber wie Guayra an eine Felswand gelehnt, 21°,9, in Cairo 22°,4, in Rom 15°,8.[19]

Aus diesen Beobachtungen geht hervor, daß Guayra einer der heißesten Orte der Erde ist, daß die Summe der Wärme, welche derselbe im Laufe eines Jahres erhält, etwas größer ist als in Cumana, daß sich aber in den Monaten November, December und Januar (bei gleichem Abstand von den zwei Durchgängen der Sonne durch das Zenith der Stadt) die Luft in Guayra stärker abkühlt. Sollte diese Abkühlung, die weit unbedeutender ist, als die fast zur selben Zeit in Vera Cruz und in der Havana eintretende, nicht von der westlicheren Lage von Guayra herrühren? Das Luftmeer, das für den oberflächlichen Blick nur Eine Masse bildet, wird durch Strömungen bewegt, deren Grenzen durch unabänderliche Gesetze bestimmt sind. Die Temperatur desselben ändert sich in mannigfacher Weise nach der Gestalt der Länder und der Meere, auf denen es ruht. Man kann es in verschiedene Becken abtheilen, die sich in einander ergießen, und wovon die unruhigsten (wie das über dem Golf von Mexico oder zwischen der Sierra Santa Martha und dem Meerbusen von Darien) merkbaren Einfluß auf Erkältung und Bewegung der benachbarten Luftsäulen äußern. Die Nordwinde verursachen zuweilen im südwestlichen Strich des Meeres der Antillen Stauungen und Gegenströmungen, die in gewissen Monaten die Temperatur bis zu Terra Firma hin herabdrücken.

Während meines Aufenthalts in Guayra kannte man die Geißel des gelben Fiebers, der *calentura amarilla* erst seit zwei Jahren; auch war die Sterblichkeit nicht bedeutend gewesen, da die Küste von Caracas weit weniger von Fremden besucht war als die Havana und Vera Cruz. Man hatte hie und da Leute, selbst Creolen und Farbige, plötzlich an gewissen unregelmäßig remittirenden Fiebern sterben sehen, die durch galligte Complication, durch Blutungen und andere gleich bedenkliche Symptome einige Aehnlichkeit mit dem gelben Fieber zu haben schienen. Es waren meist Menschen, die das anstrengende Geschäft des Holzfällens trieben, zum Beispiel in den Wäldern bei dem kleinen Hafen von Capurano oder am Meerbusen von Santa Fe, westlich von Cumana. Ihr Tod setzte häufig in Städten, die für sehr gesund galten, nicht acclimatisirte Europäer in Schrecken, aber die Keime der Krankheit, von denen sie sporadisch befallen worden, pflanzten sich nicht fort. Auf den Küsten von Terra Firma war der eigentliche amerikanische Typhus, *vomito prieto* (schwarzes Erbrechen) und gelbes Fieber genannt, der als eine Krankheitsform *sui generis* zu betrachten ist, nur in Porto Cabello, in Cartagena das Indias und in Santa Martha bekannt, wo ihn Castelbondo schon im Jahr 1729 beobachtet und beschrieben hat. Die kürzlich gelandeten Spanier und die Bewohner des Thales von Caracas scheuten damals den Aufenthalt in Guayra nicht; man beklagte sich nur über die drückende Hitze, die einen großen Theil des Jahres herrschte. Setzte man sich unmittelbar der Sonne aus, so hatte man höchstens die Haut- und Augenentzündungen zu befürchten, die fast überall in der heißen Zone vorkommen und die häufig von Fieberbewegungen und Congestionen gegen den Kopf begleitet sind. Viele zogen dem kühlen, aber äußerst veränderlichen Klima von Caracas das heiße, aber beständige von Guayra vor; von ungesunder Luft in diesem Hafen war fast gar nicht die Rede.

Seit dem Jahr 1797 ist Alles anders geworden. Der Hafen wurde auch andern Handelsfahrzeugen als denen des Mutterlandes geöffnet. Matrosen aus kälteren Ländern als Spanien, und daher empfindlicher für die klimatischen Einflüsse der heißen Zone, fingen an mit Guayra zu verkehren. Da brach das gelbe Fieber aus; vom Typhus befallene Nordamerikaner wurden in den spanischen Spitälern aufgenommen; man war rasch bei der Hand mit der Behauptung, sie haben die Seuche eingeschleppt und sie sey an Bord einer aus Philadelphia kommenden Brigantine ausgebrochen gewesen, ehe diese auf die Rhede gekommen. Der Capitän der Brigantine stellte solches in Abrede und behauptete, seine Matrosen haben die Krankheit keineswegs eingeschleppt, sondern erst im Hafen bekommen. Nach den Vorgängen in Cadix im Jahr 1800 weiß man, wie schwer es ist, über Fälle ins Reine zu kommen, die in ihrer Zweideutigkeit den entgegengesetztesten Theorien das Wort zu sprechen schienen. Die gebildetsten Einwohner von Caracas und Guayra waren über das Wesen der Ansteckung beim gelben Fieber getheilter Meinung, so gut wie die Aerzte in Europa und in den Vereinigten Staaten, und beriefen sich auf dasselbe amerikanische Schiff, die einen, um zu beweisen, daß der Typhus von außen gekommen, die andern, daß er im Lande selbst entstanden. Die der letzteren Ansicht waren, nahmen an, daß das Austreten des Rio de la Guayra eine Veränderung der Luftbeschaffenheit herbeigeführt habe. Dieses Wasser, das meist nicht zehn Zoll tief ist, schwoll nach sechzigstündigem Regen im Gebirge so furchtbar an, daß es Baumstämme und ansehnliche Felsblöcke mit sich fortriß. Das Wasser wurde 30–40 Fuß breit und 10–12 tief. Man meinte, dasselbe sey aus seinem unterirdischen Becken ausgebrochen, das sich mittelst Einsickerung des Wassers durch loses, neu urbar gemachtes Erdreich gebildet. Mehrere Häuser wurden von der Fluth weggerissen und die Ueberschwemmung drohte den Magazinen um so mehr Gefahr, als das Stadtthor, durch welches das Wasser allein abfließen konnte, sich zufällig geschlossen hatte. Man mußte in die Mauer der See zu ein Loch schießen; mehr als dreißig Menschen kamen ums Leben und der Schaden wurde auf eine halbe Million Piaster angeschlagen. Das stehende Wasser in den Magazinen, den Kellern und den Gewölben des Gefängnisses mochte immerhin Miasmen in der Luft verbreiten, die als prädisponirende Ursachen den Ausbruch des gelben Fiebers beschleunigt haben können; indessen glaube ich, daß das Austreten des Rio de la Guayra so wenig die erste Ursache desselben war, als die

Ueberschwemmungen des Guadalquivir, des Xenil und des Gual-Medina in den Jahren 1800 und 1804 die furchtbaren Epidemien in Sevilla, Ecija und Malaga herbeigeführt haben. Ich habe das Bett des Baches von Guayra genau untersucht und nichts gefunden als dürren Boden und Blöcke von Glimmerschiefer und Gneiß mit eingesprengtem Schwefelkies, die von der Sierra de Avila herunter kommen, aber nichts, was die Luft hätte verunreinigen können.

Seit den Jahren 1797 und 1798 (denselben, in denen in Philadelphia, Santa Lucia und St. Domingo die Sterblichkeit so ungemein groß war) hat das gelbe Fieber seine Verheerungen in Guayra fortgesetzt; es wüthete nicht allein unter den frisch aus Spanien angekommenen Truppen, sondern auch unter denen, die fern von der Küste in den Llanos zwischen Calabozo und Uritucu ausgehoben worden, also in einem Lande, das fast so heiß als Guayra, aber gesund ist. Letzterer Umstand würde uns noch mehr auffallen, wenn wir nicht wüßten, daß sogar Eingeborene von Vera Cruz, die zu Hause den Typhus nicht bekommen, nicht selten in Epidemien in der Havana oder in den Vereinigten Staaten Opfer desselben werden. Wie das schwarze Erbrechen am Abhang der mexicanischen Gebirge auf dem Wege nach Xalapa beim Encaro (in 476 Toisen Meereshöhe), wo mit den Eichen ein kühles, köstliches Klima beginnt, eine unübersteigliche Grenze findet, so geht das gelbe Fieber nicht leicht über den Bergkamm zwischen Guayra und dem Thale von Caracas hinüber. Dieses Thal ist lange Zeit davon verschont geblieben, denn man darf den *vomito*, das gelbe Fieber, nicht mit den atactischen und den Gallenfiebern verwechseln. Der Cumbre und der Cerro de Avila sind eine treffliche Schutzwehr für die Stadt Caracas, die etwas höher liegt als der Encaro, die aber eine höhere mittlere Temperatur hat als Xalapa.

Bonplands und meine Beobachtungen über die physischen Verhältnisse der Städte, welche periodisch von der Geißel des gelben Fiebers heimgesucht werden, sind anderswo niedergelegt, und es ist hier nicht der Ort, neue Vermuthungen über die Veränderungen in der pathogonischen Constitution mancher Städte zu äußern. Je mehr ich über diesen Gegenstand nachdenke, desto räthselhafter erscheint mir alles, was auf die gasförmigen Effluvien Bezug hat, die man mit einem so vielsagenden Wort *'Keime der Ansteckung'* nennt, und die sich in verdorbener Luft entwickeln, die durch die Kälte zerstört werden, sich durch Kleider verschleppen und an den Wänden der Häuser haften sollen. Wie will man erklären, daß in den achtzehn Jahren vor 1794 in Vera Cruz nicht ein einziger Fall von »Vomito« vorkam, obgleich der Verkehr mit nicht acclimatisirten Europäern und Mexicanern aus dem Innern sehr stark war, die Matrosen sich denselben Ausschweifungen überließen, über die man noch jetzt klagt, und die Stadt weniger reinlich war, als sie seit dem Jahr 1800 ist?

Die Reihenfolge pathologischer Thatsachen, auf ihren einfachsten Ausdruck gebracht, ist folgende. Wenn in einem Hafen des heißen Erdstrichs, der bis jetzt bei den Seeleuten nicht als besonders ungesund verrufen war, viele in kälterem Klima geborene Menschen zugleich ankommen, so tritt der amerikanische Typhus auf. Diese Menschen wurden nicht auf der Ueberfahrt vom Typhus befallen, er bricht erst an Ort und Stelle unter ihnen aus. Ist hier eine Veränderung in der Luftconstitution eingetreten, oder hat sich in Individuen mit sehr gesteigerter Reizbarkeit eine neue Krankheitsform entwickelt?

Nicht lange, so fordert der Typhus seine Opfer auch unter andern, in südlicheren Ländern geborenen Europäern. Theilt er sich durch Ansteckung mit, so ist es zu verwundern, daß er in den Städten des tropischen Festlandes keineswegs sich an gewisse Straßen hält, und daß die unmittelbare Berührung der Kranken die Gefahr so wenig steigert, als Absperrung sie vermindert. Kranke, welche weiter ins Land hinein, namentlich an kühlere, höhere Orte geschafft werden, z. B. nach Xalapa, stecken die Bewohner dieser Orte nicht an, sey es nun, weil die Krankheit an sich nicht ansteckend ist, sey es, weil die prädisponirenden Ursachen, die sich an der Küste geltend machen, hier wegfallen. Nimmt die Temperatur bedeutend ab, so hört die Seuche am Orte, wo sie ausgebrochen, gewöhnlich auf. Mit Eintritt der heißen Jahreszeit, zuweilen weit früher, fängt sie wieder an, obgleich seit mehreren Monaten im Hafen kein Kranker gewesen und kein Schiff eingelaufen ist.

Der amerikanische Typhus scheint auf den Küstenstrich beschränkt, sey es nun, weil die, welche ihn einschleppen, hier ans Land kommen und weil hier die Waaren aufgehäuft werden, an denen, wie man meint, giftige Miasmen haften, oder weil sich am Meeresufer eigenthümliche gasförmige Effluvien bilden. Das äußere Ansehen der Orte, wo der Typhus wüthet, scheint oft die Annahme eines örtlichen oder endemischen Ursprungs völlig auszuschließen. Man hat ihn auf den canarischen Inseln, auf den Bermudas, auf den kleinen Antillen herrschen sehen, auf trockenem Boden, in Ländern, deren Klima früher für sehr gesund galt. Die Fälle von Verschleppung des gelben Fiebers ins Binnenland sind in der heißen Zone sehr zweideutig; die Krankheit kann leicht mit den remittirenden Gallenfiebern verwechselt worden seyn. In der gemäßigten Zone dagegen, wo der amerikanische Typhus entschiedener ansteckend auftritt, hat sich die Seuche unzweifelhaft weit vom Uferland weg, sogar an sehr hochgelegene, frischen, trockenen Winden ausgesetzte Orte verbreitet, so in Spanien nach Medina Sidonia, nach Carlotta und in die Stadt Murcia. Diese Vielgestaltigkeit derselben Seuche nach den verschiedenen Klimaten, nach der Gesammtheit der prädisponirenden Ursachen, nach der längeren oder kürzeren Dauer, nach den Graden der Bösartigkeit muß uns sehr vorsichtig machen, wenn es sich davon handelt, den geheimen Ursachen des amerikanischen Typhus nachzugehen. Ein einsichtsvoller Beobachter, der in den schrecklichen Epidemien der Jahre 1802 und 1803 Oberarzt in der Colonie St. Domingo war und die Krankheit auf Cuba, in den Vereinigten Staaten und in Spanien kennen gelernt hat, ist mit mir der Ansicht, daß der Typhus sehr oft ansteckend ist, aber nicht immer.

Seit das gelbe Fieber in Guayra so furchtbare Verheerungen angerichtet, hat man nicht verfehlt, die Unreinlichkeit des kleinen Orts zu übertreiben, wie man mit Vera Cruz und den Kais oder *warfs* von Philadelphia gethan. An einem Ort, der auf sehr trockenem Boden liegt, fast keinen Pflanzenwuchs hat, und wo in 7–8 Monaten kaum ein paar Tropfen Regen fallen, können der Ursachen der sogenannten schädlichen Miasmen nicht eben sehr viele seyn. Die Straßen von Guayra schienen mir im Allgemeinen ziemlich reinlich, ausgenommen den Stadttheil, wo die Schlachtbänke sind. Auf der Rhede ist nirgends eine Strandstrecke, wo sich zersetzte Tange und Weichthiere anhäufen, aber die benachbarte Küste nach Osten, dem Cap Codera zu, also unter dem Winde von Guayra, ist äußerst ungesund. Wechselfieber, Faul- und Gallenfieber kommen in Macuto und Caravalleda häufig vor, und wenn von Zeit zu Zeit der Seewind dem Westwind Platz macht, so kommt aus der kleinen Bucht Catia, deren wir in der Folge oft zu gedenken haben werden, trotz der Schutzwehr des Cabo Blanco, eine mit faulen Dünsten geschwängerte Luft auf die Küste von Guayra.

Da die Reizbarkeit der Organe bei den nördlichen Völkern so viel stärker ist als bei den südlichen, so ist nicht zu bezweifeln, daß bei größerer Handelsfreiheit und stärkerem und innigerem Verkehr zwischen Ländern mit verschiedenen Klimaten das gelbe Fieber sich über die neue Welt verbreiten wird. Da hier so viele erregende Ursachen zusammenwirken, und Individuen von so verschiedener Organisation denselben ausgesetzt werden, können möglicherweise sogar neue Krankheitsformen, neue Verstimmungen der Lebenskräfte sich ausbilden. Es ist dieß eines der nothwendigen Uebel im Gefolge fortschreitender Cultur; wer darauf hinweist, wünscht darum keineswegs die Barbarei zurück; ebensowenig theilt er die Ansicht der Leute, die dem Verkehr unter den Völkern gerne ein Ende machten, nicht um die Häfen in den Colonien vom Seuchengift zu reinigen, sondern um dem Eindringen der Aufklärung zu wehren und die Geistesentwicklung aufzuhalten.

Die Nordwinde, welche die kalte Luft von Canada her in den mexicanischen Meerbusen führen, machen periodisch dem gelben Fieber und schwarzen Erbrechen in der Havana und in Vera Cruz ein Ende. Aber bei der großen Beständigkeit der Temperatur, wie sie in Porto Cabello, Guayra, Nueva Barcelona und Cumana herrscht, ist zu befürchten, der Typhus möchte dort einheimisch werden, wenn er einmal in Folge des starken Fremdenverkehrs sehr bösartig aufgetreten ist. Glücklicherweise hat sich die Sterblichkeit vermindert, seit man sich in der Behandlung nach dem Charakter der Epidemien in verschiedenen Jahren richtet, und seit man die verschiedenen Stadien der Krankheit, die Periode der entzündlichen Erscheinungen, und die der Ataxie oder Schwäche, besser kennt und auseinander hält. Es wäre sicher unrecht, in Abrede zu ziehen, daß die neuere Medicin gegen dieses schreckliche Uebel schon Bedeutendes geleistet; aber der Glauben an diese Leistungen ist in den Colonien gar nicht weit verbreitet. Man hört ziemlich allgemein die Aeußerung, »die Aerzte wissen jetzt den Hergang der Krankheit befriedigender zu erklären als früher, sie heilen sie aber keineswegs besser; früher sey man langsam hingestorben, ohne alle Arznei, außer einem Tamarindenaufguß; gegenwärtig führe ein eingreifenderes Heilverfahren rascher und unmittelbarer zum Tode.«

Wer so spricht, weiß nicht ganz, wie man früher auf den Antillen zu Werke ging. Aus der Reise des Paters Labat kann man ersehen, daß zu Anfang des achtzehnten Jahrhunderts die Aerzte auf den Antillen den Kranken nicht so ruhig sterben ließen, als man meint. Man tödtete damals nicht durch übertriebene und unzeitige Anwendung von Brechmitteln, von China und Opium, wohl aber durch wiederholte Aderlässe und übermäßiges Purgiren. Die Aerzte schienen auch mit der Wirkung ihres Verfahrens so gut bekannt, daß sie, sehr treuherzig, »gleich beim ersten Besuch mit Beichtvater und Notar am Krankenbett erschienen.« Gegenwärtig bringt man es in reinlichen, gut gehaltenen Spitälern dahin, daß von 100 Kranken nur 15–20 und selbst etwas weniger sterben; aber überall, wo die Kranken zu sehr auf einander gehäust sind, steigt die Sterblichkeit auf die Hälfte, wohl gar (wie im Jahr 1802 bei der französischen Armee auf St. Domingo) auf drei Viertheile der Kranken.

Ich fand die Breite von Guayra 10° 36' 19", die Länge 69° 26' 13". Die Inclination der Magnetnadel war am 24. Januar 1800 42° 20, die Declination nach Nordost 4° 30' 35"; die Intensität der magnetischen Kraft = 237 Schwingungen.

Geht man an der aus Granit gebauten Küste von Guayra gegen West, so kommt man zwischen diesem Hafen, der nur eine schlecht geschützte Rhede ist, und dem Hafen von Porto Cabello an mehrere Einbuchtungen des Landes, wo die Schiffe vortrefflich ankern können. Es sind die kleinen Buchten Catia, los Arecifes, Puerto la Cruz, Choroni, Sienega de Ocumare, Turiamo, Burburata und Patanebo. Alle diese Häfen, mit Ausnahme des von Burburata, aus dem man Maulthiere nach Jamaica ausführt, werden gegenwärtig nur von kleinen Küstenfahrzeugen besucht, die Lebensmittel und Cacao von den benachbarten Pflanzungen laden. Die Einwohner von Caracas, wenigstens die weiter Blickenden, legen einen großen Werth auf den Ankerplatz Catia, westlich von Cabo Blanco. Diesen Küstenpunkt untersuchten Bonpland und ich während unseres zweiten Aufenthalts in

Guayra. Eine Schlucht, unter dem Namen Quebreda de Tipe bekannt, von der weiterhin die Rede seyn wird, zieht sich von der Hochebene von Caracas gegen Catia herunter. Längst geht man mit dem Plane um, durch diese Schlucht einen, Fahrweg anzulegen und die alte Straße von Guayra, die beinahe dem Uebergang über den St. Gotthard gleicht, aufzugeben. Nach diesem Plan könnte der Hafen von Catia, der so geräumig als sicher ist, an die Stelle des von Guayra treten. Leider ist dieser ganze Küstenstrich unter dem Winde von Cabo Blanco mit Wurzelbäumen bewachsen und höchst ungesund.

Fast nirgends auf der Küste ist es so heiß als in der Nähe von Cabo Blanco. Wir litten sehr durch die Hitze, die durch die Reverberation des dürren, staubigen Bodens noch gesteigert wurde; die übermäßige Einwirkung des Sonnenlichts hatte indessen keine nachtheiligen Folgen für uns. In Guayra fürchtet man die Insolation und ihren Einfluß auf die Gehirnfunktionen ungemein, besonders zu einer Zeit, wo das gelbe Fieber sich zu zeigen anfängt. Ich stand eines Tages auf dem Dache unseres Hauses, um den Mittagspunkt und den Unterschied zwischen dem Thermometerstand in der Sonne und im Schatten zu beobachten, da kam hinter mir ein Mann gelaufen und wollte mir einen Trank aufdrängen, den er fertig in der Hand trug. Es war ein Arzt, der mich von seinem Fenster aus seit einer halben Stunde in bloßem Kopf hatte in der Sonne stehen sehen. Er versicherte mich, da ich ein hoher Nordländer sey, müsse ich nach der Unvorsichtigkeit, die ich eben begangen, unfehlbar noch diesen Abend einen Anfall vom gelben Fieber bekommen, wenn ich kein Präservativ nehme. Diese Prophezeihung, so ernstlich sie gemeint war, beunruhigte mich nicht, da ich mich längst für acclimatisirt hielt; wie konnte ich aber eine Zumuthung ablehnen, die aus so herzlicher Theilnahme entsprang? Ich verschluckte den Trank, und der Arzt mag mich zu den Kranken geschrieben haben, denen er im Laufe des Jahres das Leben gerettet.

Nachdem wir Lage und Luftbeschaffenheit von Guayra beschrieben, verlassen wir die Küste des antillischen Meers, um sie bis zu unserer Rückkehr von den Missionen am Orinoco so gut wie nicht wieder zu sehen. Der Weg aus dem Hafen nach Caracas, der Hauptstadt einer Statthalterei von 900,000 Einwohnern, gleicht, wie schon oben bemerkt, den Pässen in den Alpen, dem Weg über den St. Gotthard oder den großen St. Bernhard. Vor meiner Ankunft in der Provinz Venezuela war derselbe nie bemessen worden, und man hatte nicht einmal eine bestimmte Vorstellung davon, wie hoch das Thal von Caracas liegen möge. Man hatte längst bemerkt, daß es von der Cumbre und las Vueltas, dem höchsten Punkt der Straße, nach Pastora am Eingang des Thals von Caracas nicht so weit hinab geht, als zum Hafen von Guayra; da aber der Avila eine bedeutende Gebirgsmasse ist, so sieht man die zu vergleichenden Punkte nicht zumal. Auch nach dem Klima des Thals von Caracas kann man sich von der Höhe desselben unmöglich einen richtigen Begriff machen. Die Luft daselbst wird durch niedergehende Luftströme abgekühlt, sowie einen großen Theil des Jahrs hindurch durch die Nebel, welche den hohen Gipfel der Silla einhüllen. Ich habe den Weg von Guayra nach Caracas mehrere male zu Fuß gemacht und nach zwölf Punkten, deren Höhe mit dem Barometer bestimmt wurde, ein Profil desselben entworfen. Ich hätte gerne gesehen, daß meine Vermessung durch einen unterrichteten Reisenden, der nach mir dieses malerische und für den Naturforscher so interessante Land besuchte, wiederholt und verbessert worden wäre; mein Wunsch ist aber bis jetzt nicht in Erfüllung gegangen.

Wenn man zur Zeit der stärksten Hitze die glühende Luft Guayras athmet und den Blick auf das Gebirge richtet, so scheint es einem unbegreiflich, daß in gerader Entfernung von 5–6000 Toisen in einem engen Thal eine Bevölkerung von 40,000 Seelen einer Frühlingskühle genießen soll, einer Temperatur, die bei Nacht auf 12 Grad heruntergeht. Daß auf diese Weise verschiedene Klimate einander nahe gerückt sind, kommt in den ganzen Cordilleren der Anden häufig vor; aber überall, in Mexico, in Quito, in Peru, in Neu-Grenada muß man weit ins Binnenland reisen, entweder über die Ebenen oder auf Strömen hinauf, bis man in die Heerde der Cultur, in die großen Städte, gelangt. Caracas liegt nur ein Drittheil so hoch als Mexico, Quito und Santa Fe de Bogota; aber von allen Hauptstädten des spanischen Amerika, die mitten in der heißen Zone ein köstlich kühles Klima haben, liegt Caracas am nächsten an der Küste. Nur drei Meilen in einen Seehafen zu haben und im Gebirge zu liegen, auf einer Hochebene, wo der Weizen gediehe, wenn man nicht lieber Kaffee baute, das sind bedeutende Vortheile.

Der Weg von Guayra in das Thal von Caracas ist weit schöner als der von Honda nach Santa Fe und von Guayaquil nach Quito; er ist sogar besser unterhalten als die alte Straße, die aus dem Hafen von Vera Cruz am Südabhang der Gebirge von Neuspanien nach Perote führt. Man braucht mit guten Maulthieren nur drei Stunden aus dem Hafen von Guayra nach Caracas und zum Rückweg nur zwei, mit Lastthieren oder zu Fuß Vier bis fünf Stunden. Man kommt zuerst über einen sehr steilen Felsabhang und über die Stationen **Torre Quemada**, **Curucuti** und **Salto** zu einem großen Wirthshaus (*la Venta*), das 600 Toisen über dem Meere liegt. Der Name »verbrannter Thurm« bezieht sich auf den starken Eindruck, den man erhält, wenn man nach Guayra hinuntergeht. Die Hitze, welche die Felswände und vollends die dürre Ebene zu den Füßen ausstrahlen, ist drückend zum Ersticken. Auf diesem Wege und überall, wo man auf starken Abhängen in ein anderes Klima gelangt, schien mir das Gefühl von gesteigerter Muskelkraft und von Wohlbehagen, das beim Eintritt in kühlere Luftschichten über einen kommt, nicht so stark als umgekehrt die lästige Mattigkeit und Erschlaffung, die einen befällt, wenn man in die heißen

Küstenebenen hinuntergeht. Der Mensch ist einmal so geschaffen, daß der Genuß, wenn uns irgendwie leichter wird, nicht so lebhaft ist, als der Eindruck eines neuen Ungemachs, und in der moralischen Welt ist es ja ebenso.

Von Curucuti zum Salto ist der Weg etwas weniger steil; durch die Windungen, die er macht, wird die Steigung geringer, wie auf der alten Straße über den Mont Cenis. Der Salto, »der Sprung,« ist eine Spalte, über die eine Zugbrücke führt. Auf der Höhe des Bergs sind förmliche Werke angelegt. Bei der Venta stand der Thermometer um Mittag auf 19°,3, in Guayra zur selben Zeit auf 26°,2. Da, seit die Neutralen von Zeit zu Zeit in den spanischen Häfen zugelassen wurden, Fremde häufiger nach Caracas gehen durften als nach Mexico, so ist die Venta in Europa und in den Vereinigten Staaten bereits wegen ihrer schönen Lage berühmt. Und allerdings hat man hier bei unbewölktem Himmel eine prachtvolle Aussicht über die See und die nahen Küsten. Man hat einen Horizont von mehr als zweiundzwanzig Meilen Halbmesser vor sich; man wird geblendet von der Masse Licht, die der weiße, dürre Strand zurückwirft; zu den Füßen liegen Cabo Blanco, das Dorf Maiquetia mit seinen Cocospalmen, Guavra und die Schiffe, die in den Hafen einlaufen. Ich fand diesen Anblick noch weit überraschender, wenn der Himmel nicht ganz rein ist und Wolkenstreifen, die oben stark beleuchtet sind, gleich schwimmenden Eilanden sich von der unermeßlichen Meeresfläche abheben. Nebelschichten in verschiedenen Höhen bilden Mittelgründe zwischen dem Auge des Beobachters und den Niederungen, und durch eine leicht erklärliche Täuschung wird dadurch die Scenerie großartiger, imposanter. Von Zeit zu Zeit kommen in den Rissen der vom Winde gejagten und sich ballenden Wolken Bäume und Wohnungen zum Vorschein, und die Gegenstände scheinen dann ungleich tiefer unten zu liegen als bei reiner, nach allen Seiten durchsichtiger Luft. Wenn man sich am Abhang der mexicanischen Gebirge (zwischen las Trancas und Xalapa) in derselben Höhe befindet, ist man noch zwölf Meilen von der See entfernt; man sieht die Küste nur undeutlich, während man auf dem Wege von Guayra nach Caracas das Tiefland (die *Tierra caliente*) wie auf einem Thurme beherrscht. Man denke sich, welchen Eindruck dieser Anblick auf einen machen muß, der im Binnenlande zu Hause ist und an dieser Stelle zum erstenmal das Meer und Schiffe sieht.

Ich habe durch unmittelbare Beobachtungen die Breite der Venta ermittelt, um die Entfernung derselben von der Küste genauer angeben zu können. Die Breite ist 10° 33' 9"; die Länge des Orts schien mir nach dem Chronometer etwa 2' 47" im Bogen westlich von der Stadt Caracas. Ich fand in dieser Höhe die Inclination der Magnetnadel 41°,75, die Intensität der magnetischen Kraft = 234 Schwingungen.

Von der Venta, auch *'Venta grande'* genannt zum Unterschied von drei oder vier andern kleinen Wirthshäusern am Wege [Damals, jetzt sind fast alle zerstört.], geht es noch über 150 Toisen hinauf zum **Guayavo**. Dieß ist beinahe der höchste Punkt der Straße, ich ging aber mit dem Barometer noch weiter, etwas über die **Cumbre** (Gipfel) hinauf, in die Schanze Cuchilla. Da ich keinen Paß hatte (in fünf Jahren bedurfte ich desselben nur bei der Landung), so wäre ich beinahe von einem Artillerieposten verhaftet worden. Um die alten Soldaten zu besänftigen, übersetzte ich ihnen in spanische Vares, wie viel Toisen der Posten über dem Meere liegt. Daran schien ihnen sehr wenig gelegen, und wenn sie mich gehen ließen, so verdanke ich es einem Andalusier, der gar freundlich wurde, als ich ihm sagte, die Berge seines Heimathlandes, die Sierra Nevada de Grenada, seyen viel höher als alle Berge in der Provinz Caracas.

Die Schanze Cuchilla liegt so hoch wie der Gipfel des Puy de Dome und etwa 150 Toisen niedriger als die Post auf dem Mont Cenis. Da die Stadt Caracas, die Venta del Guayavo und der Hafen von Guayra so nahe bei einander liegen, hätten Bonpland und ich gerne ein paar Tage hintereinander die kleinen Schwankungen des Barometers gleichzeitig in einem schmalen Thale, auf einer dem Wind ausgesetzten Hochebene und an der Meeresküste beobachtet; aber die Luft war während unseres Aufenthaltes an diesen Orten nicht ruhig genug dazu. Ueberdem besaß ich auch nicht den dreifachen meteorologischen Apparat, der zu dieser Beobachtung erforderlich ist, die ich Naturforschern, die nach mir das Land besuchen, empfehlen möchte.

Als ich zum erstenmal über diese Hochebene nach der Hauptstadt von Venezuela ging, traf ich vor dem kleinen Wirthshaus auf dem Guayavo viele Reisende, die ihre Maulthiere ausruhen ließen. Es waren Einwohner von Caracas; sie stritten über den Aufstand zur Befreiung des Landes, der kurz zuvor stattgefunden. Joseph España hatte auf dem Schaffot geendet; sein Weib schmachtete im Gefängniß, weil sie ihren Mann auf der Flucht bei sich aufgenommen und nicht der Regierung angegeben hatte. Die Aufregung der Gemüther, die Bitterkeit, mit der man über Fragen stritt, über die Landsleute nie verschiedener Meinung seyn sollten, fielen mir ungemein auf. Während man ein Langes und Breites über den Haß der Mulatten gegen die freien Neger und die Weißen, über den Reichthum der Mönche und die Mühe, die man habe, die Sklaven in der Zucht zu halten, verhandelte, hüllte uns ein kalter Wind, der vom hohen Gipfel der Silla herab zu kommen schien, in einen dicken Nebel und machte der lebhaften Unterhaltung ein Ende; man suchte Schutz in der Venta. In der Wirthsstube machte ein bejahrter Mann, der vorhin am ruhigsten gesprochen hatte, die andern darauf aufmerksam, wie unvorsichtig es sey, zu einer Zeit, wo überall Angeber lauern, sey es auf dem Berge oder in der Stadt, über politische Gegenstände zu verhandeln.

Diese in der Bergeinöde gesprochenen Worte machten einen tiefen Eindruck auf mich, und ich sollte denselben auf unsern Reisen durch die Anden von Neu-Grenada und Peru noch oft erhalten. In Europa, wo die Völker ihre Streitigkeiten in den Ebenen schlichten, steigt man auf die Berge, um Einsamkeit und Freiheit zu suchen; in der neuen Welt aber sind die Cordilleren bis zu zwölftausend Fuß Meereshöhe bewohnt. Die Menschen tragen ihre bürgerlichen Zwiste, wie ihre kleinlichen, gehässigen Leidenschaften mit hinauf. Auf dem Rücken der Anden, wo die Entdeckung von Erzgängen zur Gründung von Städten geführt hat, stehen Spielhäuser, und in diesen weiten Einöden, fast über der Region der Wolken, in einer Naturumgebung, die dem Geiste höheren Schwung geben sollte, wird gar oft durch die Kunde, daß der Hof ein Ordenszeichen oder einen Titel nicht bewilligt habe, das Glück der Familien gestört.

Ob man auf den weiten Meereshorizont hinausblickt oder nach Südost, nach dem gezackten Felskamm, der scheinbar die Cumbre mit der Silla verbindet, während die Schlucht (Quebrada) Tocume dazwischen liegt, überall bewundert man den großartigen Charakter der Landschaft. Von Guayavo an geht man eine halbe Stunde über ein ebenes mit Alppflanzen bewachsenes Plateau. Dieses Stück des Wegs heißt der vielen Krümmungen wegen las Vueltas. Etwas weiter oben liegen die Mehlmagazine, welche die Gesellschaft von Guipuzcoa, während der Handel und die Versorgung von Caracas mit Lebensmitteln ihr ausschließliches Monopol war, an einem sehr kühlen Ort hatte errichten lassen. Auf dem Wege der Vueltas sieht man zum erstenmal die Hauptstadt dreihundert Toisen tiefer in einem mit Kaffeebäumen und europäischen Obstbäumen üppig bepflanzten Thale liegen. Die Reisenden machen gewöhnlich Halt bei einer schönen Quelle, genannt Fuente de Sanchorquiz, die auf fallenden Gneißschichten von der Sierra herabkommt. Ich fand die Temperatur derselben 16°,4, was für eine Höhe von 726 Toisen bedeutend kühl ist. Dieses klare Wasser müßte denen, die davon trinken, noch kälter vorkommen, wenn die Quelle, statt zwischen der Cumbre und dem gemäßigten Thale von Caracas, auf dem Abhange gegen Guayra hin entspränge. Ich habe aber die Bemerkung gemacht, daß an diesem, dem Nordabhang des Bergs die Schichten (eine in diesem Lande seltene Ausnahme) nicht nach Nordwest, sondern nach Südost fallen, was Schuld daran seyn mag, daß die unterirdischen Gewässer dort keine Quellen bilden können. Von der kleinen Schlucht Sanchorquiz an geht es beständig abwärts bis zum Kreuz von Guayra, das auf einem offenen Platze 632 Toisen über dem Meere steht, und von da an, bei den Zollhäusern vorbei und durch das Quartier Pastora, in die Stadt Caracas.

16.

Die *'cortex Angosturae'* unserer Pharmacopöen, die Rinde der *Bonplandia trifolia*

17.

Man bezahlt 120 Piaster für die Ueberfahrt, wenn man das ganze Boot zur Verfügung hat.

18.

La broma; teredo navalis, Linné

19.

In Paris ist das Mittel des heißesten Monats 19–20°, demnach um 3–4 Grade niedriger als die mittlere Temperatur des kältesten Monats in Guayra.

Zwölftes Kapitel.

Allgemeine Bemerkungen über die Provinzen von Venezuela. – Ihre verschiedenen Interessen. – Die Stadt Caracas. – Ihr Klima.

Die Wichtigkeit einer Hauptstadt hängt nicht allein von ihrer Volkszahl, von ihrem Reichthum und ihrer Lage ab; um dieselbe einigermaßen richtig zu beurtheilen, muß man den Umfang des Gebiets, dessen Mittelpunkt sie ist, die Menge einheimischer Erzeugnisse, mit denen sie Handel treibt, die Verhältnisse, in denen sie zu den ihrem politischen Einfluß unterworfenen Provinzen steht, in Rechnung ziehen. Diese verschiedenen Umstände modificiren sich durch die mehr oder weniger gelockerten Bande zwischen den Colonien und dem Mutterland; aber die Macht der Gewohnheit ist so groß und die Handelsinteressen sind so zäh, daß sich voraussagen läßt, der Einfluß der Hauptstädte auf das Land umher, auf die unter den Namen *'Reinos'*, *'Capitanias generales'*, *'Presidencias'*, *'Goviernos'* verschmolzenen Gruppen von Provinzen werden auch die Katastrophe der Trennung der Provinzen vom Mutterland überdauern. Man wird nur da Stücke losreißen und anders verbinden, wo man, mit Mißachtung natürlicher Grenzen, willkürlich Gebiete verbunden hatte, die nur schwer mit einander verkehren. Ueberall wo die Cultur nicht schon vor der Eroberung in einem gewissen Grade bestand (wie in Mexico, Guatimala, Quito und Peru), verbreitete sie sich von den Küsten ins Binnenland, bald einem großen Flußthal, bald einer Gebirgskette mit gemäßigtem Klima nach. Sie setzte sich zu gleicher Zeit in verschiedenen Mittelpunkten fest, von denen sie sofort gleichsam ausstrahlte. Die Vereinigung zu Provinzen oder Königreichen erfolgte, sobald sich civilisirte oder doch einem festen, geregelten Regiment unterworfene Gebiete unmittelbar berührten. Wüst liegende oder von wilden Menschen bewohnte Landstriche umgeben jetzt die von der europäischen Cultur eroberten Länder. Sie trennen diese Eroberungen von einander, wie schwer zu übersetzende Meeresarme, und meist hängen benachbarte Staaten nur durch urbar gemachte Landzungen zusammen. Die Umrisse der Seeküsten sind leichter aufzufassen als der krause Lauf dieses Binnengestades, auf dem Barbarei und Civilisation, undurchdringliche Wälder und bebautes Land an einander stoßen und einander begrenzen. Weil sie die Zustände der erst in der Bildung begriffenen Staaten der neuen Welt außer Acht lassen, liefern so viele Geographen so sonderbar ungenaue Karten, indem sie die verschiedenen Theile der spanischen und portugiesischen Colonien so zeichnen, als ob sie im Innern durchaus zusammenhingen. Die Localkenntniß, die ich mir aus eigener Anschauung von diesen Grenzen verschafft, setzt mich in Stand, den Umfang der großen Gebietsabschnitte mit einiger Bestimmtheit anzugeben, die wüsten und die bewohnten Striche mit einander zu vergleichen, und den mehr oder minder bedeutenden politischen Einfluß, den sie als Regierungs- und Handelsmittelpunkte äußern, zu schätzen.

Caracas ist die Hauptstadt eines Landes, das fast zweimal so groß ist als das heutige Peru und an Flächengehalt dem Königreich Neu-Grenada wenig nachsteht.[20] Dieses Land, das im spanischen Regierungsstyl *Capitania general de Caracas* oder *de las Provincias de Venezuela* heißt, hat gegen eine Million Einwohner, worunter 60,000 Sklaven. Es umfaßt längs den Küsten Neu-Andalusien oder die Provinz Cumana (mit der Insel Margarita), Barcelona, Venezuela oder Caracas, Coro und Maracaybo; im Innern die Provinzen Barinas und Guyana, erstere längs den Flüssen St. Domingo und Apure, letztere längs dem Orinoco, Cassiquiare, Atabapo und Rio Negro. Ueberblickt man die sieben vereinigten Provinzen von Terra Firma, so sieht man, daß sie drei gesonderte Zonen bilden, die von Ost nach West laufen.

Zuvorderst liegt das bebaute Land am Meeresufer und bei der Kette der Küstengebirge; dann kommen Savanen oder Weiden, und endlich jenseits des Orinoco die dritte, die Waldzone, die nur mittelst der Ströme, die hindurch laufen, zugänglich ist. Wenn die Eingeborenen in diesen Wäldern ganz von der Jagd lebten wie die am Missouri, so, könnte man sagen, die drei Zonen, in welche wir das Gebiet von Venezuela zerfallen lassen, seyen ein Bild der drei Zustände und Stufen der menschlichen Gesellschaft: in den Wäldern am Orinoco das rohe Jägerleben, auf den Savanen oder Llanos das Hirtenleben, in den hohen Thälern und am Fuß der Küstengebirge das Leben des Landbauers. Die Missionäre und eine Handvoll Soldaten besetzen hier, wie in ganz Amerika, vorgeschobene Posten an der brasilianischen Grenze. In dieser ersten Zone herrscht das Recht des Stärkeren und der Mißbrauch der Gewalt, der eine nothwendige Folge davon ist. Die Eingeborenen liegen in beständigem blutigem Krieg mit einander und fressen nicht selten einander auf. Die Mönche suchen sich die Zwistigkeiten unter den Eingeborenen zu Nutzen zu machen und ihre kleinen Missionsdörfer zu vergrößern. Das Militär, das zum Schutz der Mönche daliegt, lebt im Zank mit ihnen. Ueberall ein trauriges Bild von Noth und Elend. Wir werden bald Gelegenheit haben, diesen Zustand, den die Städter als Naturzustand preisen, näher kennen zu lernen. In der zweiten Region, auf den Ebenen und Weiden, ist die Nahrung einförmig, aber sehr reichlich. Die Menschen sind schon civilisirter, leben aber, abgesehen von ein paar weit aus einander liegenden Städten, immer noch vereinzelt. Sieht man ihre zum Theil mit Häuten und Leder gedeckten Häuser, so meint man, sie haben sich auf den ungeheuren bis zum Horizont fortstreichenden Grasebenen keineswegs niedergelassen, sondern kaum gelagert. Der Ackerbau, der allein die Grundlagen der

Gesellschaft befestigt und die Bande zwischen Mensch und Mensch enger knüpft, herrscht in der dritten Zone, im Küstenstrich, besonders in den warmen und gemäßigten Thälern der Gebirge am Meer.

Man könnte einwenden, auch in andern Theilen des spanischen und portugiesischen Amerika, überall, wo man die allmählige Entwicklung der Cultur verfolgen kann, sehe man jene drei Stufenalter der menschlichen Gesellschaft neben einander; es ist aber zu bemerken, und dieß ist für alle, welche die politischen Zustände der verschiedenen Colonien genau kennen lernen wollen, von großem Belang, daß die drei Zonen, die Wälder, die Savanen und das bebaute Land, nicht überall im selben Verhältniß zu einander stehen, daß sie aber nirgends so regelmäßig vertheilt sind wie im Königreich Venezuela. Bevölkerung, Industrie und Geistesbildung nehmen keineswegs überall von der Küste dem Innern zu ab. In Mexico, Peru und Quito findet man die stärkste ackerbauende Bevölkerung, die meisten Städte, die ältesten bürgerlichen Einrichtungen auf den Hochebenen und in den Gebirgen des Binnenlandes. Ja im Königreich Buenos Ayres liegt die Region der Weiden, die sogenannten Pampas, zwischen dem vereinzelten Hafen von Buenos Ayres und der großen Masse ackerbauender Indianer, welche in den Cordilleren von Charras, la Paz und Potosi wohnen. Dieser Umstand macht, daß sich im selben Lande die gegenseitigen Interessen der Bewohner des Binnenlandes und der Küsten sehr verschiedenartig gestalten.

Will man eine richtige Vorstellung von diesen gewaltigen Provinzen erhalten, die seit Jahrhunderten fast wie unabhängige Staaten von Vicekönigen oder Generalcapitänen regiert wurden, so muß man mehrere Punkte zumal ins Auge fassen. Man muß die Theile des spanischen Amerika, die Asien gegenüber liegen, von denen trennen, die der atlantische Ocean bespült; man muß, wie wir eben gethan, untersuchen, wo sich die Hauptmasse der Bevölkerung befindet, ob in der Nähe der Küsten, oder concentrirt im Innern auf kalten und gemäßigten Hochebenen der Cordilleren; man muß die numerischen Verhältnisse zwischen den Eingeborenen und den andern Menschenstämmen ermitteln, sich nach der Herkunft der europäischen Familien erkundigen, ausmachen, welchem Volksstamm die Mehrzahl der Weißen in jedem Theil der Provinzen angehört. Die andalusischen Canarier in Venezuela, die *'Montanneses'*[21] und Biscayer in Mexico, die Catalonier in Buenos Ayres unterscheiden sich hinsichtlich des Geschicks zum Ackerbau, zu mechanischen Fertigkeiten, zum Handel und zu geistigen Beschäftigungen sehr wesentlich von einander. Alle diese Stämme haben in der neuen Welt den allgemeinen Charakter behalten, der ihnen in der alten zukommt, die rauhe oder sanfte Gemüthsart, die Mäßigkeit oder die ungezügelte Habgier, die leutselige Gastlichkeit oder den Hang zum einsamen Leben. In Ländern, deren Bevölkerung großen Theils aus Indianern von gemischtem Blut besteht, kann der Unterschied zwischen den

Europäern und ihren Nachkommen allerdings nicht so auffallend schroff seyn, wie einst in den Colonien jonischer und dorischer Abkunft. Spanier, in die heiße Zone versetzt, unter einem neuen Himmelsstrich der Erinnerung an das Mutterland fast entfremdet, mußten sich ganz anders umwandeln, als die Griechen, welche sich auf den Küsten von Kleinasien oder Italien niederließen, wo das Klima nicht viel anders war als in Athen oder Corinth. Daß der Charakter des amerikanischen Spaniers durch die physische Beschaffenheit des Landes, durch die einsame Lage der Hauptstädte auf den Hochebenen oder in der Nähe der Küsten, durch die Beschäftigung mit dem Landbau, durch den Bergbau, durch die Gewöhnung an das Speculiren im Handelsverkehr, in manchen Beziehungen sich verändert hat, ist unleugbar; aber überall, in Caracas, in Santa Fe, in Quito und Buenos Ayres macht sich dennoch etwas geltend, was auf die ursprüngliche Stammeseigenheit zurückweist.

Betrachtet man die Zustände der Capitanerie von Caracas nach den oben angegebenen Gesichtspunkten, so zeigt es sich, daß der Ackerbau, die Hauptmasse der Bevölkerung, die zahlreichen Städte, kurz alles, was durch höhere Cultur bedingt ist, sich vorzugsweise in der Nähe der Küste findet. Der Küstenstrich ist über 200 Meilen lang und wird vom kleinen Meer der Antillen bespült, einer Art Mittelmeer, an dessen Ufern fast alle europäischen Nationen Niederlassungen gegründet haben, das an zahlreichen Stellen mit dem atlantischen Ocean in Verbindung steht und seit der Eroberung auf den Fortschritt der Bildung im östlichen Theil des tropischen Amerika sehr bedeutenden Einfluß geäußert hat. Die Königreiche Neu-Grenada und Mexico verkehren mit den fremden Colonien und mittelst dieser mit dem nicht spanischen Europa allein durch die Häfen von Carthagena und St. Martha, Vera Cruz und Campeche. Diese ungeheuren Länder kommen, in Folge der Beschaffenheit ihrer Küsten und der Zusammendrängung der Bevölkerung auf dem Rücken der Cordilleren, mit Fremden wenig in Berührung. Der Meerbusen von Mexico ist auch einen Theil des Jahrs wegen der gefährlichen Nordstürme wenig besucht. Die Küsten von Venezuela dagegen sind sehr ausgedehnt, springen weit gegen Ost vor, haben eine Menge Häfen, man kann allenthalben in jeder Jahreszeit sicher ans Land kommen, und so können sie von allen Vortheilen, die das innere Meer der Antillen bietet, Nutzen ziehen. Nirgends kann der Verkehr mit den großen Inseln und selbst mit denen unter dem Wind stärker seyn als durch die Häfen von Cumana, Barcelona, Guayra, Porto-Cabello, Coro und Maracaybo, nirgends war der Schleichhandel mit dem Ausland schwerer im Zaum zu halten. Ist es da zu verwundern, daß bei diesem leichten Handelsverkehr mit den freien Amerikanern und mit den Völkern des politisch aufgeregten Europas in den unter der Generalcapitanerie Venezuela vereinigten

Provinzen Wohlstand, Bildung und das unruhige Streben nach Selbstregierung, in dem die Liebe zur Freiheit und zu republikanischen Einrichtungen zur Aeußerung kommt, gleichmäßig zugenommen haben?

Die kupferfarbigen Eingeborenen, die Indianer, bilden nur da einen sehr ansehnlichen Theil der ackerbauenden Bevölkerung, wo die Spanier bei der Eroberung ordentliche Regierungen, eine bürgerliche Gesellschaft, alte, meist sehr verwickelte Institutionen vorgefunden, wie in Neuspanien südlich von Durango und in Peru von Couzco bis Potosi. In der Generalcapitanerie Caracas ist die indianische Bevölkerung des bebauten Landstrichs, wenigstens außerhalb der Missionen, unbeträchtlich. Zur Zeit großer politischer Zerwürfnisse flößen die Indianer den Weißen und Mischlingen keine Besorgnisse ein. Als ich im Jahr 1800 die Gesammtbevölkerung der sieben vereinigten Provinzen auf 900,000 Seelen schätzte, nahm ich die Indianer zu einem Neuntheil an, während sie in Mexico fast die Hälfte ausmachen.

Unter den Racen, aus denen die Bevölkerung von Venezuela besteht, ist die schwarze, auf die man zugleich mit Theilnahme wegen ihres Unglücks und mit Furcht wegen einer möglichen gewaltsamen Auflehnung blickt, nicht der Kopfzahl nach, aber wegen der Zusammendrängung auf einen kleinen Flächenraum, von Belang. Wir werden bald sehen, daß in der ganzen Capitanerie die Sklaven nur ein Fünfzehntheil der ganzen Bevölkerung ausmachen; auf Cuba, wo unter allen Antillen die Neger den Weißen gegenüber am wenigsten zahlreich sind, war im Jahr 1811 das Verhältniß wie 1 zu 3. Die sieben vereinigten Provinzen von Venezuela haben 60,000 Sklaven; Cuba, das achtmal kleiner ist, hat 212,000. Betrachtet man das Meer der Antillen, zu dem der Meerbusen von Mexico gehört, als ein Binnenmeer mit mehreren Ausgängen, so ist es wichtig, die politischen Beziehungen ins Auge zu fassen, die in Folge dieser seltsamen Gestaltung des neuen Continents zwischen Ländern entstehen, die um dasselbe Becken gelegen sind. Wie sehr auch die meisten Mutterländer ihre Colonien abzusperren suchen, sie werden dennoch in die Aufregung hineingezogen. Die Elemente der Zerwürfnisse sind überall die gleichen, und wie instinktmäßig bildet sich ein Einverständniß zwischen Menschen derselben Farbe, auch wenn sie verschiedene Sprachen reden und auf weit entlegenen Küsten wohnen. Dieses amerikanische Mittelmeer, das durch die Küsten von Venezuela, Neu-Grenada, Mexico, die der Vereinigten Staaten und durch die Antillen gebildet wird, zählt an seinen Ufern gegen anderthalb Millionen Neger, Sklaven und Freie, und sie sind so ungleich vertheilt, daß es im Süden sehr wenige, im Westen fast keine gibt; in großen Massen finden sie sich nur auf den Nord- und Ostküsten. Es ist dieß gleichsam das afrikanische Stück dieses Binnenmeeres. Die Unruhen, die vom Jahr 1792 an auf St. Domingo ausgebrochen, haben sich naturgemäß auf die Küsten von Venezuela fortgepflanzt. So lange Spanien im ungestörten Besitz dieser schönen Colonien war, wurden die kleinen Sklavenaufstände leicht unterdrückt; aber sobald ein Kampf anderer Art, der für die Unabhängigkeit, entbrannte, machten sich die Schwarzen durch ihre drohende Haltung bald der einen, bald der andern der einander gegenüberstehenden Parteien furchtbar, und in verschiedenen Ländern des spanischen Amerika wurde die allmählige oder plötzliche Aufhebung der Sklaverei verkündigt, nicht sowohl aus Gefühlen der Gerechtigkeit und Menschlichkeit, als weil man sich des Beistandes eines unerschrockenen, an Entbehrungen gewöhnten und für sein eigenes Wohl kämpfenden Menschenschlags versichern wollte. Ich bin in der Reisebeschreibung des GIROLAMO BENZONI auf eine merkwürdige Stelle gestoßen, aus der hervorgeht, wie alt schon die Besorgnisse sind, welche die Zunahme der schwarzen Bevölkerung einflößt. Diese Besorgnisse werden nur da verschwinden, wo die Regierungen die Umwandlung zum Bessern, welche durch mildere Sitten, durch die öffentliche Meinung und durch religiöse Ansichten in der Haussklaverei nach und nach vor sich geht, ihrerseits durch die Gesetzgebung unterstützen. »Die Neger,« sagt Benzoni, »haben sich auf St. Domingo dergestalt vermehrt, daß ich im Jahr 1545, als ich auf Terra Firma (an der Küste von Caracas) war, viele Spanier gesehen habe, die gar nicht zweifelten, daß jene Insel binnen Kurzem Eigenthum der Schwarzen seyn werde.« Unser Jahrhundert sollte diese Prophezeiung in Erfüllung gehen und eine europäische Colonie in Amerika sich in einen afrikanischen Staat verwandeln sehen.

Die 60,000 Sklaven in den vereinigten Provinzen von Venezuela sind so ungleich vertheilt, daß auf die Provinz Caracas allein 40,000 kommen, worunter ein Fünftheil Mulatten, auf Maracaybo 10–12,000, auf Cumana und Barcelona kaum 6000. Um den Einfluß zu würdigen, den die Neger und die Farbigen auf die öffentliche Ruhe im Allgemeinen äußern, ist es nicht genug, daß man ihre Kopfzahl kennt, man muß auch ihre Zusammendrängung an gewissen Punkten und ihre Lebensweise als Ackerbauer oder Stadtbewohner in Betracht ziehen. In der Provinz Venezuela sind die Sklaven fast alle auf einem nicht sehr ausgedehnten Landstrich beisammen, innerhalb der Küste und einer Linie, die (12 Meilen von der Küste) über Panaquire, Yare, Sabana de Ocumare, Villa de Cura und Nirgua läuft. Auf den Llanos, den weiten Ebenen von Calabozo, San Carlos, Guanare und Barquesimeto, zählt man nur 4–5000, die auf den Höfen zerstreut und mit der Hut des Viehs beschäftigt sind. Die Zahl der Freigelassenen ist sehr beträchtlich, denn die spanische Gesetzgebung und die Sitten leisten der Freilassung Vorschub. Der Herr darf dem Sklaven, der ihm dreihundert Piaster bietet, die Freiheit nicht versagen, hätte der Sklave auch wegen des besondern Geschicks im Handwerk, das er treibt, doppelt so viel gekostet. Die Fälle, daß jemand im letzten Willen mehr oder weniger Sklaven die Freiheit schenkt, sind in der Provinz Venezuela häufiger als irgendwo. Kurz bevor wir die fruchtbaren

Thäler von Aragua und den See von Valencia besuchten, hatte eine Dame im großen Dorfe la Victoria auf dem Todbette ihren Kindern aufgegeben, ihre Sklaven, dreißig an der Zahl, freizulassen. Mit Vergnügen spreche ich von Handlungen, die den Charakter von Menschen, die Bonpland und mir so viel Zuneigung und Wohlwollen bewiesen, in so schönem Lichte zeigen.

Nach den Negern ist es in den Colonien von besonderem Belang, die Zahl der weißen Creolen, die ich *Hispano-Amerikaner*[22] nenne, und der in Europa gebürtigen Weißen zu kennen. Es hält schwer, sich über einen so kitzlichen Punkt genaue Auskunft zu verschaffen. Wie in der alten Welt ist auch in der neuen die Zählung dem Volk ein Gräuel, weil es meint, es sey dabei auf Erhöhung der Abgaben abgesehen. Andererseits lieben die Verwaltungsbeamten, welche das Mutterland in die Colonien schickt, statistische Aufnahmen so wenig als das Volk, und zwar aus Rücksichten einer argwöhnischen Staatsklugheit. Diese mühsam herzustellenden Ausnahmen sind schwer der Neugier der Colonisten zu entziehen. Wenn auch die Minister in Madrid richtige Begriffe vom wahren Besten des Landes hatten und von Zeit zu Zeit genaue Berichte über den zunehmenden Wohlstand der Colonien verlangten, die Lokalbehörden haben diese guten Absichten in den seltensten Fällen unterstützt. Nur auf den ausdrücklichen Befehl des spanischen Hofes wurden den Herausgebern des *»peruanischen Merkurs«* die vortrefflichen volkswirthschaftlichen Notizen überlassen, die dieses Blatt mitgetheilt hat. In Mexico, nicht in Madrid habe ich den Vicekönig Grafen Nevillagigedo tadeln hören, weil er ganz Neuspanien kundgethan, daß die Hauptstadt eines Landes von fast sechs Millionen Einwohnern im Jahr 1700 nur 2300 Europäer, dagegen über 50,000 Hispano-Amerikaner zählte. Die Leute, die sich darüber beklagten, betrachteten auch die schöne Posteinrichtung, welche Briefe von Buenos Ayres bis nach Neu-Californien befördert, als eine der gefährlichsten Neuerungen des Grafen Florida Blanca; sie riethen (glücklicherweise ohne Erfolg), dem Handel mit dem Mutterlande zu lieb, die Reben in Neu-Mexico und Chili auszureißen. Sonderbare Verblendung, zu meinen, durch Volkszählungen wecke man in den Colonisten das Bewußtseyn ihrer Stärke! Nur in Zeiten des Unfriedens und des Bürgerzwistes kann es scheinen, als ob man, indem man die relative Stärke der Menschenklassen ermittelt, die ein gemeinsames Interesse haben sollten, zum voraus die Zahl der Streiter schätzte.

Vergleicht man die sieben vereinigten Provinzen von Venezuela mit dem Königreich Mexico und der Insel Cuba, so findet man annähernd die Zahl der weißen Creolen, selbst die der Europäer. Erstere, die Hispano-Amerikaner, sind in Mexico ein Fünftheil, auf Cuba, nach der genauen Zählung von 1811, ein Drittheil der Gesammtbevölkerung. Bedenkt man, daß in Mexico drittehalb Millionen Menschen von der rothen Race wohnen, zieht man den Zustand der Küsten am stillen Meer in Betracht, und wie wenige Weiße im Verhältniß zu den Eingeborenen in den Intendanzen Puebla und Oaxaca wohnen, so läßt sich nicht zweifeln, daß, wenn nicht in der *Capitania general* so doch in der Provinz Venezuela das Verhältniß stärker ist als 1 zu 5. Die Insel Cuba, auf der die Weißen sogar zahlreicher sind als in Chili, gibt uns für die *Capitania general* von Caracas eine »Grenzzahl«, das heißt das Maximum an die Hand. Ich glaube, man hat 200,000–210,000 Hispano-Amerikaner auf eine Gesammtbevölkerung von 900,000 Seelen anzunehmen. Innerhalb der weißen Race scheint die Zahl der Europäer (die Truppen aus dem Mutterland nicht gerechnet) nicht über 12,000–15,000 zu betragen. In Mexico sind ihrer gewiß nicht über 60,000, und nach mehreren Zusammenstellungen finde ich, daß, sämmtliche spanische Colonien zu 14–15 Millionen Einwohnern angenommen, höchstens 3 Millionen Creolen und 200,000 Europäer darunter sind.

Als der junge Tupac-Amaru, der in sich den rechtmäßigen Erben des Reiches der Incas erblickte, an der Spitze von 40,000 Indianern aus den Gebirgen mehrere Provinzen von Oberperu eroberte, ruhten die Befürchtungen aller Weißen auf demselben Grunde. Die Hispano-Amerikaner fühlten so gut wie die in Europa geborenen Spanier, daß der Kampf ein Racenkampf zwischen dem rothen und weißen Mann, zwischen Barbarei und Cultur sey. Tupac-Amaru, der selbst nicht ohne Bildung war, schmeichelte Anfangs den Creolen und der europäischen Geistlichkeit, aber die Ereignisse und die Rachsucht seines Neffen Andreas Condorcan rissen ihn fort und er änderte sein Verfahren. Aus einem Aufstand für die Unabhängigkeit wurde ein grausamer Krieg zwischen den Racen; die Weißen blieben Sieger, es kam ihnen zum Bewußtseyn, was ihr gemeinsames Interesse sey, und von nun an faßten sie das Zahlenverhältniß zwischen der weißen und der indianischen Bevölkerung in den verschiedenen Provinzen sehr scharf ins Auge. Erst in unserer Zeit kam es nun dahin, daß die Weißen diese Aufmerksamkeit auf sich selbst richteten und sich mißtrauisch nach den Bestandtheilen ihrer eigenen Kaste umsahen. Jede Unternehmung zur Erringung der Unabhängigkeit und Freiheit trennt die nationale oder amerikanische Partei und die aus dem Mutterland Herübergekommenen in zwei Lager. Als ich nach Caracas kam, waren letztere eben der Gefahr entgangen, die sie in dem von España angezettelten Aufstand für sich erblickt hatten. Dieser kecke Anschlag hatte desto schlimmere Folgen, da man, statt den Ursachen des herrschenden Mißvergnügens auf den Grund zu gehen, die Sache des Mutterlandes nur durch strenge Maßregeln zu retten glaubte. Jetzt, bei den Unruhen, die vom Ufer des Rio de la Plata bis Neu-Mexico auf einer Strecke von vierzehnhundert Meilen ausgebrochen sind, stehen Menschen desselben Stammes einander gegenüber.

Man scheint sich in Europa zu wundern, wie die Spanier aus dem Mutterlande, deren, wie wir gesehen, so wenige sind, Jahrhunderte lang so starken Widerstand leisten konnten, und man vergißt, daß in allen Colonien die europäische Partei nothwendig durch eine große Menge Einheimischer verstärkt wird. Familienrücksichten, die Liebe zur ungestörten Ruhe, die Scheu, sich in ein Unternehmen einzulassen, das schlimm ablaufen kann, halten diese ab, sich der Sache der Unabhängigkeit anzuschließen, oder für die Einführung einer eigenen, wenn auch vom Mutterland abhängigen Repräsentativregierung aufzutreten. Die einen scheuen alle gewaltsamen Mittel und leben der Hoffnung, durch Reformen werde das Colonialregiment allgemach weniger drückend werden; Revolution ist ihnen gleichbedeutend mit dem Verlust ihrer Sklaven, mit der Beraubung des Clerus und der Einführung einer religiösen Duldsamkeit, wobei, meinen sie, der herrschende Cultus sich unmöglich in seiner Reinheit erhalten könne. Andere gehören den wenigen Familien an, die in jeder Gemeinde durch ererbten Wohlstand oder durch sehr alten Bestand in den Colonien eine wahre Municipalaristokratie bilden. Sie wollen lieber gewisse Rechte gar nicht bekommen, als sie mit allen theilen; ja eine Fremdherrschaft wäre ihnen lieber, als eine Regierung in den Händen von Amerikanern, die im Rang unter ihnen stehen; sie verabscheuen jede auf Gleichheit der Rechte gegründete Verfassung; vor Allem fürchten sie den Verlust der Ordenszeichen und Titel, die sie sich mit so saurer Mühe erworben, und die, wie wir oben angedeutet, einen Hauptbestandtheil ihres häuslichen Glücks ausmachen. Noch andere, und ihrer sind sehr viele, leben auf dem Lande vom Ertrag ihrer Grundstücke und genießen der Freiheit, deren sich ein dünn bevölkertes Land unter dem Druck der schlechtesten Regierung zu erfreuen hat. Sie selbst machen keine Ansprüche auf Amt und Würden, und so fragen sie nichts darnach, wenn Leute damit bekleidet werden, die sie kaum dem Namen nach kennen, und deren Arm nicht zu ihnen reicht. Immerhin wäre ihnen eine nationale Regierung und volle Handelsfreiheit lieber als das alte Colonialwesen, aber diese Wünsche sind gegenüber der Liebe zur Ruhe und der Gewöhnung an ein träges Leben keineswegs so lebhaft, daß sie sich deßhalb zu schweren, langwierigen Opfern entschließen sollten.

Mit dieser nach vielfachem Verkehr mit allen Ständen entworfenen Skizze der verschiedenen Färbung der politischen Ansichten in den Colonien habe ich auch die Ursachen der langen friedlichen Herrschaft des Mutterlandes über Amerika angegeben. Wenn die Ruhe erhalten blieb, so war dieß die Folge der Gewohnheit, des großen Einflusses einer gewissen Zahl mächtiger Familien, vor allem des Gleichgewichtes, das sich zwischen feindlichen Gewalten herstellt. Eine auf Entzweiung gegründete Sicherheit muß erschüttert werden, sobald eine bedeutende Menschenmasse ihren Privathaß eine Weile ruhen läßt und im Gefühl eines gemeinsamen Interesses sich verbündet, sobald dieses Gefühl, einmal erwacht, am Widerstand erstarkt und durch fortschreitende Geistesentwicklung und die Umwandlung der Sitten der Einfluß der Gewohnheit und der alten Vorstellungen sich mindert.

Wir haben oben gesehen, daß die indianische Bevölkerung in den vereinigten Provinzen von Venezuela nicht stark und nicht altcivilisirt ist; auch sind alle Städte derselben von den spanischen Eroberern gegründet. Diese konnten hier nicht, wie in Mexico und Peru, in die Fußstapfen der alten Cultur der Eingeborenen treten. An Caracas, Maracaybo, Cumana und Coro ist nichts indianisch als die Namen. Von den Hauptstädten des tropischen Amerika, die im Gebirge liegen und eines sehr gemäßigten Klimas genießen [Mexico, Santa Fe de Bogota und Quito], ist Caracas die am tiefsten gelegene. Da die Hauptmasse der Bevölkerung von Venezuela den Küsten nahe gerückt ist und der cultivirteste Landstrich von Ost nach West denselben parallel läuft, so ist Caracas kein Mittelpunkt des Handels, wie Mexico, Santa Fe de Bogota und Quito. Jede der sieben in eine *Capitania general* vereinigten Provinzen hat ihren eigenen Hafen, durch den ihre Produkte abfließen. Man darf nur die Lage der Provinzen, ihren mehr oder minder starken Verkehr mit den Inseln unter dem Wind oder den großen Antillen, die Richtung der Gebirge und den Lauf der großen Flüsse betrachten, um einzusehen, daß Caracas auf die Länder, deren Hauptstadt es ist, niemals einen bedeutenden politischen Einfluß haben kann. Der Apure, der Meta, der Orinoco, die von West nach Ost laufen, nehmen alle Gewässer aus den Llanos oder der Region des Weidelandes auf. St. Thomas in Guyana muß nothwendig einmal ein wichtiger Handelsplatz werden, namentlich wenn einmal das Mehl aus Neu-Grenada oberhalb der Vereinigung des Rio Negro und des Umadea eingeschifft wird und aus dem Meta und dem Orinoco hinunter kommt, und man dasselbe in Cumana und Caracas dem Mehl aus den Vereinigten Staaten vorzieht. Es ist ein großer Vorzug der Provinzen von Venezuela, daß nicht ihr ganzer Bodenreichthum in Einem Punkt zusammenfließt, wie der von Mexico und Neu-Grenada nach Vera Cruz und Carthagena, sondern daß sie eine Menge ziemlich gleich bevölkerter Städte haben, die eben so viele Mittelpunkte des Handels und der Cultur bilden.

Caracas ist der Sitz einer **Audiencia** (hoher Gerichtshof) und eines der acht Erzbisthümer, in welche das ganze spanische Amerika getheilt ist. Die Bevölkerung war, nach meinen Erkundigungen über die Zahl der Geburten, im Jahr 1800 etwa 40,000; die unterrichtetsten Einwohner geben sie sogar zu 45,000 an, worunter 12,000 Weiße und 27,000 freie Farbige. Im Jahr 1778 hatte man bereits 30–32,000 geschätzt. Alle unmittelbaren Aufnahmen blieben ein Viertheil und mehr unter der wirklichen Zahl. Im Jahr 1766 hatte die Bevölkerung von Caracas und des schönen Thals, in dem es liegt, durch eine bösartige Pockenepidemie sehr stark gelitten. In der Stadt starben 6–8000 Menschen; seit diesem denkwürdigen Zeitpunkt ist die Kuhpockenimpfung allgemein geworden, und ich habe sie ohne Arzt vornehmen sehen. In der Provinz Cumana, die weniger Verkehr mit Europa hat, war zu meiner Zeit seit fünfzehn Jahren kein Pockenfall vorgekommen, während man in Caracas vor dieser schrecklichen Krankheit beständig bange hatte, weil sie immer an mehreren Punkten zugleich sporadisch auftrat; ich sage sporadisch, denn im tropischen Amerika, wo der Wechsel der atmosphärischen Zustände und die Erscheinungen des organischen Lebens an eine auffallende Periodicität gebunden scheinen, traten die Pocken (wenn man sich auf einen weitverbreiteten Glauben verlassen kann) vor der Einführung der segensreichen Kuhpockenimpfung nur alle 15–18 Jahre verheerend auf. Seit meiner Rückkehr nach Europa hat die Bevölkerung von Caracas beständig zugenommen; sie betrug 50,000 Seelen, als das große Erdbeben am 26. März 1812 gegen 12,000 Menschen unter den Trümmern ihrer Häuser begrub. Durch die politischen Ereignisse, die dieser Catastrophe folgten, kam die Einwohnerzahl auf weniger als 20,000 herunter; aber diese Verluste werden bald wieder eingebracht seyn, wenn das äußerst fruchtbare und handelsthätige Land, dessen Mittelpunkt Caracas ist, nur einiger Jahre Ruhe genießt und verständig regiert wird.

Die Stadt liegt am Eingang der Ebene von Chacao, die sich drei Meilen nach Ost gegen Caurimare und Cuesta d'Auyamas ausdehnt und zwei und eine halbe Meile breit wird, und durch die der Rio Guayre fließt. Sie liegt 414 Toisen über dem Meer. Der Boden, auf dem Caracas liegt, ist uneben und fällt stark von Nord-Nord-West nach Süd-Süd-Ost ab. Um eine richtige Vorstellung von der Lage der Stadt zu bekommen, muß man die Richtung der Küstengebirge und der großen Längenthäler zwischen denselben ins Auge fassen. Der Guayrefluß entspringt im Urgebirge des Higuerote, das zwischen dem Thal von Caracas und dem von Aragua liegt. Er erhält bei las Ayuntas nach der Vereinigung der Flüßchen San Pedro und Macarao seinen Namen und läuft zuerst nach Ost bis zur Cuesta d'Auyamas und dann nach Süd, um sich oberhalb Yare mit dem Rio Tuy zu vereinigen. Letzterer ist der einzige Fluß von Bedeutung im nördlichen, gebirgigen Theile der Provinz. Er läuft 30 Meilen lang, von denen über drei Viertheile schiffbar sind, geradeaus von West nach Ost. Auf diesem Stromstück beträgt nach meinen barometrischen Messungen der Fall des Tuy von der Pflanzung Manterola bis zur Mündung 295 Toisen. Dieser Fluß bildet in der Küstenkette eine Art Längenthal, während die Gewässer der Llanos, das heißt von fünf Sechstheilen der Provinz Caracas, dem Abhang des Bodens gegen Süden nach, sich in den Orinoco ergießen. Nach dieser hydrographischen Skizze erklärt sich die natürliche Neigung der Bewohner derselben Provinz, ihre Produkte auf verschiedenen Wegen auszuführen.

Das Thal von Caracas ist zwar nur ein Seitenzweig des Tuythals, dennoch laufen beide eine Strecke weit einander parallel. Sie sind durch einen Bergzug getrennt, über den man auf dem Wege von Caracas nach den hohen Savanen von Ocumare über le Valle und Salamanca kommt. Diese Savanen liegen schon jenseits des Tuy, und da das Thal dieses Flusses weit tiefer liegt als das von Caracas, so geht es von Nord nach Süd fast beständig bergab. Wie das

Vorgebirge Codera, die Silla, der Cerro de Avila zwischen Caracas und Guayra und die Berge von Mariara den nördlichsten und höchsten Zug der Küstenkette, so bilden die Berge von Panaquire, Ocumare, Guiripa und Villa de Cura den südlichsten Zug. Wir haben schon öfter bemerkt, daß die Schichten dieses gewaltigen Küstengebirges fast durchgängig von Südost nach Südwest streichen und gewöhnlich nach Nordwest fallen. Es ergibt sich daraus, daß die Richtung der Schichten des Urgebirgs von der Richtung der ganzen Kette unabhängig ist, und, was sehr bemerkenswerth ist, verfolgt man die Kette von Porto-Cabello bis Maniquare und zum Macanao auf der Insel Margarita, so findet man von West nach Ost zuerst Granit, dann Gneiß, Glimmerschiefer und Urschiefer, endlich dichten Kalkstein, Gips und Conglomerate mit Seemuscheln.

Es ist zu bedauern, daß Caracas nicht weiter ostwärts liegt, unterhalb der Einmündung des Anauco in den Guayre; da wo, Chacao zu, sich das Thal breit, und wie durch stehendes Gewässer geebnet, ausdehnt. Als Diego de Losada die Stadt gründete,[23] hielt er sich ohne Zweifel an die Spuren der ersten Niederlassung unter Faxardo. Der Ruf der Goldminen von los Teques und Baruta hatte damals die Spanier hergelockt, aber sie waren noch nicht Herren des ganzen Thals und blieben lieber nahe am Weg zur Küste. Die Stadt Quito liegt gleichfalls im engsten, unebensten Theil eines Thals zwischen zwei schönen Ebenen (Turupamba und Rumipamba), wo man sich hätte anbauen können, wenn man die alten indianischen Bauten hätte wollen liegen lassen.

Vom Zollhaus la Pastora über den Platz Trinidad und die *Plaza major* nach Santa Rosalia und an den Rio Guayre geht es immer abwärts. Nach meinen barometrischen Messungen liegt das Zollhaus 39 Toisen über dem Platze Trinidad, wo ich meine astronomischen Beobachtungen gemacht habe, letzterer 8 Toisen über dem Pflaster vor der Hauptkirche auf dem großen Platz, und dieser 32 Toisen über dem Guayrefluß bei la Noria. Trotz des abschüssigen Bodens fahren Wagen in der Stadt, man bedient sich ihrer aber selten. Drei Bäche, die vom Gebirge herabkommen, der Anauco, Catuche und Caraguata, laufen von Nord nach Süd durch die Stadt; sie haben sehr hohe Ufer, und mit den ausgetrockneten Betten von Gebirgswassern, welche darin auslaufen und das Terrain durchschneiden, erinnern sie im Kleinen an die berühmten ***Guaicos*** in Quito.[24] Man trinkt in Caracas das Wasser des Rio Catuche, aber die Wohlhabenden lassen das Wasser aus Valle, einem eine Meile weit südwärts gelegenen Dorfe, kommen. Dieses Wasser, so wie das aus dem Gamboa gelten für sehr gesund, weil sie über Sassaparillwurzeln[25] laufen. Ich habe keine Spur von Arom oder Extractivstoff darin finden können; das Wasser von Valle enthält keinen Kalk, aber etwas mehr Kohlensäure als das Wasser aus dem Anauco. Die neue Brücke über den letzteren Fluß ist schön gebaut und belebt von den Spaziergängern, welche gegen Candelaria zu die Straße von Chacao und Petara aufsuchen. Man zählt in Caracas acht Kirchen, fünf Klöster und ein Theater, das 15 bis 1800 Zuschauer faßt. Zu meiner Zeit war das Parterre, in dem Männer und Frauen gesonderte Sitze haben, nicht bedeckt. Man sah zugleich die Schauspieler und die Sterne. Da das nebligte Wetter mich um viele Trabantenbeobachtungen brachte, konnte ich von einer Loge im Theater aus bemerken, ob Jupiter in der Nacht sichtbar seyn werde. Die Straßen von Caracas sind breit, gerade gezogen und schneiden sich unter rechten Winkeln, wie in allen Städten, welche die Spanier in Amerika gegründet. Die Häuser sind geräumig und höher, als sie in einem Lande, das Erdbeben ausgesetzt ist, seyn sollten. Im Jahre 1800 waren die zwei Plätze Alta Gracia und San Francisco sehr hübsch: ich sage im Jahr 1800, denn die furchtbaren Erderschütterungen am 26. März 1812 haben fast die ganze Stadt zerstört. Sie ersteht langsam aus ihren Trümmern; der Stadttheil la Trinidad, in dem ich wohnte, ward über den Haufen geworfen, als ob eine Mine darunter gesprungen wäre.

Durch das enge Thal und die Nähe der hohen Berge Avila und Silla erhält die Gegend von Caracas einen ernsten, düstern Anstrich, besonders in der kühlsten Jahreszeit, in den Monaten November und December. Die Morgen sind dann ausnehmend schön; bei reinem klarem Himmel hat man die beiden Dome oder abgerundeten Pyramiden der Silla und den gezackten Kamm des Cerro de Avila vor sich. Aber gegen Abend trübt sich die Luft; die Berge umziehen sich, Wolkenstreifen hängen an ihren immergrünen Seiten und theilen sie gleichsam in übereinanderliegende Zonen. Allmählich verschmelzen diese Zonen, die kalte Luft, die von der Silla herabkommt, staut sich im engen Thal und verdichtet die leichten Dünste zu großen flockigten Wolken. Diese Wolken senken sich oft bis über das Kreuz von Guayra herab und man sieht sie dicht am Boden gegen la Pastora und das benachbarte Quartier Trinidad fortziehen. Beim Anblick dieses Wolkenhimmels meinte ich nicht in einem gemäßigten Thale der heißen Zone, sondern mitten in Deutschland, auf den mit Fichten und Lerchen bewachsenen Bergen des Harzes zu seyn.

Aber dieser düstere, schwermüthige Charakter der Landschaft, dieser Contrast zwischen dem heitern Morgen und dem bedeckten Himmel am Abend ist mitten im Sommer verschwunden. Im Juni und Juli sind die Nächte hell und ausnehmend schön; die Luft behält fast beständig die den Hochebenen und hochgelegenen Thälern eigenthümliche Reinheit und Durchsichtigkeit, so lange sie ruhig bleibt und der Wind nicht Schichten von verschiedener Temperatur durcheinander wirft. In dieser Sommerzeit prangt die Landschaft, die ich nur wenige Tage zu Ende Januars in schöner Beleuchtung gesehen, in ihrer vollen Pracht. Die beiden runden Gipfel der

Silla erscheinen in Caracas fast unter demselben Höhenwinkel[26] wie der Pic von Teneriffa im Hafen von Orotava. Die untere Hälfte des Bergs ist mit kurzem Rasen bedeckt; dann kommt die Zone der immergrünen Sträucher, die zur Blüthezeit der Befaria, der Alpenrose des tropischen Amerika, purpurroth schimmert. Ueber dieser Waldregion steigen zwei Felsmassen in Kuppelform empor. Sie sind völlig kahl und dadurch erscheint der Berg, der im gemäßigten Europa kaum die Schneegrenze erreichte, höher, als er wirklich ist. Mit diesem großartigen Prospekt der Silla und der Bergscenerie im Norden der Stadt steht der angebaute Strich des Thals, die lachende Ebene von Chacao, Petare und la Vega im angenehmsten Contrast.

Man hört das Klima von Caracas oft einen ewigen Frühling nennen, und dasselbe findet sich überall im tropischen Amerika auf der halben Höhe der Cordilleren, zwischen 400 und 900 Toisen über dem Meer, wenn nicht sehr breite Thäler und Hochebenen und dürrer Boden die Intensität der strahlenden Wärme übermäßig steigern. Was läßt sich auch Köstlicheres denken als eine Temperatur, die sich bei Tag zwischen 20 und 26, bei Nacht zwischen 16 und 18 Grad hält, und in der der Bananenbaum, der Orangenbaum, der Kaffeebaum, der Apfelbaum, der Aprikosenbaum und der Weizen neben einander gedeihen! Ein einheimischer Schriftsteller vergleicht auch Caracas mit dem Paradiese und findet im Anauco und den benachbarten Bächen die vier Flüsse desselben.

Leider ist in diesem so gemäßigten Klima die Witterung sehr unbeständig. Die Einwohner von Caracas klagen darüber, daß sie an Einem Tage verschiedene Jahreszeiten haben und die Uebergänge von einer Jahreszeit zur andern sehr schroff sind. Häufig folgt z. B. im Januar auf eine Nacht mit einer mittleren Temperatur von 16° ein Tag, an dem der Thermometer im Schatten acht Stunden lang über 22° steht. Am selben Tage kommen aber Wärmegrade von 24 und von 18° vor. Dergleichen Schwankungen sind in den gemäßigten Landstrichen Europas ganz gewöhnlich, in der heißen Zone aber sind selbst die Europäer so sehr an die Gleichförmigkeit der äußeren Reize gewöhnt, daß ein Temperaturwechsel von 6 Grad ihnen beschwerlich wird. In Cumana und überall in der Niederung ändert sich die Temperatur von 11 Uhr Morgens bis 11 Uhr Abends gewöhnlich nur um 2–3 Grad. Zudem äußern diese atmosphärischen Schwankungen in Caracas auf den menschlichen Organismus stärkeren Einfluß, als man nach dem bloßen Thermometerstande glauben sollte. Im engen Thale wird die Luft so zu sagen im Gleichgewicht gehalten von zwei Winden, deren einer von West, von der Seeseite weht, während der andere von Ost, aus dem Binnenlande kommt. Ersterer heißt der »Wind von Catia,« weil er von Catia, westwärts von Cabo Blanco, durch die Schlucht Tipe heraufkommt, deren wir oben bei Gelegenheit des Projekts einer neuen Straße und eines neuen Hafens, statt der Straße und des Hafens von Guayra, erwähnt haben. Der Wind von Catia ist aber nur scheinbar ein Westwind, meist ist es der Seewind aus Ost und Nordost, der, wenn er stark bläst, sich in der Quebrada de Tipe fängt. Von den hohen Bergen Aguas Negras zurückgeworfen, kommt der Wind nach Caracas herauf auf der Seite des Kapuzinerklosters und des Rio Caraguata. Er ist sehr feucht und das Wasser schlägt sich auf ihm nieder, im Maaße als er sich abkühlt; der Gipfel der Silla umzieht sich daher auch mit Wolken, sobald der Catia ins Thal dringt. Die Einwohner von Caracas fürchten sich sehr vor ihm; Personen mit reizbarem Nervensystem verursacht er Kopfschmerzen. Ich habe welche gekannt, die, um sich dem Winde nicht auszusetzen, nicht aus dem Hause gehen, wie man in Italien thut, wenn der Sirocco weht. Ich glaubte während meines Aufenthalts in Caracas gefunden zu haben, daß der Wind von Catia reiner (etwas reicher an Sauerstoff) sey als der Wind von Petare; ich meinte auch, seine reizende Wirkung möchte eben von dieser Reinheit herrühren. Aber die Mittel, die ich angewendet, sind sehr unzuverläßig. Der Wind von Petare kommt von Ost und Südost, vom östlichen Ende des Guayrethals herein und führt die trockenere Luft des Gebirgs und des Binnenlandes herbei; er zerstreut die Wolken und läßt den Gipfel der Silla in seiner ganzen Pracht hervortreten.

Bekanntlich sind die Veränderungen, welche die Mischung der Luft an einem gegebenen Ort durch die Winde erleidet, auf eudiometrischem Wege nicht zu ermitteln, da die genauesten Methoden nur 0,003 Sauerstoff angeben. Die Chemie kennt noch kein Mittel, um den Inhalt zweier Flaschen zu unterscheiden, von denen die eine während des Sirocco oder des Catia mit Luft gefüllt worden ist, und die andere, bevor diese Winde wehten. Es ist mir jetzt wahrscheinlich, daß der auffallende Effekt des Catia und aller Luftströmungen, die im gemeinen Glauben verrufen sind, vielmehr dem Wechsel in Feuchtigkeit und Temperatur als chemischen Mischungsveränderungen zuzuschreiben sind. Man braucht keine Miasmen von der ungesunden Seeküste nach Caracas heraufkommen zu lassen; es ist sehr begreiflich, daß Menschen, die an die trockenere Gebirgsluft gewöhnt sind, es sehr unangenehm empfinden, wenn die sehr feuchte Seeluft durch die Tipeschlucht wie ein aufsteigender Strom in das hohe Thal von Caracas heraufkommt, hier durch die Ausdehnung, die sie erleidet, und durch die Berührung mit kälteren Schichten sich abkühlt und einen bedeutenden Theil ihres Wassers niederschlägt. Diese Unbeständigkeit der Witterung, diese etwas schroffen Uebergänge von trockener, heller zu feuchter, nebligter Luft, sind Uebelstände, die Caracas mit der ganzen gemäßigten Region unter den Tropen, mit allen Orten gemein hat, die in einer Meereshöhe von 4–800 Toisen entweder auf kleinen Hochebenen oder am Abhang der Cordilleren liegen, wie Xalapa in Mexico und Guaduas in Neu-Grenada. Beständig heiterer Himmel einen großen Theil des Jahres hindurch kommt nur in den Niederungen an der See vor, und wiederum in sehr bedeutenden Höhen, auf den weiten Hochebenen, wo die gleichförmige Strahlung des Bodens die Auflösung der Dunstbläschen zu befördern scheint. Die dazwischen liegende Zone beginnt mit den ersten Wolkenschichten, die sich über der Erdoberfläche lagern. Unbeständigkeit und viele Nebel bei sehr milder Temperatur sind der Witterungscharakter dieser Region.

Trotz der hohen Lage ist der Himmel in Caracas gewöhnlich weniger blau als in Cumana. Der Wasserdunst ist dort nicht so vollkommen aufgelöst, und wie in unserem Klima wird durch die stärkere Zerstreuung des Lichts die Farbe der Luft geschwächt, indem sich Weiß dem Blau beimischt. Die Intensität des Himmelsblau war auf dem Saussureschen Cyanometer vom November bis Januar im Durchschnitt 18, nie über 20 Grad, an den Küsten dagegen 22–25 Grad. Ich habe im Thal von Caracas die Bemerkung gemacht, daß der Wind von Petare das Himmelsgewölbe zuweilen auffallend blaß färbt. Am 23. Januar war das Blau des Himmels um Mittag im Zenith heller, als ich es je in der heißen Zone gesehen. Es war gleich 12 Grad des Cyanometers; die Luft war dabei vollkommen durchsichtig, wolkenlos und auffallend trocken. Sobald der starke Wind von Petare nachließ, stieg das Blau im Zenith auf 16 Grad. Zur See habe ich häufig, wenn auch in geringerem Grade, einen ähnlichen Einfluß des Windes auf die Farbe der Luft beim heitersten Himmel beobachtet.

Welches ist die mittlere Temperatur von Caracas? Wir kennen sie nicht so genau wie die von Santa Fe de Bogota und Mexico. Ich glaube indessen darthun zu können, daß sie nicht viel über oder unter 21–22° beträgt. Nach eigenen Beobachtungen fand ich für die drei sehr kühlen Monate November, December und Januar als Durchschnitt des täglichen Maximum und Minimum der Temperatur 20°,2, 20°,1, 20°,2. Nach dem aber, was wir jetzt über die Vertheilung der Wärme in den verschiedenen Jahreszeiten und in verschiedenen Meereshöhen wissen, läßt sich annähernd aus der mittleren Temperatur einiger Monate die mittlere Temperatur des ganzen Jahres berechnen, ungefähr wie man auf die Höhe eines Gestirns im Meridian aus Höhen, die außerhalb des Meridians gemessen werden, einen Schluß zieht. Das Ergebniß, das ich für richtig halte, ist nun aber auf folgendem Wege gewonnen worden. In Santa Fe de Bogota weicht nach Caldas der Januar von der mittleren Jahrestemperatur nur um 0°,2 ab; in Mexico, also der gemäßigten Zone schon sehr nahe, beträgt der Unterschied im Maximum 3°. In Guayra bei Caracas weicht der kälteste Monat vom jährlichen Mittel um 4°,9 ab; aber wenn auch im Winter zuweilen die Luft von Guayra (oder von Catia) durch die Quebrada de Tipe ins hohe Thal von Caracas heraufkommt, so erhält dasselbe dagegen einen größeren Theil des Jahrs hindurch die Ost- und Südostwinde von Caurimare her und aus dem Binnenland. Wir wissen nach unmittelbaren Beobachtungen, daß in Guayra und Caracas die Temperatur der kältesten Monate 23°,2 und 20°,1 beträgt.

Diese Unterschiede sind der Ausdruck einer Temperaturabnahme, die im Thale von Caracas zugleich von der hohen Lage (oder von der Ausdehnung der Luft im aufsteigenden Strome) und vom Conflikt der Winde von Catia und von Petare herbeigeführt wird.

Nach einer kleinen Reihe von Beobachtungen, die ich in drei Jahren theils in Caracas selbst, theils in Chacao, ganz in der Nähe der Hauptstadt, angestellt, hielt sich der hunderttheilige Thermometer in der kalten Jahreszeit bei Tage meistens zwischen 21 und 22°, bei Nacht zwischen 16 und 17°.[27] In der heißen Jahreszeit, im Juli und August, steigt er bei Tag auf 25–26°, bei Nacht auf 22–23°.[28] Dieß ist der gewöhnliche Zustand der Atmosphäre, und dieselben Beobachtungen, mit einem von mir berichtigten Instrument angestellt, ergeben **als mittlere Jahrestemperatur** von Caracas etwas mehr als 21°,5. Eine solche kommt aber im System der cisatlantischen Klimate auf Ebenen unter dem 36–37. Breitengrade vor. Es ist wohl überflüssig zu bemerken, daß dieser Vergleich sich nur auf die Summe von Wärme bezieht, die sich an jedem Punkte im Laufe des ganzen Jahrs entwickelt, keineswegs auf's **Klima**, das heißt auf die Vertheilung der Wärme unter die verschiedenen Jahreszeiten.

Sehr selten sieht man in Caracas im Sommer die Temperatur ein paar Stunden lang auf 29° [23,°2 R] steigen; sie soll im Winter unmittelbar nach Sonnenaufgang schon auf 11° [8°,8 R] gesunken seyn. So lange ich mich in Caracas aufhielt, waren das Maximum und das Minimum nur 25° und 12°,5. Die Kälte bei Nacht ist um so empfindlicher, da dabei meist nebligtes Wetter ist. Wochenlang konnte ich weder Sonnen- noch Sternhöhen messen. Der Uebergang von herrlich durchsichtiger Luft zur völligen Dunkelheit erfolgt so rasch, daß nicht selten, wenn ich schon, eine Minute vor dem Eintritt eines Trabanten, das Auge am Fernrohr hatte, mir der Planet und meine nächste Umgebung mit einander im Nebel verschwanden. In Europa ist in der gemäßigten Zone die Temperatur auf den Gebirgen etwas gleichförmiger als in den Niederungen. Beim Gotthardtshospiz z. B. ist der Unterschied zwischen den mittleren Temperaturen der wärmsten und der kältesten Monate 17°,3, während derselbe unter der nämlichen Breite beinahe am Meeresspiegel 20–21° beträgt. Die Kälte nimmt auf unsern Bergen nicht so rasch zu, wie die Wärme abnimmt. Wenn wir den Cordilleren näher kommen, werden wir sehen, daß in der heißen Zone das Klima in den Niederungen gleichförmiger ist als auf den Hochebenen. In Cumana und Guayra (denn man darf keine Orte anführen, wo die Nordwinde einige Monate lang das Gleichgewicht der Atmosphäre stören) steht der Thermometer das ganze Jahr zwischen 21 und 35°; in Santa Fe und Quito kommen Schwankungen zwischen 3 und 22° vor, wenn man, nicht die kältesten und heißesten Tage, sondern Stunden des Jahres vergleicht. In den Niederungen, wie in Cumana, ist der Unterschied zwischen Tag und Nacht meist nur 3–4°; in Quito fand ich diesen Unterschied (ich zog dabei jeden Tag und jede Nacht das Mittel aus 4–5 Beobachtungen) gleich 7°. In Caracas, das fast dreimal weniger hoch und auf einer unbedeutenden Hochebene liegt, sind die Tage im November und December noch um 5–5°,5 wärmer als die Nächte. Diese Erscheinungen von nächtlicher Abkühlung mögen auf den ersten Anblick überraschen; sie modificiren sich durch die Erwärmung der Hochebenen und Gebirge den Tag über, durch das Spiel der niedergehenden Luftströme, besonders aber durch die nächtliche Wärmestrahlung in der reinen, trockenen Luft der Cordilleren.

In den drei Monaten April, Mai und Juni regnet es in Caracas sehr viel. Die Gewitter kommen immer aus Ost und Südost, von Petare und Valle her. In den tief gelegenen Landstrichen hagelt es nicht unter den Tropen; in Caracas aber kommt es so ziemlich alle 4–5 Jahre einmal vor. Man hat sogar in noch tieferen Thälern hageln sehen, und diese Erscheinung macht dann einen ungemeinen Eindruck auf das Volk. Ein Meteorsteinfall ist bei uns nicht so selten als im heißen Erdstrich, trotz der häufigen Gewitter, Hagel unter 300 Toisen Meereshöhe.

Im kühlen, köstlichen Klima, das wir eben geschildert, gedeihen noch die tropischen Gewächse. Das Zuckerrohr wird sogar in noch höheren Landstrichen als Caracas gebaut; man pflanzt aber im Thale wegen der trockenen Lage und des steinigten Bodens lieber den Kaffeebaum, der nicht viele, aber ausgezeichnet gute Früchte gibt. In der Blüthezeit des Strauchs gewährt die Ebene nach Chacao hin den lachendsten Anblick. Der Bananenbaum in den Pflanzungen um die Stadt ist nicht der große *Platano harton* sondern die Varietäten Camburi und Dominico,[29] die weniger Wärme nöthig haben. Die großen Bananen auf dem Markte von Caracas kommen aus den Haciendas von Turiamo an der Küste zwischen Burburata und Porto-Cabello. Die schmackhaftesten Ananas sind die von Baruta, Empedrado und von den Höhen von Buenavista auf dem Wege nach Victoria. Kommt ein Reisender zum erstenmal in das Thal von Caracas herauf, so ist er angenehm überrascht, neben dem Kaffeebaum und Bananenbaum unsere Küchenkräuter, Erdbeeren, Weinreben und fast alle Obstbäume der gemäßigten Zone zu finden. Die gesuchtesten Pfirsiche und Äpfel kommen von Macarao, am westlichen Ausgang des Thals. Der Quittenbaum, dessen Stamm nur vier bis fünf Fuß hoch wird, ist dort so gemein, daß er fast verwildert ist. Eingemachtes von Apfeln und besonders von Quitten ist sehr beliebt, da man hier zu Lande meint, ehe man Wasser trinkt, müsse man durch Süßigkeiten den Durst reizen. Je stärker man in der Umgebung der Stadt Kaffee baute und je mehr mit den Pflanzungen, die nicht älter sind als 1793, die Zahl der Arbeitsneger stieg, desto mehr hat der Mais- und Gemüsebau die zerstreuten Apfel- und Quittenbäume aus den Savanen verdrängt. Der Reisfelder, die man bewässert, waren früher in der

Ebene von Chacao mehr als jetzt. Ich habe in dieser Provinz, wie in Mexico und in allen hochgelegenen Ländern der heißen Zone, die Bemerkung gemacht, daß da, wo der Apfelbaum vortrefflich gedeiht, der Birnbaum nur schwer fortzubringen ist. Man hat mich versichert, die ausgezeichnet guten Äpfel, die man auf dem Markte kauft, wachsen bei Caracas auf ungeimpften Stämmen. Kirschbäume gibt es nicht; die Olivenbäume, die ich im Hof des Klosters San Felipe de Neri gesehen, sind groß und schön; aber eben wegen des üppigen Wachsthums tragen sie keine Früchte.

Wenn die Luftbeschaffenheit des Thals allen landwirthschaftlichen Produkten, die in den Colonien gebaut werden, ungemein günstig ist, so läßt sich von der Gesundheit der Einwohner und der in der Hauptstadt von Venezuela lebenden Fremden nicht dasselbe sagen. Das äußerst unbeständige Wetter und die häufige Unterdrückung der Hautausdünstung erzeugen catarrhalische Beschwerden, die in den mannigfachsten Formen auftreten. Hat sich der Europäer einmal an die starke Hitze gewöhnt, so bleibt er in Cumana, in den Thälern von Aragua, überall, wo die Niederung unter den Tropen nicht zugleich sehr feucht ist, gesunder als in Caracas und all den Gebirgsländern, wo der gepriesene beständige Frühling herrschen soll.

Als ich vom gelben Fieber in Guayra sprach, gedachte ich der allgemein verbreiteten Meinung, daß diese schreckliche Krankheit fast eben so wenig von der Küste von Venezuela nach der Hauptstadt wandere, als von der Küste von Mexico nach Xalapa. Diese Meinung stützt sich auf die Erfahrung der letzten zwanzig Jahre. Von den Epidemien, die im Hafen von Guayra herrschten, wurde in Caracas fast nichts bemerkt. Es sollte mir leid thun, wenn ich durch eingebildete Besorgnisse die Bewohner der Hauptstadt aus ihrer Sicherheit aufschreckte; ich bin aber durchaus nicht überzeugt, daß der amerikanische Typhus, wenn er durch den starken Verkehr im Hafen auf der Küste einheimischer wird, nicht eines Tags, wenn besondere klimatische Verhältnisse ihm Vorschub leisten, im Thal sehr oft auftreten könnte. Denn die mittlere Temperatur desselben ist immer noch so hoch, daß der Thermometer sich in den heißesten Monaten zwischen 22 und 26 Grad [17–20° R] hält. Wenn sich nicht wohl bezweifeln läßt, daß dieser Typhus in der gemäßigten Zone durch Berührung ansteckend ist, wie sollte man da sicher seyn, daß er bei großer Bösartigkeit nicht auch in der heißen Zone in einer Gegend ansteckend wird, wo vier Meilen von der Küste die Sommertemperatur die Disposition des Körpers noch steigert? Die Lage von Xalapa am Abhang der mexicanischen Gebirge bietet ungleich mehr Sicherheit, da die Stadt weniger volkreich und fünfmal weiter von der See entfernt ist als Caracas, da sie um 230 Toisen höher liegt und ihre mittlere Temperatur 3 Grad weniger beträgt. Im Jahre 1696 weihte ein Bischof von Venezuela, Diego de Baños, eine Kirche (*ermita*) der heiligen Rosalia von

Palermo, weil sie die Hauptstadt vom schwarzen Erbrechen, *vomito negro*, erlöst, nachdem es sechzehn Monate gewüthet. Ein Hochamt, das alle Jahre zu Anfang Septembers in der Hauptkirche begangen wird, ist zum Andenken an diese Seuche gestiftet, wie denn in den spanischen Colonien auch die Tage, an denen große Erdbeben stattgefunden, durch Prozessionen im Gedächtniß erhalten werden. Das Jahr 1696 war wirklich durch eine Gelbefieberepidemie ausgezeichnet, die auf allen Antillen herrschte, wo die Krankheit sich erst seit dem Jahr 1688 eigentlich festzusetzen begonnen hatte; wie soll man aber in Caracas an eine Epidemie des schwarzen Erbrechens glauben, die ganze sechzehn Monate gedauert, und also die sehr kühle Jahreszeit, in der der Thermometer auf 12 oder 13 Grade fällt, überdauert hätte? Sollte der Typhus im hohen Thale von Caracas älter seyn als in den besuchteren Häfen von Terra Firma? In diesen war er, nach Ulloa, vor dem Jahr 1729 nicht bekannt, und so bezweifle ich, daß die Epidemie von 1696 das gelbe Fieber oder der ächte amerikanische Typhus war. Schwarze Ausleerungen kommen in remittirenden Gallenfiebern häufig vor und sind an und für sich so wenig als das Blutspeien für die schreckliche Krankheit charakteristisch, die man gegenwärtig in der Havana und in Vera Cruz unter dem Namen *vomito* kennt. Wenn aber keine genaue Beschreibung vorliegt, aus der hervorgeht, daß der amerikanische Typhus in Caracas schon zu Ende des siebzehnten Jahrhunderts geherrscht habe, so ist es leider nur zu gewiß, daß diese Krankheit in dieser Hauptstadt im Jahr 1802 eine Menge junger europäischer Soldaten weggerafft hat. Der Gedanke ist beunruhigend, daß mitten in der heißen Zone ein 450 Toisen hoch, aber sehr nahe an der See gelegenes Plateau die Einwohner keineswegs vor einer Seuche schützt, die, wie man meint, nur in den Niederungen an der Küste zu Hause ist.

20.

Die *Capitanio general* von Caracas hat 48,000 Quadratmeilen (25 auf den Grad) Umfang, Peru 30,000, Neu-Grenada 65,000. Es ist dieß das Ergebniß von Oltmanns Berechnung, wobei die Veränderungen zu Grunde gelegt sind, welche die Karten von Amerika durch meine astronomischen Bestimmungen erlitten haben.

21.

So heißen in Spanien die Bewohner der Gebirge von Santander.

22.

Nach dem Vorgang von **Anglo-Amerikaner**, welcher Ausdruck in alle europäischen Sprachen übergegangen ist. In den spanischen Colonien heißen die in Amerika geborenen Weißen **Spanier**, die wirklichen Spanier aus dem Mutterland **Europäer**, **Gachupins** oder **Chapetons**

23.

1567, später als Cumana, Coro, Nueva Barcelona und Caravalleda.

24.

S. Bd. I. Seite 238.

25.

In ganz Amerika glaubt man, das Wasser nehme die Eigenschaften der Gewächse an, in deren Schatten es fließt. So rühmt man an der Magellanscheu Meerenge das Wasser, das mit den Wurzeln der *Winterana Canella* in Berührung kommt.

26.

Ich fand auf dem Platze Trinidad die scheinbare Höhe der Silla 11° 12' 49". Ihr Abstand beträgt etwa 4500 Toisen.

27.

Nach Reaumur bei Tag 16°,8–18°, bei Nacht 12°,8-13°,6.

28.

Nach Reaumur bei Tag 20°–20°,8, bei Nacht 17°,6–18°,4.

29.

S. Bd. I, S. 80

Dreizehntes Kapitel.

Aufenthalt in Caracas. – Berge um die Stadt. – Besteigung des Gipfels der Silla.

Ich blieb zwei Monate in Caracas. Bonpland und ich wohnten in einem großen, fast ganz frei stehenden Hause im höchsten Theil der Stadt. Auf einer Galerie übersahen wir mit Einem Blick den Gipfel der Silla, den gezackten Kamm des Galipano und das lachende Guayrethal, dessen üppiger Anbau von den finstern Bergwänden umher absticht. Es war in der trockenen Jahreszeit. Um die Weide zu verbessern, zündet man die Savanen und den Rasen an, der die steilsten Felsen bedeckt. Diese großen Brände bringen, von weitem gesehen, die überraschendsten Lichteffekte hervor. Ueberall wo die Savanen längs der aus- und einspringenden Felsgehänge die von den Bergwassern eingerissenen Schluchten ausfüllen, nehmen sich die brennenden Bodenstreifen bei dunkler Nacht wie Lavaströme aus, die über dem Thale hängen. Ihr starkes, aber ruhiges Licht färbt sich röthlich, wenn der Wind, der von der Silla herunter kommt, Wolkenzüge ins Thal niedertreibt. Andere male, und dann ist der Anblick am großartigsten, sind die Lichtstreifen in dickes Gewölk gehüllt und kommen nur da und dort durch Risse zum Vorschein, und wenn dann die Wolken steigen, zeigen sich ihre Ränder glänzend beleuchtet. Diese mannigfaltigen Erscheinungen, wie sie unter den Tropen häufig vorkommen, werden noch anziehender durch die Form der Berge, durch die Stellung der Abhänge und die Höhe der mit Alpenkräutern bewachsenen Savanen. Den Tag über jagt der Wind von Petare von Osten her den Rauch über die Stadt und macht die Luft weniger durchsichtig.

Hatten wir Ursache, mit der Lage unserer Wohnung zufrieden zu seyn, so waren wir es noch viel mehr mit der Aufnahme, die uns von den Einwohnern aller Stände zu Theil wurde. Ich habe die Verpflichtung, der edlen Gastfreundschaft zu gedenken, die wir bei dem damaligen Generalcapitän der Provinzen von Venezuela, Herrn von Guevara Vasconzelos, genossen. Es ward mir das Glück zu Theil, das nur wenige Spanier mit mir theilen, hinter einander Caracas, Havana, Santa Fe de Bogota, Quito, Lima und Mexico zu besuchen, und in diesen sechs Hauptstädten des spanischen Amerika brachten mich meine Verhältnisse mit Leuten aller Stände in Verbindung; dennoch erlaube ich mir nicht, mich über die verschiedenen Stufen der Cultur auszusprechen, welche die Gesellschaft in jeder Colonie bereits erstiegen. Es ist leichter, die Schattirungen der Nationalcultur und die vorzugsweise Richtung der geistigen Entwicklung anzugeben, als zu vergleichen und zu classificiren, was sich nicht unter Einen Gesichtspunkt bringen läßt. In Mexico und Santa Fe de Bogota schien mir die Neigung zu ernsten wissenschaftlichen Studien vorherrschend, in Quito und Lima fand ich mehr Sinn für schöne Literatur und Alles, was eine lebendige, feurige Einbildungskraft anspricht, in der Havana und in Caracas größere Bildung hinsichtlich der allgemeinen politischen Verhältnisse, umfassendere Ansichten über die Zustände der Colonien und der Mutterländer. Der starke Handelsverkehr mit Europa und das Meer der Antillen, das wir oben als ein Mittelmeer mit mehreren Ausgängen beschrieben, haben auf die gesellschaftliche Entwicklung auf Cuba und in den schönen Provinzen von Venezuela gewaltigen Einfluß geäußert. Nirgends sonst im spanischen Amerika hat die Civilisation eine so europäische Färbung angenommen. Die Menge Ackerbau treibender Indianer in Mexico und im Innern von Neu-Grenada gibt diesen großen Ländern einen eigenthümlichen, man könnte sagen exotischeren Charakter. Trotz der Zunahme der schwarzen Bevölkerung glaubt man sich in der Havana und in Caracas näher bei Cadix und den Vereinigten Staaten als in irgend einem Theil der neuen Welt.

Da Caracas auf dem Festland liegt und die Bevölkerung nicht so beweglich ist als auf den Inseln, haben sich die volksthümlichen Gebräuche mehr erhalten als in der Havana. Sehr geräuschvolle und sehr mannigfaltige Zerstreuungen bietet die Gesellschaft nicht, aber im Kreise der Familien empfindet man das Behagen, das munteres Wesen und Herzlichkeit im Verein mit seiner Sitte in uns erzeugen. Es gibt in Caracas, wie überall, wo eine große Umwälzung in den Vorstellungen bevorsteht, zwei Menschenklassen, man könnte sagen zwei streng geschiedene Generationen. Die eine, nicht mehr sehr zahlreiche, hält fest an den alten Bräuchen und hat die alte Sitteneinfalt und Mäßigung in Wünschen und Begierden bewahrt. Sie lebt nur in der Vorzeit; in ihrer Vorstellung ist Amerika Eigenthum ihrer Voreltern, die es erobert haben. Sie verabscheut die sogenannte Aufklärung des Jahrhunderts und hegt sorgfältig, wie einen Theil ihres Erbguts, die überlieferten Vorurtheile. Die andere lebt weniger in der Gegenwart als in der Zukunft und hat eine nicht selten leichtfertige Vorliebe für neue Sitten und Ideen. Kommt zu dieser Neigung der Trieb, sich gründlich zu bilden, wird sie von einem kräftigen, hellblickenden Geiste gezügelt und gelenkt, so wird sie in ihren Wirkungen der Gesellschaft ersprießlich. Ich habe in Caracas mehrere durch wissenschaftlichen Sinn, angenehme Sitten und großartige Gesinnung gleich ausgezeichnete Männer kennen gelernt, die dieser zweiten Generation angehörten; aber auch andere, die auf alles Schöne und Achtungswürdige im spanischen Charakter, in der Literatur und Kunst dieses Volks herabsahen und damit ihre eigene Nationalität einbüßten, ohne im Verkehr mit den Fremden richtige Begriffe über die wahren Grundlagen des öffentlichen Wohls und der gesellschaftlichen Ordnung einzutauschen. Da seit der Regierung Karls V. der Corporationsgeist und der Municipalhaß aus dem Mutterland in die Colonien übergegangen sind, so findet man in

Cumana und andern Handelsstädten von Terra Firma Gefallen daran, die Adelsansprüche der vornehmsten Familien in Caracas, der sogenannten *'Mantuanos'*, mit Uebertreibung zu schildern. Wie sich diese Ansprüche früher geäußert, weiß ich nicht; es schien mir aber, als ob die fortschreitende Bildung und die in den Sitten sich vollziehende Umwandlung nach und nach und fast durchgängig den gesellschaftlichen Unterschieden im Verkehr unter Weißen alles Verletzende benommen hätten. In allen Colonien gibt es zweierlei Adel. Der eine besteht aus Creolen, deren Vorfahren in jüngster Zeit bedeutende Aemter in Amerika bekleidet haben; er gründet seine Vorrechte zum Theil auf das Ansehen, in dem er im Mutterlande steht; er glaubt sie auch über dem Meere festhalten zu können, gleichviel zu welcher Zeit er sich in den Colonien niedergelassen; Der andere Adel haftet mehr am amerikanischen Boden; seine Glieder sind Nachkommen der **Conquistadoren**, das heißt der Spanier, die bei der ersten Eroberung im Heere gedient. Mehrere dieser Krieger, der Waffengenossen der Cortez, Losada und Pizarro, gehörten den vornehmsten Familien der pyrenäischen Halbinsel an; andere aus den untern Volksklassen haben ihre Namen durch die ritterliche Tapferkeit, die ein bezeichnender Zug des frühen sechzehnten Jahrhunderts ist, zu Ehren gebracht. Ich habe oben daran erinnert,[30] daß in der Geschichte dieser Zeit der religiösen und kriegerischen Begeisterung im Gefolge der großen Anführer mehrere redliche, schlichte, großmüthige Männer auftraten. Sie eiferten wider die Grausamkeiten, welche die Ehre des spanischen Namens befleckten; aber sie verschwanden in der Menge und konnten der allgemeinen Aechtung nicht entgehen. Der Name »Conquistadores« ist desto verhaßter geblieben, als die wenigsten, nachdem sie. friedliche Völker mißhandelt und im Schooße des Ueberflusses geschwelgt, dafür am Ende ihrer Laufbahn mit jenem schweren Umschlag des Glücks gebüßt haben, der den Haß der Menschen sänftigt und nicht selten das harte Urtheil der Geschichte mildert.

Aber nicht allein der Fortschritt der Cultur und der Conflikt zwischen zwei Adelsklassen von verschiedenem Ursprung nöthigt die privilegirten Stände ihre Ansprüche aufzugeben oder doch aus Klugheit nicht merken zu lassen. Die Aristokratie findet in den spanischen Colonien noch ein anderes Gegengewicht, das sich von Tag zu Tag mehr geltend macht. Unter den Weißen hat sich das Gefühl der Gleichheit aller Gemüther bemächtigt. Ueberall, wo die Farbigen entweder als Sklaven oder als Freigelassene angesehen werden, ist die angestammte Freiheit, das Bewußtseyn, daß man nur Freie zu Ahnen hat, der eigentliche Adel. In den Colonien ist die Hautfarbe das wahre äußere Abzeichen desselben. In Mexico wie in Peru, in Caracas wie auf Cuba kann man alle Tage einen Menschen, der barfuß geht, sagen hören: »Will der reiche weiße Mann weißer seyn als ich?« Da Europa so große Menschenmengen an Amerika abgeben kann, so ist begreiflich, daß der Satz: jeder Weiße ist Ritter, *todo blanco es caballero* den altadeligen europäischen Familien mit ihren Ansprüchen sehr unbequem ist. Noch mehr: dieser selbe Satz ist in Spanien bei einem wegen seiner Biederkeit, seines Fleißes und seines Nationalgeistes mit Recht geachteten Volksstamm längst anerkannt: jeder Biscayer nennt sich adelig, und da es in Amerika und auf den Philippinen mehr Biscayer gibt als zu Hause auf der Halbinsel, so haben die Weißen von diesem Volksstamm nicht wenig dazu beigetragen, den Grundsatz von der Gleichheit aller Menschen, deren Blut nicht mit afrikanischem Blut vermischt ist, in den Colonien zur Geltung zu bringen.

Zudem sind die Länder, wo man, auch ohne Repräsentativregierung und ohne Pairschaft, auf Stammbäume und Geburtsvorzüge so sehr viel hält, keineswegs immer die, wo die Familienaristokratie am verletzendsten auftritt. Vergebens sucht man bei den Völkern spanischen Ursprungs das kalte, anspruchsvolle Wesen, das durch den Charakter der modernen Bildung im übrigen Europa nur noch allgemeiner zu werden scheint. In den Colonien wie im Mutterlande knüpfen Herzlichkeit, Unbefangenheit und große Anspruchslosigkeit des Benehmens ein Band zwischen allen Ständen. Ja, man kann sagen, Eitelkeit und Selbstsucht verletzen um so weniger, da sie sich mit einer gewissen Offenheit und Naivität aussprechen.

Ich fand in Caracas in mehreren Familien Sinn für Bildung; man kennt die Hauptwerke der französischen und italienischen Literatur, man liebt die Musik, man treibt sie mit Erfolg, und sie verknüpft, wie die Pflege aller schönen Kunst, die verschiedenen Stufen der Gesellschaft. Für Naturwissenschaften und zeichnende Künste bestehen hier keine großen Anstalten, wie Mexico und Santa Fe sie der Freigebigkeit der Regierung und dem patriotischen Eifer der spanischen Bevölkerung verdanken. In einer so wundervollen, überschwenglich reichen Natur gab sich kein Mensch an dieser Küste mit Botanik oder Mineralogie ab. Nur in einem Franciscanerkloster fand ich einen ehrwürdigen Alten, der für alle Provinzen von Venezuela den Kalender berechnete und vom gegenwärtigen Stand der Astronomie einige richtige Begriffe hatte. Unsere Instrumente waren ihm höchst merkwürdig, und eines Morgens kamen uns sämmtliche Franciscaner ins Haus und verlangten zu unserer großen Ueberraschung einen Inclinationscompaß zu sehen. In Ländern, die vom vulkanischen Feuer unterhöhlt sind, und in einem Himmelsstrich, wo die Natur so großartig und dabei so geheimnißvoll unruhig ist, steigert sich von selbst die Aufmerksamkeit auf physikalische Erscheinungen, und damit die Neubegier.

Wenn man daran denkt, daß in den Vereinigten Staaten von Nordamerika in kleinen Städten von 3000 Einwohnern Zeitungen erscheinen, so wundert man sich, wenn man hört, daß Caracas mit einer Bevölkerung von 40–50,000 Seelen bis zum Jahr 1806 keine Druckerei hatte; denn so kann man doch nicht wohl Pressen nennen, auf denen man Jahr um Jahr einen Kalender von ein paar Seiten oder ein bischöfliches Ausschreiben zu Stande bringt. Der

Personen, denen Lesen ein Bedürfniß ist, sind nicht sehr viele, selbst in denjenigen spanischen Colonien, wo die Cultur am weitesten fortgeschritten ist; es wäre aber unbillig, den Colonisten zur Last zu legen, was das Werk einer argwöhnischen Staatskunst ist. Ein Franzose, Delpeche, der durch Heirath einer der geachtetsten Familien des Landes angehört, hat sich durch die Errichtung der ersten guten Druckerei in Caracas verdient gemacht. Es ist in unserer Zeit gewiß eine auffallende Erscheinung, daß das kräftigste Mittel des Gedankenaustausches nicht vor einer politischen Umwälzung eingeführt wird, sondern erst nachher.

In einem Land mit so reizenden Fernsichten, zu einer Zeit, wo trotz der Aufstandsversuche die große Mehrzahl der Einwohner nur an materielle Interessen dachte, an die Fruchtbarkeit des Jahres, an die lange Dürre, an den Kampf zwischen den Winden von Petare und Catia, glaubte ich viele Leute zu finden, welche mit den hohen Bergen in der Umgegend genau bekannt wären; wir konnten aber in Caracas auch nicht Einen Menschen auftreiben, der je auf dem Gipfel der Silla gewesen wäre. Die Jäger kommen in den Bergen nicht bis oben hinauf, und in diesen Ländern geht kein Mensch hinaus, um Alpenpflanzen zu sammeln, um Gebirgsarten zu untersuchen und ein Barometer auf hohe Punkte zu bringen. Man ist an ein einförmiges Leben zwischen seinen vier Wänden gewöhnt, man scheut die Anstrengung und die raschen Witterungswechsel, und es ist, als lebe man nicht, um des Lebens zu genießen, sondern eben nur, um fortzuleben.

Wir kamen auf unsern Spaziergängen häufig auf zwei Kaffeepflanzungen, deren Eigenthümer angenehme Gesellschafter waren. Die Pflanzungen liegen der Silla von Caracas gegenüber. Wir betrachteten mit dem Fernrohr die schroffen Abhänge des Berges und seine beiden Spitzen, und konnten so zum voraus ermessen, mit welchen Schwierigkeiten wir zu kämpfen haben würden, um auf den Gipfel zu gelangen. Nach den Höhenwinkeln, die ich auf unserem Platze Trinidad aufgenommen, schien mir dieser Gipfel nicht so hoch über dem Meere zu liegen, als der große Platz in der Stadt Quito. Diese Schätzung stimmte aber schlecht mit den Vorstellungen der Bewohner des Thals. Die Berge, welche über großen Städten liegen, erhalten eben dadurch in beiden Continenten einen ungemeinen Ruf. Lange bevor man sie genau gemessen hat, schreiben ihnen die Lokalgelehrten eine Höhe zu, die man nicht in Zweifel ziehen kann, ohne gegen ein Nationalvorurtheil zu verstoßen.

Der Generalcapitän Guevara verschaffte uns Führer durch den **Teniente** von Chacao. Es waren Schwarze, denen der Weg, der über den Bergkamm an der westlichen Spitze der Silla vorbei zur Küste führt, etwas bekannt war. Dieser Weg wird von den Schleichhändlern begangen; aber weder unsere Führer, noch die erfahrensten Leute in der Miliz, welche die Schleichhändler in diesen Wildnissen verfolgen, waren je auf der östlichen Spitze, dem eigentlichen Gipfel der Silla gewesen. Während des ganzen Decembers war der Berg, dessen Höhenwinkel mich das Spiel der irdischen Refraction beobachten ließen, nur fünfmal unumwölkt gewesen. Da in dieser Jahreszeit selten zwei heitere Tage auf einander folgen, hatte man uns gerathen, nicht bei hellem Wetter aufzubrechen, sondern zu einer Zeit, wo die Wolken nicht hoch stehen und man hoffen darf, über der ersten gleichförmig verbreiteten Dunstschicht in trockene, helle Luft zu gelangen. Wir brachten die Nacht des 2. Januars in der **Estancia** de Gallegos zu, einer Kaffeepflanzung, bei der in einer schattigen Schlucht der Bach Chacaito, der vom Gebirge herab kommt, schöne Fälle bildet. Die Nacht war ziemlich hell, und obgleich wir. am Vorabend eines beschwerlichen Marsches gern einiger Ruhe genossen hätten, harrten wir, Bonpland und ich, die ganze Nacht auf drei Bedeckungen der Jupiterstrabanten. Ich hatte die Zeitpunkte der Beobachtungen zum voraus bestimmt und doch verfehlten wir alle, weil sich in die *Conaissance de temps* Rechnungsfehler eingeschlichen hatten. Ein böser Stern waltete über den Angaben hinsichtlich der Bedeckungen für December und Januar: man hatte mittlere und wahre Zeit verwechselt.

Dieses Mißgeschick machte mir großen Verdruß, und nachdem ich vor Sonnenaufgang die Intensität der magnetischen Kraft am Fuße des Berges beobachtet, brachen wir um fünf Uhr Morgens mit den Sklaven, die unsere Instrumente trugen, auf. Wir waren unser achtzehn Personen und gingen auf schmalem Fußpfad in einer Reihe hinter einander. Dieser Pfad läuft über einen steilen, mit Rasen bedeckten Abhang. Man sucht zuerst den Gipfel eines Hügels zu erreichen, der gegen Südwest hin eine Art Vorgebirge der Silla bildet. Derselbe hängt mit der Masse des Berges selbst durch einen schmalen Damm zusammen, den die Hirten sehr bezeichnend »die Pforte«, *Puerta de la Silla* nennen. Wir erreichten ihn gegen sieben Uhr. Der Morgen war schön und kühl, und der Himmel schien bis jetzt unser Vorhaben zu begünstigen. Der Thermometer stand ein wenig unter 14° (11°,2 R.). Nach dem Barometer waren wir bereits 685 Toisen über dem Meer, das heißt gegen 80 Toisen höher als die Venta, wo man die prächtige Aussicht auf die Küste hat. Unsere Führer meinten, wir werden bis auf den Gipfel noch sechs Stunden brauchen.

Wir gingen auf einem schmalen, mit Rasen bedeckten Felsdamm, und dieser führte uns vom Vorgebirge der Puerta auf den Gipfel des großen Berges. Man blickt zu beiden Seiten in zwei Thäler nieder, die vielmehr dicht bewachsene Spalten sind. Zur Rechten sieht man die Schlucht, die zwischen beiden Gipfeln gegen den Hof Munnoz herabläuft; links hat man unter sich die Spalte des Chacaito, deren reiche Gewässer am Hofe Gallego vorbeifließen. Man hört die Wasserfälle rauschen, ohne den Bach zu sehen, der im dichten Schatten der *Erythrina*, *Clusia* und der indischen Feigenbäume [*Ficus nymphaeifolia*, *Erythrina mitis*] fließt. Nichts malerischer in einem

Erdstrich, wo so viele Gewächse große, glänzende, lederartige Blätter haben, als tief unter sich die Baumwipfel von den fast senkrechten Sonnenstrahlen beleuchtet zu sehen.

Von der Puerta an wird der Berg immer steiler. Man mußte sich stark vorüber beugen, um vorwärts zu kommen. Der Winkel beträgt häufig 30–32 Grad. Der Rasen ist dicht und er war durch die lange Trockenheit sehr glatt geworden. Gerne hätten wir Fußeisen oder mit Eisen beschlagene Stöcke gehabt. Das kurze Gras bedeckt die Gneißfelsen und man kann sich weder am Grase halten, noch Stufen einschneiden, wie auf weicherem Boden. Dieses mehr mühsame als gefährliche Ansteigen wurde den Leuten aus der Stadt, die uns begleitet hatten und das Bergsteigen nicht gewöhnt waren, bald zu viel. Wir verloren viele Zeit, um auf sie zu warten, und wir entschlossen uns erst, unsern Weg allein fortzusetzen, als wir alle den Berg wieder hinabgehen, statt weiter heraufkommen sahen. Der Himmel fing an sich zu bedecken. Bereits stieg aus dem feuchten Buschwald, der über uns die Region der Alpensavanen begrenzte, der Nebel wie Rauch in dünnen, geraden Streifen auf. Es war, als wäre an mehreren Punkten des Waldes zugleich Feuer ausgebrochen. Nach und nach ballten sich diese Dunststreifen zusammen, lösten sich vom Boden ab und streiften, vom Morgenwind gejagt, als leichtes Gewölk um den runden Gipfel des Gebirgs.

Dieß war für Bonpland und mich ein untrügliches Zeichen, daß wir bald in dichten Nebel gehüllt seyn würden. Da wir besorgten, unsere Führer möchten sich diesen Umstand zu Nutze machen, um uns im Stiche zu lassen, ließen wir diejenigen, welche die unentbehrlichsten Instrumente trugen, vor uns hergehen. Fortwährend ging es am Abhang, gegen die Spalte des Chacaito zu, aufwärts. Das vertrauliche Geschwätz der schwarzen Creolen stach merkwürdig ab vom schweigsamen Ernst der Indianer, die in den Missionen von Charipe unsere beständigen Begleiter gewesen waren. Sie machten sich über die Leute lustig, die ein Unternehmen, zu dem sie sich lange gerüstet, so schnell aufgegeben hatten; am schlimmsten kam ein junger Kapuziner weg, ein Professor der Mathematik, der immer wieder darauf kam, daß die europäischen Spanier aller Stände an Körperkraft und Muth den Hispano-Amerikanern denn doch weit überlegen sehen. Er hatte sich mit weißen Papierstreifen versehen, die in der Savane zerschnitten und ausgeworfen werden sollten, um den Nachzüglern die einzuschlagende Richtung anzugeben. Der Professor hatte sogar seinen Ordensbrüdern versprochen, er wolle in der Nacht ein paar Raketen steigen lassen, um ganz Caracas zu verkünden, daß ein Unternehmen glücklich zu Ende geführt worden, das ihm, und ich muß sagen, nur ihm, vom höchsten Belang schien. Er hatte nicht bedacht, daß seine lange, schwere Kleidung ihm beim Bergsteigen hinderlich werden müsse. Er hatte lange vor den Creolen den Muth verloren, und so blieb er den Tag vollends in einer nahen Pflanzung und sah uns durch ein auf die Silla gerichtetes Fernrohr den Berg hinaufklettern. Zu unserem Unstern hatte der Ordensmann, dem es nicht an physikalischen Kenntnissen fehlte, und der wenige Jahre darauf von den wilden Indianern am Apure ermordet wurde, die Besorgung des bei einer Bergfahrt unentbehrlichen Wassers und der Mundvorräthe übernommen. Die Sklaven, die zu uns stoßen sollten, wurden von ihm so lange aufgehalten, daß sie erst sehr spät anlangten und wir zehn Stunden ohne Wasser und Brod zubrachten.

Von den zwei abgerundeten Spitzen, die den Gipfel des Berges bilden, ist die östliche die höchste, und auf diese sollten wir mit unsern Instrumenten hinaufkommen. Von der Einsenkung zwischen beiden Gipfeln hat der ganze Berg den spanischen Namen ***Silla*,** **Sattel**. Eine Schlucht, deren wir bereits erwähnt, läuft von dieser Einsenkung ins Thal von Caracas hinab; bei ihrem Anfang oder am obern Ende nähert sie sich der westlichen Spitze. Man kann dem östlichen Gipfel nur so beikommen, daß man zuerst westlich von der Schlucht über das Vorgebirge der Puerta gerade auf den niedrigeren Gipfel zugeht und sich erst nach Ost wendet, wenn man den Kamm oder die **Einsattelung** zwischen beiden Gipfeln beinahe erreicht hat. Schon ein Blick auf den Berg zeigt diesen Weg als den von selbst gegebenen, denn die Felsen östlich von der Schlucht sind so steil, daß es schwer halten dürfte, auf den Gipfel der Silla zu gelangen, wenn man statt über die Puerta gerade auf den östlichen Gipfel zuginge.

Vom Fuße des Falls des Chacaito bis in 1000 Toisen Höhe fanden wir nur Savanen. Nur zwei kleine Liliengewächse mit gelben Blüthen erheben sich über den Gräsern, mit denen das Gestein bewachsen ist. Hie und da erinnerte ein Himbeerbusch [*Rubus jamaicensis*] an die europäischen Pflanzenformen. Vergebens sahen wir uns auf diesen Bergen von Caracas, wie später auf dem Rücken der Anden, neben den Himbeerbüschen nach einem Rosenstrauche um. In ganz Südamerika haben wir keine einheimische Rosenart gefunden, so nahe sich auch das Klima auf den hohen Bergen der heißen Zone und das unseres gemäßigten Erdstrichs stehen. Ja dieser liebliche Strauch scheint der ganzen südlichen Halbkugel diesseits und jenseits des Wendekreises zu fehlen. Erst auf den Bergen von Mexico waren wir so glücklich, unter dem 19. Grad der Breite einen amerikanischen Rosenstrauch zu entdecken.

Von Zeit zu Zeit wurden wir in Nebel gehüllt und fanden uns dann über die Richtung unseres Weges nur schwer zurecht, denn in dieser Höhe besteht kein gebahnter Pfad mehr. Man hilft mit den Händen nach, wenn einen auf dem steilen, glitschigen Abhang die Beine im Stiche lassen. Ein drei Fuß mächtiger Gang mit Porzellanerde erregte unsere Aufmerksamkeit. Diese schneeweiße Erde ist ohne Zweifel zersetzter Feldspath. Ich übergab dem Intendanten der Provinz ansehnliche Proben davon. In einem Lande, wo es nicht an Brennmaterial fehlt, läßt sich durch Beimischung feuerbeständiger

Erden das Töpfergeschirr, selbst die Backsteine, verbessern. So oft die Wolken uns umgaben, fiel der Thermometer auf 12° (9°,6 R.), bei hellem Himmel stieg er auf 21°. Diese Beobachtungen wurden im Schatten gemacht; aber auf so steilen, mit vertrocknetem, gelbem, glattem Rasen bedeckten Abhängen fällt es schwer, den Einfluß der strahlenden Wärme auszuschließen. Wir waren in 940 Toisen Höhe und dennoch sahen wir in gleicher Höhe ostwärts in einer Schlucht nicht ein paar einzelne Palmen, sondern ein ganzes Palmenwäldchen. Es war die *Palma real* vielleicht zur Gattung *Oreodoxa* gehörig. Diese Gruppe von Palmen in so bedeutender Höhe war eine seltsame Erscheinung gegenüber den Weiden [Wildenows *Salix Humboldtiana*], die im gemäßigteren Thalgrunde von Caracas hin und wieder wachsen; so sieht man hier Gewächse mit europäischem Typus tiefer als solche der heißen Zone vorkommen.

Nach vierstündigem Marsch über die Savanen kamen wir in ein Buschwerk aus Sträuchern und niedrigen Bäumen, *'el Pejual'* genannt, wahrscheinlich wegen des vielen Pejoa (*Gaultheria odorata*), eines Gewächses mit wohlriechenden Blättern [s. Bd. I. Seite 335]. Der Abhang des Berges wurde sanfter und mit unsäglicher Lust untersuchten wir die Gewächse dieser Region. Vielleicht nirgends findet man auf so beschränktem Raum so schöne und für die Pflanzengeographie bedeutsame Pflanzen beisammen. In tausend Toisen Meereshöhe stoßen die hohen Savanen der Silla an eine Zone von Sträuchern, die durch den Habitus, die gekrümmten Aeste, die harten Blätter, die großen schönen Purpurblüthen an die Vegetation der **Paramos** oder **Punas**[31] erinnern, wie man in der Cordillere der Anden sie nennt. Hier treten auf: die Familie der Alprosen, die Thibaudien, die Andromeden, die Vaccinien (Heidelbeerarten) und die Befarien mit harzigen Blättern, die wir schon öfters mit dem Rhododendrum der europäischen Alpen verglichen haben.

Wenn auch die Natur in ähnlichen Klimaten, sey es nun in Niederungen aus isothermen Parallelen (von gleicher Wärme), sey es auf Hochebenen, deren Temperatur mit der Temperatur weiter gegen die Pole gelegener Länder übereinkommt, nicht dieselben Pflanzenarten hervorbringt, so zeigt doch die Vegetation noch so weit entlegener Landstriche im ganzen Habitus die auffallendste Aehnlichkeit. Diese Erscheinung ist eine der merkwürdigsten in der Geschichte der organischen Bildungen; ich sage in der Geschichte, denn wenn auch die Vernunft dem Menschen sagt, wie eitel Hypothesen über den Ursprung der Dinge sind, das unlösbare Problem, wie sich die Organismen über die Erde verbreitet, läßt uns dennoch keine Ruhe. Eine schweizerische Grasart[32] wächst auf den Granitfelsen der Magellanschen Meerenge. Neuholland hat über vierzig europäische phanerogame Pflanzenarten aufzuweisen, und die meisten Gewächse, die den gemäßigten Zonen beider Halbkugeln gemein sind, fehlen gänzlich in dem dazwischen liegenden Landstrich, das heißt in der äquinoctialen Zone, sowohl auf den Ebenen als auf dem Rücken der Gebirge. Eine Veilchenart mit behaarten Blättern, mit der die Zone der Phanerogamen am Vulkan von Teneriffa gleichsam abschließt, und von der man lange glaubte, sie gehöre der Insel eigenthümlich an,[33] kommt dreihundert Meilen weiter nordwärts am beschneiten Gipfel der Pyrenäen vor. Gräser und Riedgräser, die in Deutschland, in Arabien und am Senegal wachsen, wurden unter den Pflanzen gefunden, die Bonpland und ich auf den kalten mexicanischen Hochebenen, an den heißen Ufern des Orinoco und in der südlichen Halbkugel auf dem Rücken der Anden von Quito gesammelt. Wie will man begreiflich machen, daß Gewächse über Striche mit ganz verschiedenem Klima, und die gegenwärtig vom Meere bedeckt sind, gewandert seyn sollen? Oder wie kommt es, daß die Keime von Organismen, die sich im Habitus und selbst im innern Bau gleichen, sich in ungleichen Abständen von den Polen und von der Meeresfläche überall entwickeln, wo so weit entlegene Orte in der Temperatur einigermaßen überein kommen? Trotz des Einflusses des Luftdrucks und der stärkeren oder geringeren Schwächung des Lichts auf die Lebensthätigkeit der Gewächse ist doch die ungleiche Vertheilung der Wärme unter die verschiedenen Jahreszeiten als die Haupttriebkraft der Vegetation anzusehen.

Der Arten, welche auf beiden Continenten und in beiden Halbkugeln gleichmäßig vorkommen, sind lange nicht so viele, als man nach den Angaben der ältesten Reisenden geglaubt hatte. Auf den hohen Gebirgen des tropischen Amerika kommen allerdings Wegeriche, Baldriane, Sandkräuter, Ranunkeln, Mispeln, Eichen und Fichten vor, die man nach ihrer Physiognomie mit den europäischen verwechseln könnte; sie sind aber alle specifisch von letzteren verschieden. Bringt aber auch die Natur nicht dieselben Arten hervor, so wiederholt sie doch die Gattungen. Nahe verwandte Arten kommen oft in ungeheuern Entfernungen von einander vor, in den Niederungen des gemäßigten Erdstrichs die einen, in den Alpenregionen unter dem Aequator die andern. Andere male (und die Silla von Caracas bietet ein auffallendes Beispiel hiefür) sind nicht Arten europäischer Gattungen wie Colonisten auf die Berge der heißen Zone herübergekommen, es treten vielmehr hier wie dort Gattungen derselben Zunft auf, die nach dem Habitus nicht leicht zu unterscheiden sind und unter verschiedenen Breiten einander ersetzen.

Von den Bergen von Neu-Grenada, welche die Hochebene von Bogota umgeben, bis zu den Bergen von Caracas sind es über zweihundert Meilen, und doch zeigt die Silla, der einzige hohe Gipfel einer ziemlich niedrigen Bergkette, dieselbe merkwürdige Zusammenstellung von Befarien mit purpurrothen Blüthen, Andromeden, Gaultherien, Myrtillen, *Uvas camaronas*,

Nertera und Aralien mit wolligten Blättern, wie sie für die Vegetation der **Paramos** auf den hohen Cordilleren von Santa Fe charakteristisch ist. Wir fanden dieselbe *Thibaudia glandulosa* am Eingang der Hochebene von Bogota und im **Pejual** auf der Silla. Die Küstenkette von Caracas hängt unzweifelhaft (über den Torito, die Palomera, Tocuyo, die Paramos de las Rosas, Bocono und Niquitao) mit den hohen Cordilleren von Merida, Pamplona und Santa Fe zusammen; aber von der Silla bis zum Tocuyo, siebzig Meilen weit, sind die Berge von Caracas so niedrig, daß für die oben erwähnten Sträucher aus der Familie der Ericineen das Klima nicht kühl genug ist. Und wenn auch, wie wahrscheinlich ist, die Thibaudia und die Alpenrose der Anden oder die Befaria im Paramo von Niquitao und in der mit ewigem Schnee bedeckten Sierra de Merida vorkommen, so ist doch auf eine weite Strecke kein Felskamm, der hoch genug wäre, daß diese Gewächse auf ihm nach der Silla von Caracas hätten wandern können.

Je mehr man die Vertheilung der organischen Bildungen auf der Erdoberfläche kennen lernt, desto geneigter wird man, wenn auch nicht diese Vorstellungen von einer Wanderung aufzugeben, doch darin keinen ausreichenden Erklärungsgrund mehr zu erblicken. Die Kette der Anden theilt der Länge nach ganz Südamerika in zwei ungleiche Stücke. Am Fuße dieser Kette, ostwärts und westwärts, fanden wir in großer Anzahl dieselben Pflanzenarten. All die verschiedenen Uebergänge der Cordilleren sind aber der Art, daß nirgends Gewächse der heißen Zone von den Küsten der Südsee an die Ufer des Amazonenstroms gelangt seyn können. Wenn, sey es nun im Tiefland oder in ganz niedrigen Bergen, sey es inmitten eines Archipels von durch unterirdisches Feuer emporgehobenen Inseln, ein Berggipfel zu einer großen Höhe ansteigt, so ist sein Gipfel mit Alpenkräutern bewachsen, die zum Theil in ungeheuren Entfernungen auf andern Bergen mit ähnlichem Klima gleichfalls vorkommen. In dieser Weise zeigen sich im Allgemeinen die Gewächse vertheilt und man kann den Forschern die genauere Ermittlung dieser Verhältnisse nicht dringend genug empfehlen. Wenn ich hier gegen voreilige Hypothesen spreche, so nehme ich es keineswegs über mich, befriedigendere dafür aufzustellen. Ich halte vielmehr die Probleme, von denen es sich hier handelt, für unlösbar, und nach meiner Anschauung hat die Erfahrung geleistet, was sie kann, wenn sie die Gesetze ermittelt, nach denen die Natur die Pflanzengebilde vertheilt hat.

Man sagt, ein Berg sey so hoch, daß er die Grenze des Rhododendrum und der Befaria erreiche, wie man schon lange sagt, ein Berg erreiche die Grenze des ewigen Schnees. Mit diesem Ausdruck setzt man stillschweigend voraus, daß unter dem Einflusse gewisser Wärmegrade sich nothwendig gewisse vegetabilische Formen entwickeln müssen. Streng genommen ist nun diese Voraussetzung allerdings nicht richtig. Die Fichten Mexico's fehlen auf den Cordilleren von Peru; auf der Silla von Caracas wachsen nicht die Eichen, die man in Neu-Grenada in derselben Höhe findet. Die Uebereinstimmung in den Bildungen deutet auf analoges Klima; aber in analogen Klimaten können die Arten bedeutend von einander abweichen.

Die herrliche Alpenrose der Anden, die Befaria, wurde zuerst von Mutis beschrieben, der sie bei Pamplona und Santa Fe de Bogota unter dem 4–7. Grad nördlicher Breite gefunden. Sie war vor unserer Besteigung der Silla so wenig bekannt, daß sie sich fast in keinem Herbarium in Europa fand. Wie die Alpenrosen Lapplands, des Caucasus und der Alpen[34] von einander abweichen, so sind auch die beiden Befariaarten, die wir von der Silla mitgebracht,[35] von denen bei Santa Fe de Bogota[36] specifisch verschieden. In der Nähe des Aequators bedecken die Alpenrosen der Anden die Berge bis in die höchsten Paramos hinauf, in 16–1700 Toisen Meereshöhe. Weiter gegen Norden, auf der Silla von Caracas, findet man sie weit tiefer, in etwas über 1000 Toisen Höhe; die kürzlich in Florida unter dem 30. Grad der Breite entdeckte Befaria wächst sogar auf niedrigen Hügeln. So rücken denn auf einer Strecke von 600 Meilen der Breite diese Sträucher immer weiter gegen das Tiefland herab, je weiter vom Aequator sie vorkommen. Ebenso wächst die lappländische Alpenrose 8–900 Toisen tiefer als die der Alpen oder Pyrenäen. Wir wunderten uns, daß wir in den Gebirgen von Mexico, zwischen den Alpenrosen von Santa Fe und Caracas einerseits und denen von Florida andererseits, keine Befariaart fanden.

Im kleinen Buschwald auf der Silla ist die *Befaria ledifolia* nur drei bis vier Fuß hoch. Der Stamm theilt sich gleich am Boden in viele zerbrechliche, fast quirlförmig gestellte Aeste. Die Blätter sind eiförmig, zugespitzt, an der Unterfläche graugrün und an den Rändern aufgerollt. Die ganze Pflanze ist mit langen, klebrigen Haaren bedeckt und hat einen sehr angenehmen Harzgeruch. Die Bienen besuchen ihre schönen, purpurrothen Blüthen, die, wie bei allen Alpenpflanzen, ungemein zahlreich und ganz entwickelt oft gegen einen Zoll breit sind.

Das Rhododendrum der Schweiz wächst, in 800–1100 Toisen Meereshöhe, in einem Klima mit einer mittleren Temperatur von +2° und −1°, also ähnlich dem Klima der Ebenen Lapplands. In dieser Zone haben die kältesten Monate +4° und −10°, die wärmsten Monate +12° und 7°. Nach thermometrischen Beobachtungen in denselben Höhen und unter denselben Parallelen beträgt im Pejual auf der Silla die mittlere Temperatur der Luft sehr wahrscheinlich noch 17–18° und steht der Thermometer in der kühlsten Jahreszeit bei Tag zwischen 15 und 20°, bei Nacht zwischen 10 und 12°. Beim St. Gotthardshospiz, nahe der obern Grenze der helvetischen Alpenrose, ist die größte Wärme im August um Mittag (im Schatten) gewöhnlich 12–13°; Nachts kühlt sich in derselben Jahreszeit die Luft in Folge der Wärmestrahlung des Bodens auf +1 oder −1°,5 ab. Unter demselben barometrischen Druck, also in derselben Meereshöhe, aber um dreißig Breitegrade näher beim Aequator ist die Befaria auf der Silla um Mittag häufig einer Temperatur von 23–24 Grad ausgesetzt und bei Nacht fällt dieselbe wahrscheinlich niemals unter 8 Grad. Wir haben hier genau die Klimate verglichen, unter denen zwei derselben Familie angehörende Pflanzengruppen unter verschiedenen Breiten in gleicher Meereshöhe wachsen; das Ergebniß wäre ein ganz anderes, wenn wir Zonen verglichen hätten, die gleich weit vom ewigen Schnee oder von der isothermen Linie liegen.

Im Pejual wachsen neben der Befaria mit purpurrothen Blüthen eine *Hedyotis* mit Heidekrautblättern, die acht Fuß hoch wird, die *Caparosa* ein großes baumartiges Johanniskraut, ein *Lepidium*, das mit dem virginischen identisch scheint, endlich Bärlappenpflanzen und Moose, welche Felsen und Baumwurzeln überziehen. Am berühmtesten ist aber dieses Buschwerk im Lande wegen eines 10–15 Fuß hohen Strauches aus der Familie der Corymbiferen. Die Creolen nennen denselben ***Inciensoz*, Weihrauch**. Seine lederartigen, gekerbten Blätter und die Spitzen der Zweige sind mit einer weißen Wolle bedeckt. Es ist eine neue, sehr harzreiche Trixisart; die Blüthen riechen angenehm nach Borax, ganz anders als die der *Trixis therebintinacea* in den Bergen von Jamaica, die denen von Caracas gegenüberliegen. Man mengt zuweilen den »Weihrauch« von der Silla mit den Blüthen der *Pevetera* gleichfalls einer Pflanze mit zusammengesetzter Blüthe, deren Geruch dem des peruanischen Heliotrops ähnelt. Die *Pevetera* geht aber in den Bergen nicht bis zur Zone der Alprosen hinauf, sie kommt im Thale von Chacao vor und die Damen von Caracas verfertigen ein sehr angenehmes Riechwasser daraus.

Wir hielten uns im Pejual mit der Untersuchung der schönen harzigten und wohlriechenden Pflanzen lange auf. Der Himmel wurde immer finsterer, der Thermometer sank unter 11°. Es ist dieß eine Temperatur, bei der man in diesem Himmelsstrich zu frieren anfängt. Tritt man aus dem Gebüsch von Alpsträuchern, so ist man wieder in einer Savane. Wir stiegen ein Stück am westlichen Gipfel hinauf, um darauf in die Einsattelung, in das Thal zwischen beiden Gipfeln der Silla hinabzugelangen. Hier war wegen des üppigen Pflanzenwuchses schwer durchzukommen. Ein Botaniker riethe nicht leicht darauf, daß das dichte Buschwerk, das diesen Grund bedeckt, von einem Gewächs aus der Familie der Musaceen [Scitamineen oder Bananengewächse] gebildet wird. Es ist wahrscheinlich eine *Macantha* oder *Heliconia*; die Blätter sind breit, glänzend; sie wird 14–15 Fuß hoch und die saftigen Stengel stehen dicht beisammen, wie das Schilfrohr auf feuchten Gründen im östlichen Europa. Durch diesen Wald von Musaceen mußten wir uns einen Weg bahnen. Die Neger gingen mit ihren Messern oder Machettes vor uns her. Das Volk wirft diese Alpenbanane und die baumartigen Gräser unter dem Namen **Carice** zusammen; wir sahen weder

Blüthe noch Frucht des Gewächses. Man ist überrascht, in 1100 Toisen Höhe, weit über den Andromeden, Thibaudien und der Alpenrose der Cordilleren, einer Monocotyledonenfamilie zu begegnen, von der man meint, sie gehöre ausschließlich den heißen Niederungen unter den Tropen an. In einer ebenso hohen und noch nördlicheren Gebirgskette, in den blauen Bergen auf Jamaica, wachsen die **Papageien-Heliconia** und der **Vichai**, auch vorzugsweise an alpinischen schattigen Orten.

Wir arbeiteten uns durch das Dickicht von Musaceen oder baumartigen Kräutern immer dem östlichen Gipfel zu, den wir ersteigen wollten. Von Zeit zu Zeit war er durch einen Wolkenriß zu sehen; auf einmal aber waren wir in dicken Nebel gehüllt und wir konnten uns nur nach dem Compaß richten; gingen wir aber weiter nordwärts, so liefen wir bei jedem Schritt Gefahr, an den Rand der ungeheuren Felswand zu gelangen, die fast senkrecht 6000 Fuß hoch zum Meer abfällt. Wir mußten Halt machen; und wie so die Wolken um uns her über den Boden wegzogen, fingen wir an zu zweifeln, ob wir vor Einbruch der Nacht auf die östliche Spitze gelangen könnten. Glücklicherweise waren inzwischen die Neger, die das Wasser und den Mundvorrath trugen, eingetroffen, und wir beschlossen, etwas zu uns zu nehmen; aber unsere Mahlzeit dauerte nicht lang. Sey es nun, daß der Pater Kapuziner nicht an unsere vielen Begleiter gedacht, oder daß die Sklaven sich über den Vorrath hergemacht hatten, wir fanden nichts als Oliven und fast kein Brod. Das Mahl, dessen Lob Horaz in seinem Tibur singt,[37] war nicht leichter und frugaler; an Oliven mochte sich aber immerhin ein stillsitzender, studirender Poet sättigen, für Bergsteiger waren sie eine kärgliche Kost. Wir hatten die vergangene Nacht fast ganz durchwacht, und waren jetzt seit neun Stunden auf den Beinen, ohne Wasser angetroffen zu haben. Unsere Führer hatten den Muth verloren, sie wollten durchaus umkehren, und Bonpland und ich hielten sie nur mit Mühe zurück.

Mitten im Nebel machte ich den Versuch mit dem Volta'schen Elektrometer. Obgleich ich ganz nahe an den dicht gedrängten Heliconien stand, erhielt ich deutliche Spuren von Luftelektricität. Sie wechselte oft zwischen negativ und positiv und ihre Intensität war jeden Augenblick anders. Diese Schwankungen und mehrere kleine entgegengesetzte Luftströmungen, die den Nebel zertheilten und zu scharf begrenzten Wolken ballten, schienen mir untrügliche Zeichen, daß das Wetter sich ändern wollte. Es war erst zwei Uhr nach Mittag. Wir hofften immer noch vor Sonnenuntergang auf die östliche Spitze der Silla gelangen und wieder in das Thal zwischen beiden Gipfeln herabkommen zu können. Hier wollten wir von den Negern aus den breiten dünnen Blättern der Heliconia eine Hütte bauen lassen, ein großes Feuer anzünden und die Nacht zubringen. Wir schickten die Hälfte unserer Leute fort, mit der Weisung, uns am andern Morgen nicht mit Oliven, sondern mit gesalzenem Fleisch entgegenzukommen.

Kaum hatten wir solches angeordnet, so fing der Wind an stark von der See her zu blasen und der Thermometer stieg auf 12°,5. Es war ohne Zweifel ein aufsteigender Luftstrom, der die Temperatur erhöhte und damit die Dünste auflöste. Kaum zwei Minuten, so verschwanden die Wolken und die beiden Gipfel der Silla lagen ganz auffallend nahe vor uns. Wir öffneten den Barometer am tiefsten Punkt der Einsenkung zwischen den Gipfeln bei einer kleinen Lache schlammigten Wassers. Hier wie auf den Antillen findet man sumpfigte Stellen in bedeutenden Höhen, nicht weil das bewaldete Gebirge die Wolken anzieht, sondern weil durch die Abkühlung bei Nacht, in Folge der Wärmestrahlung des Bodens und des Parenchyms der Gewächse, der Wasserdunst verdichtet wird. Das Quecksilber stand auf 21 Zoll 5,7 Linien. Wir gingen jetzt gerade auf den östlichen Gipfel zu. Der Pflanzenwuchs hielt uns nachgerade weniger auf; zwar mußte man immer noch Heliconien umhauen, aber diese baumartigen Kräuter waren jetzt nicht mehr hoch und standen nicht mehr so dicht. Die Gipfel der Silla selbst, wie schon öfter erwähnt, sind nur mit Gras und kleinen Befariasträuchern bewachsen. Aber nicht wegen ihrer Höhe sind sie so kahl; die Baumgrenze liegt in dieser Zone noch um 400 Toisen höher; denn nach andern Gebirgen zu schließen, befände sich diese Grenze hier erst in 1800 Toisen Höhe. Große Bäume scheinen auf den beiden Felsgipfeln der Silla nur deßhalb zu fehlen, weil der Boden so dürr und der Seewind so heftig ist, und die Oberfläche, wie auf allen Bergen unter den Tropen, sooft abbrennt.

Um auf den höchsten, östlichen Gipfel zu kommen, muß man so nahe als möglich an dem ungeheuern Absturz Caravalleda und der Küste zu hingehen. Der Gneiß hatte bisher sein blätteriges Gefüge und seine ursprüngliche Streichung behalten; jetzt, da wir am Gipfel hinaufstiegen, ging er in Granit über. Wir brauchten drei Viertelstunden bis auf die Spitze der Pyramide. Dieses Stück des Wegs ist keineswegs gefährlich, wenn man nur prüft, ob die Felsstücke, auf die man den Fuß setzt, fest liegen. Der dem Gneiß aufgelagerte Granit ist nicht regelmäßig geschichtet, sondern durch Spalten getheilt, die sich oft unter rechten Winkeln scheiden. Prismatische, einen Fuß breite, zwölf Fuß lange Blöcke ragen schief aus dem Boden hervor, und am Rande des Absturzes sieht es aus, als ob ungeheure Balken über dem Abgrund hingen.

Auf dem Gipfel hatten wir, freilich nur einige Minuten, ganz klaren Himmel. Wir genoßen einer ungemein weiten Aussicht; wir sahen zugleich nach Norden über die See weg, nach Süden in das fruchtbare Thal von Caracas hinab. Der Barometer stand auf 20 Zoll 7,6 Linien, die Temperatur der Luft war 13°,7. Wir waren in 1350 Toisen Meereshöhe. Man überblickt eine Meeresstrecke von 36 Meilen Halbmesser. Wem beim Blick in große Tiefen schwindligt wird, muß mitten auf dem kleinen Plateau bleiben. Durch seine

Höhe ist der Berg eben nicht ausgezeichnet; ist er doch gegen 100 Toisen niedriger als der Canigou in den Pyrenäen; aber er unterscheidet sich von allen Bergen, die ich bereist, durch den ungeheuren Absturz gegen die See zu. Die Küste bildet nur einen schmalen Saum, und blickt man von der Spitze der Pyramide auf die Häuser von Caravalleda hinab, so meint man, in Folge einer öfter erwähnten optischen Täuschung, die Felswand sey beinahe senkrecht. Nach einer genauen Berechnung schien mir der Neigungswinkel 53°,28'; am Pic von Teneriffa beträgt die Neigung im Durchschnitt kaum 12° 30'. Ein 6–7000 Fuß hoher Absturz wie an der Silla von Caracas ist eine weit seltenere Erscheinung, als man glaubt, wenn man in den Bergen reist, ohne ihre Höhen, ihre Massen und ihre Abhänge zu messen. Seit man sich in mehreren Ländern Europas von Neuem mit Versuchen über den Fall der Körper und ihre Abweichung gegen Südost beschäftigt, hat man in den Schweizer Alpen sich überall vergeblich nach einer senkrechten, 250 Toisen hohen Felswand umgesehen. Der Neigungswinkel des Montblanc gegen die *allée blanche* beträgt keine 45 Grad, obgleich man in den meisten geologischen Werken liest, der Montblanc falle gegen Süd senkrecht ab.

Auf der Silla von Caracas ist der ungeheure nördliche Abhang, trotz seiner großen Steilheit, zum Theil bewachsen. Befaria- und Andromedabüsche hängen an der Felswand. Das kleine südwärts gelegene Thal zwischen den Gipfeln zieht sich der Meeresküste zu fort; die Alppflanzen füllen diese Einsenkung aus, ragen über den Kamm des Berges empor und folgen den Krümmungen der Schlucht. Man meint unter diesen frischen Schatten müsse Wasser fließen, und die Vertheilung der Gewächse, die Gruppirung so vieler unbeweglicher Gegenstände bringt Leben und Bewegung in die Landschaft.

Es war jetzt sieben Monate, daß wir auf dem Gipfel des Vulkans von Teneriffa gestanden hatten, wo man eine Erdfläche überblickt, so groß als ein Viertheil von Frankreich. Der scheinbare Meereshorizont liegt dort sechs Meilen weiter ab als auf der Silla, und doch sahen wir dort den Horizont, wenigstens eine Zeitlang, sehr deutlich. Er war scharf begrenzt und verschwamm nicht mit den anstoßenden Luftschichten. Auf der Silla, die um 550 Toisen niedriger ist als der Pic von Teneriffa, konnten wir den näher gerückten Horizont gegen Nord und Nord-Nord-Ost nicht sehen. Blickten wir über die Meeresfläche weg, die einem Spiegel glich, so fiel uns auf, wie das reflektirte Licht in steigendem Verhältniß abnahm. Wo die Gesichtslinie die äußerste Grenze der Fläche streift, verschwamm das Wasser mit den darüber gelagerten Luftschichten. Dieser Anblick hat etwas sehr Auffallendes. Man erwartet den Horizont im Niveau des Auges zu sehen, und statt daß man in dieser Höhe eine scharfe Grenze zwischen den beiden Elementen bemerkte, schienen die fernsten Wasserschichten sich in Dunst aufzulösen und mit dem Luftocean zu mischen. Dasselbe beobachtete ich, nicht an einem einzigen Stück des Horizonts, sondern auf einer Strecke von mehr als 160 Grad, am Ufer der Südsee, als ich zum erstenmal auf dem spitzen Fels über dem Krater des Pichincha stand, eines Vulkans, der höher ist als der Montblanc. Ob ein sehr ferner Horizont sichtbar ist oder nicht, das hängt von zwei verschiedenen Momenten ab, von der Lichtmenge, welche der Theil des Oceans empfängt, auf den die Gesichtslinie zuläuft, und von der Schwächung, die das reflektirte Licht bei seinem Durchgang durch die dazwischen liegenden Luftschichten erleidet. Trotz des heitern Himmels und der durchsichtigen Luft kann die See in der Entfernung von 35–40 Meilen schwach beleuchtet seyn, oder die Luftschichten zunächst der Oberfläche können das Licht bedeutend schwächen, indem sie die durchgehenden Strahlen absorbiren.

Selbst vorausgesetzt, die Refraktion äußere gar keinen Einfluß, sollte man auf dem Gipfel der Silla bei schönem Wetter die Inseln Tortuga, Orchila, Roques und Aves sehen, von denen die nächsten 25 Meilen entfernt sind. Wir sahen keine derselben, sey es nun wegen des Zustandes der Luft, oder weil die Zeit, die wir bei heiterem Himmel dazu verwenden konnten, die Inseln zu suchen, nicht lang genug war. Ein unterrichteter Seemann, der den Berg mit uns hatte besteigen wollen, Don Miguel Areche, versicherte uns, die Silla bei den Salzklippen an der Rocca de Fuera, unter 12° 1' der Breite gesehen zu haben [Die Silla liegt unter 10° 31' 5" der Breite.]. Wenn die umgebenden Gipfel die Aussicht nicht beschränkten, müßte man von der Silla die Küste ostwärts bis zum Morro de Piritu, westwärts bis zur Punta del Soldado, 10 Meilen unter dem Wind von Portobello, sehen. Südwärts, dem innern Lande zu, begrenzt die Bergkette, welche Yare und die Savane von Ocumare vom Thale von Caracas trennt, den Horizont wie ein Wall, der in der Richtung eines Parallelkreises hinläuft. Hätte dieser Wall eine Oeffnung, eine Lücke, dergleichen in den hohen Bergen des Salzburger Landes und der Schweiz häufig vorkommen, so genöße man hier des merkwürdigsten Schauspiels. Man sähe durch die Lücke die Llanos, die weiten Steppen von Calabozo, und da diese Steppen in gleiche Höhe mit dem Auge des Beobachters aufstiegen, so übersähe man vom selben Punkte zwei gleichartige Horizonte, einen Wasser- und einen Landhorizont.

Die westliche abgerundete Spitze der Silla entzog uns die Aussicht auf die Stadt Caracas; deutlich aber sahen wir die ihr zunächstliegenden Häuser, die Dörfer Chacao und Petare, die Kaffeepflanzungen und den Lauf des Guayre, einen silberglänzenden Wasserfaden. Der schmale Streif bebauten Landes stach angenehm ab vom düstern, wilden Aussehen der umliegenden Gebirge.

Uebersieht man so mit Einem Blick diese reiche Landschaft, so bedauert man kaum, daß kein Bild vergangener Zeiten den Einöden der neuen Welt höheren Reiz gibt. Ueberall wo in der heißen Zone der von Gebirgen starrende, mit dichtem Pflanzenwuchs bedeckte Boden sein ursprüngliches Gepräge behalten hat, erscheint der Mensch nicht mehr als Mittelpunkt der

Schöpfung. Weit entfernt, die Elemente zu bändigen, hat er vollauf zu thun, sich ihrer Herrschaft zu entziehen. Die Umwandlungen, welche die Erdoberfläche seit Jahrhunderten durch die Hand der Wilden erlitten, verschwinden zu nichts gegen das, was das unterirdische Feuer, die austretenden gewaltigen Ströme, die tobenden Stürme in wenigen Stunden leisten. Der Kampf der Elemente unter sich ist das eigentlich Charakteristische der Naturscenerie in der neuen Welt. Ein unbewohntes Land kommt dem Reisenden aus dem cultivirten Europa wie eine Stadt vor, aus der die Einwohnerschaft ausgezogen. Hat man einmal in Amerika ein paar Jahre in den Wäldern der Niederungen oder auf dem Rücken der Cordilleren gelebt, hat man in Ländern so groß wie Frankreich nur eine Handvoll zerstreuter Hütten stehen sehen; so hat eine weite Einöde nichts Schreckendes mehr für die Einbildungskraft. Man wird vertraut mit der Vorstellung einer Welt, in der nur Pflanzen und Thiere leben, wo niemals der Mensch seinen Jubelschrei oder die Klagelaute seines Schmerzes hören ließ.

Wir konnten die günstige Lage der Silla, die alle Gipfel umher überragt, nicht lange für unsere Zwecke nützen. Während wir mit dem Fernrohr den Seestrich, wo der Horizont scharf begrenzt war, und die Bergkette von Ocumare betrachteten, hinter der die unbekannte Welt des Orinoco und des Amazonenstroms beginnt, zog ein dicker Nebel aus der Niederung zu den Höhen herauf. Zuerst füllte er den Thalgrund von Caracas. Der von oben beleuchtete Wasserdunst war gleichförmig milchweiß gefärbt. Es sah aus, als stände das Thal unter Wasser, als bildeten die Berge umher die schroffen Ufer eines Meeresarms. Lange warteten wir vergeblich auf den Sklaven, der den großen Ramsdenschen Sextanten trug; ich mußte den Zustand des Himmels benutzen und entschloß mich, einige Sonnenhöhen mit einem Troughtonschen Sextanten von zwei Zoll Halbmesser aufzunehmen. Die Sonnenscheibe war von Nebel halb verschleiert. Der Längenunterschied zwischen dem Quartier Trinidad in Caracas und dem östlichen Gipfel der Silla scheint kaum größer als 0° 3' 22".

Während ich, auf dem Gestein sitzend, die Inclination der Magnetnadel beobachtete, sah ich, daß sich eine Menge haarigter Bienen, etwas kleiner als die Honigbiene des nördlichen Europa, auf meine Hände gesetzt hatten. Diese Bienen nisten im Boden. Sie fliegen selten aus, und nach ihren trägen Bewegungen konnte man glauben, sie seyen auf dem Berg starr vor Kälte. Man nennt sie hier zu Lande ***Angelitos***, Engelchen, weil sie nur sehr selten stechen. Trotz der Behauptung mehrerer Reisenden, ist es nicht wahr, daß diese dem neuen Continent eigenthümlichen Bienen gar keine Angriffswaffe haben. Ihr Stachel ist nur schwächer und sie brauchen denselben seltener. So lange man von der Harmlosigkeit dieser Angelitos nicht vollkommen überzeugt ist, kann man sich einiger Besorgniß nicht erwehren. Ich gestehe, daß ich oft während astronomischer Beobachtungen beinahe die

Instrumente hätte fallengelassen, wenn ich spürte, dass mir Gesicht und Hände voll dieser haarigten Bienen saßen. Unsere Führer versicherten, sie setzen sich nur zur Wehr, wenn man sie durch Anfassen der Füße reize. Ich fühlte mich nicht aufgelegt, den Versuch an mir selbst zu machen.

Die Lufttemperatur auf der Silla schwankte zwischen 11 und 14 Grad, je nachdem die Luft still war oder der Wind blies. Bekanntlich ist es sehr schwer, auf Berggipfeln die Temperatur zu bestimmen, nach der man die Barometerhöhe zu berechnen hat. Der Wind kam aus Ost, und dieß scheint zu beweisen, daß der Seewind oder die Passatwinde in dieser Breite weit über 1500 Toisen hinaufreichen. Leopold von Buch hat die Beobachtung gemacht, daß auf dem Pic von Teneriffa, nahe an der nördlichen Grenze der Passatwinde, in 1900 Toisen Meereshöhe, meist ein Gegenwind (*vent de remou*), der Westwind herrscht. Die Pariser Academie der Wissenschaften hatte die Physiker, welche den unglücklichen La Peyrouse begleiteten, aufgefordert zur See unter den Tropen mittelst kleiner Luftballons zu beobachten, wie weit die Passate hinaufreichen. Dergleichen Untersuchungen sind sehr schwierig, wenn der Beobachter an der Erdoberfläche bleibt. Die kleinen Ballons steigen meist nicht so hoch als die Silla, und das leichte Gewölk, das sich zuweilen in 3–4000 Toisen Höhe zeigt, wie z. B. die sogenannten **Schäfchen**, stehen still oder rücken so langsam fort, daß sich ihre Richtung nicht bestimmen lässt.

Während der kurzen Zeit, wo der Himmel im Zenith klar war, fand ich das Blau der Luft um ein Bedeutendes dunkler als an der Küste. Es war gleich 26°,5 des Saussure'schen Cyanometers. In Caracas zeigte dasselbe Instrument bei hellem, trockenem Wetter meist nur 18 Grad. Wahrscheinlich ist in den Monaten Juli und August der Unterschied in dieser Beziehung zwischen der Küste und dem Gipfel der Silla noch viel bedeutender. Was aber unter allen meteorologischen Erscheinungen in der Stunde, die wir auf dem Berge zubrachten, Bonpland und mich am meisten überraschte, war die anscheinende Trockenheit der Luft, die mit der Entwicklung des Nebels noch zuzunehmen schien. Als ich den (Deluc'schen) Fischbeinhygrometer aus dem Kasten nahm, um damit zu experimentiren, zeigte er 52 Grad (87° nach Saussure). Der Himmel war hell; aber Dunststreifen mit deutlichen Umrissen zogen von Zeit zu Zeit zwischen uns durch am Boden weg. Der Deluc'sche Hygrometer ging auf 49 Grad (85° nach Saussure) zurück. Eine halbe Stunde später hüllte eine dicke Wolke uns ein; wir konnten die nächsten Gegenstände nicht mehr erkennen und sahen mit Erstaunen, daß das Instrument fortwährend dem Trockenpunkt zuging, bis 47 Grad (84° Saussure). Die Lufttemperatur war dabei 12–13°. Obgleich beim Fischbeinhygrometer der Sättigungspunkt in der Luft nicht bei 100 Grad ist, sondern bei 84°,5 (99° S.), so schien mir doch dieser Einfluß einer Wolke auf den Gang des Instrumentes im höchsten Grade auffallend. Der

Nebel dauerte lang genug, daß der Fischbeinstreifen durch Anziehung der Wassertheilchen sich hätte verlängern können. Unsere Kleider wurden nicht feucht. Ein in dergleichen Beobachtungen geübter Reisender versicherte mich kürzlich, er habe auf der *Montagne pelée* auf Martinique eine Wolke ähnlich auf den Haarhygrometer wirken sehen. Der Physiker hat die Verpflichtung, die Erscheinungen zu berichten, wie die Natur sie bietet, zumal wenn er nichts versäumt hat, um Fehler in der Beobachtung zu vermeiden. Saussure sah während eines heftigen Regengusses, wobei sein Hygrometer nicht naß wurde, denselben (fast wie auf der Silla in der Wolke) auf 84°,7 (48°,6 Deluc) stehen bleiben; man begreift aber leichter, daß die Luft zwischen den Regentropfen nicht vollständig gesättigt wird, als daß der Wasserdunst, der den hygroscopischen Körper unmittelbar berührt, denselben nicht dem Sättigungspunkt zutreibt. In welchem Zustand befindet sich Wasserdunst, der nicht naß macht und doch sichtbar ist? Man muß, glaube ich, annehmen, daß sich eine trockenere Luft mit der, in der sich die Wolke gebildet, gemischt hat, und daß die Dunstbläschen, die ein weit geringeres Volumen haben als die dazwischen befindliche Luft, die glatte Fläche des Fischbeinstreisens nicht naß gemacht haben. Die durchsichtige Luft vor einer Wolke kann zuweilen feuchter seyn als der Luftstrom, der mit der Wolke zu uns gelangt.

Es wäre unvorsichtig gewesen, in diesem dichten Nebel am Rande eines 7–8000 Fuß hohen Abhangs länger zu verweilen. Wir gingen wieder vom Ostgipfel der Silla herunter und nahmen dabei eine Grasart auf, die nicht nur eine neue, sehr interessante Gattung bildet, sondern die wir auch, zu unserer großen Ueberraschung, später auf dem Gipfel des Vulkans Pichincha in der südlichen Halbkugel, 400 Meilen von der Silla, wieder fanden [*Aegopogon cenchroides.*]. *Lichen floridus* der im nördlichen Europa überall vorkommt, bedeckte die Zweige der Befaria und der *Gaultheria odorata* und hing bis zur Wurzel der Gesträuche nieder. Während ich die Moose untersuchte, welche den Gneiß im Grunde zwischen beiden Gipfeln überziehen, fand ich zu meiner Ueberraschung ächte Geschiebe, gerollte Quarzstücke. Man sieht leicht ein, daß das Thal von Caracas einmal ein Landsee seyn kann, ehe der Guayrefluß gegen Ost bei Caurimare, am Fuß des Hügels Auyamas durchbrach, und ehe die Tijeschlucht sich nach West gegen Catia und Cabo Blanco zu geöffnet hatte; aber wie könnte das Wasser je bis zum Fuß des Sillagipfels gestiegen seyn, da die diesem Gipfel gegenüber liegenden Berge von Ocumare so niedrig sind, daß das Wasser über sie in die Llanos hätte abfließen müssen? Die Geschiebe können nicht von höheren Punkten hergeschwemmt seyn, weil keine Höhe ringsum die Silla überragt. Soll man annehmen, daß sie mit der ganzen Bergkette. längs des Meeresufers emporgehoben worden sind?

Es war vier ein halb Uhr Abends, als wir mit unsern Beobachtungen fertig waren. In der Freude über den glücklichen Erfolg unserer Reise dachten wir nicht daran, daß der Weg abwärts im Finstern über steile, mit kurzem glattem Rasen bedeckte Abhänge gefährlich seyn könnte. Wegen des Nebels konnten wir nicht in das Thal hinunter sehen; wir sahen aber deutlich den Doppelhügel der Puerta, und derselbe erschien, wie immer die Gegenstände, die fast senkrecht unter einem liegen, ganz auffallend nahe gerückt. Wir gaben den Gedanken auf, zwischen den beiden Gipfeln der Silla zu übernachten, und nachdem wir den Weg wieder gefunden, den wir uns im Heraufsteigen durch den dichten Heliconienhusch gebahnt, kamen wir in den Pejual, in die Region der wohlriechenden und harzigen Sträucher. Die herrlichen Befarien, ihre mit großen Purpurblüthen bedeckten Zweige nahmen uns wieder ganz in Anspruch. Wenn man in diesen Erdstrichen Pflanzen für Herbarien sammelt, ist man um so wählerischer, je üppiger die Vegetation ist. Man wirft Zweige, die man eben abgeschnitten, wieder weg, weil sie einem nicht so schön vorkommen als Zweige, die man nicht erreichen konnte. Wendet man endlich mit Pflanzen beladen dem Buschwerk den Rücken, so will es einen fast reuen, daß man nicht noch mehr mitgenommen. Wir hielten uns so lange im Pejual auf, daß die Nacht uns überraschte, als wir in 900 Toisen Höhe die Savane betraten.

Da es zwischen den Wendekreisen fast keine Dämmerung gibt, sieht man sich auf einmal aus dem hellsten Tageslicht in Finsterniß versetzt. Der Mond stand über dem Horizont; seine Scheibe ward zuweilen durch dicke Wolken bedeckt, die ein heftiger kalter Wind über den Himmel jagte. Die steilen, mit gelbem trockenem Gras bewachsenen Abhänge lagen bald im Schatten, bald wurden sie auf einmal wieder beleuchtet und erschienen dann als Abgründe, in deren Tiefe man niedersah. Wir gingen in einer Reihe hinter einander; man suchte sich mit den Händen zu halten, um nicht zu fallen und den Berg hinab zu rollen. Von den Führern, welche unsere Instrumente trugen, fiel einer um den andern ab, um auf dem Berg zu übernachten. Unter denen, die bei uns blieben, war ein Congoneger, dessen Gewandtheit ich bewunderte: er trug einen großen Inclinationscompaß auf dem Kopf und hielt die Last trotz der ungemeinen Steilheit des Abhangs beständig im Gleichgewicht. Der Nebel im Thal war nach und nach verschwunden. Die zerstreuten Lichter, die wir tief unter uns sahen, täuschten uns in doppelter Beziehung; einmal schien der Abhang noch gefährlicher, als er wirklich war, und dann meinten wir in den sechs Stunden, in denen wir beständig abwärts gingen, den Höfen am Fuße der Silla immer gleich nahe zu seyn. Wir hörten ganz deutlich Menschenstimmen und die schrillen Töne der Guitarren. Der Schall pflanzt sich von unten nach oben meist so gut fort, daß man in einem Luftballon bisweilen in 3000 Toisen Höhe die Hunde bellen hört.[38] Erst um zehn Uhr Abends kamen wir äußerst ermüdet und durstig im Thale an. Wir waren fünfzehn Stunden lang fast beständig auf den Beinen gewesen; der rauhe

Felsboden und die dürren harten Grasstoppeln hatten uns die Fußsohlen zerrissen, denn wir hatten die Stiefeln ausziehen müssen, weil die Sohlen zu glatt geworden waren. An Abhängen, wo weder Sträucher, noch holzige Kräuter wachsen, an denen man sich mit den Händen halten kann, kommt man barfuß sicherer herab. Um Weg abzuschneiden, führte man uns von der Puerta zum Hofe Gallegos über einen Fußpfad, der zu einem Wasserstück, el Tanque genannt, führt. Man verfehlte den Fußpfad, und auf diesem letzten Wegstück, wo es am allersteilsten abwärts ging, kamen wir in die Nähe der Schlucht Chacaito. Durch den Donner der Wasserfälle erhielt das nächtliche Bild einen wilden, großartigen Charakter.

Wir übernachteten am Fuße der Silla; unsere Freunde in Caracas hatten uns durch Fernröhren auf dem östlichen Berggipfel sehen können. Mit Theilnahme hörte man unsere beschwerliche Bergfahrt beschreiben, aber mit einer Messung, nach der die Silla nicht einmal so hoch seyn sollte als der höchste Pyrenäengipfel[39] war man sehr schlecht zufrieden. Wer möchte sich über eine nationale Vorliebe aufhalten, die sich in einem Lande, wo von Denkmälern der Kunst keine Rede ist, an Naturdenkmale hängt? Kann man sich wundern, wenn die Einwohner von Quito und Riobamba, deren Stolz seit Jahrhunderten die Höhe ihres Chimborazo ist, von Messungen nichts wissen wollen, nach denen das Himalayagebirge in Indien alle Colosse der Cordilleren überragt?

30.

S. Bd. 1. Seite 283.

31.

Diese Worte sind oben Bd. I. Seite 255 erklärt.

32.

Phleum alpinum von Brown untersucht. Nach den Beobachtungen dieses großen Botanikers unterliegt es keinem Zweifel, daß mehrere Pflanzen beiden Continenten und den gemäßigten Zonen beider Halbkugeln zugleich angehören. *Potentilla anserina*, *Prunella vulgaris*, *Scirpus mucronatus*, und *Panicum Crus Galli* wachsen in Deutschland, in Neuholland und in Pennsylvanien.

33.

Viola chiranthifolia die Bonpland und ich beschrieben haben (s. Bd. I. Seite 123), ist von Kunth und Leopold von Buch unter den Alpenpflanzen gefunden worden, die Joseph de Jussieu aus den Pyrenäen mitgebracht hat.

34.

Rhododendrum laponicum, *R. caucasicum*, *R. ferrugineum*, *R. hirsutum*

35.

Befaria glauca, *B. ledifolia*

36.

Befaria aestuans, *B. resinosa*

37.

Oden, Buch I, 31

38.

So Gay-Lussac bei seiner Luftfahrt am 16. September 1803.

39.

Man glaubte früher, die Silla von Caracas sey so ziemlich so hoch als der Pic von Teneriffa.

Vierzehntes Kapitel.

Erdbeben von Caracas. – Zusammenhang zwischen dieser Erscheinung und den vulkanischen Ausbrüchen auf den Antillen.

Wir verließen Caracas am 7. Februar in der Abendkühle, um unsere Reise an den Orinoco anzutreten. Die Erinnerung an diesen Abschied ist uns heute schmerzlicher als vor einigen Jahren. Unsere Freunde haben in den blutigen Bürgerkriegen, die jenen fernen Ländern die Freiheit jetzt brachten, jetzt wieder entrissen, das Leben verloren. Das Haus, in dem wir wohnten, ist nur noch ein Schutthaufen. Furchtbare Erdbeben haben die Bodenfläche umgewandelt; die Stadt, die ich beschrieben habe, ist verschwunden. An derselben Stelle, auf diesem zerklüfteten Boden, erhebt sich allmählich eine neue Stadt. Die Trümmerhaufen, die Gräber einer zahlreichen Bevölkerung dienen bereits wieder Menschen zur Wohnung.

Die großen Ereignisse, von denen ich hier spreche, und welche die allgemeinste Theilnahme erregt haben, fallen lange nach meiner Rückkehr nach Europa. Ueber die politischen Stürme, über die Veränderungen, welche in den gesellschaftlichen Zuständen eingetreten, gehe ich hier weg. Die neueren Völker sind bedacht für ihren Ruf bei der Nachwelt und verzeichnen sorgfältig die Geschichte der menschlichen Umwälzungen, und damit die Geschichte ungezügelter Leidenschaften und eingewurzelten Hasses. Mit den Umwälzungen in der äußern Natur ist es anders; man kümmert sich wenig darum, sie genau zu beschreiben, vollends nicht, wenn sie in die Zeiten bürgerlicher Zwiste fallen. Die Erdbeben, die vulkanischen Ausbrüche wirken gewaltig auf die Einbildungskraft wegen des Unheils, das nothwendig ihre Folge ist. Die Ueberlieferung greift vorzugsweise nach allem Gestaltlosen und Wunderbaren, und bei großen allgemeinen Unfällen, wie beim Unglück des Einzelnen, scheut der Mensch das Licht, das ihm die wahren Ursachen des Geschehenen zeigte und die begleitenden Umstände erkennen ließe. Ich glaubte in diesem Werke niederlegen zu sollen, was ich an zuverlässiger Kunde über die Erdstöße zusammengebracht, die am 26. Merz 1812 die Stadt Cararas zerstört und in der Provinz Venezuela fast in Einem Augenblick über zwanzigtausend Menschen das Leben gekostet haben. Die Verbindungen, die ich fortwährend mit Leuten aller Stände unterhalten, setzten mich in Stand, die Berichte mehrerer Augenzeugen zu vergleichen und Fragen über Punkte an sie zu richten, an deren Aufklärung der Wissenschaft vorzugsweise gelegen ist. Als Geschichtschreiber der Natur hat der Reisende die Zeit des Eintritts großer Catastrophen festzustellen, ihren Zusammenhang und ihre gegenseitigen Verhältnisse zu untersuchen, und im raschen Ablauf der Zeit, im ununterbrochenen Zuge sich drängender Verwandlungen feste Punkte zu bezeichnen, mit denen einst andere Catastrophen verglichen werden mögen. In der unermeßlichen Zeit, welche die Geschichte der Natur umfaßt, rücken alle Zeitpunkte des Geschehenen nahe zusammen; die verflossenen Jahre erscheinen wie Augenblicke, und wenn die physische Beschreibung eines Landes von keinem allgemeinen und überhaupt von keinem großen Interesse ist, so hat sie zum wenigsten den Vortheil, daß sie nicht veraltet. Betrachtungen dieser Art haben LA CONDAMINE bewogen, die denkwürdigen Ausbrüche des Vulkans Cotopaxi [Am 30. November 1744. und 3. September 1750.], die lange nach seinem Abgange von Quito stattgefunden, in seiner »*Reise zum Aequator*« zu beschreiben.

Ich glaube dem Beispiel des großen Gelehrten desto unbesorgter vor irgend welchem Vorwurf folgen zu dürfen, da die Ereignisse, die ich zu beschreiben gedenke, für die Theorie von den **vulkanischen Reactionen** sprechen, das heißt für den Einfluß, den ein **System von Vulkanen** auf einen weiten Landstrich umher ausübt.

Als Bonpland und ich in den Provinzen Neu-Andalusien, Nueva Barcelona und Caracas uns aufhielten, war die Meinung allgemein verbreitet, daß die am weitesten nach Osten gelegenen Striche dieser Küsten den verheerenden Wirkungen der Erdbeben am meisten ausgesetzt seyen. Die Einwohner von Cumana scheuten das Thal von Caracas wegen des feuchten, veränderlichen Klimas, wegen des umzogenen, trübseligen Himmels. Die Bewohner dieses kühlen Thales dagegen sprachen von Cumana als von einer Stadt, wo man Jahr aus Jahr ein eine erstickend heiße Luft athme und wo der Boden periodisch von heftigen Erdstößen erschüttert werde. Selbst Gebildete dachten nicht an die Verwüstung von Riobamba und andern hochgelegenen Städten; sie wußten nicht, daß die Erschütterung des Kalksteins an der Küste von Cumana sich in die aus Glimmerschiefer bestehende Halbinsel Araya fortpflanzt, und so waren sie der Meinung, daß Caracas sowohl wegen des Baus seines Urgebirges, als wegen der hohen Lage der Stadt nichts zu besorgen habe. Feierliche Gottesdienste, die in Guayra und in der Hauptstadt selbst bei nächtlicher Weile begangen wurden,[40] mahnten sie allerdings daran, daß von Zeit zu Zeit die Provinz Venezuela von Erdbeben heimgesucht worden war; aber Gefahren, die selten wiederkehren, machen einem wenig bange. Im Jahr 1811 sollte eine gräßliche Erfahrung eine schmeichelnde Theorie und den Volksglauben über den Haufen werfen. Caracas, im Gebirge gelegen, drei Grade westlich von Cumana, fünf Grade westlich vom Meridian der vulkanischen caraibischen Inseln, erlitt heftigere Stöße, als man je auf den Küsten von Paria und Neu-Andalusien gespürt.

Gleich nach meiner Ankunft in Terra Firma war mir der Zusammenhang zwischen zwei Naturereignissen, zwischen der Zerstörung von Cumana am

14. December 1797 und dem Ausbruch der Vulkane auf den kleinen Antillen, aufgefallen [S. Bd. I., Seite 241]. Etwas Aehnliches zeigte sich nun auch bei der Verwüstung von Cararas am 26. Merz 1812. Im Jahr 1797 schien der Vulkan der Insel Guadeloupe auf die Küste von Cumana reagirt zu haben; fünfzehn Jahre später wirkte, wie es scheint, ein dem Festland näher liegender Vulkan, der auf St. Vincent, in derselben Weise bis nach Caracas und an den Apure hin. Wahrscheinlich lag beidemal der Heerd des Ausbruchs in ungeheurer Tiefe, gleich weit von den Punkten der Erdoberfläche, bis zu welchen die Bewegung sich fortpflanzte.

Von Anfang des Jahrs 1811 bis 1813 wurde ein beträchtliches Stück der Erdfläche zwischen den Azoren und dem Thal des Ohio, den Cordilleren von Neu-Grenada, den Küsten vou Venezuela und den Vulkanen der kleinen Antillen fast zu gleicher Zeit durch heftige Stöße erschüttert, die man einem unterirdischen Feuerheerde zuschreiben kann. Ich zähle hier die Erscheinungen auf, welche es wahrscheinlich machen, daß auf ungeheure Distanzen Verbindungen bestehen. Am 30. Januar 1811 brach bei einer der Azorischen Inseln, bei St. Michael, ein unterseeischer Vulkan aus. An einer Stelle, wo die See 60 Faden tief ist, hob sich ein Fels über den Wasserspiegel. Die erweichte Erdkruste scheint emporgehoben worden zu seyn, ehe die Flammen aus dem Krater hervorbrachen, wie dieß auch bei den Vulkanen von Jorullo in Mexico und bei der Bildung der Insel Klein-Kameni bei Santorin beobachtet wurde. Das neue Eiland bei den Azoren war Anfangs nur eine Klippe, aber am 15. Juli erfolgte ein sechstägiger Ausbruch, durch den die Klippe immer größer und nach und nach 50 Toisen über dem Meeresspiegelhoch wurde. Dieses neue Land, das Kapitän Tillard alsbald im Namen der großbritannischen Regierung in Besitz nahm und **Sabrina** nannte, hatte 900 Toisen Durchmesser. Das Meer scheint die Insel wieder verschlungen zu haben. Es ist dieß das dritte mal, daß bei der Insel St. Michael unterseeische Vulkane so außerordentliche Erscheinungen hervorbringen, und als wären die Ausbrüche dieser Vulkane an eine gewisse Periode gebunden, in der sich jedesmal elastische Flüssigkeiten bis zu einem bestimmten Grade angehäuft, kam das emporgehobene Eiland je nach 91 oder 92 Jahren wieder zum Vorschein. Es ist zu bedauern, daß trotz der Nähe keine europäische Regierung, keine gelehrte Gesellschaft Physiker und Geologen nach den Azoren geschickt hat, um eine Erscheinung näher untersuchen zu lassen, durch welche für die Geschichte der Vulkane und des Erdballs überhaupt so viel gewonnen werden konnte.

Zur Zeit, als das neue Eiland Sabrina erschien, wurden die kleinen Antillen, 800 Meilen südwestwärts von den Azoren gelegen, häufig von Erdbeben heimgesucht. Vom Mai 1811 bis April 1812 spürte man auf der Insel St. Vincent, einer der drei Antillen mit thätigen Vulkanen, über zweihundert Erdstöße. Die Bewegungen beschränkten sich aber nicht auf das Inselgebiet von Südamerika. Vom 16. December 1811 an bebte die Erde in den Thälern des Mississippi, des Arkansas und Ohio fast unaufhörlich. Im Osten der Alleghanys waren die Schwingungen schwächer als im Westen, in Tennesee und Kentucky. Sie waren von einem starken unterirdischen Getöse begleitet, das von Südwest herkam. Auf einigen Punkten zwischen Neumadrid und Little Prairie, wie beim Salzwerk nördlich von Cincinnati unter dem 34° 45' der Breite, spürte man mehrere Monate lang täglich, ja fast stündlich Erdstöße. Sie dauerten im Ganzen vom 16. December 1811 bis ins Jahr 1813. Die Stöße waren Anfangs auf den Süden, auf das untere Mississippithal beschränkt, schienen sich aber allmählich gegen Norden fortzupflanzen.

Um dieselbe Zeit nun, wo in den Staaten jenseits der Alleghanys diese lange Reihe von Erderschütterungen anhob, im December 1811 spürte man in der Stadt Caracas den ersten Erdstoß bei stiller, heiterer Luft. Dieses Zusammentreffen war schwerlich ein zufälliges, denn man muß bedenken, daß, so weit auch die betreffenden Länder auseinander liegen, die Niederungen von Louisiana und die Küsten von Venezuela und Cumana demselben Becken, dem Meere der Antillen angehören. Dieses **Mittelmeer mit mehreren Ausgängen** ist von Südost nach Nordwest gerichtet und es scheint sich früher über die weiten, allmählich 30, 50 und 80 Toisen über das Meer ansteigenden, aus secundären Gebirgsarten bestehenden, vom Ohio, Missouri, Arcansas und Mississippi durchströmten Ebenen forterstreckt zu haben. Aus geologischem Gesichtspunkt betrachtet, erscheinen als Begrenzung des Seebeckens der Antillen und des Meerbusens von Mexico im Südens die Küstenbergkettes von Venezuela und die Cordilleren von Merida und Pamplona, im Osten die Gebirge der Antillen und die Alleghanys, im Westen die Anden von Mexico und die Rocky Mountains, im Norden die unbedeutenden Höhenzüge zwischen den canadischen Seen und den Nebenflüssen des Mississippi. Ueber zwei Drittheile dieses Beckens sind mit Wasser bedeckt. Zwei Reihen thätiger Vulkane fassen es ein: ostwärts auf den kleinen Antillen, zwischen dem 13. und 16. Grad der Breite, westwärts in den Cordilleren von Nicaragua, Guatimala und Mexico, zwischen dem 11. und 20. Grad. Bedenkt man, daß das große Erdbeben von Lissabon am 1. November 1755 fast im selben Augenblick an der Küste von Schweden, am Ontariosee und auf Martinique gespürt wurde, so kann die Annahme nicht zu keck erscheinen, daß das ganze Becken der Antillen von Cumana und Caracas bis zu den Ebenen von Louisiana zuweilen gleichzeitig durch Stöße erschüttert werden kann, die von einem gemeinsamen Heerde ausgehen.

Auf den Küsten von Terra Firma herrscht allgemein der Glaube, die Erdbeben werden häufiger, wenn ein paar Jahre lang die elektrischen Entladungen in der Luft auffallend selten gewesen sind. Man wollte in Cumana und Caracas die Beobachtung gemacht haben, daß seit dem Jahr

1792 die Regengüsse nicht so oft als sonst von Blitz und Donner begleitet gewesen, und man war schnell bei der Hand, sowohl die gänzliche Zerstörung von Cumana im Jahr 1799 als die Erdstöße, die man 1800, 1801 und 1802 in Maracaibo, Porto Cabello und Caracas gespürt, »einer Anhäufung der Elektricität im Innern der Erde« zuzuschreiben. Wenn man lang in Neu-Andalusien oder in den Niederungen von Peru gelebt hat, kann man nicht wohl in Abrede ziehen, daß zu Anfang der Regenzeit, also eben zur Zeit der Gewitter, das Auftreten von Erdbeben am meisten zu besorgen ist. Die Luft und die Beschaffenheit der Erdoberfläche scheinen auf eine uns noch ganz unbekannte Weise auf die Vorgänge in großen Tiefen Einfluß zu äußern, und wenn man einen Zusammenhang zwischen der Seltenheit der Gewitter und der Häufigkeit der Erdbeben bemerkt haben will, so gründet sich dieß, meiner Meinung nach, keineswegs auf lange Erfahrung, sondern ist nur eine Hypothese der Halbgelehrten im Lande. Gewisse Erscheinungen können zufällig zusammentreffen. Den auffallend starken Stößen, die man am Mississippi und Ohio zwei Jahre lang fast beständig spürte, und die im Jahr 1812 mit denen im Thal von Caracas zusammentrafen, ging in Louisiana ein fast gewitterloses Jahr voran, und dieß fiel wieder allgemein auf. Es kann nicht Wunder nehmen, wenn man im Vaterlande Franklins zur Erklärung von Erscheinungen gar gerne die Lehre von der Elektricität herbeizieht.

Der Stoß, den man im December 1811 in Caracas spürte, war der einzige, der der schrecklichen Katastrophe vom 26. März 1812 voranging. Man wußte in Terra Firma nichts davon, daß einerseits der Vulkan auf St. Vincent sich rührte und andererseits am 7. und 8. Februar 1812 im Becken des Mississippi die Erde Tag und Nacht fortbebte. Um diese Zeit herrschte in der Provinz Venezuela große Trockenheit. In Caracas und neunzig Meilen in die Runde war in den fünf Monaten vor dem Untergang der Hauptstadt kein Tropfen Regen gefallen. Der 26. März war ein sehr heißer Tag; die Luft war still, der Himmel unbewölkt. Es war Gründonnerstag, und ein großer Theil der Bevölkerung in den Kirchen. Nichts verkündete die Schrecken dieses Tages. Um 4 Uhr 7 Minuten Abends spürte man den ersten Erdstoß. »Er war so stark, daß die Kirchenglocken anschlugen, und währte 5–6 Sekunden. Unmittelbar darauf folgte ein anderer, 10–12 Secunden dauernder, während dessen der Boden in beständiger Wellenbewegung war, wie eine kochende Flüssigkeit. Schon meinte man, die Gefahr sey vorüber, als sich unter dem Boden ein furchtbares Getöse hören ließ. Es glich dem Rollen des Donners; es war aber stärker und dauerte länger als der Donner in der Gewitterzeit unter den Tropen. Diesem Getöse folgte eine senkrechte, etwa 3-4 Secunden anhaltende Bewegung und dieser wiederum eine etwas längere wellenförmige Bewegung. Die Stöße erfolgten in entgegengesetzter Richtung, von Nord nach Süd, und von Ost nach West. Dieser Bewegung von unten nach oben und diesen sich kreuzenden Schwingungen konnte nichts widerstehen. Die Stadt Caracas wurde völlig über den Haufen geworfen. Tausende von

Menschen (zwischen 9 und 10,000) wurden unter den Trümmern der Kirchen und Häuser begraben. Die Prozession war noch nicht ausgezogen, aber der Zudrang zu den Kirchen war so groß, daß drei bis viertausend Menschen von den einstürzenden Gewölben erschlagen wurden. Die Explosion war am stärksten auf der Nordseite, im Stadttheil, der dem Berge Avila und der Silla am nächsten liegt. Die Kirchen della Trinidad und Alta Gracia, die über 150 Fuß hoch waren und deren Schiff von 10–12 Fuß dicken Pfeilern getragen wurden, lagen als kaum 5–6 Fuß hohe Trümmerhaufen da. Der Schutt hat sich so stark gesetzt, daß man jetzt fast keine Spur mehr von Pfeilern und Säulen findet. Die Kaserne *el Quartel de San Carlos*, die nördlich von der Kirche della Trinidad auf dem Weg nach dem Zollhaus Pastora lag, verschwand fast völlig. Ein Regiment Linientruppen stand unter den Waffen, um sich der Procession anzuschließen; es wurde, wenige Mann ausgenommen, unter den Trümmern des großen Gebäudes begraben. Neun Zehntheile der schönen Stadt Caracas wurden völlig verwüstet. Die Häuser, die nicht zusammenstürzten, wie in der Straße San Juan beim Kapuzinerkloster, erhielten so starke Risse, daß man nicht wagen konnte darin zu bleiben. Im südlichen und westlichen Theil der Stadt, zwischen dem großen Platz und der Schlucht des Caraguata waren die Wirkungen des Erdbebens etwas geringer. Hier blieb die Hauptkirche mit ihren ungeheuern Strebepfeilern stehen.«[41]

Bei der Angabe von 9–10,000 Todten in Caracas sind die Unglücklichen nicht gerechnet, die, schwer verwundet, erst nach Monaten aus Mangel an Nahrung und Pflege zu Grunde gingen. Die Nacht vom Donnerstag zum Charfreitag bot ein Bild unsäglichen Jammers und Elends. Die dicke Staubwolke, welche über den Trümmern schwebte und wie ein Nebel die Luft verfinsterte, hatte sich zu Boden geschlagen. Kein Erdstoß war mehr zu spüren: es war die schönste, stillste Nacht. Der fast volle Mond beleuchtete die runden Gipfel der Silla, und am Himmel sah es so ganz anders aus als auf der mit Trümmern und Leichen bedeckten Erde. Man sah Mütter mit den Leichen ihrer Kinder in den Armen, die sie wieder zum Leben zu bringen hofften; Familien liefen jammernd durch die Stadt und suchten einen Bruder, einen Gatten, einen Freund, von denen man nichts wußte und die sich in der Volksmenge verloren haben mochten. Man drängte sich durch die Straßen, die nur noch an den Reihen von Schutthaufen kenntlich waren.

Alle Schrecken der großen Katastrophen von Lissabon, Messina, Lima und Riobamba wiederholten sich am Unglückstage des 26. März 1812. »Die unter den Trümmern begrabenen Verwundeten riefen die Vorübergehenden laut um Hülfe an, und es wurden auch über zwei tausend hervorgezogen. Nie hat sich das Mitleid rührender, man kann sagen sinnreicher bethätigt, als hier, wo es galt, zu den Unglücklichen zu dringen, die man jammern hörte. Es fehlte völlig an Werkzeugen zum Graben und Wegräumen des Schuttes; man mußte die noch Lebenden mit den Händen ausgraben. Man brachte die Verwundeten und die Kranken, die sich aus den Spitälern gerettet, am Ufer des Guayre unter, aber hier fanden sie kein Obdach als das Laub der Bäume. Betten, Leinwand zum Verbinden der Wunden, chirurgische Instrumente, alles Unentbehrliche lag unter den Trümmern begraben. Es fehlte an Allem, in den ersten Tagen sogar an Lebensmitteln, und im Innern der Stadt ging vollends das Wasser aus. Das Erdbeben hatte die Leitungsröhren der Brunnen zertrümmert und Erdstürze hatten die Quellen verschüttet. Um Wasser zu bekommen, mußte man zum Guayre hinunter, der bedeutend angeschwollen war, und es fehlte an Gefässen.«

»Den Todten die letzte Ehre zu erweisen, war sowohl ein Werk der Pietät, als bei der Besorgniß vor Verpestung der Luft geboten. Da es geradezu unmöglich war, so viele tausend halb unter den Trümmern steckende Leichen zu beerdigen, so wurde eine Commission beauftragt, sie zu verbrennen. Man errichtete zwischen den Trümmern Scheiterhaufen, und die Leichenfeier dauerte mehrere Tage. Im allgemeinen Jammer flüchtete das Volk zur Andacht und zu Ceremonien, mit denen es den Zorn des Himmels zu beschwichtigen hoffte. Die einen traten zu Bittgängen zusammen und sangen Trauerchöre; andere, halb sinnlos, beichteten laut auf der Straße. Da geschah auch hier, was in der Provinz Quito nach dem furchtbaren Erdbeben vom 4. Februar 1797 vorgekommen war: viele Personen, die seit langen Jahren nicht daran gedacht hatten, den Segen der Kirche für ihre Verbindung zu suchen, schloßen den Bund der Ehe; Kinder fanden ihre Eltern, von denen sie bis jetzt verläugnet worden; Leute, die Niemand eines Betrugs beschuldigt hatte, gelobten Ersatz zu leisten; Familien, die lange in Feindschaft gelebt, versöhnten sich im Gefühl des gemeinsamen Unglücks.« Wenn dieses Gefühl auf die einen versittlichend wirkte und das Herz für das Mitleid ausschloß, wirkte es in andern das Gegentheil: sie wurden nur noch hartherziger und unmenschlicher. In großen Unfällen geht in gemeinen Seelen leichter der Edelmuth verloren als die Kraft; denn es geht im Unglück wie bei der wissenschaftlichen Beschäftigung mit der Natur: nur auf die Wenigsten wirkt sie veredlend, gibt dem Gefühl mehr Wärme, den Gedanken höheren Schwung, und der ganzen Gesinnung mehr Milde.

»So heftige Stöße, welche in einer Minute[42] die Stadt Caracas über den Haufen warfen, konnten sich nicht auf einen kleinen Strich des Festlandes beschränken. Ihre verheerenden Wirkungen verbreiteten sich über die Provinzen Venezuela, Barinas und Maracaybo, der Küste entlang, besonders aber in die Gebirge im Innern. Guayra, Mayquetia, Antimano, Baruta, la Vega, San Felipe und Merida wurden fast gänzlich zerstört. In Guayra und in Villa de San Felipe bei den Kupferminen von Aroa kamen wenigstens vier bis fünftausend Menschen ums Leben. Auf einer Linie, die von Guayra und

Caracas von Ost-Nord-Ost nach West-Süd-West den hohen Gebirgen von Niquitao und Merida zuläuft, scheint das Erdbeben am stärksten gewesen zu seyn. Man spürte es im Königreich Neu-Grenada von den Ausläufern der hohen Sierra de Santa Marta bis Santa Fe de Bogota und Honda am Magdalenenstrom, 180 Meilen von Caracas. Ueberall war es in den Cordilleren auf Gneiß und Glimmerschiefer oder unmittelbar an ihrem Fuß stärker als in der Ebene. Dieser Unterschied war besonders auffallend in den Savanen von Barinas und Casanare. (In dem geologischen System, nach dem alle vulkanischen und nicht vulkanischen Gebirge auf Spalten emporgestiegen sind, erklärt sich dieser Unterschied leicht.) In den Thälern von Araguas zwischen Caracas und der Stadt San Felipe waren die Stöße ganz schwach. Victoria, Maracay, Valencia, obgleich nahe bei der Hauptstadt, litten sehr wenig. In Valecillo, einige Meilen von Valencia, spie der geborstene Boden solche Wassermassen aus, daß sich ein neuer Bach bildete; dasselbe ereignete sich bei Porto Cabello. Dagegen nahm der See von Maracaybo merkbar ab. In Coro fühlte man keine Erschütterung, und doch liegt die Stadt an der Küste, zwischen Städten, die gelitten haben.« Fischer, die den 26. März auf der Insel Orchila, 30 Meilen nordöstlich von Guayra, zugebracht hatten, spürten keine Stöße. Diese Abweichungen in der Richtung und Fortpflanzung des Stoßes rühren wahrscheinlich von der eigenthümlichen Lagerung der Gesteinsschichten her.

Wir haben im Bisherigen die Wirkungen des Erdbebens westlich von Caracas bis zu den Schneegebirgen von Santa Marta und zu der Hochebene von Santa Fe de Bogota verfolgt. Wir wenden uns jetzt zum Landstrich ostwärts von der Hauptstadt. Jenseits Caurimare, im Thal des Capaya, waren die Erschütterungen sehr stark und reichten bis zum Meridian vom Cap Codera; es ist aber höchst merkwürdig, daß sie an den Küsten von Nueva Barcelona, Cumana und Paria sehr schwach waren, obgleich diese Küsten eine Fortsetzung des Littorals von Guayra und von Alters her dafür bekannt sind, daß sie oft von unterirdischen Bebungen heimgesucht werden. Ließe sich annehmen, die gänzliche Zerstörung der vier Städte Caracas, Guayra, San Felipe und Merida sey von einem vulkanischen Herde unter der Insel St. Vincent oder in der Nähe ausgegangen, so würde begreiflich, wie die Bewegung sich von Nordost nach Südwest auf einer Linie, die über die Eilande los Hermanos bei Blanquilla läuft, fortpflanzen konnte, ohne die Küsten von Araya, Cumana und Nueva Barcelona zu berühren. Ja der Stoß konnte sich auf diese Weise fortpflanzen, ohne daß die dazwischen liegenden Punkte, z. B. die Eilande Hermanos, die geringste Erschütterung empfanden. Diese Erscheinung kommt in Peru und Mexico häufig bei Erdbeben vor, die seit Jahrhunderten eine bestimmte Richtung einhalten. Die Bewohner der Anden haben einen naiven Ausdruck für einen Landstrich, der an der Bebung ringsum keinen Theil nimmt: sie sagen, »er mache eine Brücke« (*que hace puente*), wie um anzudeuten, daß die

Schwingungen sich in ungeheurer Tiefe unter einer ruhig bleibenden Gebirgsart fortpflanzen.

Fünfzehn bis achtzehn Stunden lang nach der großen Katastrophe blieb der Boden ruhig. Die Nacht war, wie schon oben gesagt, schön und still, und erst nach dem siebenundzwanzigsten fingen die Stöße wieder an, und zwar begleitet von einem sehr starken und sehr anhaltenden unterirdischen Getöse (*bramido*). Die Einwohner von Caracas zerstreuten sich in der Umgegend; da aber Dörfer und Höfe so stark gelitten hatten wie die Stadt, fanden sie erst jenseits der Berge los Teques, in den Thälern von Aragua und in den Llanos Obdach. Man spürte oft fünfzehn Schwingungen an Einem Tage. Am 5. April erfolgte ein Erdbeben, fast so stark wie das, in dem die Hauptstadt untergegangen. Der Boden bewegte sich mehrere Stunden lang wellenförmig auf und ab. In den Gebirgen gab es große Erdfälle; ungeheure Felsmassen brachen von der Silla los. Man behauptete sogar – und diese Meinung ist noch jetzt im Lande weit verbreitet – die beiden Kuppeln der Silla seyen um 50–60 Toisen niedriger geworden; aber diese Behauptung stützt sich auf keine Messung. Wie ich gehört, bildet man sich auch in der Provinz Quito nach allen großen Erschütterungen ein, der Vulkan Tunguragua sey niedriger geworden.

In mehreren aus Anlaß der Zerstörung von Caracas veröffentlichten Nachrichten wird behauptet, »die Silla sey ein erloschener Vulkan, man finde viele vulkanische Produkte auf dem Wege von Guayra nach Caracas, das Gestein sey dort nirgends regelmäßig geschichtet und zeige überall Spuren des unterirdischen Feuers.« Ja es heißt weiter, »zwölf Jahre vor der großen Katastrophe haben Bonpland und ich nach unsern mineralogischen und physikalischen Untersuchungen erklärt, die Silla sey ein sehr gefährlicher Nachbar für die Stadt, weil der Berg viel Schwefel enthalte und die Stöße von Nordost her kommen müßten.« Es kommt selten vor, daß Physiker sich wegen einer eingetroffenen Prophezeiung zu rechtfertigen haben; ich halte es aber für Pflicht, den Vorstellungen von **lokalen Ursachen** der Erdbeben, die nur zu leicht Eingang finden, entgegen zu treten.

Ueberall wo der Boden Monate lang fortwährend erschüttert worden, wie auf Jamaica im Jahr 1693, in Lissabon 1755, in Cumana 1766, in Piemont 1808, ist man darauf gefaßt, einen Vulkan sich öffnen zu sehen. Man vergißt, daß man die Herde oder Mittelpunkte der Bewegung weit unter der Erdoberfläche zu suchen hat; daß, nach zuverlässigen Aussagen, die Schwingungen sich fast im selben Moment tausend Meilen weit über die tiefsten Meere weg fortpflanzen; daß die größten Zerstörungen nicht am Fuß thätiger Vulkane, sondern in aus den verschiedensten Felsarten aufgebauten Gebirgsketten vorgekommen sind. Die Gneise, Glimmerschiefer- und Urkalkschichten in der Umgegend von Caracas sind keineswegs stärker zerbrochen oder unregelmäßiger geneigt, als bei Freiberg in Sachsen und überall, wo Urgebirge rasch zu bedeutender Höhe ansteigen; ich habe daselbst weder Basalt noch Dolerit, nicht einmal Trachyte und Trapp-Porphyre gefunden, kurz keine Spur von erloschenen Vulkanen. Es konnte mir nie einfallen, zu äußern, die Silla und der Cerro de Avila seyen für die Hauptstadt gefährliche Nachbarn, weil diese Berge in untergeordneten Schichten von Urkalk viele Schwefelkiese enthalten; ich erinnere mich aber, während meines Aufenthalts in Caracas gesagt zu haben, seit dem großen Erdbeben in Quito scheine am östlichen Ende von Terra Firma der Boden so unruhig zu seyn, daß man besorgen müsse, mit der Zeit dürfte die Provinz Venezuela starke Erderschütterungen erleiden. Ich bemerkte weiter, wenn ein Land lange von Erdstößen heimgesucht worden sey, so scheinen sich in der Tiefe neue Verbindungen mit benachbarten Ländern herzustellen, und die in der Richtung der Silla nordöstlich von der Stadt gelegenen Vulkane der Antillen seyen vielleicht Luftlöcher, durch welche bei einem Ausbruch die elastischen Flüssigkeiten entweichen, welche die Erdbeben auf den Küsten des Festlandes verursachen. Zwischen solchen Betrachtungen, die sich auf die Kenntniß der Oertlichkeiten und auf bloße Analogien gründen, und einer durch den Lauf der Naturereignisse bestätigten Vorhersagung ist ein großer Unterschied.

Während man im Thal des Mississippi, auf der Insel St. Vincent und in der Provinz Venezuela gleichzeitig starke Erdstöße spürte, wurde man am 30. April 1812 in Caracas, in Calabozo mitten in den Steppen, und an den Ufern des Rio Apure, auf einem Landstrich von 4000 Quadratmeilen, durch ein unterirdisches Getöse erschreckt, das wiederholten Salven aus Geschützen vom größten Caliber glich. Es fing um zwei Uhr Morgens an; es war von keinen Stößen begleitet, und, was sehr merkwürdig ist, es war auf der Küste und 80 Meilen weit im Land gleich stark. Ueberall meinte man, es komme durch die Luft her, und man war soweit entfernt, dabei an einen unterirdischen Donner zu denken, daß man in Caracas wie in Calabozo militärische Maßregeln ergriff, um den Platz in Vertheidigungszustand zu setzen, da der Feind mit seinem groben Geschütz anzurücken schien. Beim Uebergang über den Apure unterhalb Orivante, beim Einfluß des Rio Rula, hörte Palacio aus dem Munde der Indianer, man habe die »Kanonenschüsse« eben so gut am westlichen Ende der Provinz Barinas als im Hafen von Guayra nördlich von der Küstenkette gehört.

Am Tage, an dem die Bewohner von Terra Firma durch ein unterirdisches Getöse erschreckt wurden, erfolgte ein großer Ausbruch des Vulkans auf der Insel St. Vincent. Der Berg, der gegen 500 Toisen hoch ist, hatte seit dem Jahr 1718 keine Lava mehr ausgeworfen. Man sah ihn kaum rauchen, als im Mai 1811 häufige Erdstöße verkündeten, daß sich das vulkanische Feuer entweder von Neuem entzündet oder nach diesem Strich der Antillen gezogen habe. Der erste Ausbruch fand erst am 27. April 1812 um Mittag statt. Der Vulkan warf dabei nur Asche aus, aber unter furchtbarem Krachen. Am 30. floß die Lava über den Kraterrand und erreichte nach vier Stunden die See. Das Getöse beim Ausbruch glich »abwechselnd Salven aus dem schwersten Geschütz und Kleingewehrfeuer, und, was sehr beachtenswerth ist, dasselbe schien weit stärker auf offener See, weit weg von der Insel, als im Angesicht des Landes, ganz in der Nahe des brennenden Vulkans.«

Vom Vulkan von St. Vincent bis zum Rio Apure beim Einfluß des Rula sind es in gerader Linie 210 Seemeilen (20 auf einen Grad); die Explosionen wurden demnach in einer Entfernung gehört gleich der vom Vesuv nach Paris. Dieses Phänomen, dem sich viele Beobachtungen in der Cordillere der Anden anschließen, beweist, wie viel größer die unterirdische Wirkungssphäre eines Vulkans ist, als man nach den unbedeutenden Veränderungen, die er an der Erdoberfläche hervorbringt, glauben sollte. Die Knalle, die man in der neuen Welt Tage lang 80, 100, ja 200 Meilen von einem Krater hört, gelangen nicht mittelst der Fortpflanzung des Schalls durch die Luft zu uns; der Ton wird vielmehr durch die Erde geleitet, vielleicht am Punkte selbst, wo wir uns befinden. Wenn die Ausbrüche des Vulkans von St. Vincent, des Cotopaxi oder Tunguragüa von so weit herschallten wie eine ungeheuer große Kanone, so müßte der Schall im umgekehrten Verhältniß der Entfernung stärker werden; aber die Beobachtung zeigt, daß dieß nicht der Fall ist. Noch mehr: in der Südsee, auf der Fahrt von Guayaquil an die Küste von Mexico, fuhren Bonpland und ich über Striche, wo alle Matrosen an Bord über ein dumpfes Geräusch erschracken, das aus der Tiefe des Meeres herauskam und uns durch das Wasser mitgetheilt wurde. Eben fand wieder ein Ausbruch des Cotopaxi statt, und wir waren so weit von diesem Vulkan entfernt als der Aetna von der Stadt Neapel. Vom Vulkan Cotopaxi zur kleinen Stadt Honda am Ufer des Magdalenenstroms sind es nicht weniger als 145 Meilen, und doch hörte man während der großen Ausbrüche jenes Vulkans in Honda ein unterirdisches Getöse, das man für Geschützsalven hielt. Die Franciscaner verbreiteten das Gerücht, Carthagena werde von den Engländern belagert und beschossen, und alle Einwohner glaubten daran. Der Cotopaxi ist nun aber ein Kegel, der 1800 Toisen und mehr über dem Becken von Honda liegt; er steigt aus einer Hochebene empor, die selbst noch 1500 Toisen mehr Meereshöhe hat als das Thal des Magdalenenstroms. All die colossalen Berge von Quito, der Provinz de los Pastos und von Popayan, zahllose Thäler und Erdspalten liegen dazwischen. Unter diesen Umständen läßt sich nicht annehmen, daß der Ton durch die Luft oder durch die obersten Erdschichten fortgepflanzt worden und daß er von da ausgegangen sey, wo der Kegel und der Krater des Cotopaxi liegen. Man muß es wahrscheinlich finden, daß der hochgelegene Theil des Königreichs Quito und die benachbarten Cordilleren keineswegs eine Gruppe einzelner Vulkane sind, sondern eine einzige aufgetriebene Masse bilden, eine ungeheure von Süd nach Nord laufende vulkanische Mauer, deren Kamm über 600 Quadratmeilen Oberfläche hat. Auf diesem Gewölbe, auf diesem aufgetriebenen Erdstück stehen nun der Cotopaxi, der Tunguragua, der Antisana, der Pichincha. Man gibt jedem einen eigenen Namen, obgleich es im Grund nur verschiedene Gipfel desselben vulkanischen Gebirgsklumpens sind. Das Feuer bricht bald durch den einen, bald durch den andern dieser Gipfel aus. Die ausgefüllten Krater erscheinen uns als erloschene Vulkane; wenn aber auch der Cotopaxi und der Tunguragua in hundert Jahren nur ein- oder zweimal auswerfen, so läßt sich doch annehmen, daß das unterirdische Feuer unter der Stadt Quito, unter Pichincha und Imbaburu in beständiger Thätigkeit ist.

Nordwärts finden wir zwischen dem Vulkan Cotopaxi und der Stadt Honda zwei andere **vulkanische Bergsysteme**, die Berge los Pastos und die von Popayan. Daß diese Systeme unter sich zusammenhängen, geht unzweifelhaft aus einer Erscheinung hervor, deren ich schon oben gedacht habe, als von der gänzlichen Zerstörung der Stadt Caracas die Rede war. Vom November 1796 an stieß der Vulkan bei Pasto, der westlich von der Stadt dieses Namens am Thal des Rio Guaytara liegt, eine dicke Rauchsäule aus. Die Mündungen des Vulkans liegen an der Seite des Berges, auf seinem westlichen Abhang; dennoch stieg die Rauchsäule drei Monate lang so hoch über den Gebirgskamm empor, daß die Einwohner der Stadt Pasto sie fortwährend sahen. Alle versicherten uns, zu ihrer großen Ueberraschung sey am 4. Februar 1797 der Rauch auf einmal verschwunden, ohne daß man einen Erdstoß spürte. Und im selben Augenblick wurde 65 Meilen weiter gegen Süd zwischen dem Chimborazo, dem Tunguragua und dem Altar (Capac-Urcu) die Stadt Riobamba durch ein Erdbeben zerstört, furchtbarer als alle, die im Andenken geblieben sind. Die Gleichzeitigkeit dieser Ereignisse läßt wohl keinen Zweifel darüber, daß die Dämpfe, welche der Vulkan von Pasto aus seinen kleinen Mündungen oder *'ventanillas'* ausstieß, am Druck elastischer Flüssigkeiten theilnahmen, welche den Boden des Königreichs Peru erschütterten und in wenigen Augenblicken dreißig bis vierzigtausend Menschen das Leben kosteten.

Um diese gewaltigen Wirkungen der **vulkanischen Reactionen** zu erklären, um darzuthun, daß die Vulkangruppe oder das **vulkanische System** der Antillen von Zeit zu Zeit Terra Firma erschüttern kann, mußte ich mich auf die Cordillere der Anden berufen. Nur auf die Analogie frischer, und somit vollkommen beglaubigter Thatsachen lassen sich geologische Schlüsse bauen, und wo auf dem Erdball fände man großartigere und mannigfaltigere vulkanische Erscheinungen, als in jener doppelten vom Feuer emporgehobenen Bergkette, in dem Lande, wo die Natur über jeden Berggipfel und jedes Thal die Fülle ihrer Wunder ausgegossen hat? Betrachtet man einen brennenden Krater als eine vereinzelte Erscheinung, bleibt man dabei stehen, die Masse des Gesteins, das er ausgeworfen, abzuschätzen, so stellt sich die vulkanische Wirksamkeit an der gegenwärtigen Erdoberfläche weder als sehr gewaltig, noch als sehr ausgebreitet dar. Aber das Bild dieser Wirksamkeit erweitert sich vor unserem innern Blick mehr und mehr, je früher wir den Zusammenhang zwischen den Vulkanen derselben Gruppe kennen lernen, – und dergleichen Gruppen sind z. B. die Vulkane in Neapel und auf Sicilien, die der canarischen Inseln, die der Azoren, die der kleinen Antillen, die in Mexico, in Guatimala und auf der Hochebene von Quito –; je genauer wir sowohl die Reactionen dieser verschiedenen Vulkansysteme auf einander, als die Entfernungen kennen lernen, in denen sie vermöge ihres Zusammenhangs in den Erdtiefen den Boden zu gleicher Zeit erschüttern. Das Studium der Vulkane zerfällt in zwei ganz gesonderte Theile. Der eine, rein mineralogische, beschäftigt sich nur mit der Untersuchung der durch das unterirdische Feuer gebildeten oder umgewandelten Gesteine, von der Trachyt- und Trapp-Porphyrformation, von den Basalten, Phonolithen und Doleriten heraus bis zu den neuesten Laven. Der andere, nicht so zugängliche und auch mehr vernachlässigte Theil hat es mit den gegenseitigen physikalischen Verhältnissen der Vulkane zu thun, mit dem Einfluß, den die Systeme auf einander ausüben, mit dem Zusammenhang zwischen den Wirkungen der feuerspeienden Berge und den Stößen, welche den Erdboden auf weite Strecken und lange fort in derselben Richtung erschüttern. Dieses Wissen kann nur dann fortschreiten, wenn man die verschiedenen Epochen der gleichzeitigen Thätigkeit genau verzeichnet, ferner die Richtung, Ausdehnung und Stärke der Erschütterungen, ihr allmäliges Vorrücken in Landstrichen, die sie früher nicht erreicht hatten, das Zusammentreffen eines fernen vulkanischen Ausbruchs mit jenem unterirdischen Getöse, das so stark ist, daß die Bewohner der Anden es ausdrucksvoll **unterirdisches Gebrülle** und **unterirdischen Donner** (*bramidos y truenos subterraneos*) nennen. Alle diese Angaben gehören dem Gebiet der Naturgeschichte an, einer Wissenschaft, der man nicht einmal ihren Namen gelassen hat, und die wie alle Geschichte mit Zeiten beginnt, die uns fabelhaft erscheinen, und mit Katastrophen, deren Großartigkeit und Gewaltsamkeit weit über das Maß unserer Vorstellungen hinausgeht.

Man hat sich lange darauf beschränkt, die Geschichte der Natur nach den alten, in den Eingeweiden der Erde begrabenen Denkmälern zu studiren; aber wenn auch im engen Kreis sicherer Ueberlieferung nichts von so allgemeinen Umwälzungen vorkommt, wie die, durch welche die Cordilleren emporgehoben und Myriaden von Seethieren begraben worden, so gehen doch auch in der jetzigen Natur, unter unsern Augen, wenn auch auf beschränktem Raum, stürmische Auftritte genug vor sich, die, wissenschaftlich aufgefaßt, über die entlegensten Zeiten der Erdbildung Licht verbreiten können. Im Innern des Erdballs hausen die geheimnißvollen Kräfte, deren Wirkungen an der Oberfläche zu Tage kommen, als Ausbrüche von Dämpfen, glühenden Schlacken, neuen vulkanischen Gesteinen und heißen Quellen, als Auftreibungen zu Inseln und Bergen, als Erschütterungen, die sich so schnell wie der elektrische Schlag fortpflanzen, endlich als unterirdische-: Donner, den man Monate lang, und ohne Erschütterung des Bodens, in großen Entfernungen von thätigen Vulkanen hört.

Je mehr im tropischen Amerika Cultur und Bevölkerung zunehmen werden, je fleißiger man die vulkanischen Systeme von Popayan, los Pastos, Quito, auf den kleinen Antillen, auf der Centralhochebene von Mexico beobachten wird, desto mehr muß der Zusammenhang zwischen Ausbrüchen und Erdbeben, welche den Ausbrüchen vorangehen und zuweilen folgen, allgemeine Anschauung werden. Die genannten Vulkane, besonders aber die der Anden, welche die ungeheure Höhe von 2500 Toisen und darüber erreichen, bieten dem Beobachter bedeutende Vortheile. Die Epochen ihrer Ausbrüche sind merkwürdig scharf bezeichnet. Dreißig, vierzig Jahre lang werfen sie keine Schlacken, keine Asche aus, rauchen nicht einmal. In einer solchen Periode habe ich keine Spur von Rauch auf dem Gipfel des Tunguragua und des Cotopaxi gesehen. Wenn dagegen dem Krater des Vesuvs eine Rauchwolke entsteigt, achten die Neapolitaner kaum darauf; sie sind an die Bewegungen dieses kleinen Vulkans gewöhnt, der oft in zwei, drei Jahren hinter einander Schlacken auswirft. Da ist freilich schwer zu beurtheilen, ob die Schlackenauswürfe im Moment, wo man im Apennin einen Erdstoß verspürt, stärker gewesen sind. Auf dem Rücken der Cordilleren hat Alles einen bestimmteren Typus. Auf einen Aschenauswurf von ein paar Minuten folgt oft zehnjährige Ruhe. Unter diesen Umständen wird es leicht, Epochen zu verzeichnen und auszumitteln, ob die Erscheinungen in der Zeit zusammenfallen.

Die Zerstörung von Cumana im Jahr 1797 und von Caracas im Jahr 1812 weisen darauf hin, daß die Vulkane auf den kleinen Antillen mit den Erschütterungen, welche die Küsten von Terra Firma erleiden, im Zusammenhang stehen. Trotz dem kommt es häufig vor, daß die Stöße, welche man im vulkanischen Archipel spürt, sich weder nach der Insel Trinidad, noch nach den Küsten von Cumana und Caracas fortpflanzen. Diese Erscheinung hat aber durchaus nichts auffallendes. Auf den kleinen Antillen selbst beschränken sich die Erschütterungen oft auf eine einzige Insel. Der große Ausbruch des Vulkans auf St. Vincent im Jahr 1812 hatte in Martinique und Guadeloupe kein Erdbeben zur Folge. Man hörte, wie in Venezuela, starke Schläge, aber der Boden blieb ruhig.

Diese Donnerschläge, die nicht mit dem rollenden Geräusch zu verwechseln sind, das überall auch ganz schwachen Erdstößen vorausgeht, hört man an den Ufern des Orinoco ziemlich oft, besonders, wie man uns an Ort und Stelle versichert hat, zwischen dem Rio Arauca und dem Cuchivero. Pater Morello erzählt, in der Mission Cabruta habe das unterirdische Getöse zuweilen so ganz geklungen wie Salven von Steinböllern (*pedreros*) daß es gewesen sey, als würde in der Ferne ein Gefecht geliefert. Am 21. October 1766, am Tage des schrecklichen Erdbebens, das die Provinz Neu-Andalusien verheerte, erzitterte der Boden zu gleicher Zeit in Cumana, in Caracas, in Maracaybo, an den Ufern des Casanare, des Meta, des Orinoco und des Ventuario. Pater Gili hat diese Erderschütterungen in einer ganz granitischen Gebirgsgegend, in der Mission Encaramada beschrieben, wo sie von heftigen Donnerschlägen begleitet waren. Am Paurari erfolgten große Bergstürze, und beim Felsen Aravacoto verschwand eine Insel im Orinoco. Die wellenförmigen Bewegungen dauerten eine ganze Stunde. Damit war gleichsam das Zeichen gegeben zu den heftigen Erschütterungen, welche die Küsten von Cumana und Cariaco mehr als zehn Monate lang erlitten. Man sollte meinen, Menschen, die zerstreut in Wäldern leben und kein anderes Obdach haben als Hütten aus Rohr und Palmblättern, fürchten sich nicht vor den Erdbeben. Die Indianer am Erevato und Caura entsetzen sich aber darüber, da die Erscheinung bei ihnen selten vorkommt, und selbst die Thiere im Walde erschrecken ja dabei, und die Krokodile eilen aus dem Wasser ans Ufer. Näher bei der See, wo die Erdstöße sehr häufig sind, fürchten sich die Indianer nicht nur nicht davor, sondern sehen sie gern als Vorboten eines feuchten, fruchtbaren Jahres.

Alles weist darauf hin, daß im Innern des Erdballs nie schlummernde Kräfte walten, die mit einander ringen, sich das Gleichgewicht halten und sich gegenseitig stimmen. Je mehr die Ursachen jener Wellenbewegungen des Bodens, jener Entbindung von Hitze, jener Bildung elastischer Flüssigkeiten für uns in Dunkel gehüllt sind, desto größere Aufforderung hat der Physiker, den Zusammenhang näher zu beobachten, der zwischen diesen Erscheinungen sichtbar besteht und auf weite Entfernungen und in sehr gleichförmiger Weise zu Tage kommt. Nur wenn man die verschiedenen Beziehungen und Verhältnisse aus einem allgemeinen Gesichtspunkt betrachtet, wenn man sie über ein großes Stück der Erdoberfläche durch die verschiedensten Gebirgsarten verfolgt, kommt man dazu, den Gedanken aufzugeben, als ob die vulkanischen Erscheinungen und die Erdbeben kleine lokale Ursachen haben könnten, wie Schichten von Schwefelkiesen und brennende Steinkohlenflöze.

Wir haben uns in diesem Kapitel mit den gewaltigen Erschütterungen beschäftigt, welche die Steinkruste des Erdballs von Zeit zu Zeit erleidet, und die unermeßlichen Jammer über ein Land bringen, das die Natur mit ihren köstlichsten Gaben ausgestattet hat. Ununterbrochene Ruhe herrscht in der obern Atmosphäre, aber – um einen Ausdruck Franklins zu brauchen, der mehr witzig ist als richtig – in der **unterirdischen Atmosphäre**, in diesem Gemisch elastischer Flüssigkeiten, deren gewaltsame Bewegungen wir an der

Erdoberfläche empfinden, rollt häufig der Donner. Wir haben von der Zerstörung so vieler volkreichen Städte erzählt und damit das höchste Maß menschlichen Elends geschildert. Ein für seine Unabhängigkeit kämpfendes Volk sieht sich auf einmal dem Mangel an Nahrung und allen Lebensbedürfnissen preisgegeben. Hungernd, obdachlos zerstreut es sich auf dem platten Lande. Viele, die nicht unter den Trümmern ihrer Häuser begraben worden, werden von Seuchen weggerafft. Das Gefühl des Jammers, weit entfernt das Vertrauen unter den Bürgern zu befestigen, untergräbt es vollends; die äußern Uebel steigern noch die Zwietracht, und der Anblick eines mit Thränen und Blut getränkten Bodens beschwichtigt nicht den Grimm der siegreichen Partei.

Nachdem man bei solchen Greuelscenen verweilt, läßt man die Einbildungskraft mit Behagen bei freundlichen Erinnerungen ausruhen. Als in den Vereinigten Staaten das große Unglück von Caracas bekannt wurde, beschloß der zu Washington versammelte Congreß einstimmig, fünf Schiffe mit Mehl zur Vertheilung unter die Dürftigsten an die Küste von Venezuela zu senden. Diese großmüthige Unterstützung ward mit dem lebhaftesten Danke aufgenommen, und dieser feierliche Beschluß eines freien Volks, dieser Beweis der Theilnahme von Volk zu Volk, wovon die sich steigernde Cultur des alten Europa in jüngster Zeit wenige Beispiele aufzuweisen hat, erschien als ein kostbares Unterpfand des gegenseitigen Wohlwollens, das auf immer die Völker des gedoppelten Amerikas verknüpfen soll.

40.

Z. B. die nächtliche Prozession am 21. October zum Andenken an das große Erdbeben an diesem Tage um ein Uhr nach Mitternacht im Jahr 1778. Andere sehr starke Erdstöße kamen vor in den Jahren 1641, 1703 und 1802.

41.

DELPECHE, *sur le tremblement de terre de Venezuela en 1812.* (Manuscript)

42.

Die Dauer des Erdbebens, d. h. all der wellenförmigen und stoßenden Bewegungen (*undulacion y trepidacion*), welche die furchtbare Katastrophe vom 26. März 1812 herbeiführten, wurde von den einen auf 50 Secunden, von andern auf 1 Minute 12 Secunden geschätzt.

Fünfzehntes Kapitel.

Abreise von Caracas. – Gebirge von San Pedro und los Teques. – Victoria. – Thäler von Aragua.

Der kürzeste Weg von Caracas an die Ufer des Orinoco hätte uns über die südliche Kette der Berge zwischen Baruta, Salamanca und den Savanen von Ocumare, und über die Steppen oder Llanos von Orituco geführt, worauf wir uns bei Cabruta, an der Einmündung des Rio Guarico, hätten einschiffen müssen; aber auf diesem geraden Wege hätten wir unsere Absicht nicht erreicht, die dahin ging, den schönsten und kultivirtesten Theil der Provinz, die Thäler von Aragua, zu besuchen, einen interessanten Strich der Küste mit dem Barometer zu vermessen und den Rio Apure bis zu seinem Einfluß in den Orinoco hinabzufahren. Ein Reisender, der sich mit der Gestaltung und den natürlichen Schätzen des Bodens bekannt machen will, richtet sich nicht nach den Entfernungen, sondern nach dem Interesse, das die zu bereisenden Länder bieten. Diese entscheidende Rücksicht führte uns in die Berge los Teques, zu den warmen Quellen von Mariara, an die fruchtbaren Ufer des Sees von Valencia und über die ungeheuren Steppen von Calabozo nach San Fernando am Apure im östlichen Theil der Provinz Barinas. Auf diesem Wege war unsere Richtung Anfangs West, dann Süd und am Ende Ost-Süd-Ost, um auf dem Apure, unter dem Parallel von 7° 36' 23" in den Orinoco zu gelangen.

Da auf einem Wege von sechs bis siebenhundert Meilen die Längen durch Uebertragung der Zeit in Caracas und Cumana zu bestimmen waren, mußte nothwendig die Lage beider Städte genau und durch absolute Beobachtungen ermittelt werden. Oben ist das Resultat der am ersten Ausgangspunkt, in Cumana, angestellten Beobachtungen angegeben; der zweite Punkt, der nördliche Stadttheil von Caracas, liegt unter 10° 30' 50" der Breite und 69° 25' 0" der Länge. Die magnetische Declination fand ich am 22. Januar 1800 außerhalb der Stadt, am Thore bei der Pastora, 4° 38' 45" gegen Nordost, und am 30. Januar im Innern der Stadt bei der Universität 4° 39' 15", also um 26' stärker als in Cumana. Die Inclination der Nadel war 42° 90; die Zahl der Schwingungen, welche die Intensität der magnetischen Kraft angaben, war in zehn Minuten Zeit in Caracas 232, in Cumana 229. Diese Beobachtungen konnten nicht sehr oft wiederholt werden: sie sind das Ergebniß dreimonatlicher Arbeit.

Am Tage, wo wir die Hauptstadt von Venezuela verließen, die seitdem durch ein furchtbares Erdbeben vernichtet worden ist, übernachteten wir am Fuße der bewaldeten Berge, die das Thal gegen Südwest schließen. Wir zogen am rechten Ufer des Guayre bis zum Dorf Antimano auf einer sehr schönen, zum Theil in den Fels gehauenen Straße. Man kommt durch la Vega und Carapa. Die Kirche von la Vega hebt sich sehr malerisch von einem dicht bewachsenen Hügelzug ab. Zerstreute Häuser, von Dattelbäumen umgeben, deuten auf günstige Verhältnisse der Bewohner: Eine nicht sehr hohe Bergkette trennt den kleinen Guayrefluß vom Thale **de la Pascua**,[43] das in der Geschichte des Landes eine große Rolle spielt, und von den alten Goldbergwerken von Baruta und Oripoto. Auf dem Wege aufwärts nach Carapa hat man noch einmal die Aussicht auf die Silla, die sich als eine gewaltige, gegen das Meer jäh abstürzende Kuppel darstellt. Dieser runde Gipfel und der wie eine Mauerzinne gezackte Kamm des Galipano sind die einzigen Berggestalten in diesem Becken von Gneiß und Glimmerschiefer, die der Landschaft Charakter geben; die übrigen Höhen sind sehr einförmig und langweilig.

Beim Dorfe Antimano waren alle Baumgärten voll blühender Pfirsichbäume. Aus diesem Dorf, aus Valle und von den Ufern des Macarao kommen eine Menge Pfirsiche, Quitten und anderes europäisches Obst auf den Markt in Caracas. Von Antimano bis las Ajuntas geht man siebzehn mal über den Guayre. Der Weg ist sehr beschwerlich; statt aber eine neue Straße zu bauen, thäte man vielleicht besser, dem Fluß ein anderes Bett anzuweisen, der durch Einsickerung und Verdunstung sehr viel Wasser verliert. Jede Krümmung bildet eine größere oder kleinere Lache. Diese Verluste sind nicht gleichgültig in einer Provinz, wo der ganze bebaute Boden, mit Ausnahme des Strichs zwischen der See und der Küstenbergkette von Mariara und Niguatar, sehr trocken ist. Es regnet weit seltener und weniger als im Innern von Neu-Andalusien, in Cumanacoa und an den Ufern des Guarapiche. Viele Berge der Provinz Caracas reichen in die Wolkenregion hinauf, aber die Schichten des Urgebirgs sind unter einem Winkel von 70–80° geneigt und fallen meist nach Nordwest, so daß die Wasser entweder im Gebirg versinken oder nicht südlich, sondern nördlich an den Küstengebirgen von Niguatar, Avila und Mariara in reichlichen Quellen zu Tage kommen. Daraus, daß die Gneiß- und Glimmerschieferschichten gegen Süd ausgerichtet sind, scheint sich mir größtentheils die große Dürre des Küstenstrichs zu erklären. Im Innern der Provinz findet man Strecken von zwei, drei Quadratmeilen ohne alle Quellen. Das Zuckerrohr, der Indigo und der Kaffeebaum können nur da gedeihen, wo Wasser fließt, mit dem man während der großen Dürre künstlich bewässern kann. Die ersten Ansiedler haben unvorsichtigerweise die Wälder niedergeschlagen. Auf einem steinigten Boden, wo Felsen ringsum Wärme strahlen, ist die Verdunstung ungemein stark. Die Berge an der Küste gleichen einer Mauer, die von Ost nach West vom Cap Codera gegen die Landspitze Tucacas sich hinzieht; sie lassen die feuchte Küstenluft, die untern Luftschichten, die unmittelbar auf der See aufliegen und am meisten Wasser ausgelöst haben, nicht ins innere Land kommen. Es gibt wenige Lücken, wenige Schluchten, die wie die Schlucht von Catia oder Tipe[44] vom Meeresufer in die hochgelegenen Längenthäler hinaufführen. Da ist kein großes Flußbett, kein Meerbusen, durch die der Ocean in das Land einschneidet und durch reichliche Verdunstung Feuchtigkeit verbreitet. Unter dem 8. und 10. Breitegrad werfen da, wo die Wolken nicht nahe am Boden hinziehen, die Bäume im Januar und Februar die Blätter ab, sicher nicht, wie in Europa, weil die Temperatur zu niedrig wird, sondern weil in diesen Monaten, die am weitesten von der Regenzeit entfernt sind, die Luft dem Maximum von Trockenheit sich nähert. Nur die Gewächse mit glänzenden, stark lederartigen Blättern halten die Dürre aus. Unter dem schönen tropischen Himmel befremdet den Reisenden der fast winterliche Charakter des Landes; aber das frischeste Grün erscheint wieder, sobald man an die Ufer des Orinoco gelangt. Dort herrscht ein anderes Klima und durch ihre Beschattung unterhalten die großen Wälder im Boden einen gewissen Grad von Feuchtigkeit und schützen ihn vor der verzehrenden Sonnengluth.

Jenseits des kleinen Dorfes Antimano wird das Thal bedeutend enger. Das Flußufer ist mit **Lata** bewachsen, der schönen Grasart mit zweizeiligen Blättern, die gegen dreißig Fuß hoch wird und die wir unter dem Namen Gynerium (*saccharoides*) beschrieben haben. Um jede Hütte stehen ungeheure Stämme von Persea (*Laurus Persea*), an denen Aristolochien, Paullinien und eine Menge anderer Schlingpflanzen wachsen. Die benachbarten bewaldeten Berge scheinen dieses westliche Ende des Thales von Caracas feucht zu erhalten. Die Nacht vor unserer Ankunft in las Ajuntas brachten wir auf einer Zuckerpflanzung zu. In einem viereckigten Haus lagen gegen 80 Neger auf Ochsenhäuten am Bodens. In jedem Gemach waren vier Sklaven, und das Ganze sah aus wie eine Kaserne. Im Hof brannten ein Dutzend Feuer, an denen gekocht wurde. Auch hier fiel uns die lärmende Lustigkeit der Schwarzen auf und wir konnten kaum schlafen. Wegen des bewölkten Himmels konnte ich keine Sternbeobachtungen machen; der Mond kam nur von Zeit zu Zeit zum Vorschein, die Landschaft war trübselig einförmig, alle Hügel umher mit Magueys bewachsen. Man arbeitete an einem kleinen Kanal, der über 70 Fuß hoch das Wasser des Rio San Pedro in den Hof leiten sollte. Nach einer barometrischen Beobachtung liegt der Boden der Hacienda nur 50 Toisen über dem Bett des Guayre bei Noria in der Nähe von Caracas.

Der Boden dieses Landstrichs erwies sich zum Bau des Kaffeebaums nicht sehr geeignet; er gibt im Allgemeinen im Thale von Caracas einen geringeren Ertrag, als man Anfangs vermuthet hatte, da man bei Chacao mit dem Anbau begann. Um sich von der Wichtigkeit dieses Handelszweiges im Allgemeinen einen Begriff zu machen, genügt die Angabe, daß die ganze Provinz Caracas zur Zeit ihrer höchsten Blüthe vor den Revolutionskriegen bereits 50–60,000 Centner Kaffee erzeugte. Dieser Ertrag, der den Ernten von Guadeloupe und Martinique zusammen fast gleich kommt, muß desto bedeutender erscheinen, da erst im Jahre 1784 ein achtbarer Bürger, Don Bartholomeo Blandin, die ersten Versuche mit dem Kaffeebau auf der Küste von Terra Firma gemacht hatte. Die schönsten Kaffeepflanzungen sind jetzt in der Savane von Ocumare bei Salamanca und in Rincon, sowie im bergigten Lande los Mariches, San Antonio Hatillo und los Budares. Der Kaffee von den drei letztgenannten, ostwärts von Caracas gelegenen Orten ist von vorzüglicher Güte; aber die Sträucher tragen dort weniger, was man der hohen Lage und dem kühlen Klima zuschreibt. Die großen Pflanzungen in der Provinz Venezuela, wie Aguacates bei Valencia und le Rincon, geben in guten Jahren Ernten von 3000 Centnern. Im Jahr 1796 betrug die Gesammtausfuhr der Provinz nicht mehr als 4800 Centner, im Jahr 1804 10,000 Centner; sie hatte indessen schon im Jahre 1789 begonnen. Die Preise schwankten zwischen 6 und 18 Piastern der Centner. In der Havana sah man denselben auf 3 Piaster fallen; zu jener für die Colonisten so unheilvollen Zeit, in den Jahren 1810 und 1812, lagen aber auch über zwei Millionen Centner Kaffee (im Werth von zehn Millionen Pfund Sterling) in den englischen Magazinen.

Die große Vorliebe, die man in dieser Provinz für den Kaffeebau hat, rührt zum Theil daher, daß die Bohne sich viele Jahre hält, während der Cacao, trotz aller Sorgfalt, nach zehn Monaten oder einem Jahr in den Magazinen verdirbt. Während der langen Kriege zwischen den europäischen Mächten, wo das Mutterland zu schwach war, um den Handel seiner Colonien zu schützen, mußte sich die Industrie vorzugsweise auf ein Produkt werfen, das nicht schnell abgesetzt werden muß und bei dem man alle politischen und Handelsconjunkturen abwarten kann. In den Kaffeepflanzungen von Caracas nimmt man, wie ich gesehen, zum Versetzen nicht leicht die jungen Pflanzen, die zufällig unter den tragenden Bäumen aufwachsen; man läßt vielmehr die Bohnen, getrennt von der Beere, aber doch noch mit einem Theil des Fleisches daran, in Haufen zwischen Bananenblättern fünf Tage lang keimen und steckt sofort den gekeimten Samen. Die so gezogenen Pflanzen widerstehen der Sonnenhitze besser als die, welche in der Pflanzung selbst im Schatten aufgewachsen sind. Man setzt hier zu Lande gewöhnlich 5300 Bäume auf die **Vanega**, die gleich ist 5476 Quadrattoisen. Ein solches Grundstück kostet, wenn es sich bewässern läßt, im nördlichen Theil der Provinz 500 Piaster. Der Kaffeebaum blüht erst im zweiten Jahr und die Blüthe währt nur 24 Stunden. In dieser Zeit nimmt sich der kleine Baum sehr gut aus; von weitem meint man, er sey beschneit. Im dritten Jahr ist die Ernte bereits sehr reich. In gut gejäteten und bewässerten Pflanzungen auf frisch umgebrochenem Boden gibt es ausgewachsene Bäume, die 16, 18, sogar 20 Pfund Kaffee tragen; indessen darf man nur 1–1½ Pfund auf den Stamm rechnen, und dieser durchschnittliche Ertrag ist schon größer als auf den Antillen. Der Regen, wenn er in die Blüthezeit fällt, der Mangel an Wasser zum Ueberrieseln und ein Schmarotzergewächs, eine neue Art Loranthus, das sich an den Zweigen ansetzt, richten großen Schaden in den Kaffeepflanzungen an. Auf Pflanzungen von 8000 bis 10,000 Stämmen gibt die fleischige Beere des Kaffeebaums eine ungeheure Masse organischen Stoffs, und man muß sich wundern, daß man nie versucht hat Alkohol daraus zu gewinnen.

Wenn auch die Unruhen auf St. Domingo, der augenblickliche Ausschlag der Colonialwaaren und die Auswanderung der französischen Pflanzer den ersten Anlaß zum Bau des Kaffees auf dem Festland von Amerika, auf Cuba und Jamaica gaben, so hat doch, was sie an Kaffee geliefert, keineswegs bloß das Deficit gedeckt, das dadurch entstanden war, daß die französischen Antillen nichts mehr ausführten. Dieser Ertrag steigerte sich, je mehr die Bevölkerung und bei veränderter Lebensweise der Luxus bei den europäischen Völkern zunahmen. Zu Neckers Zeit im Jahr 1780 führte St. Domingo gegen 76 Millionen Pfund Kaffee aus. Im Jahr 1817 und den drei folgenden Jahren war die Ausfuhr, nach Colquhoun, noch 36 Millionen Pfund. Der Kaffeebau ist nicht so mühsam und kostspielig als der Bau des Zuckerrohrs und hat unter dem Regiment der Schwarzen nicht so sehr gelitten als letzterer. Das sich ergebende Deficit von 40 Millionen Pfund wird nun von Jamaica, Cuba, Surinam, Demerary, Barbice, Curaçao, Venezuela und der Insel Java weit mehr als gedeckt, indem alle zusammen 75,900,000 Pfund erzeugen.

Die Gesammteinfuhr von Kaffee aus Amerika nach Europa übersteigt jetzt 106 Millionen Pfund französischen Markgewichts. Rechnet man dazu 4–5 Millionen von Isle de France und der Insel Bourbon, und 30 Millionen aus Arabien und Java, so ergibt sich, daß der Gesammtverbrauch von Europa im Jahr 1819 auf etwa 140 Millionen Pfund gestiegen seyn mag. Bei meinen Untersuchungen über die Colonialwaaren im Jahr 1810[45] habe ich eine geringere Zahl angenommen. Bei diesem ungeheuren Kaffeeverbrauch hat der Verbrauch von Thee keineswegs abgenommen, vielmehr ist die Ausfuhr aus China in den letzten fünfzehn Jahren um mehr als ein Viertheil stärker geworden. Im gebirgigen Theil der Provinzen Caracas und Cumana könnte Thee so gut gebaut werden als Kaffee. Man findet dort alle Klimate wie in Stockwerken über einander, und dieser neue Culturzweig würde eben so gut gedeihen, wie in der südlichen Halbkugel, wo in Brasilien unter einer Regierung, die großsinnig die Industrie und die religiöse Duldung in ihren Schutz nimmt, der Thee, die Chinesen und Fo's Glaubenssätze zumal eingewandert sind. Noch sind es nicht hundert Jahre her, seit in Surinam und auf den Antillen die ersten Kaffeebäume gepflanzt wurden, und bereits hat der Ertrag der amerikanischen Ernte einen Werth von 15 Millionen Piastern, den Centner Kaffee nur zu 14 Piastern gerechnet.

Am 8. Februar bei Sonnenaufgang brachen wir auf, um über den Higuerote zu gehen, einen hohen Gebirgszug zwischen den beiden Längenthälern von Caracas und Aragua. Nachdem wir bei las Ajuntas, wo die kleinen Flüsse San Pedro und Macarao sich zum Guayre vereinigen, über das Wasser gegangen waren, ging es an steilem Berghang hinauf zur Hochebene von Buonavista, wo ein paar einzelne Häuser stehen. Man sieht hier gegen Nordost bis zur Stadt Caracas, gegen Süd bis zum Dorf los Teques. Die Gegend ist wild und waldreich. Die Pflanzen des Thals von Caracas waren nach und nach ausgeblieben. Wir befanden uns in 835 Toisen Meereshöhe, also fast so hoch als Popayan, aber die mittlere Temperatur ist schwerlich höher als 17–18° [13°,6–14°,4 Reaumur]. Die Straße über diese Berge ist sehr belebt; jeden Augenblick begegnet man langen Zügen von Maulthieren und Ochsen; es ist die große Straße von der Hauptstadt nach Victoria und in die Thäler von Aragua. Der Weg ist in einen talkigten zersetzten Gneiß gehauen. Ein mit Glimmerblättern gemengter Thon bedeckt drei Fuß hoch das Gestein. Im Winter leidet man vom Staub und in der Regenzeit wird der Boden ein Morast. Abwärts von der Ebene von Buonavista, etwa fünfzig Toisen gegen Südost, kommt man an eine starke Quelle im Gneiß, die mehrere Fälle bildet, welche die üppigste Vegetation umgibt. Der Pfad zur Quelle hinunter ist so steil, daß man die Wipfel der Baumfarn, deren Stamm 25 Fuß hoch wird, mit der Hand berühren kann. Die Felsen ringsum sind mit Jungermannia und Moosen aus der Familie Hypnum bekleidet. Der Bach schießt im Schatten von Heliconien hin und entblößt die Wurzeln der Plumeria, des Cupey, der Brownea und des *Ficus gigantea.* Dieser feuchte, von Schlangen heimgesuchte Ort gewährt dem Botaniker die reichste Ausbeute. Die Brownea, von den Eingeborenen *Rosa del monte* oder *Palo de Cruz* genannt, trägt oft vier bis fünfhundert purpurrothe Blüthen in einem einzigen Strauße. Jede Blüthe hat fast immer 11 Staubfäden, und das prachtvolle Gewächs, dessen Stamm 50–60 Fuß hoch wächst, wird selten, weil sein Holz eine sehr gesuchte Kohle gibt. Den Boden bedecken Ananas, Hemimeris, Polygala und Melastomen. Eine kletternde Grasart[46] schwebt in leichten Gewinden zwischen Bäumen, deren Hierseyn bekundet, wie kühl das Klima in diesen Bergen ist. Dahin gehören die *Aralia capitata*, die *Vismia caparosa* die *Clethra fagifolia.* Mitten unter diesen, der schönen Region der Baumfarn (*region de los helechos*) eigenthümlichen Gewächsen erheben sich in den Lichtungen hie und da Palmbäume und Gruppen von **Guarumo** oder Cecropia mit silberfarbigen Blättern, deren dünner Stamm am Gipfel schwarz ist, wie verbrannt vom Sauerstoff der Luft. Es ist auffallend, daß ein so schöner Baum vom Habitus der Theophrasta und der Palmen meist nur acht bis zehn Kronblätter hat. Die Ameisen, die im Stamm des Guarumo hausen und das Zellgewebe im Innern zerstören, scheinen das Wachsthum des Baums zu hemmen. Wir hatten in diesen kühlen Bergen von Higuerote schon einmal botanisirt, im December, als wir den Generalcapitän Guevara auf dem Ausflug begleiteten, den er mit dem Intendanten der Provinz in die **Valles de Aragua** machte. Damals entdeckte Bonpland im dicksten Wald ein paar Stämme des **Aguatire**, dessen wegen seiner schönen Farbe berühmtes Holz einmal ein Ausfuhrartikel nach Europa werden kann. Es ist die von Bredemayer und Willdenow beschriebene *Sickingia erythroxylon.*

Vom bewaldeten Berge Higuerote kommt man gegen Südwest zum kleinen Dorfe San Pedro herunter (Höhe 584 Toisen), das in einem Becken liegt, wo mehrere kleine Thäler zusammenstoßen, und fast 300 Toisen tiefer als die Ebene von Buonavista. Man baute hier neben einander Bananen, Kartoffeln und Kaffee. Das Dorf ist sehr klein und die Kirche noch nicht ausgebaut. Wir trafen in einer Schenke (*pulperia*) mehrere bei der Tabakspacht angestellte Hispano-Europäer. Ihre Stimmung war von der unsrigen sehr verschieden. Vom Marsche ermüdet, brachen sie in Klagen und Verwünschungen aus über das unselige Land (*estas tierras infelices*), in dem sie leben müßten. Wir dagegen konnten die wilde Schönheit der Gegend, die Fruchtbarkeit des Bodens, das angenehme Klima nicht genug rühmen.

Das Thal von San Pedro mit dem Flüßchen dieses Namens trennt zwei große Bergmassen, die des Higuerote und die von las Cocuyzas. Es ging nun gegen West wieder aufwärts über die kleinen Höfe las Lagunetas und Garavatos. Es sind dieß nur einzelne Häuser, die als Herbergen dienen; die Maulthiertreiber finden hier ihr Lieblingsgetränk, **Guarapo**, gegohrenen Zuckerrohrsaft. Besonders die Indianer, die auf dieser Straße hin und her ziehen, sind dem Trunke sehr ergeben. Bei Garavatos steht ein sonderbar gestalteter Glimmerschieferfels, ein Kamm oder eine steile Wand, auf der oben ein Thurm steht. Ganz oben auf dem Berge las Cocuyzas öffneten wir den Barometer und fanden, daß wir hier in derselben Höhe waren wie auf Buonaviste, kaum 10 Toisen höher.

Die Aussicht auf las Lagunetas ist sehr weit, aber ziemlich einförmig. Dieser gebirgige, unbebaute Landstrich zwischen den Quellen des Guayre und des Tuy ist über 25 Quadratmeilen groß. Es gibt darin sein einziges elendes Dorf, los Teques, südöstlich von San Pedro. Der Boden ist wie durchfurcht von unzähligen kleinen Thälern, und die kleinsten, neben einander herlaufenden münden unter rechtem Winkel in die größeren aus. Die Berggipfel sind eben so einförmig wie die Thalschluchten; nirgends eine pyramidalische Bildung oder eine Auszackung, nirgends ein steiler Abhang. Nach meiner Ansicht rührt das fast durchgängig flache, wellenförmige Relief dieses Landstrichs nicht sowohl von der Beschaffenheit der Gebirgsart her, etwa von der Zersetzung des Gneißes, als vielmehr davon, daß das Wasser lange darüber gestanden und die Strömungen ihre Wirkungen geäußert haben. Die Kalkberge von Cumana, nördlich vom Turimiquiri, zeigen dieselbe Bildung.

Von las Lagunetas ging es in das Thal des Tuy hinunter. Dieser westliche Abhang der Berggruppe los Teques heißt las Cocuyzas; er ist mit zwei Pflanzen mit Agaveblättern, mit dem **Maguey de Cocuyza** und dem **Maguey de Cocuy** bewachsen. Letzterer gehört zur Gattung Yucca (unsere *Yucca acaulis*); aus dem gegohrenen, mit Zucker versetzten Saft wird Branntwein gebrannt, auch habe ich die jungen Blätter essen sehen. Aus den Fasern der ausgewachsenen Blätter werden ungemein feste Stricke verfertigt.[47] Hat man die Berge Higuerote und los Teques hinter sich, so betritt man ein reich bebautes Land, bedeckt mit Weilern und Dörfern, unter denen welche sind, die in Europa Städte hießen. Von Ost nach West, auf einer Strecke von 12 Meilen, kommt man durch Victoria, San Matheo, Turmero, und Maracay, die zusammen über 28,000 Einwohner haben. Die Ebenen am Tuy sind als der östliche Ausläufer der Thäler von Aragua zu betrachten, die sich von Guigue, am Ufer des Sees von Valencia, bis an den Fuß der Berge las Cocuyzas erstrecken. Durch barometrische Messung fand ich das Tuythal beim Hofe Manterola 295 Toisen und den Spiegel des Sees 222 Toisen über dem Meer. Der Tuy, der in den Bergen las Cocuyzas entspringt, läuft Anfangs gegen West, wendet sich dann nach Süd und Ost längs der hohen Savanen von Ocumare, nimmt die Gewässer des Thals von Caracas auf und fällt unter dem Winde des Cap Codera ins Meer.

Wir waren schon lange an eine mäßige Temperatur gewöhnt, und so kamen uns die Ebenen am Tuy sehr heiß vor, und doch stand der Thermometer bei Tag zwischen elf Uhr Morgens und fünf Uhr Abends nur auf 23–24°. Die Nächte waren köstlich kühl, da die Lufttemperatur bis auf 17°,5' [14° Reaumur] sank. Je mehr die Hitze abnahm, desto stärker schienen die Wohlgerüche der Blumen die Luft zu erfüllen. Aus allen heraus erkannten wir den köstlichen Geruch des *Lirio hermoso* einer neuen Art von *Pancratium* deren Blüthe 8–9 Zoll lang ist und die am Ufer des Tuy wächst. Wir verlebten zwei höchst angenehme Tage auf der Pflanzung Don Joses de Manterola, der in der Jugend Mitglied der spanischen Gesandtschaft in Rußland gewesen war. Als Zögling und Günstling Xavedras, eines der einsichtsvollsten Intendanten von Caracas, wollte er sich, als der berühmte Staatsmann ins Ministerium getreten war, nach Europa einschiffen. Der Gouverneur der Provinz fürchtete Manterolas Einfluß und ließ ihn im Hafen verhaften, und als der Befehl von Hof anlangte, der die eigenmächtige Verhaftung aufhob, war der Minister bereits nicht mehr in Gunst. Es hält schwer, auf 1500 Meilen, von der südamerikanischen Küste, rechtzeitig einzutreffen, um von der Macht eines hochgestellten Mannes Nutzen zu ziehen.

Der Hof, auf dem wir wohnten, ist eine hübsche Zuckerplantage. Der Boden ist eben wie der Grund eines ausgetrockneten Sees. Der Tuy schlängelt sich durch Gründe, die mit Bananen und einem kleinen Gehölz von *Hura crepitans*,

Erythrina corallo-dendron und Feigenbäumen mit Nymphäenblättern bewachsen sind. Das Flußbett besteht aus Quarzgeschieben, und ich wüßte nicht, wo man angenehmer badete als im Tuy: das crystallhelle Wasser behält selbst bei Tag die Temperatur von 18°,6. Das ist sehr kühl für dieses Klima und für eine Meereshöhe von 300 Toisen, aber der Fluß entspringt in den benachbarten Bergen. Die Wohnung des Eigenthümers liegt auf einem 15–20 Toisen hohen Hügel und ringsum stehen die Hütten der Neger. Die Verheiratheten sorgen selbst für ihren Unterhalt. Wie überall in den Thälern von Aragua weist man ihnen ein kleines Grundstück an, das sie bebauen. Sie verwenden dazu die einzigen freien Tage in der Woche, Sonnabend und Sonntag. Sie halten Hühner, zuweilen sogar ein Schwein. Der Herr rühmt, wie gut sie es haben, wie im nördlichen Europa die gnädigen Herren den Wohlstand der leibeigenen Bauern rühmen. Am Tage unserer Ankunft sahen wir drei entsprungene Neger einbringen, vor Kurzem gekaufte Sklaven. Ich fürchtete Zeuge einer der Prügelscenen sein zu müssen, die einem überall, wo die Sklaverei herrscht, das Landleben verbittern; glücklicherweise wurden die Schwarzen menschlich behandelt.

Auf dieser Pflanzung, wie überall in der Provinz Venezuela, unterscheidet man schon von Weitem die drei Arten Zuckerrohr, die gebaut werden, das creolische Rohr, das otaheitische und das batavische. Die erstere Art hat ein dunkleres Blatt, einen dünneren Stengel und die Knoten stehen näher bei einander; es ist dieß das Zuckerrohr, das aus Indien zuerst auf Sicilien, auf den Canarien und auf den Antillen eingeführt wurde. Die zweite Art zeichnet sich durch ein helleres Grün aus; der Stengel ist höher, dicker, saftreicher; die ganze Pflanze verräth üppigeres Wachsthum. Man verdankt sie den Reisen Bougainvilles, Cooks und Blighs. Bougainville brachte sie nach Cayenne, von wo sie nach Martinique, und vom Jahr 1792 an auf die andern Antillen kam. Das otaheitische Zuckerrohr, der **To** der Insulaner, ist eine der wichtigsten Bereicherungen, welche die Landwirthschaft in den Colonien seit einem Jahrhundert reisenden Naturforschern verdankt. Es gibt nicht nur auf demselben Areal ein Drittheil mehr **Vezou** als das creolische Zuckerrohr; sein dicker Stengel und seine feste Holzfaser liefern auch ungleich mehr Brennstoff. Letzteres ist für die Antillen von großem Werth, da die Pflanzer dort wegen der Ausrodung der Wälder schon lange die Kessel mit ausgepreßtem Rohr heizen müssen. Ohne dieses neue Gewächs, ohne die Fortschritte des Ackerbaus auf dem Festland des spanischen Amerika und die Einführung des indischen und Javazuckers, hätten die Revolutionen auf St. Domingo und die Zerstörung der dortigen großen Zuckerpflanzungen einen noch weit bedeutenderen Einfluß auf die Preise der Colonialwaaren in Europa geäußert. Nach Caracas kam das otaheitische Rohr von der Insel Trinidad, von Caracas nach Cucuta und San Gil im Königreich Neu-Grenada. Gegenwärtig, nach fünfundzwanzigjährigem Anbau, ist die Besorgniß verschwunden, die man Anfangs gehegt, das nach Amerika verpflanzte Rohr möchte allmählig ausarten und so dünn werden wie das creolische. Wenn es eine Spielart ist, so ist es eine sehr constante. Die dritte Art, das violette Zuckerrohr, *Caña de batavia* oder *de Guinea* genannt, ist bestimmt auf Java zu Hause, wo man es vorzugsweise in den Distrikten Japara und Pasuruan baut. Es hat purpurfarbige, sehr breite Blätter; in der Provinz Caracas verwendet man es vorzugsweise zum Rumbrennen. Zwischen den **Tablones** oder mit Zuckerrohr bepflanzten Grundstücken laufen Hecken aus einer gewaltig großen Grasart, der **Latta** oder dem Gynerium mit zweizeiligen Blättern. Man war im Tuy daran, ein Wehr auszubauen, durch das ein Wässerungskanal gespeist werden sollte. Der Eigenthümer hatte für das Unternehmen 7000 Piaster an Baukosten und 4000 für die Processe mit seinen Nachbarn ausgegeben. Während die Sachwalter sich über einen Kanal stritten, der erst zur Hälfte fertig war, fing Manterola an zu bezweifeln, ob die Sache überhaupt ausführbar seh. Ich vermaß das Terrain mittelst eines Probirglases auf einem künstlichen Horizont und fand, daß das Wehr acht Fuß zu tief angelegt war. Wie viel Geld habe ich in den spanischen Colonien für Bauten hinauswerfen sehen, die nach falschen Messungen angelegt waren!

Das Tuythal hat sein »Goldbergwerk«, wie fast jeder von Europäern bewohnte, im Urgebirg liegende Ort in Amerika. Man versicherte, im Jahr 1780 habe man hier fremde Goldwäscher Goldkörner sammeln sehen, und die Leute haben sofort in der Goldschlucht eine Wäscherei angelegt. Der Verwalter einer benachbarten Pflanzung hatte diese Spuren verfolgt, und siehe, man fand in seinem Nachlaß ein Wamms mit goldenen Knöpfen, und nach der Volkslogik konnte dieses Gold nur aus einem Erzgang kommen, wo die Schürfung durch einen Erdfall verschüttet worden war. So bestimmt ich auch erklärte, nach dem bloßen Aussehen des Bodens, ohne einen tiefen Stollen in der Richtung des Ganges, könne ich nicht wissen, ob hier einmal gebaut worden sey – es half nichts, ich mußte den Bitten meiner Wirthe nachgeben. Seit zwanzig Jahren war das Wamms des Verwalters im ganzen Bezirk tagtäglich besprochen worden. Das Gold, das man aus dem Schooße der Erde gräbt, hat in den Augen des Volks einen ganz andern Reiz, als das Gold, das der Fleiß des Landmanns auf einem fruchtbaren, mit einem milden Klima gesegneten Boden erntet.

Nordwestlich von der Hacienda del Tuy, im nördlichen Zuge der Küstengebirgskette, befindet sich eine tiefe Schlucht, *Quebrada Seca* genannt, weil der Bach, dem sie ihre Entstehung verdankt, in den Felsspalten versickert, ehe er das Ende der Schlucht erreicht. Dieses ganze Bergland ist dicht bewachsen; hier, wie überall, wo die Höhen in die Wolkenregion reichen und die Wasserdünste auf ihrem Zug von der See her freien Zutritt haben, fanden wir das herrliche frische Grün, das uns in den Bergen von Buenavista und Lagunetas so wohl gethan hatte. In den Ebenen dagegen werfen, wie schon oben bemerkt, die Bäume im Winter ihre Blätter zum Theil ab, und sobald man in das Thal des Tuy hinabkommt, fällt einem das fast winterliche Aussehen der Landschaft auf. Die Luft ist so trocken, daß der Delucsche Hygrometer Tag und Nacht auf 36–40° steht. Weit ab vom Fluß sieht man kaum hie und da eine Hura oder ein baumartiges Pfeffergewächs das entblätterte Buschwerk beschatten. Diese Erscheinung ist wohl eine Folge der Trockenheit der Luft, die im Februar ihr Maximum erreicht; sie rührt nicht, wie die Colonisten meinen, daher, daß »die Jahreszeiten, wie sie in Spanien sind, bis in den heißen Erdstrich herüber wirken.« Nur die auf einer Halbkugel in die andere versetzten Gewächse bleiben hinsichtlich ihrer Lebensverrichtungen, der Blätter- und Blüthenentwicklung an einen fernen Himmelsstrich gebunden und richten sich, treu dem gewohnten Lebensgang, noch lange an die periodischen Witterungswechsel desselben. In der Provinz Venezuela fangen die kahlen Bäume fast einen Monat vor der Regenzeit wieder an frisches Laub zu treiben. Wahrscheinlich ist um diese Zeit das elektrische Gleichgewicht in der Luft bereits aufgehoben, und dieselbe wird allmählich feuchter, wenn sie auch noch wolkenlos ist. Das Himmelsblau wird blässer und hoch oben in der Luft sammeln sich leichte, gleichförmig verbreitete Dünste. In diese Jahreszeit fällt hier eigentlich das Erwachen der Natur; es ist ein Frühling, der, nach dem Sprachgebrauch in den spanischen Colonien,[48] Winters Anfang verkündigt und auf die Sommerhitze folgt.

In der *Quebrada Seca* wurde früher Indigo gebaut; da aber der dichtbewachsene Boden nicht so viel Wärme abgeben kann, als die Niederungen oder der Thalgrund des Tuy empfangen und durch Strahlung wieder von sich geben, so baut man jetzt statt desselben Kaffee. Je weiter man in der Schlucht hinauf kommt, desto feuchter wird sie. Beim **Hato**, am nördlichen Ende der Quebrada, kamen wir an einen Bach, der über die fallenden Gneißschichten niederstürzt; man arbeitete hier an einer Wasserleitung, die das Wasser in die Ebene führen sollte; ohne Bewässerung ist in diesem Landstrich kein Fortschritt in der Landwirthschaft möglich. Ein ungeheuer dicker Baum (*Hura crepitans*) am Bergabhang, über dem Hause des Hato, fiel uns auf. Da er, wenn der Boden im geringsten wich, hätte umfallen und das Haus, das in seinem Schatten lag, zertrümmern müssen, so hatte man ihn unten am Stamm abgebrannt und so gefällt, daß er zwischen ungeheure Feigenbäume zu liegen kam und nicht in die Schlucht hinunter rollen konnte. Wir maßen den gefüllten Baum: der Wipfel war abgebrannt, und doch maß der Stamm noch 154 Fuß; er hatte an der Wurzel 8 Fuß Durchmesser und am obern Ende 4 Fuß 2 Zoll.

Unsern Führern war weit weniger als uns daran gelegen, wie dick die Bäume sind, und sie trieben uns vorwärts, dem »Goldbergwerk« zu. Wir wandten uns nach West und standen endlich in der *Quebrada del Oro*. Da war nun am

Abhang eines Hügels kaum die Spur eines Quarzgangs zu bemerken. Durch den Regen war der Boden herabgerutscht, das Terrain war dadurch ganz verändert, und von einer Untersuchung konnte keine Rede seyn. Bereits wuchsen große Bäume auf dem Fleck, wo die Goldwäscher vor zwanzig Jahren gearbeitet hatten. Es ist allerdings wahrscheinlich, daß sich hier im Glimmerschiefer, wie bei Goldcronach in Franken und im Salzburgischen, goldhaltige Gänge finden; aber wie will man wissen, ob die Lagerstätte bauwürdig ist, oder ob das Erz nur in Nestern vorkommt, und zwar desto seltener, je reicher es ist? Um uns für unsere Anstrengung zu entschädigen, botanisirten wir lange im dichten Wald über dem Hato, wo Cedrela, Brownea und Feigenbäume mit Nymphäenblättern in Menge wachsen. Die Stämme der letzteren sind mit sehr stark riechenden Vanillepflanzen bedeckt, die meist erst im April blühen. Auch hier fielen uns wieder die Holzauswüchse auf, die in der Gestalt von Gräten oder Rippen den Stamm der amerikanischen Feigenbäume bis zwanzig Fuß über dem Boden so ungemein dick machen. Ich habe Bäume gesehen, die über der Wurzel 22½ Fuß Durchmesser hatten. Diese Holzgräten trennen sich zuweilen acht Schuh über dem Boden vom Stamm und verwandeln sich in walzenförmige, zwei Schuh dicke Wurzeln, und da sieht es aus, als würde der Baum von Strebepfeilern gestützt. Dieses Gerüstwerk dringt indessen nicht weit in den Boden ein. Die Seitenwurzeln schlängeln sich am Boden hin, und wenn man zwanzig Fuß vom Stamm sie mit einem Beil abhaut, sieht man den Milchsaft des Feigenbaums hervorquellen und sofort, da er der Lebensthätigkeit der Organe entzogen ist, sich zersetzen und gerinnen. Welch wundervolle Verflechtung von Zellen und Gefäßen in diesen vegetabilischen Massen, in diesen Riesenbäumen der heißen Zone, die vielleicht tausend Jahre lang in einem fort Nahrungssaft bereiten, der bis zu 180 Fuß hoch aufsteigt und wieder zum Boden rückfließt, und wo hinter einer rauhen, harten Rinde, unter dicken Schichten lebloser Holzfasern sich alle Regungen organischen Lebens bergen!

Ich benützte die hellen Nächte, um auf der Pflanzung am Tuy zwei Auftritte des ersten und dritten Jupitetstrabanten zu beobachten. Diese zwei Beobachtungen ergaben nach den Tafeln von Delambre 4h 39' 14" Länge; nach dem Chronometer fand ich 4h 39' 10". Dieß waren die letzten Bedeckungen, die ich bis zu meiner Rückkehr vom Orinoco beobachtet; mittelst derselben wurde das östliche Ende der Thäler von Aragua und der Fuß der Berge las Cocuyzas ziemlich genau bestimmt. Nach Meridianhöhen von Canopus fand ich die Breite der Hacienda de Manterola am 9. Februar 10° 16' 55", am 10. Februar 10° 16' 34". Trotz der großen Trockenheit der Luft flimmerten die Sterne bis zu 80 Grad Höhe, was unter dieser Zone sehr selten vorkommt und jetzt vielleicht das Ende der schönen Jahreszeit verkündete. Die Inclination der Magnetnadel war 41° 60', und 228

Schwingungen in 10 Minuten Zeit gaben die Intensität der magnetischen Kraft an. Die Abweichung der Nadel war 4° 30' gegen Nordost.

Während meines Aufenthalts in den Thälern des Tuy und von Aragua zeigte sich das Zodiacallicht fast jede Nacht in ungemeinem Glanze. Ich hatte es unter den Tropen zum erstenmal in Caracas am 18. Januar um 7 Uhr Abends gesehen. Die Spitze der Pyramide stand 53 Grad hoch. Der Schein verschwand fast ganz um 9 Uhr 35 Minuten (wahre Zeit), beinahe 3 Stunden 50 Minuten nach Sonnenuntergang, ohne daß der klare Himmel sich getrübt hätte. Schon La Caille war auf seiner Reise nach Rio Janeiro und dem Cap aufgefallen, wie schön sich das Zodiacallicht unter den Tropen ausnimmt, nicht sowohl weil es weniger geneigt ist, als wegen der großen Reinheit der Luft. Man müßte es auch auffallend finden, daß nicht lange vor Childrey und Dominic Cassini die Seefahrer, welche die Meere beider Indien besuchten, die gelehrte Welt Europas auf diesen Lichtschimmer von so bestimmter Form und Bewegung aufmerksam gemacht haben, wenn man nicht wüßte, wie wenig sie bis zur Mitte des achtzehnten Jahrhunderts sich um Alles kümmerten, was nicht unmittelbar auf den Lauf des Schiffes und auf die Steuerung Bezug hatte.

So glänzend das Zodiacallicht im trockenen Tuythale war, so sah ich es doch noch weit schöner auf dem Rücken der Cordilleren von Mexico, am Ufer des Sees von Tezcuco, in 1160 Toisen Meereshöhe. Auf dieser Hochebene geht der Delucsche Hygrometer auf 150 zurück, und bei einem Luftdruck von 21 Zoll 8 Linien ist die Schwächung des Lichts 1/1006 mal geringer als auf den Niederungen. Im Januar 1804 reichte die Helle zuweilen mehr als 60 Grad über den Horizont herauf. Die Milchstraße erschien blaß neben dem Glanz des Zodiacallichts, und wenn blaulichte zerstreute Wölkchen gegen West am Himmel schwebten, meinte man, der Mond sey am Aufgehen.

Ich muß hier einer sehr auffallenden Beobachtung gedenken, die sich in meinem an Ort und Stelle geführten Tagebuch mehrmals verzeichnet findet. Am 18. Januar und am 15. Februar 1800 zeigte sich das Zodiacallicht nach je zwei Minuten sehr merkbar jetzt schwächer, jetzt wieder stärker. Bald war es sehr schwach, bald heller als der Glanz der Milchstraße im Schützen. Der Wechsel erfolgte in der ganzen Pyramide, besonders aber im Innern, weit von den Rändern. Während dieser Schwankungen des Zodiacallichts zeigte der Hygrometer große Trockenheit an. Die Sterne vierter und fünfter Größe erschienen dem bloßen Auge fortwährend in derselben Lichtstärke. Nirgends war ein Wolkenstreif am Himmel zu sehen, und nichts schien irgendwie die Reinheit der Luft zu beeinträchtigen. In andern Jahren, in der südlichen Halbkugel, sah ich das Licht eine halbe Stunde, ehe es verschwand, stärker werden. Nach Dominic Cassini sollte »das Zodiacallicht in manchen Jahren schwächer und dann wieder so stark werden wie Anfangs.« Er glaubte, dieser allmähliche Lichtwechsel »hänge mit denselben Emanationen zusammen, in deren Folge auf der Sonnenscheibe periodisch Flecken und Fackeln erscheinen;« aber der ausgezeichnete Beobachter erwähnt nichts von einem solchen raschen, innerhalb weniger Minuten erfolgenden Wechsel in der Stärke des Zodiacallichtes, wie ich denselben unter den Tropen öfters gesehen. Meiran behauptet, in Frankreich sehe man in den Monaten Februar und März ziemlich oft mit dem Zodiacalschein eine Art Nordlicht sich mischen, das er das **unbestimmte** nennt, und dessen Lichtnebel sich entweder um den ganzen Horizont verbreitet oder gegen Westen erscheint. Ich bezweifle, daß in den von mir beobachteten Fällen diese beiderlei Lichtscheine sich gemengt haben. Der Wechsel in der Lichtstärke erfolgte in bedeutenden Höhen, das Licht war weiß, nicht farbig, ruhig, nicht zitternd. Zudem sind Nordlichter unter den Tropen so selten sichtbar, daß ich in fünf Jahren, so oft ich auch im Freien lag und das Himmelsgewölbe anhaltend und sehr aufmerksam betrachtete, nie eine Spur davon bemerken konnte.

Ueberblicke ich, was ich in Bezug auf die Zu- und Abnahme des Zodiacallichts in meinen Notizen verzeichnet habe, so möchte ich glauben, daß diese Veränderungen doch nicht alle scheinbar sind, noch von gewissen Vorgängen in der Atmosphäre abhängen. Zuweilen, in ganz heitern Nächten, suchte ich das Zodiacallicht vergebens, während es Tags zuvor sich im größten Glanze gezeigt hatte.[49] Soll man annehmen, daß Emanationen, die das weiße Licht reflectiren, und die mit dem Schweif der Cometen Aehnlichkeit zu haben scheinen, zu gewissen Zeiten schwächer sind? Die Untersuchungen über den Zodiacalschein bekommen noch mehr Interesse, seit die Mathematiker uns bewiesen haben, daß uns die wahre Ursache der Erscheinung unbekannt ist. Der berühmte Verfasser der *mecanique céleste* hat dargethan, daß die Sonnenatmosphäre nicht einmal bis zur Merkursbahn reichen kann, und daß sie in keinem Fall in der Linsenform erscheinen könnte, die das Zodiacallicht nach der Beobachtung haben muß. Es lassen sich zudem über das Wesen dieses Lichtes dieselben Zweifel erheben, wie über das der Cometenschweife. Ist es wirklich reflectirtes, oder ist es direktes Licht? Hoffentlich werden reisende Naturforscher, welche unter die Tropen kommen, sich mit Polarisationsapparaten versehen, um diesen wichtigen Punkt zu erledigen.

Am 11. Februar mit Sonnenaufgang brachen wir von der Pflanzung Manterola auf. Der Weg führt an den lachenden Ufern des Tuy hin, der Morgen war kühl und feucht, und die Luft durchwürzt vom köstlichen Geruch des *Pancratium undulatum* und anderer großer Liliengewächse. Man kommt durch das hübsche Dorf Mamon oder **Consejo**, das in der Provinz wegen eines wunderthätigen Muttergottesbildes berühmt ist. Kurz vor Mamon machten wir auf einem Hofe der Familie Monteras Halt. Eine über hundert Jahre alte Negerin saß vor einer kleinen Hütte aus Rohr und Erde. Man kannte ihr Alter, weil sie eine Creolin-Sklavin war. Sie schien noch bei ganz. guter Gesundheit. »Ich halte sie an der Sonne (*la tingo al sol*)«, sagte ihr Enkel; »die Wärme erhält sie am Leben.« Das Mittel kam uns sehr stark vor, denn die Sonnenstrahlen fielen fast senkrecht nieder. Die Völker mit dunkler Haut, die gut acclimatisirten Schwarzen und die Indianer erreichen in der heißen Zone ein hohes, glückliches Alter. Ich habe anderswo von einem eingeborenen Peruaner erzählt, der im Alter von 143 Jahren starb und 90 Jahre verheirathet gewesen war.

Don Francisco Montera und sein Bruder, ein junger, sehr gebildeter Geistlicher, begleiteten uns, um uns in ihr Haus in Victoria zu bringen. Fast alle Familien, mit denen wir in Caracas befreundet gewesen waren, die Ustariz, die Tovars, die Toros, lebten beisammen in den schönen Thälern von Aragua, wo sie die reichsten Pflanzungen besaßen, und sie wetteiferten, uns den Aufenthalt angenehm zu machen. Ehe wir in die Wälder am Orinoco drangen, erfreuten wir uns noch einmal an Allem, was hohe Cultur Schönes und Gutes bietet.

Der Weg von Mamon nach Victoria läuft nach Süd und Südwest. Den Tuy, der am Fuß der hohen Berge von Guayraima eine Biegung nach Ost macht, verloren wir bald aus dem Gesicht. Man meint im Haslithal im Berner Oberland zu seyn. Die Kalktuffhügel sind nicht mehr als 140 Toisen hoch, fallen aber senkrecht ab und springen wie Vorgebirge in die Ebene herein. Ihre Umrisse deuten das alte Seegestade an. Das östliche Ende des Thals ist dürr und nicht angebaut; man hat hier die wasserreichen Schluchten der benachbarten Gebirge nicht benützt, aber in der Nähe der Stadt betritt man ein gut bebautes Land. Ich sage Stadt, obgleich zu meiner Zeit Victoria nur für ein Dorf (*pueblo*) galt.

Einen Ort mit 7000 Einwohnern, schönen Gebäuden, einer Kirche mit dorischen Säulen und dem ganzen Treiben der Handelsindustrie kann man sich nicht leicht als Dorf denken. Längst hatten die Einwohner von Victoria den spanischen Hof um den Titel ***Villa*** angegangen und um das Recht einen Cabildo, einen Gemeinderath, wählen zu dürfen. Das spanische Ministerium willfahrte dem Gesuch nicht, und doch hatte es bei der Expedition Iturriagas und Solanos an den Orinoco, auf das dringende Gesuch der Franciscaner, ein paar Haufen indianischer Hütten den vornehmen Titel *Ciudad* ertheilt. Die Selbstverwaltung der Gemeinden sollte ihrem Wesen nach eine der Hauptgrundlagen der Freiheit und Gleichheit der Bürger seyn; aber in den spanischen Colonien ist sie in eine Gemeindearistokratie ausgeartet. Die Leute, welche die unumschränkte Gewalt in Händen haben, könnten so leicht den Einfluß von ein paar mächtigen Familien ihren Zwecken dienstbar machen; statt dessen fürchten sie den sogenannten Unabhängigkeitsgeist der kleinen Gemeinden. Lieber soll der Staatskörper gelähmt und kraftlos bleiben, als daß sie Mittelpunkte der Regsamkeit aufkommen ließen, die sich ihrem Einfluß entziehen, als daß sie der lokalen Lebensthätigkeit, welche die ganze Masse beseelt, Vorschub leisteten, nur weil diese Thätigkeit vielmehr vom Volk als von der obersten Gewalt ausgeht. Zur Zeit Carls V. und Philipps II. wurde die Municipalverfassung vom Hose klugerweise begünstigt. Mächtige Männer, die bei der Eroberung eine Rolle gespielt, gründeten Städte und bildeten die ersten **Cabildos** nach dem Muster der spanischen; zwischen den Angehörigen des Mutterlandes und ihren Nachkommen in Amerika bestand damals Rechtsgleichheit. Die Politik war eben nicht freisinnig, aber doch nicht so argwöhnisch wie jetzt. Das vor kurzem eroberte und verheerte Festland wurde als eine ferne Besitzung Spaniens angesehen. Der Begriff einer Colonie im heutigen Sinn entwickelte sich erst mit dem modernen System der Handelspolitik, und diese Politik sah zwar ganz wohl die wahren Quellen des Nationalreichthums, wurde aber nichts desto weniger bald kleinlich, mißtrauisch, ausschließend. Sie arbeitete auf die Zwietracht zwischen dem Mutterlande und den Colonien hin; sie brachte unter den Weißen eine Ungleichheit auf, von der die erste Gesetzgebung für Indien nichts gewußt hatte. Allmählich wurde durch die Centralisirung der Gewalt der Einfluß der Gemeinden herabgedrückt, und dieselben Cabildos, denen im 16. und 17. Jahrhundert das Recht zustand, nach dem Tode eines Statthalters das Land provisorisch zu regieren, galten beim Madrider Hof für gefährliche Hemmnisse der königlichen Gewalt; Hinfort erhielten die reichsten Dörfer trotz der Zunahme ihrer Bevölkerung nur sehr schwer den Stadttitel und das Recht der eigenen Verwaltung. Es ergibt sich hieraus, daß die neueren Aenderungen in der Colonialpolitik keineswegs alle sehr philosophisch sind. Man sieht solches sehr deutlich, wenn man in den *Leyes de Indias* die Artikel von den Verhältnissen der nach Amerika übersiedelten Spanier, von den Rechten der Gemeinden und der Einrichtung der Gemeinderäthe nachliest.

Durch die Art des Anbaus ist der Anblick der Umgegend von Victoria ein ganz eigenthümlicher. Der bebaute Boden liegt nur in 270–300 Toisen Meereshöhe, und doch sieht man Getreidefelder unter den Zucker-, Kaffee- und Bananenpflanzungen. Mit Ausnahme des Innern von Cuba werden sonst fast nirgends im tropischen Theile der spanischen Colonien die europäischen Getreidearten in einem so tief gelegenen Landstriche gebaut. In Mexico wird nur zwischen 600 und 1200 Toisen absoluter Höhe der Weizenbau stark betrieben, und nur selten geht er über 400 Toisen herab. Wir werden bald sehen, daß, wenn man Lagen von verschiedener Höhe mit einander vergleicht, der Ertrag des Getreides von den hohen Breiten zum Aequator mit der mittleren Temperatur des Orts merkbar zunimmt. Ob man mit Erfolg Getreide bauen kann, hängt ab vom Grade der Trockenheit der Luft, davon, ob der Regen auf mehrere Jahreszeiten vertheilt ist oder nur in der Winterzeit fällt, ob der Wind fortwährend aus Ost bläst oder von Norden her kalte Luft in tiefe Breiten bringt (wie im Meerbusen von Mexico), ob Monate lang Nebel die Kraft der Sonnenstrahlen vermindern, kurz von tausend örtlichen Verhältnissen, die nicht sowohl die mittlere Temperatur des ganzen Jahrs als die Vertheilung derselben Wärmemenge auf verschiedene Jahreszeiten bedingen. Es ist eine merkwürdige Erscheinung, daß das europäische Getreide vom Aequator bis Lappland, unter dem 69. Breitegrad, in Ländern mit einer mittleren Wärme von +22 bis −2 Grad, aller Orten gebaut wird, wo die Sommertemperatur über 9–10 Grad beträgt. Man kennt das **Minimum** von Wärme, wobei Weizen, Gerste- und Hafer noch reifen; über das **Maximum**, das diese sonst so zähen Grasarten ertragen, ist man weniger im Reinen. Wir wissen nicht einmal, welche Verhältnisse zusammenwirken, um unter den Tropen den Getreidebau in sehr geringen Höhen möglich zu machen. Victoria und das benachbarte Dorf San Matheo erzeugen 4000 Centner Weizen. Man säet ihn im December und erntet ihn am siebzigsten bis fünfundsiebzigsten Tag. Das Korn ist groß, weiß und sehr reich an Kleber; die Deckhaut ist dünner, nicht so hart als beim Korn auf den sehr kalten mexicanischen Hochebenen. Bei Victoria erträgt der Morgen in der Regel 3000–3200 Pfund Weizen, also, wie in Buenos Ayres, zwei- bis dreimal mehr als in den nördlichen Ländern. Man erntet etwa das sechzehnte Korn, während der Boden von Frankreich, nach Lavoisiers Untersuchungen, im Durchschnitt nur das fünfte bis sechste, oder 1000–1200 Pfund auf den Morgen trägt. Trotz dieser Fruchtbarkeit des Bodens und des günstigen Klimas ist der Zuckerbau in den Thälern von Aragua einträglicher als der Getreidebau.

Durch Victoria läuft der kleine Rio Calanchas, der sich nicht in den Tuy, sondern in den Rio Aragua ergießt, woraus hervorgeht, daß dieses schöne Land, wo Zuckerrohr und Weizen neben einander wachsen, bereits zum Becken des Sees von Valencia gehört, zu einem System von Binnenflüssen, die mit der See nicht in Verbindung stehen. Der Stadttheil westlich vom Rio Calanchas heißt *la otra banda* und ist der gewerbsamste. Ueberall sieht man Waaren ausgestellt, und die Straßen bestehen aus Budenreihen, Zwei Handelsstraßen laufen durch Victoria, die von Valencia oder Porto Cabello und die von Villa de Cura oder den Ebenen her, *camino de los lanos* genannt. Es sind im Verhältniß mehr Weiße hier als in Caracas. Wir besuchten bei Sonnenuntergang den Calvarienberg, wo man eine weite, sehr schöne Aussicht hat. Man sieht gegen West die lachenden Thäler von Aragua, ein weites, mit Gärten, Bauland, Stücken Wald, Höfen und Weilern bedecktes Gelände. Gegen Süd und Südost ziehen sich, so weit das Auge reicht, die hohen Gebirge von Palma, Guayraima, Tiara und Guiripa hin, hinter denen die ungeheuren Ebenen oder Steppen von Calabozo liegen. Diese innere Bergkette streicht nach West längs des Sees von Valencia fort bis Villa de Cura, Cuesta de Yusma und zu den gezackten Bergen von Guigue. Sie ist steil und fortwährend in den leichten Dunst gehüllt, der in heißen Ländern ferne Gegenstände stark blau färbt und die Umrisse keineswegs verwischt, sondern sie nur stärker hervortreten läßt. In dieser innern Kette sollen die

Berge von Guayraima bis 1200 Toisen hoch seyn. In der Nacht des 11. Februar fand ich die Breite von Victoria 10° 13' 35", die Inclination der Magnetnadel 40°,80, die Intensität der magnetischen Kraft gleich 236 Schwingungen in 10 Zeitminuten, und die Abweichung der Nadel 4°,40 nach Nordost.

Wir zogen langsam weiter über die Dörfer San Matheo, Turmero und Maracay auf die Hacienda de Cura, eine schöne Pflanzung des Grafen Tovar, wo wir erst am 14. Februar Abends ankamen. Das Thal wird allmählig weiter; zu beiden Seiten desselben stehen Hügel von Kalktuff, den man hier zu Lande *tierra blanca* nennt. Die Gelehrten im Lande haben verschiedene Versuche gemacht, diese Erde zu brennen; sie verwechselten dieselbe mit Porzellanerde, die sich aus Schichten verwitterten Feldspaths bildet. Wir verweilten ein paar Stunden bei einer achtungswürdigen und gebildeten Familie, den Ustariz in **Concesion**. Das Haus mit einer auserlesenen Büchersammlung steht auf einer Anhöhe und ist mit Kaffe- und Zuckerpflanzungen umgeben. Ein Gebüsch von Balsambäumen (*balsamo*)[*Amyris elata*] gibt Kühlung und Schatten. Mit reger Theilnahme sahen wir die vielen im Thale zerstreuten Häuser, die von Freigelassenen bewohnt sind. Gesetze, Einrichtungen, Sitten begünstigen in den spanischen Colonien die Freiheit der Neger ungleich mehr als bei den übrigen europäischen Nationen.

San Matheo, Turmero und Maracay sind reizende Dörfer, wo Alles den größten Wohlstand verräth. Man glaubt sich in den gewerbsamsten Theil von Catalonien versetzt. Bei San Matheo sahen wir die letzten Weizenfelder und die letzten Mühlen mit wagerechten Wasserrädern. Man rechnete bei der bevorstehenden Ernte auf die zwanzigfache Aussaat, und als wäre dieß noch ein mäßiger Ertrag, fragte man mich, ob man in Preußen und Polen mehr ernte. Unter den Tropen ist der Irrthum ziemlich verbreitet, das Getreide arte gegen den Aequator zu aus und die Ernten seyen im Norden reicher. Seit man den Ertrag des Ackerbaus in verschiedenen Erdstrichen und die Temperaturen, bei denen das Getreide gedeiht, berechnen kann, weiß man, daß nirgends jenseits des 45. Breitegrads der Weizen so reiche Ernten gibt als auf den Nordküsten von Afrika und auf den Hochebenen von Neu-Grenada, Peru und Mexico. Vergleicht man, nicht die mittlere Temperatur des ganzen Jahrs, sondern nur die mittleren Temperaturen der Jahreszeit, in welche der »Vegetationscyclus« des Getreides fällt, so findet[50] man für drei Sommermonate im nördlichen Europa 15–19 Grad, in der Berberei und in Egypten 27–29, unter den Tropen, zwischen 1400 und 300 Toisen Höhe, 14–25 Grad.

Die herrlichen Ernten in Egypten und Algerien, in den Thälern von Aragua und im Innern von Cuba beweisen zur Genüge, daß Zunahme der Wärme die Ernte des Weizens und der andern nährenden Gräser nicht beeinträchtigt, wenn nicht mit der hohen Temperatur übermäßige Trockenheit oder Feuchtigkeit Hand in Hand geht. Letzterem Umstande sind ohne Zweifel die scheinbaren Anomalien zuzuschreiben, die unter den Tropen hie und da an der **untern Grenze des Getreides** vorkommen. Man wundert sich, daß ostwärts von der Havana, im vielgenannten Bezirk der *Quatro Villas*, diese Grenze fast bis zum Meeresspiegel herabgeht, während westlich von der Havana, am Abhang der mexicanischen Gebirge, bei Xalapa, in 677 Toisen Höhe, die Vegetation noch so üppig ist, daß der Weizen keine Aehren ansetzt. In der ersten Zeit nach der Eroberung wurde das europäische Getreide mit Erfolg an manchen Orten gebaut, die man jetzt für zu heiß oder zu feucht dafür hält. Die eben erst nach Amerika versetzten Spanier waren noch nicht so an den Mais gewöhnt, man hielt noch fester an den europäischen Sitten, man berechnete nicht, ob der Weizen weniger eintragen werde als Kaffee oder Baumwolle; man machte Versuche mit Sämereien aller Art, man stellte keckere Fragen an die Natur, weil man weniger nach falschen Theorien urtheilte. Die Provinz Carthagena, durch welche die Gebirgsketten Maria und Guamoco laufen, baute bis ins sechzehnte Jahrhundert Getreide. In der Provinz Caracas baut man es schon sehr lang im Gebirgsland von Tocuyo, Quibor und Barquesimeto, das die Küstenbergkette mit der *Sierra nevada* von Merida verbindet. Der Getreidebau hat sich dort sehr gut erhalten, und allein aus der Umgegend der Stadt Tocuyo werden jährlich gegen 5000 Centner ausgezeichneten Mehls ausgeführt. Obgleich aber auf dem weiten Gebiet der Provinz Caracas mehrere Striche sich sehr gut zum Kornbau eignen, so glaube ich doch, daß dieser Zweig der Landwirthschaft dort nie eine große Bedeutung erlangen wird. Die gemäßigtsten Theile sind nicht breit genug; es sind keine eigentlichen Hochebenen und ihre mittlere Meereshöhe ist nicht so bedeutend, daß die Einwohner es nicht immer noch vortheilhafter fänden, Kaffee statt Getreide zu bauen. Gegenwärtig bezieht Caracas sein Mehl entweder aus Spanien oder aus den Vereinigten Staaten. Wenn einmal mit der Herstellung der öffentlichen Ruhe auch für den Gewerbfleiß bessere Zeiten kommen und von Santa Fe de Bogota bis zum Landungsplatz am Pachaquiaro eine Straße gebaut wird, so werden die Einwohner von Venezuela ihr Mehl aus Neu-Grenada aus dem Rio Meta und dem Orinoco beziehen.

Vier Meilen von San Matheo liegt das Dorf Turmero; Man kommt fortwährend durch Zucker-, Indigo-, Baumwollen- und Kaffeepflanzungen. An der regelmäßigen Bauart der Dörfer erkennt man, daß alle den Mönchen und den Missionen den Ursprung verdanken. Die Straßen sind gerade, unter einander parallel und schneiden sich unter rechten Winkeln; auf dem großen viereckigten Platz in der Mitte steht die Kirche. Die Kirche von Turmero ist ein kostbares, aber mit architektonischen Zierrathen überladenes Gebäude. Seit die Missionäre den Pfarrern Platz gemacht, haben die Weißen Manches von den Sitten der Indianer angenommen. Die letzteren verschwinden nach und nach als besondere Race, das heißt sie werden in der Gesammtmasse der Bevölkerung durch die Mestizen und die Zambos repräsentirt, deren Anzahl fortwährend zunimmt. Indessen habe ich in den Thälern von Aragua noch 4000 zinspflichtige Indianer angetroffen. In Turmero und Guacara sind sie am zahlreichsten. Sie sind klein, aber nicht so untersetzt wie die Chaymas; ihr Auge verräth mehr Leben und Verstand, was wohl weniger Folge der Stammverschiedenheit als der höheren Civilisation ist. Sie arbeiten, wie die freien Leute, im Taglohn; sie sind in der kurzen Zeit, in der sie arbeiten, rührig und fleißig; was sie aber in zwei Monaten verdient, verschwenden sie in einer Woche für geistige Getränke in den Schenken, deren leider von Tag zu Tag mehr werden.

In Turmero sahen wir ein Ueberbleibsel der Landmiliz beisammen. Man sah es den Leuten an, daß diese Thäler seit Jahrhunderten eines ununterbrochenen Friedens genossen hatten. Der Generalcapitän wollte das Militärwesen wieder in Schwung bringen und hatte große Uebungen angeordnet. Da hatte in einem Scheingefecht das Bataillon von Turmero auf das von Victoria Feuer gegeben. Unser Wirth, ein Milizlieutenant, wurde nicht müde, uns zu schildern, wie gefährlich ein solches Manöver sey. »Rings um ihn seyen Gewehre gewesen, die jeden Augenblick zerspringen konnten; er habe vier Stunden in der Sonne stehen müssen, und seine Sklaven haben ihm nicht einmal einen Sonnenschirm über den Kopf halten dürfen.« Wie rasch doch die scheinbar friedfertigsten Völker sich an den Krieg gewöhnen! Ich lächelte damals über eine Hasenfüßigkeit, die sich mit so naiver Offenherzigkeit kundgab, und zwölf Jahre darauf wurden diese selben Thäler von Aragua, die friedlichen Ebenen bei Victoria und Turmero, das Defilé von Cabrera und die fruchtbaren Ufer des Sees von Valencia der Schauplatz der blutigsten, hartnäckigsten Gefechte zwischen den Eingeborenen und den Truppen des Mutterlandes.

Südlich von Turmero springt ein Bergzug aus Kalkstein in die Ebene vor und trennt zwei schöne Zuckerpflanzungen, die Guayavita und die Paja. Letztere gehört der Familie des Grafen Tovar, der überall in der Provinz Besitzungen hat. Bei der Guayavita hat man braunes Eisenerz entdeckt. Nördlich von Turmero, in der Küstencordillere, erhebt sich ein Granitgipfel, der **Chuao**, auf dem man zugleich das Meer und den See von Valencia sieht. Ueber diesen Felskamm, der, soweit das Auge reicht, nach West fortstreicht, gelangt man auf ziemlich beschwerlichen Wegen zu den reichen Cacaopflanzungen auf dem Küstenstrich bei Choroni, Turiamo und Ocumare, Orten, wohlbekannt wegen der Fruchtbarkeit ihres Bodens und wegen ihrer Ungesundheit. Turmero, Maracay, Cura, Guacara, jeder Ort im Araguathal hat seinen Bergpfad, der zu einem der kleinen Häfen an der Küste führt.

Hinter dem Dorf Turmero, Maracay zu, bemerkt man auf eine Meile weit am Horizont einen Gegenstand, der wie ein runder Hügel, wie ein grün bewachsener Tumulus aussieht. Es ist aber weder ein Hügel, noch ein Klumpen dicht beisammen stehender Bäume, sondern ein einziger Baum, der berühmte *'Zamang de Guayre'* bekannt im ganzen Land wegen der ungeheuren Ausbreitung seiner Aeste, die eine halbe kugelige Krone von 576 Fuß im Umfang bilden. Der Zamang ist eine schöne Mimosenart, deren gewundene Zweige sich gabelig theilen. Sein feines, zartes Laub hob sich angenehm vom blauen Himmel ab. Wir blieben lange unter diesem vegetabilischen Gewölbe. Der Stamm ist nur sechzig Fuß hoch und hat neun Fuß Durchmesser, seine Schönheit besteht aber eigentlich in der Form der Krone. Die Aeste breiten sich aus wie ein gewaltiger Sonnenschirm und neigen sich überall dem Boden zu, von dem sie ringsum 12–15 Fuß abstehen. Der Umriß der Krone ist so regelmäßig, daß ich verschiedene Durchmesser, die ich nahm, 192 und 186 Fuß lang fand. Die eine Seite des Baumes war in Folge der Trockenheit ganz entblättert; an einer andern Stelle standen noch Blätter und Blüthen neben einander. Tillandsien, Lorantheen, die Pitayapa und andere Schmarotzergewächse bedecken die Zweige und durchbohren die Rinde derselben. Die Bewohner dieser Thäler, besonders die Indianer, halten den Baum in hohen Ehren, den schon die ersten Eroberer so ziemlich so gefunden haben mögen, wie er jetzt vor uns steht; Seit man ihn genau beobachtet, ist er weder dicker geworden, noch hat sich seine Gestalt sonst verändert. Dieser Zamang muß zum wenigsten so alt seyn wie der Drachenbaum bei Orotava. Der Anblick alter Bäume hat etwas Großartiges, Imponirendes; die Beschädigung dieser Naturdenkmäler wird daher auch in Ländern, denen es an Kunstdenkmälern fehlt, streng bestraft. Wir hörten mit Vergnügen, der gegenwärtige Eigenthümer des Zamang habe einen Pächter, der es gewagt, einen Zweig davon zu schneiden, gerichtlich verfolgt. Die Sache kam zur Verhandlung und der Pächter wurde vom Gericht zur Strafe gezogen. Bei Turmero und bei der Hacienda de Cura gibt es Zamangs, die einen dickeren Stamm haben als der am Guayre, aber ihre halbkugelige Krone ist nicht so groß.

Je näher man gegen Cura und Guacara am nördlichen Ufer des Sees kommt, desto besser angebaut und volkreicher werden die Ebenen. Man zählt in den Thälern von Aragua auf einem 13 Meilen langen und 2 Meilen breiten Landstrich über 52,000 Einwohner. Dieß gibt auf die Quadratmeile 2000 Seelen, also beinahe so viel wie in den bevölkertsten Theilen Frankreichs. Das Dorf oder vielmehr der Flecken Maracay war früher, als der Indigobau in höchster Blüthe stand, der Hauptort für diesen Zweig der Colonialindustrie. Im Jahr 1795 zählte man daselbst bei einer Bevölkerung von 6000 Einwohnern 70 Kaufleute mit offenen Laden. Die Häuser sind alle von Stein; in jedem Hof stehen Cocosbäume, deren Krone über die Gebäude emporragt. Der allgemeine Wohlstand macht sich in Maracay noch bemerklicher als in Turmero. Der hiesige **Anil** oder Indigo wurde im Handel immer dem von Guatimala gleich, manchmal sogar höher geschätzt. Seit 1772 schloß sich dieser Culturzweig dem Cacaobau an, und jener ist wieder älter als der Baumwollen- und Kaffeebau. Die Colonisten warfen sich auf jedes dieser vier Produkte der Reihe nach mit besonderer Vorliebe, aber nur Cacao und Kaffee sind Artikel von Belang im Handelsverkehr mit Europa geblieben. In den besten Zeiten konnte sich die hiesige Indigofabrikation fast mit der mexicanischen messen: sie stieg in Venezuela auf 40,000 Arrobas oder eine Million Pfund, im Werth von mehr als 1,250,000 Piastern. Man bekommt einen Begriff von der außerordentlichen Ertragsfähigkeit des Bodens in den spanischen Colonien, wenn man einem sagt, daß der Indigo aus Caracas, der im Jahr 1794 einen Werth von mehr als sechs Millionen Franken hatte, auf vier bis fünf Quadratmeilen gebaut ist; In den Jahren 1789–95 kamen jährlich vier bis fünftausend Freie aus den Llanos in die Thaler von Aragua, um beim Bau und der Bereitung des Indigo zu helfen; sie arbeiteten zwei Monate im Taglohn.

Der Anil erschöpft den Boden, auf dem man ihn viele Jahre hinter einander baut, mehr als jede andere Pflanze. In Maracay, Tapatapa und Turmero gilt der Boden für ausgesogen; der Ertrag an Indigo hat auch fortwährend abgenommen. Die Seekriege haben den Handel ins Stocken gebracht und durch die starke Indigoeinfuhr aus Asien sind die Preise gesunken. Die ostindische Compagnie verkauft jetzt in London über 5,500,000 Pfund Indigo, während sie im Jahr 1786 auf ihren weiten Besitzungen nur 250,000 Pfund bezog. Je mehr der Indigobau in den Araguathälern abnahm, einen desto größeren Aufschwung nahm er in der Provinz Barinas und auf den heißen Ebenen von Cucuta, wo der bis da unberührte Boden am Rio Tachira ein äußerst farbreiches Produkt in Menge liefert.

Wir kamen sehr spät nach Maracay. Die Personen, an die wir Empfehlungen hatten, waren nicht zu Hause; kaum bemerkten die Leute unsere Verlegenheit, so erbot man sich von allen Seiten, uns aufzunehmen, unsere Instrumente unterzubringen, unsere Maulthiere zu versorgen. Es ist schon tausendmal gesagt worden, aber der Reisende fühlt immer wieder das Bedürfniß es zu wiederholen: die spanischen Colonien sind das wahre Land der Gastfreundschaft, auch noch an Orten, wo Gewerbfleiß und Handel Wohlstand und eine gewisse Bildung unter den Colonisten verbreitet haben. Eine canarische Familie nahm uns mit der liebenswürdigsten Herzlichkeit auf; man bereitete uns ein treffliches Mahl, man vermied sorgfältig alles, was uns irgendwie einen Zwang auflegen konnte. Der Hausherr, Don Alexandro Gonzales, war in Handelsgeschäften auf der Reise, und seine junge Frau genoß seit Kurzem der Mutterfreude. Sie war außer sich vor Vergnügen, als sie hörte, daß wir auf dem Rückweg vom Rio Negro an den Orinoco nach

Angostura kommen würden, wo sich ihr Mann befand. Von uns sollte er erfahren, daß ihm sein Erstling geboren worden. In diesen Ländern gelten, wie bei den Alten, wandernde Gäste für die sichersten Boten. Es gibt Postreiter, aber diese machen so weite Umwege, daß Privatleute durch sie selten Briefe in die Llanos oder Savanen im Innern gehen lassen. Als wir aufbrachen, trug man uns das Kind zu. Wir hatten es am Abend im Schlaf gesehen, am Morgen mußten wir es wachend sehen. Wir versprachen es dem Vater Zug für Zug zu beschreiben; aber beim Anblick. unserer Bücher und Instrumente wurde die junge Frau unruhig. Sie meinte, »auf einer langen Reise und bei so vielen anderweitigen Geschäften könnten wir leicht vergessen, was für Augen ihr Kind habe.« Wie liebenswürdig ist solche Gastfreundschaft! wie köstlich der naive Ausdruck eines Vertrauens, das ja auch ein Charakterzug früherer Menschenalter beim Morgenroth der Gesittung ist!

Auf dem Wege von Maracay nach der Hacienda de Cura hat man zuweilen einen Ausblick auf den See von Valencia. Von der Granitbergkette an der Küste läuft ein Ast südwärts in die Ebene hinaus; es ist dieß das Vorgebirge **Portachuelo**, durch welches das Thal beinahe ganz geschlossen würde, wenn nicht ein schmaler Paß zwischen dem Vorgebirge und dem Felsen der Cabrera hinliefe. Dieser Ort hat in den letzten Revolutionskriegen in Caracas eine traurige Berühmtheit erhalten; alle Parteien stritten sich hitzig um diesen Paß, weil der Weg nach Valencia und in die Llanos hier durchführt. Die Cabrera ist jetzt eine Halbinsel; noch vor weniger als sechzig Jahren war es ein Felseneiland im See, dessen Wasserspiegel fortwährend sinkt. Wir brachten auf der Hacienda de Cura sieben Tage äußerst angenehm zu, und zwar in einem kleinen Hause in einem Gebüsch, weil im Hause auf der schönen Zuckerpflanzung die **Bubas** ausgebrochen waren, eine unter den Sklaven in diesen Thälern häufig vorkommende Hautkrankheit.

Wir lebten wie die wohlhabenden Leute hier zu Lande, badeten zweimal, schliefen dreimal und aßen dreimal in vier und zwanzig Stunden. Das Wasser des Sees ist ziemlich warm, 24–25 Grad; aber es gibt noch ein anderes, sehr kühles, köstliches Bad im Schatten von Ceibabäumen und großen Zamangs, in der Toma, einem Bache, der aus den Granitbergen des **Rincon del Diablo** kommt. Steigt man in dieses Bad, so hat man sich nicht vor Insektenstichen zu fürchten, wohl aber vor den kleinen röthlichen Haaren an den Schoten des *Dolichos pruriens* die in der Luft schweben und einem vom Winde zugeführt werden. Wenn diese Haare, die man bezeichnend *picapica* nennt, sich an den Körper hängen, so verursachen sie ein sehr heftiges Jucken: man kühlt Stiche und sieht doch nicht, woher sie rühren.

Bei Cura sahen wir die sämmtliche Einwohnerschaft daran, den mit Mimosen, Sterculia und *Coccoloba excoriata* bewachsenen Boden umzubrechen, um mehr Areal für den Baumwollenbau zu gewinnen. Dieser, der zum Theil an die Stelle des Indigobaus getreten ist, gedeiht so gut, daß die Baumwollenstaude am Ufer des Sees von Valencia wild wächst. Wir fanden 8–10 Fuß hohe Sträucher, mit Bignonien und andern holzigten Schlingpflanzen durchwachsen. Indessen ist die Baumwollenausfuhr aus Caracas noch unbedeutend; sie betrug in Guayra im Durchschnitt jährlich kaum 3–400,000 Pfund; aber in allen Häfen der *Capitania general* stieg sie durch den starken Anbau in Cariaco, Nueva Barcelona und Maracaybo auf mehr als 22,000 Centner. Es ist dieß fast die Hälfte dessen, was der ganze Archipel der Antillen erzeugt. Die Baumwolle aus den Thälern von Aragua ist von guter Qualität; sie steht nur der brasilischen nach, denn sie gilt für besser als die von Carthagena, von Domingo und den kleinen Antillen. Die Baumwollenpflanzungen liegen auf der einen Seite des Sees zwischen Maracay und Valencia, auf der andern zwischen Guayca und Guigue. Die großen Plantagen ertragen 60–70,000 Pfund jährlich. Bedenkt man, daß in den Vereinigten Staaten, also außerhalb der Tropen, in einem unbeständigen, dem Gedeihen der Pflanze nicht selten feindlichen Klima, die Ausfuhr der einheimischen Baumwolle in achtzehn Jahren (1797–1815) von 1,200,000 auf 83 Millionen Pfund gestiegen ist, so kann man sich nicht leicht einen Begriff davon machen, in welch ungeheurem Maßstab dieser Handelszweig sich entwickeln muß, wenn einmal in den vereinigten Provinzen von Venezuela, in Neu-Grenada, in Mexico und an den Ufern des la Plata der Gewerbfleiß nicht mehr in Fesseln geschlagen ist. Unter den gegenwärtigen Verhältnissen erzeugen nach Brasilien die Küsten von holländisch Guyana, der Meerbusen von Cariaco, die Thäler von Aragua und die Provinzen Maracaybo und Carthagena am meisten Baumwolle in Südamerika.

Während unseres Aufenthalts in Cura machten wir viele Ausflüge auf die Felseninseln im See von Valencia, zu den heißen Quellen von Mariara und auf den hohen Granitberg **Cucurucho del Coco**. Ein schmaler, gefährlicher Pfad führt an den Hafen Turiamo und zu den berühmten Cacaopflanzungen an der Küste. Auf allen diesen Ausflügen sahen wir uns angenehm überrascht nicht nur durch die Fortschritte des Landbaus, sondern auch durch das Wachsthum einer freien Bevölkerung, die fleißig, an Arbeit gewöhnt und zu arm ist, um Sklavenarbeit in Anspruch nehmen zu können. Ueberall hatten kleine Landbauer, Weiße und Mulatten, zerstreute Höfe angelegt. Unser Wirth, dessen Vater 40,000 Piaster Einkünfte hat, besaß mehr Land, als er urbar machen konnte; er vertheilte es in den Thälern von Aragua unter arme Leute, die Baumwolle bauen wollten. Sein Streben ging dahin, daß sich um seine großen Pflanzungen freie Leute ansiedelten, die nach freiem Ermessen bald für sich, bald auf den benachbarten Pflanzungen arbeiteten und in der Ernte ihm als Tagelöhner dienten. Graf Tovar verfolgte eifrig das edle Ziel, die Negersklaverei im Lande allmählig auszurotten, und er hegte die doppelte Hoffnung, einmal den Grundbesitzern die Sklaven weniger nöthig zu machen, und dann die Freigelassenen in Stand zu setzen, Pächter zu werden. Bei seiner Abreise nach Europa hatte er einen Theil seiner Ländereien bei Cura, westlich vom Felsen las Viruelas, in einzelne Grundstücke zerschlagen und verpachtet. Als er vier Jahre darauf wieder nach Amerika kam, fand er daselbst schöne Baumwollenpflanzungen und einen Weiler von 30 bis 40 Häusern, Punta Zamuro genannt, den wir oft mit ihm besucht haben. Die Einwohner des Weilers sind fast durchaus Mulatten, Zambos und freie Neger. Mehrere große Grundbesitzer haben nach diesem Vorgang mit gleichem Erfolg Land verpachtet. Der Pachtschilling beträgt zehn Piaster auf die Vanega und wird in Geld oder in Baumwolle entrichtet. Die kleinen Pächter sind oft in Bedrängniß und geben ihre Baumwolle zu sehr geringem Preise ab. Ja sie verkaufen sie vor der Ernte, und durch diese Vorschüsse reicher Nachbarn geräth der Schuldner in eine Abhängigkeit, in Folge deren er seine Dienste als Taglöhner öfter anbieten muß. Der Taglohn ist nicht so hoch als in Frankreich. Man bezahlt in den Thälern von Aragua und in den Llanos einem freien Tagelöhner vier bis fünf Piaster monatlich, neben der Kost, die beim Ueberfluß an Fleisch und Gemüse sehr wenig ausmacht. Gerne verbreite ich mich hier über den Landbau in den Colonien, weil solche Angaben den Europäern darthun, was aufgeklärten Colonisten längst nicht mehr zweifelhaft ist, daß das Festland des spanischen Amerika durch freie Hände Zucker, Baumwolle und Indigo erzeugen kann, und daß die unglücklichen Sklaven Bauern, Pächter und Grundbesitzer werden können.

43.

Thal des Cortes oder **Osterthal**, so genannt, weil Diego de Losada, nachdem er die Teques-Indianer und ihren Caziken Guaycaypuro in den Bergen von San Pedro geschlagen, im Jahr 1567 die Ostertage daselbst zubrachte, ehe er in das Thal San Francisco drang, wo er die Stadt Caracas gründete.

44.

S. Bd. II, Seite 150.

45.

S. Humboldt, *Essay politique sur le Méxique.* T. II, pag. 435.

46.

S. Bd. I, Seite 294.

47.

An der Uhr in der Hauptkirche von Caracas trug ein 5 Linien dicker Maqueystrick seit 15 Jahren ein Gewicht von 350 Pfund.

48.

Winter heißt die Zeit im Jahr, wo es am meisten regnet, daher in Terra Firma die mit der Winter-Tag-und Nachtgleiche beginnende Jahreszeit Sommer genannt wird und man alle Tage sagen hört, im Gebirge sey es Winter, wahrend es in den benachbarten Niederungen Sommer ist.

49.

Mairan ist dieselbe Erscheinung in Europa aufgefallen.

50.

Die mittlere Sommertemperatur ist in Schottland (bei Edinburgh unter dem 56. Grad der Breite) dieselbe wie auf den Hochebenen von Neu-Grenada, wo in 1400 Toisen Meereshöhe und unter dem vierten Grad der Breite so viel Getreide gebaut wird. Auf der andern Seite entspricht die mittlere Temperatur der Thäler von Aragua (10° 15' der Breite) und aller nicht sehr hoch gelegenen Ebenen in der heißen Zone der **Sommertemperatur** von Neapel und Sicilien (39° 40' der Breite). Die obigen Zahlen bezeichnen die Lage der **isotheren** (der Linien der gleichen Sommerwärme), nicht der **isothermen** Linien (der Linien der gleichen Jahreswärme). Hinsichtlich der Wärmemenge, welche ein Punkt der Erdoberfläche im Lauf eines ganzen Jahres empfängt, entsprechen die mittleren Temperaturen der Thäler von Aragua und der Hochebenen von Neu-Grenada in 300–1400 Toifen Meereshöhe den mittleren Temperaturen der Küsten unter dem 23–45. Grad der Breite.

Sechzehntes Kapitel.

Der See von Valencia. – Die beißen Quellen von Mariara. – Die Stadt Nueva Valencia de el Rey. – Weg zur Küste von Porto Cabello hinab.

Die Thäler von Aragua, deren reichen Anbau und erstaunliche Fruchtbarkeit wir im Obigen geschildert, stellen sich als ein Becken dar, das zwischen Granit- und Kalkgebirgen von ungleicher Höhe in der Mitte liegt. Nordwärts trennt die Sierra Mariara sie von der Meeresküste, gegen Süden dient ihnen die Bergkette des Guacimo und Yusma als Schutzwehr gegen die glühende Luft der Steppen. Hügelzüge, hoch genug, um den Lauf der Gewässer zu bestimmen, schließen das Becken gegen Ost und West wie Querdämme. Diese Hügel liegen zwischen dem Tuy und Victoria, wie auf dem Wege von Valencia nach Nirgua und in die Berge des Torito. In Folge dieser eigenthümlichen Gestaltung des Bodens bilden die Gewässer der Thäler von Aragua ein System für sich und laufen einem von allen Seiten geschlossenen Becken zu; sie ergießen sich nicht in den Ocean, sie vereinigen sich in einem Binnensee, unterliegen hier dem mächtigen Zuge der Verdunstung und verlieren sich gleichsam in der Luft. Durch diese Flüsse und Seen wird die Fruchtbarkeit des Bodens und der Ertrag des Landbaus in diesen Thälern bedingt. Schon der Augenschein und eine halbhundertjährige Erfahrung zeigen, daß der Wasserstand sich nicht gleich bleibt, daß das Gleichgewicht zwischen der Summe der Verdunstung und der des Zuflusses gestört ist. Da der See 1000 Fuß über den benachbarten Steppen von Calabozo und 1332 Fuß über dem Meere liegt, so vermuthete man, das Wasser habe einen unterirdischen Abfluß oder versickere. Da nun Eilande darin zu Tage kommen und der Wasserspiegel fortwährend sinkt, so meinte man, der See könnte völlig eintrocknen. Das Zusammentreffen so auffallender Naturverhältnisse mußte mich auf diese Thäler aufmerksam machen, in denen die wilden Reize der Natur und der liebliche Eindruck fleißigen Anbaus und der Künste einer erwachenden Cultur sich vereinigen.

Der See von Valencia, von den Indianern Tacarigua genannt, ist größer als der Neuenburger See in der Schweiz; im Umriß aber hat er Aehnlichkeit mit dem Genfer See, der auch fast gleich hoch über dem Meere liegt. Da in den Thälern von Aragua der Boden nach Süd und West fällt, so liegt der Theil des Beckens, der unter Wasser geblieben ist, zunächst der südlichen Bergkette von Guigue, Yusma und dem Guacimo, die den hohen Savanen von Ocumare zustreicht. Die einander gegenüberliegenden Ufer des Sees stechen auffallend von einander ab. Das südliche ist wüste, kahl, fast gar nicht bewohnt, eine hohe Gebirgswand gibt ihm ein finsteres, einförmiges

Ansehen; das nördliche dagegen ist eine liebliche Landschaft mit reichen Zucker-, Kaffee- und Baumwollenpflanzungen. Mit Cestrum, Azedarac und andern immer blühenden Sträuchern eingefaßte Wege laufen über die Ebene und verbinden die zerstreuten Höfe. Jedes Haus ist von Bäumen umgeben. Der Ceiba mit großen gelben[51] und die Erithryna mit purpurfarbigen Blüthen, deren Aeste sich verflechten, geben der Landschaft einen eigenthümlichen Charakter. Die Mannigfaltigkeit und der Glanz der vegetabilischen Farben sticht wirkungsvoll vom eintönigen Blau des wolkenlosen Himmels ab. In der trockenen Jahreszeit, wenn ein wallender Dunst über dem glühenden Boden schwebt, wird das Grün und die Fruchtbarkeit durch künstliche Bewässerung unterhalten. Hin und wieder kommt der Granit im angebauten Land zu Tage; ungeheure Felsmassen steigen mitten im Thale steil empor. An ihren nackten, zerklüfteten Wänden wachsen einige Saftpflanzen und bilden Dammerde für kommende Jahrhunderte. Häufig ist oben auf diesen einzeln stehenden Hügeln ein Feigenbaum oder eine Clusia mit fleischigten Blättern aus den Felsritzen emporgewachsen und beherrscht die Landschaft. Mit ihren dürren, abgestorbenen Aesten sehen sie aus wie Signalstangen auf einer steilen Küste. An der Gestaltung dieser Höhen erräth man, was sie früher waren: als noch das ganze Thal unter Wasser stand und die Wellen den Fuß der Gipfel von Mariara, die **Teufelsmauer** (*el Rincon del Diablo*) und die Küstenbergkette bespülten, waren diese Felshügel Untiefen oder Eilande.

Diese Züge eines reichen Gemäldes, dieser Contrast zwischen den beiden Ufern des Sees von Valencia erinnerten mich oft an das Seegestade des Waadtlands, wo der überall angebaute, überall fruchtbare Boden dem Ackerbauer, dem Hirten, dem Winzer ihre Mühen sicher lohnt, während das savoyische Ufer gegenüber ein gebirgigtes, halb wüstes Land ist. In jenen fernen Himmelsstrichen, mitten unter den Gebilden einer fremdartigen Natur, gedachte ich mit Lust der hinreißenden Beschreibungen, zu denen der Genfer See und die Felsen von Meillerie einen großen Schriftsteller begeistert haben. Wenn ich jetzt mitten im civilisirten Europa die Natur in der neuen Welt zu schildern versuche, glaube ich durch die Vergleichung unserer heimischen und der tropischen Landschaften meinen Bildern mehr Schärfe und dem Leser deutlichere Begriffe zu geben. Man kann es nicht oft genug sagen: unter jedem Himmelsstriche trägt die Natur, sey sie wild oder vom Menschen gezähmt, lieblich oder großartig, ihren eigenen Stempel. Die Empfindungen, die sie in uns hervorruft, sind unendlich mannigfaltig, gerade wie der Eindruck der Geisteswerke je nach dem Zeitalter, das sie hervorgebracht, und nach den mancherlei Sprachen, von denen sie ihren Reiz zum Theil borgen, so sehr verschieden ist. Nur Größe und äußere Formverhältnisse können eigentlich verglichen werden; man kann den riesigen Gipfel des Montblanc und das Himalayagebirge, die Wasserfälle der Pyrenäen und die der Cordilleren zusammenhalten; aber durch solche vergleichende Schilderungen, so sehr sie wissenschaftlich förderlich seyn mögen, erfährt man wenig vom Naturcharakter des gemäßigten und des heißen Erdstrichs. Am Gestade eines Sees, in einem großen Walde, am Fuß mit ewigem Eis bedeckter Berggipfel ist es nicht die materielle Größe, was uns mit dem heimlichen Gefühle der Bewunderung erfüllt. Was zu unserem Gemüthe spricht, was so tiefe und mannigfache Empfindungen in uns wach ruft, entzieht sich der Messung, wie den Sprachformen. Wenn man Naturschönheiten recht lebhaft empfindet, so mag man Landschaften von verschiedenem Charakter gar nicht vergleichen; man würde fürchten sich selbst im Genuß zu stören.

Die Ufer des Sees von Valencia sind aber nicht allein wegen ihrer malerischen Reize im Lande berühmt; das Becken bietet verschiedene Erscheinungen, deren Aufklärung für die Naturforschung und für den Wohlstand der Bevölkerung von gleich großem Interesse ist. Aus welchen Ursachen sinkt der Seespiegel? Sinkt er gegenwärtig rascher als vor Jahrhunderten? Läßt sich annehmen, daß das Gleichgewicht zwischen dem Zufluß und dem Abgang sich über kurz oder lang wieder herstellt, oder ist zu besorgen, daß der See ganz eingeht?

Nach den astronomischen Beobachtungen in Victoria, Hacienda de Cura, Nueva Valencia und Guigue ist der See gegenwärtig von Cagua bis Guayos 10 Meilen oder 28000 Toisen lang. Seine Breite ist sehr ungleich; nach den Breiten an der Einmündung des Rio Cura und beim Dorfe Guigue zu urtheilen, beträgt sie nirgends über 2, 3 Meilen oder 6500 Toisen, meist nur 4–5000. Die Maaße, die sich aus meinen Beobachtungen ergeben, sind weit geringer als die bisherigen Annahmen der Eingeborenen. Man könnte meinen, um das Verhältniß der Wasserabnahme genau kennen zu lernen, brauche man nur die gegenwärtige Größe des Sees mit der zu vergleichen, welche alte Chronikschreiber, z. B. OVIEDO in seiner ums Jahr 1723 veröffentlichten »*Geschichte der Provinz Venezuela*,« angeben. Dieser Geschichtschreiber läßt in seinem hochtrabenden Styl »dieses Binnenmeer, diesen *monstruoso cuerpo de la laguna de Valencia*«, 14 Meilen lang und 6 breit seyn; er berichtet, in geringer Entfernung vom Ufer finde das Senkblei keinen Grund mehr, und große schwimmende Inseln bedecken die Seefläche, die fortwährend von den Winden aufgerührt werde. Unmöglich läßt sich auf Schätzungen Gewicht legen, die auf gar keiner Messung beruhen und dazu in ***Leguas*** ausgedrückt sind, auf die man in den Colonien 3000, 5000 und 6550 Varas[52] rechnet. Nur das verdient im Buch eines Mannes, der so oft durch die Thäler von Aragua gekommen seyn muß, Beachtung, daß er behauptet, die Stadt Nueva Valencia de el Rey sey im Jahr 1555 eine halbe Meile vom See erbaut worden, und daß sich bei ihm die Länge des Sees zur Breite verhält wie 7 zu 3. Gegenwärtig liegt zwischen dem See und der Stadt ein ebener Landstrich von mehr als 2700 Toisen, den Oviedo sicher zu anderthalb Meilen angeschlagen hätte, und die Länge des Seebeckens verhält sich zur Breite wie 10 zu 2,3 oder wie 7 zu 1,6. Schon das Aussehen des Bodens zwischen Valencia und Guigue, die Hügel, die auf der Ebene östlich vom Caño de Cambury steil aufsteigen und zum Theil (*el Islote* und *la Isla de la Negra* oder *Caratapona*) sogar noch jetzt Inseln heißen, beweisen zur Genüge, daß seit Oviedos Zeit das Wasser bedeutend zurückgewichen ist. Was die Veränderung des Umrisses des Sees betrifft, so scheint es mir nicht sehr wahrscheinlich, daß er im siebzehnten Jahrhundert beinahe zur Hälfte so breit als lang gewesen seyn sollte. Die Lage der Granitberge von Mariara und Guigue und der Fall des Bodens, der gegen Nord und Süd rascher steigt als gegen Ost und West, streiten gleichermaßen gegen diese Annahme.

Wenn das so vielfach besprochene Problem von der Abnahme der Gewässer zur Sprache kommt, so hat man, denke ich, zwei Epochen zu unterscheiden, in welchen das Sinken des Wasserspiegels stattgefunden.

Wenn man die Flußthäler und die Seebecken genau betrachtet, findet man überall das alte Ufer in bedeutender Entfernung. Niemand läugnet wohl jetzt mehr, daß unsere Flüsse und Seen in sehr bedeutendem Maaße abgenommen haben; aber zahlreiche geologische Thatsachen weisen auch darauf hin, daß dieser große Wechsel in der Vertheilung der Gewässer vor aller Geschichte eingetreten ist, und daß sich seit mehreren Jahrtausenden bei den meisten Seen ein festes Gleichgewicht zwischen dem Betrag der Zuflüsse einerseits, und der Verdunstung und Versickerung andererseits hergestellt hat. So oft dieses Gleichgewicht gestört ist, thut man gut, sich umzusehen, ob solches nicht von rein örtlichen Verhältnissen und aus jüngster Zeit herrührt, ehe man eine beständige Abnahme des Wassers annimmt. Ein solcher Gedankengang entspricht dem vorsichtigeren Verfahren der heutigen Wissenschaften. Zu einer Zeit, wo die physische Weltbeschreibung das freie Geisteserzeugniß einiger beredten Schriftsteller war und nur durch Phantasiebilder wirkte, hätte man in der Erscheinung, von der es sich hier handelt, einen neuen Beweis für den Contrast zwischen beiden Continenten gesehen, den man in Allem herausfand. Um darzuthun, daß Amerika später als Asien und Europa aus dem Wasser emporgestiegen, hätte man wohl auch den See von Tacarigua angeführt, als eines der Becken im innern Lande, die noch nicht Zeit gehabt, durch unausgesetzte allmälige Verdunstung auszutrocknen. Ich zweifle nicht, daß in sehr alter Zeit das ganze Thal vom Fuß des Gebirges Cocuysa bis zum Torito und den Bergen von Nirgua, von der Sierra de Mariara bis zu der Bergkette von Gigue, zum Guarimo und der Palma, unter Wasser stand. Ueberall läßt die Gestalt der Vorberge und ihr steiler Abfall das alte Ufer eines Alpsees, ähnlich den Steiermärker und Tyroler Seen, erkennen. Kleine Helix- und Valvaarten, die mit den jetzt im

See lebenden identisch sind, kommen in 3 bis 4 Fuß dicken Schichten tief im Lande, bis Turmero und Concesion bei Victoria vor. Diese Thatsachen beweisen nun allerdings, daß das Wasser gefallen ist; aber nirgends liegt ein Beweis dafür vor, daß es seit jener weit entlegenen Zeit fortwährend abgenommen habe. Die Thäler von Aragua gehören zu den Strichen von Venezuela, die am frühesten bevölkert worden, und doch spricht weder Oviedo, noch irgend eine alte Chronik von einer merklichen Abnahme des Sees. Soll man geradezu annehmen, die Erscheinung sey zu einer Zeit, wo die indianische Bevölkerung die weiße noch weit überwog und das Seeufer schwächer bewohnt war, eben nicht bemerkt worden? Seit einem halben Jahrhundert, besonders aber seit dreißig Jahren fällt es Jedermann in die Augen, daß dieses große Wasserbecken von selbst eintrocknet. Weite Strecken Landes, die früher unter Wasser standen, liegen jetzt trocken und sind bereits mit Bananen, Zuckerrohr und Baumwolle bepflanzt. Wo man am Gestade des Sees eine Hütte baut, sieht man das Ufer von Jahr zu Jahr gleichsam fliehen. Man sieht Inseln, die beim Sinken des Wasserspiegels eben erst mit dem Festlande zu verschmelzen anfangen (wie die Felseninsel Culebra, Guigue zu); andere Inseln bilden bereits Vorgebirge (wie der Morro, zwischen Guigue und Nueva Valencia, und die Cabrera südöstlich von Mariara); noch andere stehen tief im Lande in Gestalt zerstreuter Hügel. Diese, die man schon von weitem leicht erkennt, liegen eine Viertelseemeile bis eine Lieue vom jetzigen Ufer ab. Die merkwürdigsten sind drei 30–40 Toisen hohen Eilande aus Granit auf dem Wegc von der Hacienda de Cura nach *Aguas calientes* und am Westende des Sees der Serrito de San Pedro, der Islote und der Caratapona. Wir besuchten zwei noch ganz von Wasser umgebene Inseln und fanden unter dem Gesträuch auf kleinen Ebenen, 4–6, sogar 8 Toisen über dem jetzigen Seespiegel, feinen Sand mit Heliciten, den einst die Wellen hier abgesetzt. Auf allen diesen Inseln begegnet man den unzweideutigsten Spuren vom allmäligen Fallen des Wassers. Noch mehr, und diese Erscheinung wird von der Bevölkerung als ein Wunder angesehen: im Jahr 1796 erschienen drei neue Inseln östlich von der Insel Caiguire, in derselben Richtung wie die Inseln Burro, Otama und Zorro. Diese neuen Inseln, die beim Volk *los nuevos Peñones* oder *las Aparecidas* heißen, bilden eine Art Untiefen mit völlig ebener Oberfläche- Sie waren im Jahr 1800 bereits über einen Fuß höher als der mittlere Wasserstand.

Wie wir zu Anfang dieses Abschnitts bemerkt, bildet der See von Valencia, gleich den Seen im Thale von Mexico, den Mittelpunkt eines kleinen Systems von Flüssen, von denen keiner mit dem Meere in Verbindung steht. Die meisten dieser Gewässer können nur Bäche heißen; es sind ihrer zwölf bis vierzehn. Die Einwohner wissen wenig davon, was die Verdunstung leistet, und glauben daher schon lange, der See habe einen unterirdischen Abzug, durch den eben so viel abfließe, als die Bäche hereinbringen. Die einen lassen diesen Abzug mit Höhlen, die in großer Tiefe liegen sollen, in Verbindung stehen; andere nehmen an, das Wasser fließe durch einen schiefen Canal in das Meer. Dergleichen kühne Hypothesen über den Zusammenhang zwischen zwei benachbarten Wasserbecken hat die Einbildungskraft des Volkes, wie die der Physiker, in allen Erdstrichen ausgeheckt; denn letztere, wenn sie es sich auch nicht eingestehen, setzen nicht selten nur Volksmeinungen in die Sprache der Wissenschaft um. In der neuen Welt, wie am Ufer des caspischen Meeres, hört man von unterirdischen Schlünden und Canälen sprechen, obgleich der See Tacarigua 222 Toisen über und die caspische See 54 Toisen unter dem Meeresspiegel liegt, und so gut man auch weiß, daß Flüssigkeiten, die seitlich mit einander in Verbindung stehen, sich in dasselbe Niveau setzen.

Einerseits die Verringerung der Masse der Zuflüsse, die seit einem halben Jahrhundert in Folge der Ausrodung der Wälder, der Urbarmachung der Ebenen und des Indigobaus eingetreten ist, andererseits die Verdunstung des Bodens und die Trockenheit der Luft erscheinen als Ursachen, welche die Abnahme des Sees von Valencia zur Genüge erklären. Ich theile nicht die Ansicht eines Reisenden, der nach mir diese Länder besucht hat,[53] der zufolge man »zur Befriedigung der Vernunft und zu Ehren der Physik« einen unterirdischen Abfluß soll annehmen müssen. Fällt man die Bäume, welche Gipfel und Abhänge der Gebirge bedecken, so schafft man kommenden Geschlechtern ein zwiefaches Ungemach, Mangel an Brennholz und Wassermangel. Die Bäume sind vermöge des Wesens ihrer Ausdünstung und der Strahlung ihrer Blätter gegen einen wolkenlosen Himmel fortwährend mit einer kühlen, dunstigen Lufthülle umgeben; sie äußern wesentlichen Einfluß auf die Fülle der Quellen, nicht weil sie, wie man so lange geglaubt hat, die in der Luft verbreiteten Wasserdünste anziehen, sondern weil sie den Boden gegen die unmittelbare Wirkung der Sonnenstrahlen schützen und damit die Verdunstung des Regenwassers verringern. Zerstört man die Wälder, wie die europäischen Ansiedler aller Orten in Amerika mit unvorsichtiger Hast thun, so versiegen die Quellen oder nehmen doch stark ab. Die Flußbetten liegen einen Theil des Jahres über trocken, und werden zu reißenden Strömen, so oft im Gebirge starker Regen fällt. Da mit dem Holzwuchs auch Rasen und Moos auf den Bergkuppen verschwinden, wird das Regenwasser im Ablaufen nicht mehr aufgehalten; statt langsam durch allmälige Sickerung die Bäche zu schwellen, furcht es in der Jahreszeit der starken Regenniederschläge die Bergseiten, schwemmt das losgerissene Erdreich fort und verursacht plötzliches Austreten der Gewässer, welche nun die Felder verwüsten. Daraus geht hervor, daß das Verheeren der Wälder, der Mangel an fortwährend fließenden Quellen und die Wildwasser drei Erscheinungen sind, die in ursachlichem Zusammenhang stehen. Länder in entgegengesetzten Hemisphären, die Lombardei am Fuße der Alpenkette und Nieder-Peru zwischen dem stillen Meer und den Cordilleren der Anden, liefern einleuchtende Beweise für die Richtigkeit dieses Satzes.

Bis zur Mitte des vorigen Jahrhunderts waren die Berge, in denen die Thäler von Aragua liegen, mit Wald bewachsen. Große Bäume aus der Familie der Mimosen, Ceiba- und Feigenbäume beschatteten die Ufer des Sees und verbreiteten Kühlung. Die damals nur sehr dünn bevölkerte Ebene war voll Strauchwerk, bedeckt mit umgestürzten Baumstämmen und Schmarotzergewächsen, mit dichtem Rasenfilz überzogen, und gab somit die strahlende Wärme nicht so leicht von sich als der beackerte und eben deßhalb gegen die Sonnengluth nicht geschützte Boden. Mit der Ausrodung der Bäume, mit der Ausdehnung des Zucker-, Indigo- und Baumwollenbaus nahmen die Quellen und alle natürlichen Zuflüsse des Sees von Jahr zu Jahr ab. Man macht sich nur schwer einen Begriff davon, welch ungeheure Wassermassen durch die Verdunstung in der heißen Zone aufgesogen werden, und vollends in einem Thale, das von steil abfallenden Bergen umgeben ist, wo gegen Abend der Seewind und die niedergehenden Luftströmungen auftreten, und dessen Boden ganz flach, wie vom Wasser geebnet ist. Wir haben schon oben erwähnt, daß die Wärme, welche das ganze Jahr in Cura, Guacara, Nueva Valencia und an den Ufern des Sees herrscht, der stärksten Sommerhitze in Neapel und Sicilien gleich kommt. Die mittlere Temperatur der Luft in den Thälern von Aragua ist ungefähr 25°,5 [20°,4 Reaumur]; die hygrometrischen Beobachtungen ergaben mir für den Monat Februar im Durchschnitt aus Tag und Nacht 71°,4 am Haarhygrometer. Da die Worte: große Trockenheit oder große Feuchtigkeit keine Bedeutung an sich haben, und da eine Luft, die man in den Niederungen unter den Tropen sehr trocken nennt, in Europa für feucht gälte, so kann man über diese klimatischen Verhältnisse nur urtheilen, wenn man verschiedene Orte in derselben Zone vergleicht. Nun ist in Cumana, wo es oft ein ganzes Jahr lang nicht regnet, und wo ich zu verschiedenen Stunden bei Tag und bei Nacht sehr viele hygrometrische Beobachtungen gemacht, die mittlere Feuchtigkeit der Luft gleich 86°, entsprechend der mittleren Temperatur von 27°,7. Rechnet man die Regenmonate ein, das heißt schätzt man den Unterschied zwischen der mittleren Feuchtigkeit der trockenen Monate und der des ganzen Jahrs, wie man denselben in andern Theilen des tropischen Amerika beobachtet, so ergibt sich für die Thäler von Aragua eine mittlere Feuchtigkeit von höchstens 74°, bei einer Temperatur von 25°,5. In dieser warmen und doch gar nicht sehr feuchten Luft ist nun aber eine ungeheure Menge verdunsteten Wassers. Nach der Dalton'schen Theorie berechnet sich die Dicke der Wasserschicht, die unter den oben erwähnten Umständen in einer Stunde verdunstet, auf 0 Millimeter 36, oder auf 3,8 Linien in vierundzwanzig Stunden. Nimmt man in der gemäßigten Zone, z. B. für Paris, die mittlere Temperatur zu 10°,6 und die mittlere Feuchtigkeit zu 82° an, so ergibt sich nach denselben Formeln 0,10 Millimeter in der Stunde und eine Linie in vierundzwanzig Stunden. Will man sich, statt dieses unzuverlässigen theoretischen Calculs, an die Ergebnisse unmittelbarer

Beobachtung halten, so bedenke man, daß in Paris und Montmorency von Sedileau und Cotte die jährliche mittlere Verdunstung gleich 32 Zoll 1 Linie und 38 Zoll 4 Linien gefunden wurde. Im südlichen Frankreich haben zwei geschickte Ingenieurs, Clausade und Pin, berechnet, daß der Canal von Languedoc und das Bassin von Saint Ferreol, über Abzug des Betrags der Versickerung, jährlich 336 bis 360 Linien verlieren. In den pontinischen Sümpfen hat de Prony ungefähr das gleiche Ergebniß erhalten. Aus allen diesen Beobachtungen unter dem 41. und 49. Grad der Breite und bei einer mittleren Temperatur von 10°,5 und 16° ergibt sich eine mittlere Verdunstung von 1 bis 1,3 Linie im Tag. In der heißen Zone, z. B. auf den Antillen, ist die Verdunstung nach le Gaux dreimal, nach Cassan zweimal stärker. In Cumana, also an einem Ort, wo die Luft weit stärker mit Feuchtigkeit geschwängert ist als in den Thälern von Aragua, sah ich oft in zwölf Stunden in der Sonne 8,8 Millimeter im Schatten 3,4 Millimeter Wasser verdunsten. Versuche dieser Art sind sehr fein und schwankend; aber das eben Angeführte reicht hin, um zu zeigen, wie ungemein groß die Masse des Wasserdunstes seyn muß, der aus dem See von Valencia und auf dem Gebiet aufsteigt, dessen Gewässer sich in den See ergießen. Ich werde Gelegenheit finden, anderswo auf den Gegenstand zurückzukommen: in einem Werke, das die großen Gesetze der Natur in den verschiedenen Erdstrichen zur Anschauung bringt, muß auch der Versuch gemacht werden, das Problem von der **mittleren Spannung** der in der Luft enthaltenen Wasserdämpfe unter verschiedenen Breiten und in verschiedenen Meereshöhen zu lösen.

Das Maaß der Verdunstung hängt von einer Menge örtlicher Verhältnisse ab: von der stärkeren oder geringeren Beschattung des Wasserbeckens, von der Ruhe und der Bewegung des Wassers, von der Tiefe desselben, von der Beschaffenheit und Farbe des Grundes; im Großen aber wird die Verdunstung nur durch drei Elemente bedingt, durch die Temperatur, durch die Spannung der in der Luft enthaltenen Dämpfe, durch den Widerstand, den die Luft, je nachdem sie mehr oder minder dicht, mehr oder weniger bewegt ist, der Verbreitung der Dämpfe entgegengesetzt. Die Wassermenge, die an einem gegebenen Ort verdunstet, ist proportional dem Unterschied zwischen der Masse des Dampfes, welche die umgebende Luft im gesättigten Zustand aufnehmen kann, und der Masse desselben, welche sie wirklich enthält. Es folgt daraus, daß (wie schon d'Aubuisson bemerkt, der meine hygrometrischen Beobachtungen berechnet hat) die Verdunstung in der heißen Zone nicht so stark ist, als man nach der ungemein hohen Temperatur glauben sollte, weil in den heißen Himmelsstrichen die Luft gewöhnlich sehr feucht ist.

Seit der Ausbreitung des Ackerbaus in den Thälern von Aragua kommen die Flüßchen, die sich in den See von Valencia ergießen, in den sechs Monaten nach December als Zuflüsse nicht mehr in Betracht. Im untern Stück ihres

Laufs sind sie ausgetrocknet, weil die Indigo-, Zucker- und Kaffeepflanzer sie an vielen Punkten ableiten, um die Felder zu bewässern. Noch mehr: ein ziemlich ansehnliches Wasser, der Rio Pao, der am Rande der Llanos, am Fuß des *la Galera* genannten Hügelzugs entspringt, ergoß sich früher in den See, nachdem er auf dem Wege von Nueva Valencia nach Guigue den Casio de Cambury aufgenommen. Der Fluß lief damals von Süd nach Nord. Zu Ende des siebzehnten Jahrhunderts kam der Besitzer einer anliegenden Pflanzung auf den Gedanken, dem Rio Pao am Abhang eines Geländes ein neues Bett zu graben. Er leitete den Fluß ab, benutzte ihn zum Theil zur Bewässerung seines Grundstücks und ließ ihn dann gegen Süd, dem Abhang der Llanos nach, selbst seinen Weg suchen. Auf diesem neuen Lauf nach Süd nimmt der Rio Pao drei andere Bäche auf, den Tinaco, den Guanarito und den Chilua, und ergießt sich in die Portuguesa, einen Zweig des Rio Apure. Es ist eine nicht uninteressante Erscheinung, daß in Folge der eigenthümlichen Bodenbildung und der Senkung der Wasserscheide nach Südwest der Rio Pao sich vom kleinen **inneren Flußsystem**, dem er ursprünglich angehörte, trennte und nun seit hundert Jahren durch den Apure und den Orinoco mit dem Meere in Verbindung steht. Was hier im Kleinen durch Menschenhand geschah, thut die Natur häufig selbst entweder durch allmähliche Anschwemmung oder durch die Zerrüttung des Bodens in Folge starker Erdbeben. Wahrscheinlich werden im Laufe der Jahrhunderte manche Flüsse im Sudan und in Neuholland, die jetzt im Sande versiegen oder in Binnenseen laufen, sich einen Weg zur Meeresküste bahnen. So viel ist wenigstens sicher, daß es auf beiden Continenten innere Flußsysteme gibt, die man als **noch nicht ganz entwickelte**[54] betrachten kann, und die entweder nur bei Hochgewässer oder beständig durch Gabelung unter sich zusammenhängen.

Der Rio Pao hat sich ein so tiefes und breites Bett gegraben, daß, wenn in der Regenzeit der *Caño grande de Cambury* das ganze Land nordwestlich von Guigue überschwemmt, das Wasser dieses Caño und das des Sees von Valencia in den Rio Pao selbst zurücklaufen, so daß dieses Flüßchen, statt dem See Wasser zuzuführen, ihm vielmehr welches abzapft. Wir sehen etwas Aehnliches in Nordamerika, da wo die Geographen auf ihren Karten zwischen den großen canadischen Seen und dem Lande der Miamis eine eingebildete Bergkette angeben. Bei Hochgewässer stehen die Flüsse, die den Seen, und die, welche dem Mississippi zulaufen, mit einander in Verbindung und man fährt im Canoe von den Quellen des Flusses St. Maria in den Wabash, wie auf dem Chicago in den Illinois. Diese analogen Fälle scheinen mir von Seiten der Hydrographen alle Aufmerksamkeit zu verdienen.

Da der Boden rings um den See von Valencia durchaus flach und eben ist, so wird, wie ich es auch an den mexicanischen Seen alle Tage beobachten konnte, wenn der Wasserspiegel nur um wenige Zoll fällt, ein großer, mit fruchtbarem Schlamm und organischen Resten bedeckter Strich Landes trocken gelegt. Im Maaße, als der See sich zurückzieht, rückt der Landbau gegen das neue Ufer vor. Diese von der Natur bewerkstelligte, für die Landwirthschaft der Colonien sehr wichtige Austrocknung war in den letzten zehn Jahren, in denen ganz Amerika an großer Trockenheit litt, ungewöhnlich stark. Ich rieth den reichen Grundeigenthümern im Land, statt die jeweiligen Krümmungen des Seeufers zu bezeichnen, im Wasser selbst Granitsäulen aufzustellen, an denen man von Jahr zu Jahr den mittleren Wasserstand beobachten könnte. Der Marques del Toro will die Sache ausführen und auf Gneißgrund, der im See häufig vorkommt, auf dem schönen Granit der Sierra de Mariara **Limnometer** aufstellen.

Unmöglich läßt sich im voraus bestimmen, in welchem Maaße dieses Wasserbecken zusammengeschrumpft seyn wird, wenn einmal das Gleichgewicht zwischen dem Zufluß einerseits und der Verdunstung und Einsickerung andererseits völlig hergestellt ist. Die sehr verbreitete Meinung, der See werde ganz verschwinden, scheint mir durchaus ungegründet. Wenn in Folge starker Erdbeben oder aus andern gleich unerklärten Ursachen zehn nasse Jahre auf eben so viele trockene folgten, wenn sich die Berge wieder mit Wald bedeckten, wenn große Bäume das Seeufer und die Thäler beschatteten, so würde im Gegentheil das Wasser steigen und den schönen Pflanzungen, die gegenwärtig das Seebecken säumen, gefährlich werden.

Während in den Thälern von Aragua die einen Pflanzer besorgen, der See möchte ganz eingehen, die andern, er möchte wieder zum verlassenen Gestade heraufkommen, hört man in Caracas alles Ernstes die Frage erörtern, ob man nicht, um mehr Boden für den Landbau zu gewinnen, aus dem See einen Canal dem Rio Pao zu graben und ihn in die Llanos ableiten sollte. Es ist nicht zu läugnen, daß solches möglich wäre, namentlich wenn man Canäle unter dem Boden, Stollen anlegte. Dem allmähligen Rücktritt des Wassers verdankt das herrliche, reiche Bauland von Maracay, Cura, Mocundo, Guigue und Santa Cruz del Escoval mit seinen Tabak-, Zucker-, Kaffee, Indigo und Cacaopflanzungen seine Entstehung; wie kann man aber nur einen Augenblick bezweifeln, daß nur der See das Land so fruchtbar macht? Ohne die ungeheure Dunstmasse, welche Tag für Tag von der Wasserfläche in die Luft aufsteigt, wären die Thäler von Aragua so trocken und dürr, wie die Berge umher.

Der See ist im Durchschnitt 12–15, und an den tiefsten Stellen nicht, wie man gemeiniglich annimmt 80, sondern nur 35–40 Faden tief. Dieß ist das Ergebniß der sorgfältigen Messungen Don Antonio Manzanos mit dem Senkblei. Bedenkt man, wie ungemein tief alle Schweizer See sind, so daß, obgleich sie in hohen Thälern liegen, ihr Grund fast auf den Spiegel des Mittelmeeres hinabreicht, so wundert man sich, daß der Boden des Sees von

Valencia, der doch auch ein Alpsee ist, keine bedeutenderen Tiefen hat. Die tiefsten Stellen sind zwischen der Felseninsel Burro und der Landspitze Caña Fistula, so wie den hohen Bergen von Mariara gegenüber; im Ganzen aber ist der südliche Theil des Sees tiefer als der nördliche. Es ist nicht zu vergessen, daß jetzt zwar das ganze Ufer flach ist, der südliche Theil des Beckens aber doch am nächsten bei einer steil abfallenden Gebirgskette liegt. Wir wissen aber, daß auch das Meer bei einer hohen, senkrechten Felsküste meist am tiefsten ist.

Die Temperatur des Sees an der Wasserfläche war während meines Aufenthalts in den Thälern von Aragua im Februar beständig 23°–23°,7, also etwas geringer als die mittlere Lufttemperatur, sey es nun in Folge der Verdunstung, die dem Wasser und der Luft Wärme entzieht, oder weil die Schwankungen in der Temperatur der Luft sich einer großen Wassermasse nicht gleich schnell mittheilen, und weil der See Bäche aufnimmt, die aus kalten Quellen in den nahen Gebirgen entspringen. Zu meinem Bedauern konnte ich trotz der geringen Tiefe die Temperatur des Wassers in 30–40 Faden unter dem Wasserspiegel nicht beobachten. Ich hatte das Senkblei mit dem Thermometer, das ich auf den Alpenseen Salzburgs und auf dem Meere der Antillen gebraucht, nicht bei mir. Aus Saussures Versuchen geht hervor, daß zu beiden Seiten der Alpen Seen, die in einer Meereshöhe von 190–274 Toisen liegen, im Hochsommer in 900 bis 600, zuweilen sogar schon in 150 Fuß Tiefe beständig eine Temperatur von 4°,3 bis 6° zeigen; aber diese Versuche sind noch niemals auf Seen in der heißen Zone wiederholt worden. In der Schweiz sind die Schichten kalten Wassers ungeheuer mächtig. Im Genfer- und im Bielersee fand man sie so nahe an der Oberfläche, daß die Temperatur des Wassers je mit 10–15 Fuß Tiefe um einen Grad abnahm, also achtmal schneller als im Meer und acht und vierzigmal schneller als in der Luft. In der gemäßigten Zone, wo die Lufttemperatur auf den Gefrierpunkt und weit drunter sinkt, muß der Boden eines Sees, wäre er auch nicht von Gletschern und mit ewigem Schnee bedeckten Bergen umgeben, Wassertheilchen enthalten, die im Winter an der Oberfläche das Maximum ihrer Dichtigkeit (zwischen 3°,4 und 4°,4) erlangt haben und also am tiefsten niedergesunken sind. Andere Theilchen mit der Temperatur von +0°,5 sinken aber keineswegs unter die Schicht mit 4° Temperatur, sondern finden das hydrostatische Gleichgewicht nur über derselben. Sie gehen nur dann weiter hinab, wenn sich ihre Temperatur durch die Berührung mit weniger kalten Schichten um 3–4 Grad erhöht hat. Wenn das Wasser beim Erkalten in derselben Proportion bis zum Nullpunkt immer dichter wurde, so fände man in sehr tiefen Seen und in Wasserbecken, die nicht miteinander zusammenhängen, **welches auch die Breite des Orts seyn mag**, eine Wasserschicht, deren Temperatur dem Maximum der Erkaltung über dem Frierpunkt, der jährlich die umgebenden niedern Luftregionen ausgesetzt sind, beinahe gleich käme. Nach dieser Betrachtung erscheint es wahrscheinlich, daß auf den Ebenen der heißen Zone und in nicht hochgelegenen Thälern, deren mittlere Wärme 25°,5 bis 27° beträgt, der Boden der Seen nie weniger als 21–22° Temperatur haben kann. Wenn in derselben Zone das Meer in der Tiefe von 7–800 Faden Wasser hat mit einer Temperatur von nur 7°, das also um 12–13° kälter ist als das Minimum der Luftwärme über dem Meer, so ist diese Erscheinung, nach meiner Ansicht, ein direkter Beweis dafür, daß eine Meeresströmung in der Tiefe die Gewässer von den Polen zum Aequator führt. Wir lassen hier das schwierige Problem unerörtert, wie unter den Tropen und in der gemäßigten Zone, z. B. im Meer der Antillen und in den Schweizer Seen, diese tiefen, bis auf 4 oder 7 Grad abgekühlten Wasserschichten auf die Temperatur der von ihnen bedeckten Gesteinschichten einwirken, und wie diese Schichten, deren ursprüngliche Temperatur unter den Tropen 27°, am Genfer See 10° beträgt, auf das dem Frierpunkt nahe Wasser auf dem Boden der Seen und des tropischen Oceans zurückwirken? Diese Fragen sind von der höchsten Wichtigkeit sowohl für die Lebensprocesse der Thiere, die gewöhnlich auf dem Boden des süßen und des Salzwassers leben, als für die Theorie von der Vertheilung der Wärme in Ländern, die von großen, tiefen Meeren umgeben sind.

Der See von Valencia ist sehr reich an Inseln, welche durch die malerische Form der Felsen und den Pflanzenwuchs, der sie bedeckt, den Reiz der Landschaft erhöhen. Diesen Vorzug hat dieser tropische See vor den Alpenseen voraus. Es sind wenigstens fünfzehn Inseln, die in drei Gruppen zerfallen. Sie sind zum Theil angebaut und in Folge der Wasserdünste, die aus dem See aufsteigen, sehr fruchtbar. Die größte, 2000 Toisen lange, der Burro, ist sogar von ein paar Mestizenfamilien bewohnt, die Ziegen halten. Diese einfachen Menschen kommen selten an das Ufer bei Mocundo; der See dünkt ihnen unermeßlich groß, sie haben Bananen, Manioc, Milch und etwas Fische. Eine Rohrhütte, ein paar Hängematten aus Baumwolle, die nebenan wächst, ein großer Stein, um Feuer darauf zu machen, die holzigte Frucht des Tutuma zum Wasserschöpfen, das ist ihr ganzer Hausrath. Der alte Mestize, der uns Ziegenmilch anbot, hatte eine sehr hübsche Tochter. Unser Führer erzählte uns, das einsame Leben habe den Mann so argwöhnisch gemacht, als er vielleicht im Verkehr mit Menschen geworden wäre. Tags zuvor waren Jäger auf der Insel gewesen; die Nacht überraschte sie und sie wollten lieber unter freiem Himmel schlafen, als nach Mocundo zurückfahren. Darüber entstand große Unruhe auf der Insel. Der Vater zwang die Tochter auf eine sehr hohe Achazie zu steigen, die auf dem ebenen Boden nicht weit von der Hütte steht. Er selbst legte sich unter den Baum und ließ die Tochter nicht eher herunter, als bis die Jäger abgezogen waren. Nicht bei allen Inselbewohnern findet der Reisende solch argwöhnische Vorsicht, solch gewaltige Sittenstrenge.

Die See ist meist sehr fischreich; es kommen aber nur drei Arten mit weichlichem, nicht sehr schmackhaftem Fleisch darin vor, die Guavina, der Vagre und die Sardina. Die beiden letzteren kommen aus den Bächen in den See. Die Guavina, die ich an Ort und Stelle gezeichnet habe, ist 20 Zoll lang, 3½ Zoll breit. Es ist vielleicht eine neue Art der Gattung Erythrina des Gronovius. Sie hat große, silberglänzende, grün geränderte Schuppen; sie ist sehr gefräßig und läßt andere Arten nicht aufkommen. Die Fischer versicherten uns, ein kleines Crokodil, der **Bava**, der uns beim Baden oft nahe kam, helfe auch die Fische ausrotten. Wir konnten dieses Reptils nie habhaft werden, um es näher zu untersuchen. Es wird meist nur 3–4 Fuß lang und gilt für unschädlich, aber in der Lebensweise wie in der Gestalt kommt es dem Kaiman oder *Crocodilus acutus* nahe. Beim Schwimmen sieht man von ihm nur die Spitze der Schnauze und das Schwanzende. Bei Tage liegt es auf kahlen Uferstellen. Es ist sicher weder ein Monitor (die eigentlichen Monitors gehören nur der alten Welt an), noch Sebas **Sauvegarde** (*Lacerta Teguixin*), die nur taucht und nicht schwimmt. Reisende mögen nach uns darüber entscheiden, ich bemerke nur noch, als ziemlich auffallend, daß es im See von Valencia und im ganzen kleinen Flußgebiet desselben keine großen Kaimans gibt, während dieses gefährliche Thier wenige Meilen davon in den Gewässern, die in den Apure und Orinoco, oder zwischen Porto Cabello und Guayra unmittelbar in das antillische Meer laufen, sehr häufig ist.

Die Insel Chamberg ist durch ihre Höhe ausgezeichnet. Es ist ein 200 Fuß hoher Gneißfels mit zwei sattelförmig verbundenen Gipfeln. Der Abhang des Felsen ist kahl: kaum daß ein paar Clusiastämme mit großen weißen Blüthen darauf wachsen, aber die Aussicht über den See und die üppigen Fluren der anstoßenden Thäler ist herrlich, zumal wenn nach Sonnenuntergang Tausende von Wasservögeln, Reiher, Flamingos und Wildenten über den See ziehen, um auf den Inseln zu schlafen, und der weite Gebirgsgürtel am Horizont in Feuer steht. Wie schon erwähnt, brennt das Landvolk die Weiden ab, um ein frischeres, feineres Gras als Nachwuchs zu bekommen. Besonders auf den Gipfeln der Bergkette wächst viel Gras, und diese gewaltigen Feuer, die öfters über tausend Toisen lange Strecken laufen, nehmen sich aus, wie wenn Lavaströme aus dem Bergkamm quöllen; Wenn man so an einem herrlichen tropischen Abend am Seeufer ausruht und der angenehmen Kühle genießt, betrachtet man mit Lust in den Wellen, die an das Gestade schlagen, das Bild der rothen Feuer rings am Horizont.

Unter den Pflanzen, die auf den Felseninseln im See von Valencia wachsen, kommen, wie man glaubt, mehrere nur hier vor; wenigstens hat man sie sonst nirgends gefunden. Hieher gehören die See-Melonenbäume (*Papaya de la laguna*) und die Liebesäpfel der Insel Cura. Letztere sind von unserem *Solanum Lycopersicum* verschieden; ihre Frucht ist rund, klein, aber sehr schmackhaft;

man baut sie jetzt in Victoria, Nueva Valencia, überall in den Thälern von Aragua. Auch die *Papaya de la laguna* ist auf der Insel Cura und auf Cabo Blanco sehr häufig. Ihr Stamm ist schlanker als beim gemeinen Melonenbaum (*Carica Papaya*), aber die Frucht ist um die Hälfte kleiner und völlig kugelrund, ohne vorspringende Rippen, und hat 4–5 Zoll im Durchmesser. Beim Zerschneiden zeigt sie sich voll Samen, ohne die leeren Zwischenräume, die sich beim gemeinen Melonenbaum immer finden. Die Frucht, die ich oft gegessen, schmeckt ungemein süß; ich weiß nicht, ob es eine Spielart der *Carica Microcarpa* ist, die Jacquin beschrieben hat.

Die Umgegend des Sees ist nur in der trockenen Jahreszeit ungesund, wenn bei fallendem Wasser der schlammigte Boden der Sonnenhitze ausgesetzt ist. Das von Gebüschen der *Coccoloba barbadensis* beschattete, mit herrlichen Liliengewächsen geschmückte Gestade erinnert durch den Typus der Wasserpflanzen an die sumpfigen Ufer unserer europäischen Seen. Man findet hier Laichkraut (*Potamogeton*), Chara und drei Fuß hohe Teichkolben, die man von der *Typha angustifolia* unserer Sümpfe kaum unterscheiden kann. Erst bei genauer Untersuchung erkennt man in allen diesen Gewächsen der neuen Welt eigenthümliche Arten. Wie viele Pflanzen von der Magellanschen Meerenge, aus Chili und den Cordilleren von Quito sind früher wegen der großen Uebereinstimmung in Bildung und Aussehen mit Gewächsen der nördlichen gemäßigten Zone zusammengeworfen worden!

Die Bewohner der Thäler von Aragua fragen häufig, warum das südliche Ufer des Sees, besonders aber der südwestliche Strich desselben gegen las Aguacates, im Ganzen stärker bewachsen ist und ein frischeres Grün hat als das nördliche. Im Februar sahen wir viele entblätterte Bäume bei der Hacienda de Cura, bei Mocundo und Guacara, während südöstlich von Valencia Alles bereits darauf deutete, daß die Regenzeit bevorstand. Nach meiner Ansicht werden im ersten Abschnitt des Jahrs, wo die Sonne gegen Süden abweicht, die Hügel um Valencia, Guacara und Cura von der Sonnenhitze ausgebrannt, während dem südlichen Ufer durch den Seewind, sobald er durch die **Abra de Porto Cabello** in das Thal kommt, eine Luft zugeführt wird, die sich über dem See mit Wasserdunst beladen hat. Auf diesem südlichen Ufer, bei Guaruto, liegen auch die schönsten Tabaksfelder in der ganzen Provinz. Man unterscheidet welche der *primera*, *segunda* und *tercera fundacion*. Nach dem drückenden Monopol der Tabakspacht, deren wir bei der Beschreibung der Stadt Cumanacoa gedacht haben,[55] darf man in der Provinz Caracas nur in den Thälern von Aragua (bei Guaruto und Tapatapa) und in den Llanos von Uritucu Tabak bauen. Der Ertrag beläuft sich auf 5–600,000 Piaster; aber die Regie ist so kostspielig, daß sie gegen 230,000 Piaster im Jahr verschlingt. Die *Capitania general* von Caracas könnte vermöge ihrer Größe und ihres vortrefflichen Bodens, so gut wie Cuba, sämmtliche europäischen Märkte, versorgen; aber unter den gegenwärtigen Verhältnissen erhält sie im Gegentheil durch den Schleichhandel Tabak aus Brasilien auf dem Rio Negro, Cassiquiare und Orinoco, und aus der Provinz Pore auf dem Casanare, dem Ariporo und dem Rio Meta. Das sind die traurigen Folgen eines Prohibitivsystems, das den Fortschritt des Landbaus lähmt, den natürlichen Reichthum des Landes schmälert und sich vergeblich abmüht, Länder abzusperren, durch welche dieselben Flüsse laufen und deren Grenzen in unbewohnten Landstrichen sich verwischen.

Unter den Zuflüssen des Sees von Valencia entspringen einige aus heißen Quellen, und diese verdienen besondere Aufmerksamkeit. Diese Quellen kommen an drei Punkten der aus Granit bestehenden Küstencordillere zu Tag, bei Onoto, zwischen Turmero und Maracay, bei Mariara, nordöstlich von der Hacienda de Cura, und bei las Trincheras, auf dem Wege von Nueva Valencia nach Porto Cabello. Nur die heißen Wasser von Mariara und las Trincheras konnte ich in physikalischer und geologischer Beziehung genau untersuchen. Geht man am Bache Cura hinauf, seiner Quelle zu, so sieht man die Berge von Mariara in die Ebene vortreten in Gestalt eines weiten Amphitheaters, das aus senkrecht abfallenden Felswänden besteht, über denen sich Bergkegel mit gezackten Gipfeln erheben. Der Mittelpunkt des Amphitheaters führt den seltsamen Namen **Teufelsmauer** (*Rincon del Diablo*). Von den beiden Flügeln derselben heißt der östliche **el Chaparro**, der westliche **las Viruelas**. Diese verwitterten Felsen beherrschen die Ebene; sie bestehen aus einem sehr grobkörnigen, fast porphyrartigen Granit, in dem die gelblich-weißen Feldspathkrystalle über anderthalb Zoll lang sind; der Glimmer ist ziemlich selten darin und von schönem Silberglanz. Nichts malerischer und großartiger als der Anblick dieses halb grüngewachsenens Gebirgsstocks. Den Gipfel der **Calavera**, welche die Teufelsmauer mit dem Chaparro verbindet, sieht man sehr weit. Der Granit ist dort durch senkrechte Spalten in prismatische Massen getheilt, und es sieht aus, als ständen Basaltsäulen auf dem Urgebirge. In der Regenzeit stürzt eine bedeutende Wassermasse über diese steilen Abhänge herunter. Die Berge, die sich östlich an die Teufelsmauer anschließen, sind lange nicht so hoch und bestehen, wie das Vorgebirg Cabrera, aus Gneiß und granithaltigem Glimmerschiefer.

In diesen niedrigeren Bergen, zwei bis drei Seemeilen nordöstlich von Mariara, liegt die Schlucht der heißen Wasser, *Quebrada de aguas calientes*. Sie streicht nach Nord 75° West und enthält mehrere kleine Tümpel, von denen die zwei obern, die nicht zusammenhängen, nur 8 Zoll, die drei untern 2–3 Fuß Durchmesser haben; ihre Tiefe beträgt zwischen 3 und 15 Zoll. Die Temperatur dieser verschiedenen Trichter (*pozos*) ist 56–59 Grad, und, was ziemlich auffallend ist, die untern Trichter sind heißer als die obern, obgleich der Unterschied in der Bodenhöhe nicht mehr als 7–8 Zoll beträgt. Die heißen Wasser laufen zu einem kleinen Bache zusammen (*Rio de aquas calientes*), der dreißig Fuß weiter unten nur 48° Temperatur zeigt. Während der größten Trockenheit (in dieser Zeit besuchten wir die Schlucht) hat die ganze Masse des heißen Wassers nur ein Profil von 26 Quadratzoll; in der Regenzeit aber wird dasselbe bedeutend größer. Der Bach wird dann zum Bergstrom und seine Wärme nimmt ab, denn die Temperatur der heißen Quellen selbst scheint nur unmerklich auf und ab zu schwanken. Alle diese Quellen enthalten Schwefelwasserstoffgas in geringer Menge. Der diesem Gas eigene Geruch nach faulen Eiern läßt sich nur ganz nahe bei den Quellen spüren. Nur in einem der Tümpel, in dem mit 56,2 Grad Temperatur, sieht man Luftblasen sich entwickeln, und zwar in ziemlich regelmäßigen Pausen von 2–3 Minuten. Ich bemerkte, daß die Blasen immer von denselben Stellen ausgingen, vier an der Zahl, und daß man den Ort, von dem das Schwefelwasserstoffgas aufsteigt, durch Umrühren des Bodens mit einem Stock nicht merklich verändern kann. Diese Stellen entsprechen ohne Zweifel eben so vielen Löchern oder Spalten im Gneiß; auch sieht man, wenn über einem Loch Blasen erscheinen, das Gas sogleich auch über den drei andern sich entwickeln. Es gelang mir nicht, das Gas anzuzünden, weder die kleinen Mengen in den an der Fläche des heißen Wassers platzenden Blasen, noch dasjenige, das ich in einer Flasche über den Quellen gesammelt, wobei mir übel wurde, nicht sowohl vom Geruch des Gases als von der übermäßigen Hitze in der Schlucht. Ist das Schwefelwasserstoffgas mit vieler Kohlensäure oder mit atmosphärischer Lust gemengt? Ersteres ist mir nicht wahrscheinlich, so häufig es auch bei heißen Quellen vorkommt (Aachen, Enghien, Barège). Das in der Röhre eines Fontanaschen Eudiometers aufgefangene Gas war lange mit Wasser geschüttelt worden. Auf den kleinen Tümpeln schwimmt ein feines Schwefelhäutchen, das sich durch die langsame Verbrennung des Schwefelwasserstoffs im Sauerstoff der Luft niederschlägt. Hie und da ist eine Pflanze an den Quellen mit Schwefel incrustirt. Dieser Niederschlag wird kaum bemerklich, wenn man das Wasser von Mariara in einem offenen Gefäß erkalten läßt, ohne Zweifel weil die Quantität des entwickelten Gases sehr klein ist und es sich nicht erneuert. Das erkaltete Wasser macht in der Auflösung von salpetersaurem Kupfer keinen Niederschlag; es ist geschmacklos und ganz trinkbar. Wenn es je einige Salze enthält, etwa schwefelsaures Natron oder schwefelsaure Bittererde, so können sie nur in sehr geringer Quantität darin seyn. Da wir fast gar keine Reagentien bei uns hatten, so füllten wir nur zwei Flaschen an der Quelle selbst und schickten sie mit der nahrhaften Milch des sogenannten Kuhbaums (*Vaca*), über Porto Cabello und Havana, an Furcroy und Vauquelin nach Paris. Daß Wasser, die unmittelbar aus dem Granitgebirge kommen, so rein sind, ist eine der merkwürdigsten Erscheinungen auf beiden Continenten.[56] Wo soll man aber das Schwefelwasserstoffgas herleiten? Von der Zersetzung von Schwefeleisen oder Schwefelkiesschichten kann es nicht kommen. Rührt es von Schwefelcalcium, Schwefelmagnesium oder andern erdigten Halbmetallen her, die das Innere unseres Planeten unter der oxydirten Steinkruste enthält?

In der Schlucht der heißen Wasser von Mariara, in den kleinen Trichtern mit einer Temperatur von 56–59 Grad, kommen zwei Wasserpflanzen vor, eine häutige, die Luftblasen enthält, und eine mit parallelen Fasern [*Conferva*?]. Erstere hat große Aehnlichkeit mit der *Ulva labyrinthiformis* Vandellis, die in den europäischen warmen Quellen vorkommt. Auf der Insel Amsterdam sah BARROW [*Reise nach Cochinchina*] Büsche von Lycopodium und Marchantia an Stellen, wo die Temperatur des Bodens noch weit höher war. So wirkt ein **gewohnter Reiz** auf die Organe der Gewächse. Wasserinsekten kommen im Wasser von Mariara nicht vor. Man findet Frösche darin, die, von Schlangen verfolgt, hineingesprungen sind und den Tod gefunden haben.

Südlich von der Schlucht, in der Ebene, die sich zum Seeufer erstreckt, kommt eine andere schwefelwasserstoffhaltige, nicht so warme und weniger Gas enthaltende Quelle zu Tag. Die Spalte, aus der das Wasser läuft, liegt sechs Toisen höher als die eben beschriebenen Trichter. Der Thermometer stieg in der Spalte nur auf 42°. Das Wasser sammelt sich in einem mit großen Bäumen umgebenen, fast kreisrunden, 15 bis 18 Fuß weiten und 3 Fuß tiefen Becken. In dieses Bad werfen sich die unglücklichen Sklaven, wenn sie gegen Sonnenuntergang, mit Staub bedeckt, ihr Tagewerk auf den benachbarten Indigo- und Zuckerfeldern vollbracht haben. Obgleich das Wasser des **Baño** gewöhnlich 10–14 Grad wärmer ist als die Luft, nennen es die Schwarzen doch erfrischend, weil in der heißen Zone Alles so heißt, was die Kräfte herstellt, die Nervenaufregung beschwichtigt oder überhaupt ein Gefühl von Wohlbehagen gibt. Wir selbst erprobten die heilsame Wirkung dieses Bades. Wir ließen unsere Hängematten an die Bäume, die das Wasserbecken beschatten, binden und verweilten einen ganzen Tag an diesem herrlichen Platz, wo es sehr viele Pflanzen gibt. In der Nähe des Baño de Mariara fanden wir den **Volador** oder Gyrocarpus. Die Flügelfrüchte dieses großen Baumes fliegen wie Federbälle, wenn sie sich vom Fruchtstiele trennen. Wenn wir die Aeste des Volador schüttelten, wimmelte es in der Luft von diesen Früchten und ihr gleichzeitiges Niederfallen gewährte den merkwürdigsten Anblick. Die zwei häutigen gestreiften Flügel sind so gebogen, daß die Luft beim Niederfallen unter einem Winkel von 45 Grad gegen sie drückt. Glücklicherweise waren die Früchte, die wir auflasen, reif. Wir schickten welche nach Europa und sie keimten in den Gärten zu Berlin, Paris und Malmaison. Die vielen Voladorpflanzen, die man jetzt in den Gewächshäusern sieht, kommen alle von dem einzigen Baum der Art, der bei Mariara steht. Die geographische Vertheilung der verschiedenen Arten von Gyrocarpus, den Brown zu den Laurineen rechnet, ist eine sehr auffallende. Jacquin sah eine Art bei Carthagena das Indias; eine andere Art, die auf den Bergen an der Küste von Coromandel wächst, hat Roxburgh beschrieben; eine dritte und vierte kommen in der südlichen Halbkugel auf den Küsten von Neuholland vor.

Während wir nach dem Bade uns, nach Landessitte, halb in ein Tuch gewickelt, von der Sonne trocknen ließen, trat ein kleiner Mulatte zu uns. Nachdem er uns freundlich gegrüßt, hielt er uns eine lange Rede über die Kraft der Wasser von Mariara, über die vielen Kranken, die sie seit einigen Jahren besuchten, über die günstige Lage der Quellen zwischen zwei Städten, Valencia und Caracas, wo das Sittenverderbniß mit jedem Tage ärger werde. Er zeigte uns sein Haus, eine kleine offene Hütte aus Palmblättern, in einer Einzäunung, ganz nahe bei, an einem Bach, der in das Bad läuft. Er versicherte uns, wir finden daselbst alle möglichen Bequemlichkeiten, Nägel, unsere Hängematten zu befestigen, Ochsenhäute, um auf Rohrbänken zu schlafen, irdene mit immer frischem Wasser, und was uns nach dem Bad am besten bekommen werde, **Iguanas**, große Eidechsen, deren Fleisch für eine erfrischende Speise gilt. Wir ersahen aus diesem Vortrag, daß der arme Mann uns für Kranke hielt, die sich an der Quelle einrichten wollten. Er nannte sich »Wasserinspektor und **Pulpero**[57] des Platzes.« Auch hatte seine Zuvorkommenheit gegen uns ein Ende, als er erfuhr, daß wir bloß aus Neugierde da waren, oder, wie man in den Colonien, dem wahren Schlaraffenlande, sagt, »*para ver, no mas*« (um zu sehen, weiter nichts).

Man gebraucht das Wasser von Mariara mit Erfolg gegen rheumatische Geschwülste, alte Geschwüre und gegen die schreckliche Hautkrankheit, Bubas genannt, die nicht immer syphilitischen Ursprungs ist. Da die Quellen nur sehr wenig Schwefelwasserstoff enthalten, muß man da baden, wo sie zu Tage kommen. Weiterhin überrieselt man mit dem Wasser die Indigofelder. Der reiche Besitzer von Mariara, Don Domingo Tovar, ging damit um, ein Badehaus zu bauen und eine Anstalt einzurichten, wo Wohlhabende etwas mehr fanden als Eidechsenfleisch zum Essen und Häute auf Bänken zum Ruhen.

Am 21. Februar Abends brachen wir von der schönen Hacienda de Cura nach Guacara und Nueva Valencia auf. Wegen der schrecklichen Hitze bei Tage reisten wir lieber bei Nacht. Wir kamen durch den Weiler Punta Zamuro am Fuß der hohen Berge las Viruelas. Am Wege stehen große Zamangs oder Mimosen, deren Stamm 60 Fuß hoch wird. Die fast wagerechten Aeste derselben stoßen auf mehr als 150 Fuß Entfernung zusammen. Nirgends habe ich ein schöneres, dichteres Laubdach gesehen. Die Nacht war dunkel; die Teufelsmauer und ihre gezackten Felsen tauchten zuweilen in der Ferne auf, beleuchtet vom Schein der brennenden Savanen oder in röthliche Rauchwolken gehüllt. Wo das Gebüsch am dichtesten war, scheuten unsere Pferde ob dem Geschrei eines Thiers, das hinter uns her zu kommen schien. Es war ein großer Tiger, der sich seit drei Jahren in diesen Bergen umtrieb und den Nachstellungen der kühnsten Jäger entgangen war.

Er schleppte Pferde und Maulthiere sogar aus Einzäunungen fort; da es ihm aber nicht an Nahrung fehlte, hatte er noch nie Menschen angefallen. Der Neger, der uns führte, erhob ein wildes Geschrei, um den Tiger zu verscheuchen, was natürlich nicht gelang. Der Jaguar streicht, wie der europäische Wolf, den Reisenden nach, auch wenn er sie nicht anfallen will; der Wolf thut dieß auf freiem Feld, auf offenen Landstrecken, der Jaguar schleicht am Wege hin und zeigt sich nur von Zeit zu Zeit im Gebüsch.

Den dreiundzwanzigsten brachten wir im Hause des Marques del Toro im Dorfe Guacara, einer sehr starken indianischen Gemeinde, zu. Die Eingeborenen, deren Corregidor, Don Pedro Peñalver, ein sehr gebildeter Mann war, sind ziemlich wohlhabend. Sie hatten eben bei der Audiencia einen Proceß gewonnen, der ihnen die Ländereien wieder zusprach, welche die Weißen ihnen streitig gemacht. Eine Allee von Carolinenbäumen führt von Guacara nach Mocundo. Ich sah hier zum erstenmal dieses prachtvolle Gewächs, das eine der vornehmsten Zierden der Gewächshäuser in Schönbrunn ist.[58] Mocundo ist eine reiche Zuckerpflanzung der Familie Toto. Man findet hier sogar, was in diesem Lande so selten ist, »den Luxus des Ackerbaus,« einen Garten, künstliche Gehölze und am Wasser auf einem Gneißfels ein Lusthaus mit einem **Mirador** oder Belvedere. Man hat da eine herrliche Aussicht auf das westliche Stück des Sees, auf die Gebirge ringsum und auf einen Palmenwald zwischen Guacara und Nueva Valencia. Die Zuckerfelder mit dem lichten Grün des jungen Rohrs erscheinen wie ein weiter Wiesgrund. Alles trägt den Stempel des Ueberflusses, aber die das Land bauen, müssen ihre Freiheit daran setzen. In Mocundo baut man mit 230 Negern 77 Tablones oder **Stücke** Zuckerrohr, deren jedes 10,000 Quadrat-Varas[59] mißt und jährlich einen Reinertrag von 200–240 Piastern gibt. Man setzt die Stecklinge des creolischen und des otaheitischen Zuckerrohrs im April, bei ersterem je 4, bei letzterem 5 Schuh von einander. Das Rohr braucht 14 Monate zur Reife. Es blüht im Oktober, wenn der Setzling kräftig ist, man kappt aber die Spitze, ehe die Rispe sich entwickelt. Bei allen Monocotyledonen (beim Maguey, der in Mexico wegen des **Pulque** gebaut wird, bei der Weinpalme und dem Zuckerrohr) erhalten die Säfte durch die Blüthe eine andere Mischung. Die Zuckerfabrikation ist in Terra Firma sehr mangelhaft, weil man nur für den Verbrauch im Lande fabricirt und man für den Absatz im Großen sich lieber an den sogenannten **Papelon** als an raffinirten und Rohzucker hält. Dieser Papelon ist ein unreiner, braungelber Zucker in ganz kleinen Hüten. Er ist mit Melasse und schleimigten Stoffen verunreinigt. Der ärmste Mann ißt Papelon, wie man in Europa Käse ißt; man hält ihn allgemein für nahrhaft. Mit Wasser gegohren gibt er den **Guarapo**, das Lieblingsgetränk des Volks. Zum Auslaugen des Rohrsafts bedient man sich, statt des Kalks, des unterkohlensauren Kalis. Man nimmt dazu vorzugsweise die Asche des **Bucare**, der *Erythrina corallodendron.*

Das Zuckerrohr ist sehr spät, wahrscheinlich erst zu Ende des sechzehnten Jahrhunderts, von den Antillen in die Thäler von Aragua gekommen. Man kannte es seit den ältesten Zeiten in Indien, in China und auf allen Inseln des stillen Meeres; in Chorasan und in Persien wurde es schon im fünften Jahrhundert unserer Zeitrechnung zur Gewinnung festen Zuckers gebaut. Die Araber brachten das Rohr, das für die Bewohner heißer und gemäßigter Länder von so großem Werthe ist, an die Küsten des Mittelmeers. Im Jahr 1306 wurde es auf Sicilien noch nicht gebaut, aber auf Cypern, Rhodus und in Morea war es bereits verbreitet; hundert Jahre darauf war es ein werthvoller Besitz Calabriens, Siciliens und der spanischen Küsten. Von Sicilien verpflanzte der Infant Henriquez das Zuckerrohr nach Madera, von Madera kam es auf die Canarien, wo es ganz unbekannt war; denn die ***Ferulae*** von denen Juba spricht (*quae expressae liquorem fundunt potui jucundum*) sind Euphorbien, *Tabayba dulce*, und kein Zuckerrohr, wie man neuerdings behauptet hat. Nicht lange, so waren zehn Zuckermühlen (*ingenios de azucar* auf der großen Canaria, auf Palma und auf Teneriffa zwischen Adexe, Icod und Garachico. Man brauchte Neger zum Bau, und ihre Nachkommen leben noch in den Höhlen von Tiraxana auf der großen Canaria. Seit das Zuckerrohr auf die Antillen verpflanzt worden ist, und seit die neue Welt den glückseligen Inseln den Mais geschenkt, hat der Anbau dieser Grasart auf Teneriffa und der großen Canaria den Zuckerbau verdrängt. Jetzt wird dieser nur noch auf Palma bei Argual und Taxacorte getrieben und liefert kaum 1000 Centner Zucker im Jahr. Das canarische Rohr, das Aiguilon nach St. Domingo brachte, wurde dort seit 1517 oder den sechs, sieben folgenden Jahren unter der Herrschaft der Hieronymiter-Mönche gebaut. Von Anfang an wurden Neger dazu verwendet, und schon 1519 stellte man, gerade wie heutzutage, der Regierung vor, »die Antillen wären verloren und müßten wüste liegen bleiben, wenn man nicht alle Jahre Sklaven von der Küste von Guinea herüberbrächte.«

Seit einigen Jahren haben sich der Anbau und die Fabrikation des Zuckers in Terra Firma bedeutend verbessert, und da auf Jamaica das Raffiniren gesetzlich verboten ist, so glaubt man auf die Aussicht von raffinirtem Zucker in die englischen Colonien auf dem Wege des Schleichhandels rechnen zu können. Aber der Verbrauch in den Provinzen von Venezuela an Papelon und an Rohzucker zu Chocolate und Zuckerbäckerei (*dulces*) ist so groß, daß die Ausfuhr bis jetzt gar nicht in Betracht kam. Die schönsten Zuckerpflanzungen sind in den Thälern von Aragua und des Tuy, bei Pao de Zarete, zwischen Victoria und San Sebastiano, bei Guatire, Guarenas und Caurimare. Wie das Zuckerrohr zuerst von den Canarien in die neue Welt kam, so stehen noch jetzt meist Canarier oder **Islengos** den großen Pflanzungen vor und geben beim Anbau und beim Raffiniren die Anleitung. Dieser innige Verkehr mit den canarischen Inseln und ihren Bewohnern hat auch zur Einführung der Kameele in die Provinzen von Venezuela Anlaß gegeben. Der Marques del Toro ließ ihrer drei von Lancerota kommen. Die Transportkosten waren sehr bedeutend, weil die Thiere auf den Kauffahrern sehr viel Raum einnehmen und sie sehr viel süßes Wasser bedürfen, da die lange Ueberfahrt sie stark angreift. Ein Kameel, für das man nur dreißig Piaster bezahlt, hatte nach der Ankunft auf der Küste von Caracas acht- bis neunhundert Piaster gekostet. Wir sahen diese Thiere in Mocundo; von vieren waren schon drei in Amerika geworfen. Zwei waren vom Biß des Coral, einer giftigen Schlange, die am See sehr häufig ist, zu Grunde gegangen. Man braucht bis jetzt diese Kameele nur, um das Zuckerrohr in die Mühlen zu schaffen. Die männlichen Thiere, die stärker sind als die weiblichen, tragen 40–50 Arrobas. Ein reicher Gutsbesitzer in der Provinz-Barinas wollte, aufgemuntert durch den Vorgang des Marques del Toro, 15,000 Piaster aufwenden und auf einmal 14 bis 15 Kameele von den canarischen Inseln kommen lassen. Solche Unternehmungen sind um so lobenswerther, da man diese Lastthiere zum Waarentransport durch die glühend heißen Ebenen am Casanare, Apure und bei Calabozo benützen will, die in der trockenen Jahreszeit den afrikanischen Wüsten gleichen. Ich habe anderwärts bemerkt,[60] wie sehr zu wünschen wäre, daß die Eroberer schon zu Anfang des sechzehnten Jahrhunderts, wie Rindvieh, Pferde und Maulthiere, so auch Kameele nach Amerika verpflanzt hätten. Ueberall wo in unbewohnten Ländern sehr große Strecken zurückzulegen sind, wo sich keine Kanäle anlegen lassen, weil sie zu viele Schleußen erforderten (wie auf der Landenge von Panama, auf der Hochebene von Mexico, in den Wüsten zwischen dem Königreich Quito und Peru, und zwischen Peru und Chili), wären Kameele für den Handelsverkehr im Innern von der höchsten Bedeutung. Man muß sich um so mehr wundern, daß die Regierung nicht gleich nach der Eroberung die Einführung des Thiers aufgemuntert hat, da noch lange nach der Unterwerfung von Grenada das Kameel, das Lieblingsthier der Mauren, im südlichen Spanien sehr häufig war. Ein Biscayer, Juan de Reinaga, hatte auf seine Kosten einige Kameele nach Peru gebracht. Pater Acosta sah sie gegen das Ende des sechzehnten Jahrhunderts am Fuße der Anden; da sie aber schlecht gepflegt wurden, pflanzten sie sich spärlich fort und starben bald aus. In diesen Zeiten der Unterdrückung und des Elends, die man als die Zeiten des spanischen Ruhmes schildert, vermietheten die Encomenderos den Reisenden Indianer wie Lastthiere. Man trieb sie zu Hunderten zusammen, um Waaren über die Cordilleren zu schleppen, oder um die Heere auf ihren Eroberungs- und Raubzügen zu begleiten. Die Eingeborenen unterzogen sich diesem Dienst um so geduldiger, da sie, beim fast völligen Mangel an Hausthieren, schon seit langer Zeit von ihren eigenen Häuptlingen, wenn auch nicht so unmenschlich, dazu angehalten worden waren. Die von Juan de Reinaga versuchte Einführung der Kameele brachte die Encomenderos, die nicht gesetzlich, aber faktisch die Grundherrn der indianischen Dörfer waren, gewaltig in Aufruhr. Es ist nicht zu verwundern, daß der Hof den Beschwerden dieser Herrn Gehör gab; aber durch diese Maaßregel ging Amerika eines Mittels verlustig, das mehr als irgend etwas den Verkehr im Innern und den Waarenaustausch erleichtern konnte. Jetzt, da seit Carls III. Regierung die Indianer unter einem milderen Regimente stehen, und alle Zweige des einheimischen Gewerbfleißes sich freier entwickeln können, sollte die Einführung der Kameele im Großen, und von der Regierung selbst versucht werden. Würden einige hundert dieser nützlichen Thiere auf dem ungeheuren Areal von Amerika in heißen, trockenen Gegenden angesiedelt, so würde sich der günstige Einfluß auf den allgemeinen Wohlstand schon in wenigen Jahren merkbar machen. Provinzen, die durch Steppen getrennt sind, wären von Stunde an einander näher gerückt; manche Waaren aus dem Innern würden an den Küsten wohlfeiler, und durch die Vermehrung der Kameele, zumal der **Hedjines**, der **Schiffe der Wüste**, käme ein ganz anderes Leben in den Gewerbfleiß und den Handel der neuen Welt.

Am zweiundzwanzigsten Abends brachen wir von Mocundo auf und gingenüber los Guayos nach Nueva Valencia. Man kommt durch einen kleinen Palmenwald, dessen Bäume nach dem Habitus und der Bildung der fächerförmigen Blätter dem *Chamaerops humilis* an der Küste der Berberei gleichen. Der Stamm wird indessen 24, zuweilen sogar 30 Fuß hoch. Es ist wahrscheinlich eine neue Art der Gattung *Corypha*; die Palme heißt im Lande ***Palma de Sombrero*** weil man aus den Blattstielen Hüte, ähnlich unsern Strohhüten flicht. Das Palmengehölz, wo die dürren Blätter beim geringsten Luftzug rasseln, die auf der Ebene weidenden Kameele, das Wallen der Dünste auf einem vom Sonnenstrahl glühenden Boden, geben der Landschaft ein afrikanisches Gepräge. Je näher man an der Stadt und über das westliche Ende des Sees hinaus kommt, desto dürrer wird der Boden. Es ist ein ganz ebener, vom Wasser verlassener Thonboden. Die benachbarten Hügel, *Morros de Valencia* genannt, bestehen aus weißem Tuff, einer ganz neuen Bildung, die unmittelbar auf dem Gneiß aufliegt. Sie kommt bei Victoria und an verschiedenen andern Punkten längs der Küstengebirgskette wieder zum Vorschein. Die weiße Farbe dieses Tuffs, von dem die Sonnenstrahlen abprallen, trägt viel zur drückenden Hitze bei, die hier herrscht. Alles ist wüst und öde, kaum sieht man an den Ufern des Rio de Valencia hie und da einen Cacaostamm; sonst ist die Ebene kahl, pflanzenlos. Diese anscheinende Unfruchtbarkeit schreibt man hier, wie überall in den Thälern von Aragua, dem Indigobau zu, der den Boden stärker erschöpft (*cansa*) als irgend ein Gewächs. Es ware interessant, sich nach den wahren physischen Ursachen dieser Erscheinung umzusehen, über die man, wie ja auch über die Wirkung der Brache und der Wechselwirthschaft, noch lange nicht im Reinen ist. Ich beschränke mich auf die allgemeine Bemerkung, daß man unter den Tropen desto häufiger über die zunehmende Unfruchtbarkeit des Baulandes klagen hört, je näher man sich der Zeit der ersten

Urbarmachung befindet. In einem Erdstrich, wo fast kein Gras wächst, wo jedes Gewächs einen holzigten Stengel hat und gleich zum Busch aufschießt, ist der unangebrochene Boden fortwährend von hohen Bäumen oder von Buschwerk beschattet. Unter diesen dichten Schatten erhält er sich überall frisch und feucht. So üppig der Pflanzenwuchs unter den Tropen erscheint, so ist doch die Zahl der in die Erde dringenden Wurzeln auf einem nicht angebauten Boden geringer, während auf dem mit Indigo, Zuckerrohr oder Manioc angepflanzten Lande die Gewächse weit dichter bei einander stehen. Die Bäume und Gebüsche mit ihrer Fülle von Zweigen und Laub ziehen, ihre Nahrung zum großen Theil aus der umgebenden Luft, und die Fruchtbarkeit des jungfräulichen Bodens nimmt zu durch die Zersetzung des vegetabilischen Stoffs, der sich fortwährend auf demselben aufhäuft. Ganz anders bei den mit Indigo oder andern krautartigen Gewächsen bepflanzten Feldern. Die Sonnenstrahlen fallen frei auf den Boden und zerstören durch die rasche Verbrennung der Kohlenwasserstoff- und anderer oxydirbaren Verbindungen die Keime der Fruchtbarkeit. Diese Wirkungen fallen den Colonisten desto mehr auf, da sie in einem noch nicht lange bewohnten Lande die Fruchtbarkeit eines seit Jahrtausenden unberührten Bodens mit dem Ertrag der bebauten Felder vergleichen können. In Bezug auf den Ertrag des Ackerbaus sind gegenwärtig die spanischen Colonien auf dem Festland und die großen Inseln Portorico und Cuba gegen die kleinen Antillen bedeutend im Vortheil; Erstere haben vermöge ihrer Größe, der mannigfaltigen Bodenbildung und der verhältnißmäßig geringen Bevölkerung noch ganz den Typus eines unberührten Bodens, während man auf Barbados, Tabago, Santa Lucia, auf den Jungfraueninseln und im französischen Antheil von St. Domingo nachgerade spürt, daß lange fortgesetzter Anbau den Boden erschöpft. Wenn man in den Thälern von Aragua die Indigofelder, statt sie aufzugeben und brach liegen zu lassen, nicht mit Getreide, sondern mit andern nährenden und Futterkräutern anpflanzte, wenn man dazu vorzugsweise Gewächse aus verschiedenen Familien nähme, und solche, die mit breiten Blättern den Boden beschatten, so würden allmälig die Felder verbessert und ihnen ihre frühere Fruchtbarkeit zum Theil wieder gegeben werden.

Die Stadt Nueva Valencia nimmt einen ansehnlichen Flächenraum ein; aber die Bevölkerung ist kaum sechs- bis siebentausend Seelen stark. Die Straßen sind sehr breit, der Markt (*plaza mayor*) ist übermäßig groß, und da die Häuser sehr niedrig sind, ist das Mißverhältniß zwischen der Bevölkerung und der Ausdehnung der Stadt noch auffallender als in Caracas. Viele Weiße von europäischer Abstammung, besonders die ärmsten, ziehen aus ihren Häusern und leben den größten Theil des Jahrs auf ihren kleinen Indigo- oder Baumwollenpflanzungen. Dort wagen sie es mit eigenen Händen zu arbeiten, während ihnen dieß, nach dem im Lande herrschenden eingewurzelten Vorurtheil, in der Stadt zur Schande gereichte. Der Gewerbfleiß fängt im allgemeinen an sich zu regen, und der Baumwollenbau hat bedeutend zugenommen, seit dem Handel von Porto Cabello neue Freiheiten ertheilt worden sind und dieser Hafen als Haupthafen, als *puerto mayor* den unmittelbar aus dem Mutterlande kommenden Schiffen offen steht.

Nueva Valencia wurde im Jahr 1555 unter Villacindas Statthalterschaft von Alonzo Diaz Moreno gegründet, und ist also zwölf Jahre älter als Caracas. Wir haben schon früher bemerkt, daß in Venezuela die spanische Bevölkerung von West nach Ost vorgerückt ist. Valencia war anfangs nur eine zu Burburata gehörige Gemeinde, aber letztere Stadt ist jetzt nur noch ein Platz, wo Maulthiere eingeschifft werden. Man bedauert, und vielleicht mit Recht, daß Valencia nicht die Hauptstadt des Landes geworden ist. Ihre Lage auf einer Ebene, am Ufer eines Sees würde an die von Mexico erinnern. Wenn man bedenkt, wie bequem man durch die Thäler von Aragua in die Llanos und an die Nebenflüsse des Orinoco gelangt, wenn man sich überzeugt, daß sich durch den Rio Pao und die Portugueza eine Schifffahrtverbindung im innern Lande bis zur Mündung des Orinoco, zum Cassiquiare und dem Amazonenstrom herstellen ließe, so sieht man ein, daß die Hauptstadt der ausgedehnten Provinzen von Venezuela in der Nähe des prächtigen Hafens von Porto Cabello, unter einem reinen, heitern Himmel besser läge, als bei der schlecht geschützten Rhede von Guayra, in einem gemäßigten, aber das ganze Jahr nebligten Thale. So nahe beim Königreich Neu-Grenada, mitten inne zwischen den getreidereichen Gebieten von Victoria und Barquesimeto, hätte die Stadt Valencia gedeihen müssen; sie konnte aber nicht gegen Caracas aufkommen, das ihr zwei Jahrhunderte lang einen bedeutenden Theil der Einwohner entzogen hat. Die Mantuanosfamilien lebten lieber in der Hauptstadt als in einer Provinzialstadt.

Wer nicht weiß, von welcher Unmasse von Ameisen alle Länder in der heißen Zone heimgesucht sind, macht sich keinen Begriff von den Zerstörungen dieser Insekten und von den Bodensenkungen, die von ihnen herrühren. Sie sind im Boden, auf dem Valencia steht, in so ungeheurer Menge, daß die Gänge, die sie graben, unterirdischen Kanälen gleichen, in der Regenzeit sich mit Wasser füllen und den Gebäuden sehr gefährlich werden. Man hat hier nicht zu den sonderbaren Mitteln gegriffen, die man zu Anfang des sechzehnten Jahrhunderts auf St. Domingo anwendete, als Ameisenschwärme die schönen Ebenen von la Vega und die reichen Besitzungen des Ordens des h. Franciscus verheerten. Nachdem die Mönche vergebens die Ameisenlarven verbrannt und es mit Räucherungen versucht hatten, gaben sie den Leuten den Rath, einen Heiligen herauszuloosen, der als *Abagado contra los Hormigas* dienen sollte. Die Ehre ward dem heiligen Saturnin zu Theil, und als man das erstemal das Fest des Heiligen beging, verschwanden die Ameisen. Seit den Zeiten der Eroberung hat der Unglauben gewaltige Fortschritte gemacht, und nur auf dem Rücken der Cordilleren fand ich eine kleine Capelle, in der, der Inschrift zufolge, für die Vernichtung der **Termiten** gebetet werden sollte.

Valencia hat einige geschichtliche Erinnerungen aufzuweisen, sie sind aber, wie Alles, was die Colonien betrifft, nicht sehr alt und beziehen sich entweder auf bürgerliche Zwiste oder auf blutige Gefechte mit den Wilden. Lopez de Aguirre, dessen Frevelthaten und Abenteuer eine der dramatischsten Episoden in der Geschichte der Eroberung bilden, zog im Jahr 1561 aus Peru über den Amazonenstrom auf die Insel Margarita und von dort über den Hafen von Burburata in die Thaler von Aragua. Als er in Valencia eingezogen, die stolz den Namen einer **königlichen Stadt**, *Villa de el Rey*, führt, verkündigte er die Unabhängigkeit des Landes und die Absetzung Philipps II. Die Einwohner flüchteten sich auf die Inseln im See und nahmen zu größerer Sicherheit alle Boote am Ufer mit. In Folge dieser Kriegslist konnte Aguirre seine Grausamkeiten nur an seinen eigenen Leuten verüben. In Valencia schrieb er den berüchtigten Brief an den König von Spanien, der ein entsetzlich wahres Bild von den Sitten des Kriegsvolks im sechzehnten Jahrhundert gibt. Der Tyrann (so heißt Aguirre beim Volk noch jetzt) prahlt unter einander mit seinen Schandthaten und mit seiner Frömmigkeit; er ertheilt dem Könige Rathschläge hinsichtlich der Regierung der Colonien und der Einrichtung der Missionen. Mitten unter wilden Indianern, auf der Fahrt auf einem großen Süßwassermeer, wie er den Amazonenstrom nennt, »fühlt er große Besorgniß ob der Ketzereien Martin Luthers und der wachsenden Macht der Abtrünnigen in Europa.« Lopez de Aguirre wurde, nachdem die Seinigen von ihm abgefallen, in Barquesimeto erschlagen. Als es mit ihm zu Ende ging, stieß er seiner einzigen Tochter den Dolch in die Brust, »um ihr die Schande zu ersparen, bei den Spaniern die Tochter eines Verräthers zu heißen.« »Die Seele des Tyrannen« – so glauben die Eingeborenen – geht in den Savanen um in Gestalt einer Flamme, die entweicht, wenn ein Mensch auf sie zugeht.

Das zweite geschichtliche Ereigniß, das sich an Valencia knüpft, ist der Einfall der Caraiben vom Orinoco her in den Jahren 1578 und 1580. Diese Horde von Menschenfressern zog am Guarico herauf und über die Llanos herüber. Sie wurde vom tapfern Garci-Gonzalez, einem der Capitäne, deren Namen noch jetzt in diesen Provinzen in hohen Ehren steht, glücklich zurückgeschlagen. Mit Befriedigung denkt man daran, daß die Nachkommen derselben Caraiben jetzt als friedliche Ackerbauer in den Missionen leben, und daß kein wilder Volksstamm in Guyana es mehr wagt, über die Ebenen zwischen der Waldregion und dem angebauten Lande herüberzukommen.

Die Küstencordillere ist von mehreren Schluchten durchschnitten, die durchgängig von Südost nach Nordwest streichen. Dieß wiederholt sich von der Quebrada de Tocume zwischen Petarez und Caracas bis Porto Cabello.

Es ist als wäre aller Orten der Stoß von Südost gekommen, und die Erscheinung ist um so auffallender, da die Gneiß- und Glimmerschieferschichten in der Küstencordillere meist von Südwest nach Nordost streichen. Die meisten dieser Schluchten schneiden in den Südabhang der Berge ein, gehen aber nicht ganz durch; nur im Meridian von Nueva Valencia befindet sich eine Oeffnung (*Abra*), durch die man zur Küste hinunter gelangt und durch die jeden Abend ein sehr erfrischender Seewind in die Thäler von Aragua heraufkommt. Der Wind stellt sich regelmäßig zwei bis drei Stunden nach Sonnenuntergang ein.

Durch diese **Abra**, über den Hof Barbula und durch einen östlichen Zweig der Schlucht baut man eine neue Straße von Valencia nach Porto Cabello. Sie wird so kurz, daß man nur vier Stunden in den Hafen braucht und man in Einem Tage vom Hafen in die Thäler von Aragua und wieder zurück kann. Um diesen Weg kennen zu lernen, gingen wir am sechs und zwanzigsten Februar Abends nach dem Hofe Barbula, in Gesellschaft der Eigenthümer, der liebenswürdigen Familie Arambary.

Am sieben und zwanzigsten Morgens besuchten wir die heißen Quellen bei der Trinchera, drei Meilen von Valencia. Die Schlucht ist sehr breit und es geht vom Ufer des Sees bis zur Küste fast beständig abwärts. Trinchera heißt der Ort nach den kleinen Erdwerken, welche französische Flibustiers angelegt, als sie im Jahre 1677 die Stadt Valencia plünderten. Die heißen Quellen, und dieß ist geologisch nicht uninteressant, entspringen nicht südlich von den Bergen, wie die von Mariara, Onoto und am Brigantin; sie kommen vielmehr in der Bergkette selbst, fast am Nordabhang, zu Tag. Sie sind weit stärker als alle, die wir bisher gesehen, und bilden einen Bach, der in der trockensten Jahreszeit zwei Fuß tief und achtzehn breit ist. Die Temperatur des Wassers war, sehr genau gemessen, 90°,3. Nach den Quellen von Urijino in Japan, die reines Wasser seyn und eine Temperatur von 100° haben sollen, scheint das Wasser von la Trinchera de Porto Cabello das heißeste, das man überhaupt kennt. Wir frühstückten bei der Quelle. Eier waren im heißen Wasser in weniger als vier Minuten gar. Das stark schwefelwasserstoffhaltige Wasser entspringt auf dem Gipfel eines Hügels, der sich 150 Fuß über die Sohle der Schlucht erhebt und von Süd-Süd-Ost nach Nord-Nord-West streicht. Das Gestein, aus dem die Quelle kommt, ist ein ächter grobkörniger Granit, ähnlich dem der Teufelsmauer in den Bergen von Mariara. Ueberall wo das Wasser an der Luft verdunstet, bildet es Niederschläge und Incrustationen von kohlensaurem Kalk. Es geht vielleicht durch Schichten von Urkalk, der im Glimmerschiefer und Gneiß an der Küste von Caracas so häufig vorkommt. Die Ueppigkeit der Vegetation um das Becken überraschte uns. Mimosen mit zartem, gefiedertem Laub, Clusien und Feigenbäume haben ihre Wurzeln in den Boden eines Wasserstücks getrieben, dessen Temperatur 85° betrug. Ihre Aeste stehen nur zwei, drei

Zoll über dem Wasserspiegel. Obgleich das Laub der Mimosen beständig vom heißen Wasserdampf befeuchtet wird, ist es doch sehr schön grün. Ein Arum mit holzigtem Stengel und pfeilförmigen Blättern wuchs sogar mitten in einer Lache von 70° Temperatur. Dieselben Pflanzenarten kommen anderswo in diesem Gebirge an Bächen vor, in denen der Thermometer nicht auf 18° steigt. Noch mehr, vierzig Fuß von der Stelle, wo die 90° heißen Quellen entspringen, finden sich auch ganz kalte. Beide Gewässer laufen eine Strecke weit neben einander fort, und die Eingebornen zeigten uns, wie man sich, wenn man zwischen beiden Bächen ein Loch in den Boden gräbt, ein Bad von beliebiger Temperatur verschaffen kann. Es ist auffallend, wie in den heißesten und in den kältesten Erdstrichen der gemeine Mann gleich sehr die Wärme liebt. Bei der Einführung des Christenthums in Island wollte sich das Volk nur in den warmen Quellen am Hella taufen lassen, und in der heißen Zone, im Tiefland und auf den Cordilleren, laufen die Eingeborenen von allen Seiten den warmen Quellen zu. Die Kranken, die nach Trinchera kommen, um Dampfbäder zu brauchen, errichten über der Quelle eine Art Gitterwerk aus Baumzweigen und ganz dünnem Rohr. Sie legen sich nackt auf dieses Gitter, das, wie mir schien, nichts weniger als fest und nicht ohne Gefahr zu besteigen ist. Der *Rio de aguas calientes* läuft nach Nordost und wird in der Nahe der Küste zu einem ziemlich ansehnlichen Fluß, in dem große Krokodile leben, und der durch sein Austreten den Uferstrich ungesund machen hilft.

Wir gingen immer rechts am warmen Wasser nach Porto Cabello hinunter. Der Weg ist ungemein malerisch. Das Wasser stürzt über die Felsbänke nieder, und es ist als hätte man die Fülle der Neuß vom Gotthard herab vor sich; aber welch ein Contrast, was die Kraft und Ueppigkeit des Pflanzenwuchses betrifft! Zwischen blühenden Gesträuchen, aus Bignonien und Melastomen erheben sich majestätisch die weißen Stämme der Cecropia. Sie gehen erst aus, wenn man nur noch in 100 Toisen Meereshöhe ist. Bis hieher reicht auch eine kleine stachligte Palme, deren zarte, gefiederte Blätter an den Rändern wie gekräuselt erscheinen. Sie ist in diesem Gebirge sehr häufig; da wir aber weder Blüthe noch Frucht gesehen haben, wissen wir nicht, ob es die **Piritupalme** der Caraiben oder Jacquins *Cocos aculeata* ist.

Je näher wir der Küste kamen, desto drückender wurde die Hitze. Ein röthlicher Dunst umzog den Horizont; die Sonne war am Untergehen, aber der Seewind wehte noch nicht. Wir ruhten in den einzeln stehenden Höfen aus, die unter dem Namen **Cambury** und **Haus des Canariers** (*Casa del Isleñgo*) bekannt sind. Der *Rio de aguas calientes*, an dem wir hinzogen, wurde immer tiefer. Am Ufer lag ein todtes Krokodil; es war über neun Fuß lang. Wir hätten gerne seine Zähne und seine Mundhöhle untersucht; aber es lag schon mehrere Wochen in der Sonne und stank so furchtbar, daß wir dieses Vorhaben aufgeben und wieder zu Pferde steigen mußten. Ist man im Niveau des Meeres angelangt, so wendet sich der Weg ostwärts und läuft über einen dürren anderthalb Meilen breiten Strand, ähnlich dem bei Cumana. Man sieht hin und wieder eine Fackeldistel, ein Sesuvium, ein paar Stämme *Coccoloba uvifera* und längs der Küste wachsen Avicennien und Wurzelträger. Wir wateten durch den Guayguazo und den Rio Estevan, die, da sie sehr oft austreten, große Lachen stehenden Wassers bilden. Auf dieser weiten Ebene erheben sich wie Klippen kleine Felsen aus Mäandriten, Madreporiten und andern Corallen. Man könnte in denselben einen Beweis sehen, daß sich die See noch nicht sehr lange von hier zurückgezogen; aber diese Massen von Polypengehäusen sind nur Bruchstücke, in eine Breccie mit kalkigtem Bindemittel eingebacken. Ich sage in eine Breecie, denn man darf die weißen frischen Coralliten dieser sehr jungen Formation an der Küste nicht mit den Coralliten verwechseln, die im Uebergangsgebirge, in der Grauwacke und im schwarzen Kalkstein eingeschlossen vorkommen. Wir wunderten uns nicht wenig, daß wir an diesem völlig unbewohnten Ort einen starken, in voller Blüthe stehenden Stamm der *Parkinsonia aculeata* antrafen. Nach unsern botanischen Werken gehört der Baum der neuen Welt an; aber in fünf Jahren haben wir ihn nur zweimal wild gesehen, hier auf der Ebene am Rio Guayguaza und in den Llanos von Cumana, dreißig Meilen von der Küste, bei Villa del Pao; Letzterer Ort konnte noch dazu leicht ein alter **Conuco** oder eingehegtes Baufeld seyn. Sonst überall auf dem Festland von Amerika sahen wir die Parkinsonia, wie die Plumeria, nur in den Gärten der Indianer.

Ich kam zu rechter Zeit nach Porto Cabello, um einige Höhen des Canopus nahe am Meridian aufnehmen zu können; aber diese Beobachtungen, wie die am acht und zwanzigsten Februar aufgenommenen correspondirenden Sonnenhöhen, sind nicht sehr zuverläßig. Ich bemerkte zu spät, daß sich das Diopterlineal eines Troughtonschen Sextanten ein wenig verschoben hatte. Es war ein Dosensextant von zwei Zoll Halbmesser, dessen Gebrauch übrigens den Reisenden sehr zu empfehlen ist. Ich brauchte denselben sonst meist nur zu geodätischen Ausnahmen im Canoe auf Flüssen. In Porto Cabello wie in Guayra streitet man darüber, ob der Hafen ostwärts oder westwärts von der Stadt liegt, mit der derselbe den stärksten Verkehr hat. Die Einwohner glauben, Porto Cabello liege Nord-Nord-West von Nueva Valencia. Aus meinen Beobachtungen ergibt sich allerdings für jenen Ort eine Länge von 3–4 Minuten im Bogen weiter nach West. Nach Fidalgo läge er ostwärts.

Wir wurden im Hause eines französischen Arztes, Juliac, der sich in Montpellier tüchtig gebildet hatte, mit größter Zuvorkommenheit aufgenommen. In seinem kleinen Hause befanden sich Sammlungen mancherlei Art, die aber alle den Reisenden interessiren konnten: schönwissenschaftliche und naturgeschichtliche Bücher, meteorologische

Notizen, Bälge von Jaguars und großen Wasserschlangen, lebendige Thiere, Affen, Gürtelthiere, Vögel. Unser Hausherr war Oberwundarzt am königlichen Hospital in Porto Cabello, und im Lande wegen seiner tiefeingehenden Beobachtungen über das gelbe Fieber Vortheilhaft bekannt. Er hatte in sieben Jahren 600–800 von dieser schrecklichen Krankheit Befallene in das Spital aufnehmen sehen; er war Zeuge der Verheerungen, welche die Seuche im Jahr 1793 auf der Flotte des Admirals Ariztizabal angerichtet. Die Flotte verlor fast ein Drittheil ihrer Bemannung, weil die Matrosen fast sämmtlich nicht acclimatisirte Europäer waren und frei mit dem Lande verkehrten. Juliac hatte früher, wie in Terra Firma und auf den Inseln gebräuchlich ist, die Kranken mit Blutlassen, gelinde abführenden Mitteln und säuerlichen Getränken behandelt. Bei diesem Verfahren denkt man nicht daran die Kräfte durch Reizmittel zu heben; man will beruhigen und steigert nur die Schwäche und Entkräftung. In den Spitälern, wo die Kranken dicht beisammen lagen, starben damals von den weißen Creolen 33 Procent, von den frisch angekommenen Europäern 63 Procent. Seit man das alte herabstimmende Verfahren aufgegeben hatte und Reizmittel anwendete, Opium, Benzoe, weingeistige Getränke, hatte die Sterblichkeit bedeutend abgenommen. Man glaubte, sie betrage nunmehr nur 20 Procent bei Europäern und 10 bei Creolen, selbst dann, wenn sich schwarzes Erbrechen und Blutungen aus der Nase, den Ohren und dem Zahnfleisch einstellen und so die Krankheit in hohem Grade bösartig erscheint. Ich berichte genau, was mir damals als allgemeines Ergebniß der Beobachtungen mitgetheilt wurde; man darf aber, denke ich, bei solchen Zahlenzusammenstellungen nicht vergessen, daß, trotz der scheinbaren Uebereinstimmung, die Epidemien mehrerer auf einander folgenden Jahre von einander abweichen, und daß man bei der Wahl zwischen stärkenden und herabstimmenden Mitteln (wenn je ein absoluter Unterschied zwischen beiden besteht) die verschiedenen Stadien der Krankheit zu unterscheiden hat.

Die Hitze ist in Porto Cabello nicht so stark als in Guayra. Der Seewind ist stärker, häufiger, regelmäßiger; auch lehnen sich die Häuser nicht an Felsen, die bei Tag die Sonnenstrahlen absorbiren und bei Nacht die Wärme wieder von sich geben. Die Luft kann zwischen der Küste und den Bergen von Ilaria freier circuliren. Der Grund der Ungesundheit der Luft ist im Strande zu suchen, der sich westwärts, so weit das Auge reicht, gegen die *Punta de Tucacos* beim schönen Hafen von Chichiribiche fortzieht. Dort befinden sich die Salzwerke und dort herrschen bei Eintritt der Regenzeit die dreitägigen Wechselfieber, die leicht in atactische Fieber übergehen. Man hat die interessante Bemerkung gemacht, daß die Mestizen, die in den Salzwerken arbeiten, dunkelfarbiger sind und eine gelbere Haut bekommen, wenn sie mehrere Jahre hinter einander an diesen Fiebern gelitten haben, welche die **Küstenkrankheit** heißen. Die Bewohner dieses Strandes, arme Fischer, behaupten, nicht daher, daß das Seewasser das Land überschwemme und wieder abfließe, sey der mit Wurzelträgern bewachsene Boden so ungesund, das Verderbniß der Luft rühre vielmehr vom süßen Wasser her, von den Ueberschwemmungen des Rio Guayguaza und des Rio Estevan, die in den Monaten October und November so plötzlich und so stark austreten. Die Ufer des Rio Estevan sind bewohnbarer geworden, seit man daselbst kleine Mais- und Pisangpflanzungen angelegt und durch Erhöhung und Befestigung des Bodens dem Fluß ein engeres Bett angewiesen hat. Man geht damit um, dem Estevan eine andere Mündung zu graben und dadurch die Umgegend von Porto Cabello gesünder zu machen. Ein Kanal soll das Wasser an den Küstenstrich leiten, der der Insel Guayguaza gegenüberliegt.

Die Salzwerke von Porto Cabello gleichen so ziemlich denen auf der Halbinsel Araya bei Cumana. Indessen ist die Erde, die man auslaugt, indem man das Regenwasser in kleinen Becken sammelt, nicht so salzhaltig. Man fragt hier wie in Cumana, ob der Boden mit Salztheilchen geschwängert sey, weil er seit Jahrhunderten zeitweise unter Meerwasser gestanden, das an der Sonne verdunstet, oder ob das Salz im Boden enthalten sey wie in einem sehr armen Steinsalzwerk. Ich hatte nicht Zeit, den Strand hier so genau zu untersuchen wie die Halbinsel Araya; läuft übrigens der Streit nicht auf die höchst einfache Frage hinaus, ob das Salz von neuen oder aber von uralten Ueberschwemmungen herrührt? Da die Arbeit in den Salzwerken von Porto Cabello sehr ungesund ist, geben sich nur die ärmsten Leute dazu her. Sie bringen das Salz an Ort und Stelle in kleine Magazine und verkaufen es dann in den Niederlagen in der Stadt.

Während unseres Aufenthaltes in Porto Cabello lief die Strömung an der Küste, die sonst gewöhnlich nach West geht, von West nach Ost. Diese **Strömung nach oben** (*corriente por arriba*), von der bereits die Rede war, kommt zwei bis drei Monate im Jahr, vom September bis November, häufig vor. Man glaubt, sie trete ein, wenn zwischen Jamaica und dem Cap San Antonio auf Cuba Nord-Westwinde geweht haben.

Die militärische Vertheidigung der Küsten von Terra Firma stützt sich auf sechs Punkte, das Schloß San Antonio bei Cumana, den Morro bei Nueva Barcelona, die Werke (mit 134 Geschützen) bei Guayra, Porto Cabello, das Fort San Carlos an der Ausmündung des Sees Maracaybo, und Carthagena. Nach Carthagena ist Porto Cabello der wichtigste feste Platz; die Stadt ist ganz neu und der Hafen einer der schönsten in beiden Welten. Die Lage ist so günstig, daß die Kunst fast nichts hinzuzuthun hatte. Eine Erdzunge läuft Anfangs gegen Nord und dann nach West. Die westliche Spitze derselben liegt einer Reihe von Inseln gegenüber, die durch Brücken verbunden und so nahe bei einander sind, daß man sie für eine zweite Landzunge halten kann. Diese Inseln bestehen sämmtlich aus Kalkbreccien von sehr neuer Bildung, ähnlich der an der Küste von Cumana und am Schloß Araya. Es ist ein Conglomerat von Madreporen und andern Corallenbruchstücken, die durch ein kalkigtes Bindemittel und Sandkörner verkittet sind. Wir hatten dasselbe Conglomerat bereits am Rio Guayguaza gesehen. In Folge der eigenthümlichen Bildung des Landes stellt sich der Hafen als ein Becken oder als eine innere Lagune dar, an deren südlichem Ende eine Menge mit Manglebäumen bewachsener Eilande liegen. Daß der Hafeneingang gegen West liegt, trägt viel zur Ruhe des Wassers bei. Es kann nur Ein Fahrzeug auf einmal einlaufen, aber die größten Linienschiffe können dicht am Lande ankern, um Wasser einzunehmen. Die einzige Gefahr beim Einlaufen bieten die Riffe bei Punta Brava, denen gegenüber eine Batterie von acht Geschützen steht. Gegen West und Südwest erblickt man das Fort, ein regelmäßiges Fünfeck mit fünf Bastionen, die Batterie beim Riff und die Werke um die alte Stadt, welche auf einer Insel liegt, die ein verschobenes Viereck bildet. Ueber eine Brücke und das befestigte Thor der Estacada gelangt man aus der alten Stadt in die neue, welche bereits größer ist als jene, aber dennoch nur als Vorstadt gilt. Zu hinterst läuft das Hafenbecken oder die Lagune um diese Vorstadt herum gegen Südwest, und hier ist der Boden sumpfigt, voll stehenden, stinkenden Wassers. Die Stadt hat gegenwärtig gegen 9000 Einwohner. Sie verdankt ihre Entstehung dem Schleichhandel, der sich hier einnistete, weil die im Jahr 1549 gegründete Stadt Burburata in der Nähe lag. Erst unter dem Regiment der Biscayer und der Compagnie von Guipuzcoa wurde Porto Cabello, das bis dahin ein Weiler gewesen, eine wohlbefestigte Stadt. Von Guayra, das nicht sowohl ein Hafen als eine schlechte offene Rhede ist, bringt man die Schiffe nach Porto Cabello, um sie ausbessern und kalfatern zu lassen.

Der Hafen wird vorzugsweise durch die tief gelegenen Batterien auf der Landzunge Punta Brava und auf dem Riff vertheidigt, und diese Wahrheit wurde verkannt, als man auf den Bergen, welche die Vorstadt gegen Süd beherrschen, mit großen Kosten ein neues Fort, den Mirador (Belvedere) de Solano baute. Dieses Werk, eine Viertelstunde vom Hafen, liegt 400–500 Fuß über dem Meer. Die Baukosten betrugen jährlich und viele Jahre lang 20–30,000 Piaster. Der Generalcapitän von Caracas, Guevara Vasconzelos, war mit den besten spanischen Ingenieurs der Ansicht, der Mirador, auf dem zu meiner Zeit erst sechzehn Geschütze standen, sey für die Vertheidigung des Platzes nur von geringer Bedeutung, und ließ den Bau einstellen. Eine lange Erfahrung hat bewiesen, daß sehr hoch gelegene Batterien, wenn auch sehr schwere Stücke darin stehen, die Rhede lange nicht so wirksam bestreichen, als tief am Strand oder auf Dämmen halb im Wasser liegende Batterien mit Geschützen von geringerem Kaliber. Wir fanden den Platz Porto Cabello in einem keineswegs befriedigenden Vertheidigungszustand. Die Werke am Hafen und der Stadtwall mit etwa sechzig Geschützen erfordern eine Besatzung von 1800 bis 2000 Mann, und es waren nicht 600 da. Es war auch eine königliche Fregatte, die an der Einfahrt des Hafens vor Anker lag, bei Nacht von den Kanonierschaluppen eines englischen Kriegsschiffe angegriffen und weggenommen worden. Die Blokade begünstigte vielmehr den Schleichhandel, als daß sie ihn hinderte, und man sah deutlich, daß in Porto Cabello die Bevölkerung in der Zunahme, der Gewerbfleiß im Aufschwung begriffen waren. Am stärksten ist der gesetzwidrige Verkehr mit den Inseln Curacao und Jamaica. Man führt über 10,000 Maulthiere jährlich aus. Es ist nicht uninteressant, die Thiere einschiffen zu sehen. Man wirft sie mit der Schlinge nieder und zieht sie an Bord mittelst einer Vorrichtung gleich einem Krahn. Aus dem Schiffe stehen sie in zwei Reihen und können sich beim Schlingern und Stampfen kaum auf den Beinen halten. Um sie zu schrecken und fügsamer zu machen, wird fast fortwährend Tag und Nacht die Trommel gerührt. Man kann sich denken, wie sanft ein Passagier ruht, der den Muth hat, sich auf einer solchen mit Maulthieren beladenen Goelette nach Jamaica einzuschiffen.

Wir verließen Porto Cabello am ersten Merz mit Sonnenaufgang. Mit Verwunderung sahen wir die Masse von Kähnen, welche Früchte zu Markt brachten. Es mahnte mich an einen schönen Morgen in Venedig. Vom Meere aus gesehen, liegt die Stadt im Ganzen freundlich und angenehm da. Dicht bewachsene Berge, über denen Gipfel aufsteigen, die man nach ihren Umrissen der Trappformation zuschreiben könnte, bilden den Hintergrund der Landschaft. In der Nähe der Küste ist alles nackt, weiß, stark beleuchtet, die Bergwand dagegen mit dicht belaubten Bäumen bedeckt, die ihre gewaltigen Schatten über braunes steinigtes Erdreich werfen. Vor der Stadt besahen wir die eben fertig gewordene Wasserleitung. Sie ist 5000 Varas lang und führt in einer Rinne das Wasser des Rio Estevan in die Stadt. Dieses Werk hat 30,000 Piaster gekostet, das Wasser springt aber auch in allen Straßen.

Wir gingen von Porto Cabello in die Thäler von Aragua zurück und hielten wieder auf der Pflanzung Barbula an, über welche die neue Straße nach Valencia geführt wird. Wir hatten schon seit mehreren Wochen von einem Baume sprechen hören, dessen Saft eine nährende Milch ist. Man nennt ihn den **Kuhbaum** und man versicherte uns, die Neger auf dem Hofe trinken viel von dieser vegetabilischen Milch und halten sie für ein gesundes Nahrungsmittel. Da alle milchigten Pflanzensäfte scharf, bitter und mehr oder weniger giftig sind, so schien uns diese Behauptung sehr sonderbar; aber die Erfahrung lehrte uns während unseres Aufenthalts in Barbula, daß, was man uns von den Eigenschaften des *Palo de Vaca* erzählt hatte, nicht übertrieben war. Der schöne Baum hat den Habitus des *Chrysophyllum cainito* oder Sternapfelbaums; die länglichten, zugespitzten, lederartigen, abwechselnden Blätter haben unten vorspringende, parallele Seitenrippen und werden zehn Zoll lang. Die Blüthe bekamen wir nicht zu sehen; die Frucht hat wenig Fleisch und enthält eine, bisweilen zwei Nüsse. Macht man Einschnitte in den Stamm des Kuhbaums, so fließt sehr reichlich eine klebrigte, ziemlich dicke Milch aus, die durchaus nichts Scharfes hat und sehr angenehm wie Balsam riecht. Man reichte uns welche in den Früchten des Tutumo oder Flaschenbaums. Wir tranken Abends vor Schlafengehen und früh Morgens viel davon, ohne irgend eine nachtheilige Wirkung. Nur die Klebrigkeit macht diese Milch etwas unangenehm. Die Neger und die Freien, die auf den Pflanzungen arbeiten, tunken sie mit Mais- und Maniocbrod, **Arepa** und **Cassave**, aus. Der Verwalter des Hofs versicherte uns, die Neger legen in der Zeit, wo der Palo de Vaca ihnen am meisten Milch gibt, sichtbar zu. Bei freiem Zutritt der Luft zieht der Saft an der Oberfläche, vielleicht durch Absorption des Sauerstoffs der Luft, Häute einer stark animalisirten, gelblichen, faserigen, dem Käsestoff ähnlichen Substanz. Nimmt man diese Häute von der übrigen wässerigen Flüssigkeit ab, so zeigen sie sich elastisch wie Cautschuc, in der Folge aber faulen sie unter denselben Erscheinungen wie die Gallerte. Das Volk nennt den Klumpen, der sich an der Luft absetzt, **Käse**; der Klumpen wird nach fünf, sechs Tagen sauer, wie ich an den kleinen Stücken bemerkte, die ich nach Nueva Valencia mitgebracht. In einer verschlossenen Flasche setzte sich in der Milch etwas Gerinsel zu Boden, und sie wurde keineswegs übelriechend, sondern behielt ihren Balsamgeruch. Mit kaltem Wasser vermischt gerann der frische Saft nur sehr wenig, aber die klebrigten Häute setzten sich ab, sobald ich denselben mit Salpetersäure in Berührung brachte. Wir schickten Fourcroys in Paris zwei Flaschen dieser Milch. In der einen war sie im natürlichen Zustand, in der andern mit einer gewissen Menge kohlensauren Natrons versetzt. Der französische Consul auf der Insel St. Thomas übernahm die Beförderung.

Dieser merkwürdige Baum scheint der Küstencordillere, besonders von Barbula bis zum See Maracaybo, eigenthümlich. Beim Dorf San Mateo und nach Bredemayer, dessen Reisen die schönen Gewächshäuser von Schönbrunn und Wien so sehr bereichert haben, im Thal von Caucagua, drei Meilen von Caracas, stehen auch einige Stämme. Dieser Naturforscher fand, wie wir, die vegetabilische Milch des *Palo de Vaca* angenehm von Geschmack und von aromatischem Geruch. In Caucagua nennen die Eingeborenen den Baum, der den nährenden Saft gibt, **Milchbaum, *Arbol del leche*.** Sie wollen an der Dicke und Farbe des Laubs die Bäume erkennen, die am meisten Saft geben, wie der Hirte nach äußern Merkmalen eine gute Milchkuh herausfindet. Kein Botaniker kannte bis jetzt dieses Gewächs, dessen Fructificationsorgane man sich leicht wird verschaffen können. Nach Kunth scheint der Baum zu der Familie der Sapoteen zu gehören. Erst lange nach meiner Rückkehr nach Europa fand ich in des Holländers Laet Beschreibung von Westindien eine Stelle, die sich auf den Kuhbaum zu beziehen scheint. »In der Provinz Cumana,« sagt Laet, gibt es Bäume, deren Saft geronnener Milch gleicht und ein **gesundes Nahrungsmittel** abgibt.«

Ich gestehe, von den vielen merkwürdigen Erscheinungen, die mir im Verlauf meiner Reise zu Gesicht gekommen, haben wenige auf meine Einbildungskraft einen stärkeren Eindruck gemacht als der Anblick des Kuhbaums. Alles was sich auf die Milch oder auf die Getreidearten bezieht, hat ein Interesse für uns, das sich nicht auf die physikalische Kenntniß der Gegenstände beschränkt, sondern einem andern Kreise von Vorstellungen und Empfindungen angehört. Wir vermögen uns kaum vorzustellen, wie das Menschengeschlecht bestehen könnte ohne mehligte Stoffe, ohne den nährenden Saft in der Mutterbrust, der auf den langen Schwächezustand des Kindes berechnet ist. Das Stärkmehl des Getreides, das bei so vielen alten und neueren Völkern ein Gegenstand religiöser Verehrung ist, kommt in den Samen und den Wurzeln der Gewächse vor; die nährende Milch dagegen erscheint uns als ein ausschließliches Produkt der thierischen Organisation. Diesen Eindruck erhalten wir von Kindheit auf, und daher denn auch das Erstaunen, womit wir den eben beschriebenen Baum betrachten. Was uns hier so gewaltig ergreift, sind nicht prachtvolle Wälderschatten, majestätisch dahinziehende Ströme, von ewigem Eis starrende Gebirge: ein paar Tropfen Pflanzensaft führen uns die ganze Macht und Fülle der Natur vor das innere Auge. An der kahlen Felswand wächst ein Baum mit trockenen, lederartigen Blättern; seine dicken holzigten Wurzeln dringen kaum in das Gestein. Mehrere Monate im Jahr netzt kein Regen sein Laub; die Zweige scheinen vertrocknet, abgestorben; bohrt man aber den Stamm an, so fließt eine süße, nahrhafte Milch heraus. Bei Sonnenaufgang strömt die vegetabilische Quelle am reichlichsten; dann kommen von allen Seiten die Schwarzen und die Eingeborenen mit großen Näpfen herbei und fangen die Milch auf, die sofort an der Oberfläche gelb und dick wird. Die einen trinken die Näpfe unter dem Baum selbst aus, andere bringen sie ihren Kindern. Es ist, als sähe man einen Hirten, der die Milch seiner Heerde unter die Seinigen vertheilt.

Ich habe den Eindruck geschildert, den der Kuhbaum auf die Einbildungskraft des Reisenden macht, wenn er ihn zum erstenmale sieht. Die wissenschaftliche Untersuchung zeigt, daß die physischen Eigenschaften der thierischen und der vegetabilischen Stoffe im engsten Zusammenhang stehen; aber sie benimmt dem Gegenstand, der uns in Erstaunen setzte, den Anstrich des Wunderbaren, sie entkleidet ihn wohl auch zum Theil seines Reizes. Nichts steht für sich allein da; chemische Grundstoffe, die, wie man glaubte, nur den Thieren zukommen, finden sich in den Gewächsen gleichfalls. Ein gemeinsames Band umschlingt die ganze organische Natur.

Lange bevor die Chemie im Blüthenstaub, im Eiweiß der Blätter und im weißlichen Anflug unserer Pflaumen und Trauben kleine Wachstheilchen entdeckte, verfertigten die Bewohner der Anden von Quindiu Kerzen aus der dicken Wachsschicht, welche den Stamm einer Palme überzieht [*Ceroxylon andicola*]. Vor wenigen Jahren wurde in Europa das ***Caseum***, der

Grundstoff des Käses, in der Mandelmilch entdeckt; aber seit Jahrhunderten gilt in den Gebirgen an der Küste von Venezuela die Milch eines Baumes und der Käse, der sich in dieser vegetabilischen Milch absondert, für ein gesundes Nahrungsmittel. Woher rührt dieser seltsame Gang in der Entwicklung unserer Kenntnisse? Wie konnte das Volk in der einen Halbkugel auf etwas kommen, was in der andern dem Scharfblick der Scheidekünstler, die doch gewöhnt sind die Natur zu befragen und sie auf ihrem geheimnißvollen Gang zu belauschen, so lange entgangen ist? Daher, daß einige wenige Elemente und verschiedenartig zusammengesetzte Grundstoffe in mehreren Pflanzenfamilien vorkommen; daher, daß die Gattungen und Arten dieser natürlichen Familien nicht über die tropischen und die kalten und gemäßigten Himmelsstriche gleich vertheilt sind; daher, daß Völker, die fast ganz von Pflanzenstoffen leben, vom Bedürfniß getrieben, mehligte nährende Stoffe überall finden, wo sie nur die Natur im Pflanzensaft, in Rinden, Wurzeln oder Früchten niedergelegt hat. Das Stärkmehl, das sich am reinsten in den Getreidekörnern findet, ist in den Wurzeln der Arumarten, der *Tacca pinnatifida* und der *Jatropha Manihot* mit einem scharfen, zuweilen selbst giftigen Saft verbunden. Der amerikanische Wilde, wie der auf den Inseln der Südsee, hat das Satzmehl durch Auspressen und Trennen vom Safte **aussüßen** gelernt. In der Pflanzenmilch und den milchigten Emulsionen sind äußerst nahrhafte Stoffe, Eiweiß, Käsestoff und Zucker mit Cautschuc und ätzenden schädlichen Materien, wie Morphium und Blausäure, verbunden. Dergleichen Mischungen sind nicht nur nach den Familien, sondern sogar bei den Arten derselben Gattung verschieden. Bald ist es das Morphium oder der narkotische Grundstoff, was der Pflanzenmilch ihre vorwiegende Eigenschaft gibt, wie bei manchen Mohnarten, bald das Cautschuc, wie bei der *Hevea* und *Castilloa* bald Eiweiß und Käsestoff, wie beim Melonenbaum und Kuhbaum.

Die milchigten Gewächse gehören vorzugsweise den drei Familien der Euphorbien, der Urticeen und der Apocyneen an, und da ein Blick auf die Vertheilung der Pflanzenbildungen über den Erdball zeigt, daß diese drei Familien[61] in den Niederungen der Tropenländer durch die zahlreichsten Arten vertreten sind, so müssen wir daraus schließen, daß eine sehr hohe Temperatur zur Bildung von Cautschuc, Eiweiß und Käsestoff beiträgt. Der Saft des Palo de Vaca ist ohne Zweifel das auffallendste Beispiel, daß nicht immer ein scharfer, schädlicher Stoff mit dem Eiweiß, dem Käsestoff und dem Cautschuc verbunden ist; indessen kannte man in den Gattungen Euphorbia und Asclepias, die sonst durch ihre ätzenden Eigenschaften bekannt sind, Arten, die einen milden, unschädlichen Saft haben. Hieher gehört der *Tubayba dulce* der canarischen Inseln, von dem schon oben die Rede war [*Euphorbia balsamifera*], und *Asclepias lactifera* auf Ceylan. Wie Burman erzählt, bedient man sich dort, in Ermanglung der Kuhmilch, der Milch der so letztgenannten Pflanze und kocht mit den Blättern derselben die Speisen, die man sonst mit thierischer Milch zubereitet. Es ist zu erwarten, daß ein Reisender, dem die gründlichsten Kenntnisse in der Chemie zu Gebot stehen, John Davy, bei seinem Aufenthalt auf Ceylan diesen Punkt ins Reine bringen wird; denn, wie Decandolle richtig bemerkt, es wäre möglich, daß die Eingeborenen nur den Saft der jungen Pflanze benützten, so lange der scharfe Stoff noch nicht entwickelt ist. Wirklich werden in manchen Ländern die jungen Sprossen der Apocyneen gegessen.

Ich habe mit dieser Zusammenstellung den Versuch gemacht, die Milchsäfte der Gewächse und der milchigten Emulsionen, welche die Früchte der Mandelarten und der Palmen geben, unter einen allgemeineren Gesichtspunkt zu bringen. Es möge mir gestattet seyn, diesen Betrachtungen die Ergebnisse einiger Versuche anzureihen, die ich während meines Aufenthalts in den Thälern von Aragua mit dem Safte der *Carica Papaya* angestellt, obgleich es mir fast ganz an Reagentien fehlte. Derselbe Saft ist seitdem von Vauquelin untersucht worden. Der berühmte Chemiker hat darin richtig das Eiweiß und den käseartigen Stoff erkannt; er vergleicht den Milchsaft mit reinem stark animalisirten Stoff, mit dem thierischen Blut; es stand ihm aber nur gegohrener Saft und ein übelriechendes Gerinsel zu Gebot, das sich auf der Ueberfahrt von Isle de France nach Havre gebildet hatte. Er spricht den Wunsch aus, ein Reisender möchte den Saft des Melonenbaums frisch, wie er aus dem Stengel oder der Frucht fließt, untersuchen können.

Je jünger die Frucht des Melonenbaums ist, desto mehr Milch gibt sie; man findet sie bereits im kaum befruchteten Keim. Je reifer die Frucht wird, desto mehr nimmt die Milch ab und desto wässeriger wird sie; man findet dann weniger vom thierischen Stoff darin, der durch Säuren und durch Absorption des Sauerstoffs der Luft gerinnt. Da die ganze Frucht klebrig[62] ist, so könnte man annehmen, je mehr sie wachse, desto mehr lagere sich der gerinnbare Stoff in den Organen ab und bilde zum Theil das Mark oder die fleischigte Substanz. Tröpfelt man mit vier Theilen Wasser verdünnte Salpetersäure in die ausgepreßte Milch einer ganz jungen Frucht, so zeigt sich eine höchst merkwürdige Erscheinung. In der Mitte eines jeden Tropfens bildet sich ein gallertartiges, grau gestreiftes Häutchen. Diese Streifen sind nichts anderes als der Stoff, der wässeriger geworden, weil die Säure ihm den Eiweißstoff entzogen hat. Zu gleicher Zeit werden die Häutchen in der Mitte undurchsichtig und eigelb. Sie vergrößern sich, indem divergirende Fasern sich zu verlängern scheinen. Die Flüssigkeit sieht Anfangs aus wie ein Achat mit milchigten Wolken, und man meint organische Häute unter seinen Augen sich bilden zu sehen. Wenn sich das Gerinsel über die ganze Masse verbreitet, verschwinden die gelben Flecke wieder. Rührt man sie um, so wird sie krümelich, wie weicher Käse. Die gelbe Farbe erscheint wieder, wenn man ein paar Tropfen Salpetersäure zusetzt. Die Säure wirkt hier wie die Berührung des Sauerstoffs der Luft bei 27–35 Grad; denn das weiße Gerinsel wird in ein paar Minuten gelb, wenn man es der Sonne aussetzt. Nach einigen Stunden geht das Gelb in Braun über, ohne Zweifel, weil der Kohlenstoff frei wird im Verhältniß, als der Wasserstoff, an den er gebunden war, verbrennt. Das durch die Säure gebildete Gerinsel wird klebrig und nimmt den Wachsgeruch an, den ich gleichfalls bemerkte, als ich Muskelfleisch und Pilze (Morcheln) mit Salpetersäure behandelte. Nach Hatchetts schönen Versuchen kann man annehmen, daß das Eiweiß zum Theil in Gallerte übergeht. Wirft man das frisch bereitete Gerinsel vom Melonenbaum in Wasser, so wird es weich, löst sich theilweise auf und färbt das Wasser gelblich. Alsbald schlägt sich eine zitternde Gallerte, ähnlich dem Stärkmehl, daraus nieder. Dieß ist besonders auffallend, wenn das Wasser, das man dazu nimmt, auf 40–60° erwärmt ist. Je mehr man Wasser zugießt, desto fester wird die Gallerte. Sie bleibt lange weiß und wird nur gelb, wenn man etwas Salpetersäure darauf tröpfelt. Nach dem Vorgang FOURCROYs und VAUQUELINs bei ihren Versuchen mit dem Saft der Hevea, setzte ich der Milch des Melonenbaums eine Auflösung von kohlensaurem Natron bei. Es bildet sich kein Klumpen, auch wenn man reines Wasser dem Gemisch von Milch und alkalischer Auflösung zugießt. Die Häute kommen erst zum Vorschein, wenn man durch Zusatz einer Säure das Alkali neutralisirt und die Säure im Ueberschuß ist. Ebenso sah ich das durch Salpetersäure, Citronensaft oder heißes Wasser gebildete Gerinsel verschwinden, wenn ich eine Lösung von kohlensaurem Natron zugoß. Der Saft wird wieder milchigt und flüssig, wie er ursprünglich war. Dieser Versuch gelingt aber nur mit frisch gebildetem Gerinsel.

Vergleicht man die Milchsäfte des Melonenbaums, des Kuhbaums und der Hevea, so zeigt sich eine auffallende Aehnlichkeit zwischen den Säften, die viel Käsestoff enthalten, und denen, in welchen das Cautschuc vorherrscht. Alles weiße, frisch bereitete Cautschuc, sowie die wasserdichten Mäntel, die man im spanischen Amerika fabricirt und die aus einer Schicht des Milchsafts der Hevea zwischen zwei Leinwandstücken bestehen, haben einen thierischen, ekligen Geruch, der darauf hinzuweisen scheint, daß das Cautschuc beim Gerinnen den Käsestoff an sich reißt, der vielleicht nur ein modificirter Eiweißstoff ist.

Die Frucht des Brodfruchtbaums ist so wenig Brod, als die Bananen vor ihrer Reise oder die stärkemehlreichen Wurzelknollen der *Dioscorea*, des *Convolvulus Batatas* und der Kartoffel. Die Milch des Kuhbaums dagegen enthält den Käsestoff gerade wie die Milch der Säugethiere. Aus allgemeinem Gesichtspunkte können wir mit Gay-Lussac das Cautschuc als den öligten Theil, als die Butter der vegetabilischen Milch betrachten. Die beiden Grundstoffe Eiweiß und Fett sind in den Organen der verschiedenen

Thierarten und in den Pflanzen mit Milchsaft in verschiedenen Verhältnissen enthalten. Bei letzteren sind sie meist mit andern, beim Genuß schädlichen Stoffen verbunden, die sich aber vielleicht auf chemischem Wege trennen ließen. Eine Pflanzenmilch wird nahrhaft, wenn keine scharfen, narkotischen Stoffe mehr darin sind und statt des Cautschucs der Käsestoff darin überwiegt.

Ist der Palo de Vaca für uns ein Bild der unermeßlichen Segensfülle der Natur im heißen Erdstrich, so mahnt er uns auch an die zahlreichen Quellen, aus denen unter diesem herrlichen Himmel die träge Sorglosigkeit des Menschen fließt. Mungo Park hat uns mit dem **Butterbaum** in Bambarra bekannt gemacht, der, wie Decandolle vermuthet, zu der Familie der Sapoteen gehört, wie unser Kuhbaum. Die Bananenbäume, die Sagobäume, die Mauritien am Orinoco sind **Brodbäume** so gut wie die Rima der Südsee. Die Früchte der Crescentia und Lecythis dienen zu Gefäßen; die Blumenscheiden mancher Palmen und Baumrinden geben Kopfbedeckungen und Kleider ohne Nath. Die Knoten oder vielmehr die innern Fächer im Stamm der Bambus geben Leitern und erleichtern auf tausenderlei Art den Bau einer Hütte, die Herstellung von Stühlen, Bettstellen und anderem Geräthe, das die werthvolle Habe des Wilden bildet. Bei einer üppigen Vegetation mit so unendlich mannigfaltigen Produkten bedarf es dringender Beweggründe, soll der Mensch sich der Arbeit ergeben, sich aus seinem Halbschlummer aufrütteln, seine Geistesfähigkeiten entwickeln.

In Barbula baut man Cacao und Baumwolle. Wir fanden daselbst, eine Seltenheit in diesem Lande, zwei große Maschinen mit Cylindern zum Trennen der Baumwolle von den Samen; die eine wird von einem Wasserrad, die andere durch einen Göpel und durch Maulthiere getrieben. Der Verwalter des Hofes, der dieselben gebaut, war aus Merida. Er kannte den Weg von Nueva Valencia über Guanare und Misagual nach Barinas, und von dort durch die Schlucht Callejones zum Paramo der Mucuchies und den mit ewigem Schnee bedeckten Gebirgen von Merida. Seine Angaben, wie viel Zeit wir von Valencia über Barinas in die Sierra Nevada, und von da über den Hafen von Torunos und den Rio Santo Domingo nach San Fernando am Apure brauchen würden, wurden uns vom größten Nutzen. Man hat in Europa keinen Begriff davon, wie schwer es hält, genaue Erkundigung in einem Lande einzuziehen, wo der Verkehr so gering ist, und man die Entfernungen gerne zu gering angibt oder übertreibt, je nachdem man den Reisenden aufmuntern oder von seinem Vorhaben abbringen möchte. Bei der Abreise von Caracas hatte ich dem Intendanten der Provinz Gelder übergeben; die mir von den königlichen Schatzbeamten in Barinas ausbezahlt werden sollten. Ich hatte beschlossen, das westliche Ende der Cordilleren von Neu-Grenada, wo sie in die Paramos von Timotes und Niquitao auslaufen, zu besuchen. Ich hörte nun in Barbula, bei diesem Abstecher würden wir fünf und dreißig Tage später an den Orinoco gelangen. Diese Verzögerung erschien uns um so bedeutender, da man vermuthete, die Regenzeit werde früher als gewöhnlich eintreten. Wir durften hoffen, in der Folge sehr viele mit ewigem Schnee bedeckte Gebirge in Quito, Peru und Mexico besuchen zu können, und es schien mir desto gerathener, den Ausflug in die Gebirge von Merida aufzugeben, da wir besorgen mußten, dabei unsern eigentlichen Reisezweck zu verfehlen, der darin bestand, den Punkt, wo sich der Orinoco mit dem Rio Negro und dem Amazonenstrom verbindet, durch astronomische Beobachtungen festzustellen. Wir gingen daher von Barbula nach Guacara zurück, um uns von der achtungswürdigen Familie des Marques del Toro zu verabschieden und noch drei Tage am Ufer des Sees zu verweilen.

Es war Fastnacht und der Jubel allgemein. Die Lustbarkeiten, *de carnes tollendas* genannt, arteten zuweilen ein wenig ins Rohe aus. Die einen führen einen mit Wasser beladenen Esel herum, und wo ein Fenster offen ist, begießen sie das Zimmer mit einer Spritze; andere haben Düten voll Haare der Picapica oder *Dolichos pruriens* in der Hand und blasen das Haar, das auf der Haut ein heftiges Jucken verursacht, den Vorübergehenden ins Gesicht.

Von Guacara gingen wir nach Nueva Valencia zurück. Wir trafen da einige französische Ausgewanderte, die einzigen, die wir in fünf Jahren in den spanischen Colonien gesehen. Trotz der Blutsverwandtschaft zwischen den königlichen Familien von Frankreich und Spanien durften sich nicht einmal die französischen Priester in diesen Theil der neuen Welt flüchten, wo der Mensch so leicht Unterhalt und Obdach findet. Jenseits des Oceans boten allein die Vereinigten Staaten dem Unglück eine Zufluchtsstätte. Eine Regierung, die stark, weil frei, und vertrauensvoll, weil gerecht ist, brauchte sich nicht zu scheuen die Verbannten aufzunehmen.

Wir haben früher versucht über den Zustand des Indigo-, des Baumwollen- und Zuckerbaus in der Provinz Caracas einige bestimmte Angaben zu machen. Ehe wir die Thäler von Aragua und die benachbarten Küsten verlassen, haben wir uns nur noch mit den Cacaopflanzungen zu beschäftigen, die von jeher für die Hauptquelle des Wohlstandes dieser Gegenden galten. Die Provinz Caracas (nicht die *Capitania general*, also mit Ausschluß der Pflanzungen in Cumana, in der Provinz Barcelona, in Maracaybo, in Barinas und im spanischen Guyana) erzeugte am Schluß des achtzehnten Jahrhunderts jährlich 150,000 Fanegas, von denen 30,000 in der Provinz und 100,000 in Spanien verzehrt wurden. Nimmt man die Fanega, nach dem Marktpreis zu Cadix, nur zu 25 Piastern an, so beträgt der Gesammtwerth der Cacaoausfuhr aus den sechs Häfen der *Capitania general* von Caracas 4,800,000 Piaster.

Der Cacaobaum wächst gegenwärtig in den Wäldern von Terra Firma nördlich vom Orinoco nirgends wild; erst jenseits der Fälle von Atures und Maypures trafen wir ihn nach und nach an. Besonders häufig wächst er an den Ufern des Ventuari und am obern Orinoco zwischen dem Padamo und dem Gehette. Daß der Cacaobaum in Südamerika nordwärts vom sechsten Breitegrad so selten wild vorkommt, ist für die Pflanzengeographie sehr interessant und war bisher wenig bekannt. Die Erscheinung ist um so auffallender, da man nach dem jährlichen Ertrag der Ernten auf den Cacaopflanzungen in Cumana, Nueva Barcelona, Venezuela, Barinas und Maracaybo über 16 Millionen Bäume in vollem Ertrag rechnet. Der wilde Cacaobaum hat sehr viele Aeste und sein Laub ist dicht und dunkel. Er trägt eine sehr kleine Frucht, ähnlich der Spielart, welche die alten Mexicaner **Tlalcacahuatl** nannten. In die Conucos der Indianer am Cassiquiare und Rio Negro versetzt, behält der wilde Baum mehrere Generationen die Kraft des vegetativen Lebens, die ihn vom vierten Jahr an tragbar macht, während in der Provinz Caracas die Ernten erst mit dem sechsten, siebenten oder achten Jahr beginnen. Sie treten im Binnenlande später ein als an den Küsten: und im Thal von Guapo. Wir fanden am Orinoco keinen Volksstamm, der aus der Bohne des Cacaobaums ein Getränk bereitete. Die Wilden saugen das Mark der Hülse aus und werfen die Samen weg, daher man dieselben oft in Menge auf ihren Lagerplätzen findet. Wenn auch an der Küste der **Chorote**, ein ganz schwacher Cacaoaufguß, für ein uraltes Getränke gilt, so gibt es doch keinen geschichtlichen Beweis dafür, daß die Eingeborenen von Venezuela vor der Ankunft der Spanier den Chocolat oder irgend eine Zubereitung des Cacao gekannt haben. Wahrscheinlicher scheint mir, daß man in Caracas den Cacaobaum nach dem Vorbild von Mexico und Guatimala angebaut hat, und daß die in Terra Firma angesiedelten Spanier die Behandlung des Baums, der jung im Schatten der Erythrina und des Bananenbaums aufwächst, die Bereitung der **Chocolate**-tafeln und den Gebrauch des Getränks dieses Namens durch den Verkehr mit Mexico, Guatimala und Nicaragua gelernt haben, drei Länder, deren Einwohner von toltekischem und aztekischem Stamme sind.

Bis zum sechzehnten Jahrhundert weichen die Reisenden in ihren Urtheilen über den Chocolat sehr von einander ab. BENZONI sagt in seiner derben Sprache, es sey ein Getränk vielmehr »da porci, che da huomini.« Der Jesuit ACOSTA versichert, die Spanier in Amerika lieben den Chocolat mit närrischer Leidenschaft, man müsse aber an »das schwarze Gebräue« gewöhnt seyn, wenn einem nicht schon beim Anblick des Schaums, der wie die Hefe über einer gährenden Flüssigkeit stehe, übel werden solle. Er bemerkt weiter: »Der Cacao ist ein Aberglauben der Mexicaner, wie der Coca ein Aberglauben der Peruaner.« Diese Urtheile erinnern an die Prophezeiung der Frau von SEVIGNE hinsichtlich des Gebrauchs des Kaffees. HERNAN CORTEZ und sein Page, der *gentilhombre del gran Conquistador*, dessen

Denkwürdigkeiten RAMUSIO bekannt gemacht hat, rühmen dagegen den Chocolat nicht nur als ein angenehmes Getränk, selbst wenn er kalt bereitet wird,[63] sondern besonders als nahrhaft. »Wer eine Tasse davon getrunken hat,« sagt der Page des Hernan Cortez, »kann ohne weitere Nahrung eine ganze Tagereise machen, besonders in sehr heißen Ländern; denn der Chocolat ist seinem Wesen nach **kalt** und **erfrischend**.« Letztere Behauptung möchten wir nicht unterschreiben; wir werden aber bei unserer Fahrt auf dem Orinoco und bei unsern Reisen hoch an den Cordilleren hinauf bald Gelegenheit finden, die vortrefflichen Eigenschaften des Chocolats zu rühmen. Er ist gleich leicht mit sich zu führen und als Nahrungsmittel zu verwenden und enthält in kleinem Raum viel nährenden und reizenden Stoff. Man sagt mit Recht, in Afrika helfen Reis, Gummi und Sheabutter dem Menschen durch die Wüsten. In der neuen Welt haben Chocolat und Maismehl ihm die Hochebenen der Anden und ungeheure unbewohnte Wälder zugänglich gemacht.

Die Cacaoernte ist ungemein veränderlich. Der Baum treibt mit solcher Kraft, daß sogar aus den holzigten Wurzeln, wo die Erde sie nicht bedeckt, Blüthen sprießen. Er leidet von den Nordostwinden, wenn sie auch die Temperatur nur um wenige Grade herabdrücken. Auch die Regen, welche nach der Regenzeit in den Wintermonaten vom December bis März unregelmäßig eintreten, schaden dem Cacaobaum bedeutend. Es kommt nicht selten vor, daß der Eigenthümer einer Pflanzung von 50,000 Stämmen in einer Stunde für vier bis fünftausend Piaster Cacao einbüßt. Große Feuchtigkeit ist dem Baum nur förderlich, wenn sie allmählig zunimmt und lange ohne Unterbrechung anhält. Wenn in der trockenen Jahreszeit die Blätter und die unreife Frucht in einen starken Regenguß kommen, so löst sich die Frucht vom Stiel. Die Gefäße, welche das Wasser einsaugen, scheinen durch Ueberschwellung zu bersten. Ist nun die Cacaoernte äußerst unsicher, weil der Baum gegen schlimme Witterung so empfindlich ist und so viele Würmer, Insekten, Vögel, Säugethiere [Papageien, Affen, Agoutis, Eichhörner, Hirsche.] die Schote fressen, hat dieser Culturzweig den Nachtheil, daß dabei der neue Pflanzer der Früchte seiner Arbeit erst nach acht bis zehn Jahren genießt und daß das Produkt schwer aufzubewahren ist, so ist dagegen nicht zu übersehen, daß die Cacaopflanzungen weniger Sklaven erfordern als die meisten andern Culturen. Dieser Umstand ist von großer Bedeutung in einem Zeitpunkt, wo sämmtliche Völker Europas den großherzigen Entschluß gefaßt haben, dem Negerhandel ein Ende zu machen. Ein Sklave versieht tausend Stämme, die im jährlichen Durchschnitt 12 Fanegas Cacao tragen können. Auf Cuba gibt allerdings eine **große** Zuckerpflanzung mit 300 Schwarzen im Jahr durchschnittlich 40,000 Arrobas Zucker, welche, die Kiste[64] zu 40 Piastern, 100,000 Piaster werth sind, und in den Provinzen von Venezuela producirt man für 100,000 Piaster oder 4000 Fanegas Cacao, die Fanega zu 25 Piastern, auch nur mit 300–350

Sklaven. Die 200,000 Kisten Zucker mit 3,200,000 Arrobas, welche Cuba von 1812–1814 jährlich ausgeführt hat, haben einen Werth von 8 Millionen Piastern und könnten mit 24,000 Sklaven hergestellt werden, **wenn die Insel lauter große Pflanzungen hätte**; aber dieser Annahme widerspricht der Zustand der Colonie und die Natur der Dinge. Die Insel Cuba verwendete im Jahr 1811 nur zur Feldarbeit 143,000 Sklaven, während die *Capitania general* von Caracas, die jährlich 200,000 Fanegas Cacao oder für 5 Millionen Piaster producirt, wenn auch nicht ausführt, in Stadt und Land nicht mehr als 60,000 Sklaven hat. Es braucht kaum bemerkt zu werden, daß diese Verhältnisse sich mit den Zucker- und Cacaopreisen ändern.

Die schönsten Cacaopflanzungen in der Provinz Caracas sind an der Küste zwischen Caravalleda und der Mündung des Rio Tocuyo, in den Thälern von Caucagua, Capaya, Curiepe und Guapo; ferner in den Thälern von Cupira, zwischen Cap Codera und Cap Unare, bei Aroa, Barquesimeto, Guigue und Uritucu. Der Cacao, der an den Ufern des Urituru am Rande der Llanos, im Gerichtsbezirk San Sebastiano de los Reyos wächst, gilt für den besten; dann kommen die von Guigue, Caucagua, Capaya und Cupira. Auf dem Handelsplatz Cadix hat der Cacao von Caracas den ersten Rang gleich nach dem von Socomusco. Er steht meist um 30–40 Procent höher im Preis als der Cacao von Guayaquil.

Erst seit der Mitte des siebzehnten Jahrhunderts munterten die Holländer, im ruhigen Besitz der Insel Curaçao, durch den Schleichhandel den Landbau an den benachbarten Küsten auf, und erst seitdem wurde der Cacao für die Provinz Caracas ein Ausfuhrartikel. Was in dieser Gegend vorging, ehe im Jahr 1728 die Gesellschaft der Biscayer aus Guipuzcoa sich daselbst niederließ, wissen wir nicht. Wir besitzen lediglich keine genauen statistischen Angaben und wissen nur, daß zu Anfang des achtzehnten Jahrhunderts aus Caracas kaum 30,000 Fanegas jährlich ausgeführt wurden. Im Jahr 1797 war die Ausfuhr, nach den Zollregistern von Guayra, den Schleichhandel nicht gerechnet, 70,832 Fanegas. Wegen des Schmuggels nach Trinidad und den andern Antillen darf man kecklich ein Viertheil oder Fünftheil weiter rechnen. Ich glaube annehmen zu können, daß von 1800–1806, also im letzten Zeitpunkt, wo in den spanischen Colonien noch innere Ruhe herrschte, der jährliche Ertrag der Cacaopflanzungen in der ganzen *Capitania general* von Caracas sich wenigstens auf 193,000 Fanegas belief.

Die Ernten, deren jährlich zwei stattfinden, im Juni und im December, fallen sehr verschieden aus, doch nicht in dem Maaße wie die Oliven- und Weinernten in Europa. Von jenen 193,000 Fanegas fließen 145,000 theils über die Häfen der Halbinsel, theils durch den Schleichhandel nach Europa ab. Ich glaube beweisen zu können (und diese Schätzungen beruhen auf zahlreichen einzelnen Angaben), daß Europa beim gegenwärtigen Stande seiner Civilisation verzehrt:

23 Mill. Pfd.Cacao zu 120 Fr. den Ctr.	27,600,000Frs.
32 Mill. Pfd.Thee zu 4 Fr. das Pfund	128,000,000 „
140 Mill. Pfd.Kaffee zu 114 Fr. den Ctr.	159,600,000 „
450 Mill. Pfd.Zucker zu 54 Fr. den Ctr.	243,000,000 „

	558,200,000Frs.

Von diesen vier Erzeugnissen, die seit zwei bis drei Jahrhunderten die vornehmsten Artikel im Handel und der Produktion der Colonien geworden sind, gehört der erste ausschließlich Amerika, der zweite ausschließlich Asien an. Ich sage ausschließlich, denn die Cacaoausfuhr der Philippinen ist bis jetzt so unbedeutend, wie die Versuche, die man in Brasilien, auf Trinidad und Jamaica mit dem Theebau gemacht hat. Die vereinigten Provinzen von Caracas liefern zwei Drittheile des Cacaos, der im westlichen und südlichen Europa verzehrt wird. Dieß ist um so bemerkenswerther, als es der gemeinen Annahme widerspricht; aber die Cacaosorten von Caracas, Maracaybo und Cumana sind nicht alle von derselben Qualität. Der Graf CASA-VALENCIA schätzt den Verbrauch Spaniens nur auf 6–7 Millionen Pfund, der ABBÉ HERVAS auf 9 Millionen. Wer lange in Spanien, Italien und Frankreich gelebt hat, muß die Bemerkung gemacht haben, daß nur im ersteren Lande Chocolat auch von den untersten Volksklassen stark getrunken wird, und wird es schwerlich glaublich finden, daß Spanien nur ein Drittheil des in Europa eingeführten Cacao verzehren soll.

Die letzten Kriege haben für den Cacaohandel in Caracas weit verderblichere Folgen gehabt als in Guayaquil. Wegen des Preisaufschlags ist in Europa weniger Cacao von der theuersten Sorte verzehrt worden. Früher machte man in Spanien die gewöhnliche Chocolate aus einem Viertheil Cacao von Caracas und drei Viertheilen Cacao von Guayaquil; jetzt nahm man letzteren allein. Dabei ist zu bemerken, daß viel geringer Cacao, wie der vom Marañon, vom Rio Negro, von Honduras und von der Insel Santa Lucia, im Handel Cacao von Guayaquil heißt. Aus letzterem Hafen werden nicht über 60,000 Fanegas ausgeführt, zwei Drittheile weniger als aus den Häfen der *Capitania general* von Caracas.

Wenn auch die Cacaopflanzungen in den Provinzen Cumana, Barcelona und Maracaybo sich in dem Maaße vermehrt haben, in dem sie in der Provinz Caracas eingegangen sind, so glaubt man doch, daß dieser alte Culturzweig im Ganzen allmählig abnimmt. In vielen Gegenden verdrängen der Kaffeebaum und die Baumwollenstaude den Cacaobaum, der für die Ungeduld des Landbauers viel zu spät trägt. Man behauptet auch, die neuen Pflanzungen geben weniger Ertrag als die alten. Die Bäume werden nicht mehr so kräftig und tragen später und nicht so reichlich Früchte. Auch soll der Boden erschöpft seyn; aber nach unserer Ansicht ist vielmehr durch die Entwicklung des Landbaus und das Urbarmachen des Landes die Luftbeschaffenheit eine andere geworden. Ueber einem unberührten, mit Wald bewachsenen Boden schwängert sich die Luft mit Feuchtigkeit und den Gasgemengen, die den Pflanzenwuchs befördern und sich bei der Zersetzung organischer Stoffe bilden. Ist ein Land lange Zeit angebaut gewesen, so wird das Verhältniß zwischen Sauerstoff und Stickstoff durchaus keins anderes; die Grundbestandtheile der Luft bleiben dieselben; aber jene binären und tertiären Verbindungen von Kohlenstoff, Stickstoff und Wasserstoff, die sich aus einem unberührten Boden entwickeln und für eine Hauptquelle der Fruchtbarkeit gelten, sind ihr nicht mehr beigemischt. Die reinere, weniger mit Miasmen und fremdartigen Effluvien beladene Luft wird zugleich trockener und die Spannung des Wasserdampfs nimmt merkbar ab. Auf längst urbar gemachtem und somit zum Cacaobau wenig geeignetem Boden, z. B. auf den Antillen, ist die Frucht beinahe so klein wie beim wilden Cacaobaum. An den Ufern des obern Orinoco, wenn man über die Llanos hinüber ist, betritt man, wie schon bemerkt, die wahre Heimath des Cacaobaums, und hier findet man dichte Wälder, wo auf unberührtem Boden, in beständig feuchter Luft die Stämme mit dem vierten Jahr reiche Ernten geben. Auf nicht erschöpftem Boden ist die Frucht durch die Cultur überall größer und weniger bitter geworden, sie reift aber auch später.

Sieht man nun den Ertrag an Cacao in Terra Firma allmählig abnehmen, so fragt man sich, ob in Spanien, in Italien und im übrigen Europa auch der Verbrauch im selben Verhältniß abnehmen, oder ob nicht vielmehr in Folge des Eingehens der Cacaopflanzungen die Preise so hoch steigen werden, daß der Landbauer zu neuen Anstrengungen aufgemuntert wird? Letzteres ist die herrschende Ansicht bei allen, die in Caracas die Abnahme eines so alten und so einträglichen Handelszweiges bedauern. Wenn einmal die Cultur weiter gegen die feuchten Wälder im Binnenlande vorrückt, an die Ufer des Orinoco und des Amazonenstromes, oder in die Thäler am Ostabhang der Anden, so finden die neuen Ansiedler einen Boden und eine Luft, wie sie beide dem Cacaobau angemessen sind.

Bekanntlich scheuen die Spanier im Allgemeinen den Zusatz von Vanille zum Cacao, weil dieselbe die Nerven reize. Daher wird auch die Frucht dieser schönen Orchisart in der Provinz Caracas fast gar nicht beachtet. Man könnte sie auf der feuchten, fieberreichen Küste zwischen Porto Cabello und Ocumare in Menge sammeln, besonders aber in Turiamo, wo die Früchte des *Epidendrum Vanilla* elf bis zwölf Zoll lang werden. Die Engländer und Angloamerikaner suchen häufig im Hafen von Guayra Vanille zu kaufen, und die Handelsleute können sie nur mit Mühe in kleinen Quantitäten auftreiben.

In den Thälern, die sich von der Küstenbergkette zum Meer der Antillen herabziehen, in der Provinz Truxillo, wie in den Missionen in Guyana bei den Fällen des Orinoco könnte man sehr viel Vanille sammeln, und der Ertrag wäre noch reichlicher, wenn man, wie die Mexicaner thun, die Pflanze von Zeit zu Zeit von den Lianen säuberte, die sie umschlingen und ersticken.

Bei der Schilderung des gegenwärtigen Zustandes der Cacaopflanzungen in den Provinzen von Venezuela, bei den Bemerkungen über den Zusammenhang zwischen dem Ertrag der Pflanzungen und der Feuchtigkeit und Gesundheit der Luft, haben wir der warmen, fruchtbaren Thäler der Küstencordillere erwähnt. In seiner westlichen Erstreckung, dem See Maracaybo zu, zeigt dieser Landstrich eine sehr interessante mannigfaltige Terrainbildung. Ich stelle am Ende dieses Kapitels zusammen, was ich über die Beschaffenheit des Bodens und den Metallreichthum in den Bezirken Aroas, Barquesimeto und Carora habe in Erfahrung bringen können.

Von der Sierra Nevada von Merida und den **Paramos** von Niquitao, Bocono und las Rosas an,[65] wo der kostbare Chinabaum wächst, senkt sich die östliche Cordillere von Neu-Grenada so rasch, daß sie zwischen dem 9. und 10. Breitegrad nur noch eine Kette kleiner Berge bildet, an die sich im Nordost der Altar und der Torito anschließen und die die Nebenflüsse des Rio Apure und des Orinoco von den zahlreichen Gewässern scheiden, die entweder in das Meer der Antillen oder in den See Maracaybo fallen. Auf dieser Wasserscheide stehen die Städte Nirgua, San Felipe el Fuerte, Barquesimeto und Tocuyo. In den drei ersteren ist es sehr heiß, in Tocuyo dagegen bedeutend kühl, und man hört mit Ueberraschung, daß unter einem so herrlichen Himmel die Menschen große Neigung zum Selbstmord haben. Gegen Süden erhebt sich der Boden, denn Truxillo, der See Urao, aus dem man kohlensaures Natron gewinnt, und la Grita, ostwärts von der Cordillere, liegen schon in 400–500 Toisen Höhe.

Beobachtet man, in welchem constanten Verhältnisse die Urgebirgsschichten der Küstencordillere fallen, so sieht man sich auf eine der Ursachen hingewiesen, welche den Landstrich zwischen der Cordillere und dem Meer so ungemein feucht machen. Die Schichten fallen meist nach Nordwest, so daß die Gewässer nach dieser Richtung über die Gesteinsbänke laufen und, wie schon oben bemerkt, die Menge Bäche und Flüsse bilden, deren Ueberschwemmungen vom Cap Codera bis zum See Maracaybo das Land so ungesund machen.

Neben den Gewässern, die in der Richtung nach Nordost an die Küste von Porto Cabello und zur Punta de Hicacos herabkommen, sind die bedeutendsten der Tocuyo, der Aroa und der Yaracuy. Ohne die Miasmen, welche die Luft verpesten, waren die Thäler des Aroa und des Yaracuy vielleicht stärker bevölkert als die Thäler von Aragua. Durch die schiffbaren

Flüsse hatten jene sogar den Vortheil, daß sie ihre eigenen Zucker- und Cacaoernten, wie die Produkte der benachbarten Bezirke, den Weizen von Quibor, das Vieh von Monai und das Kupfer von Aroa, leichter ausführen könnten. Die Gruben, wo man dieses Kupfer gewinnt, liegen in einem Seitenthal, das in das Aroathal mündet und nicht so heiß und ungesund ist als die Thalschluchten naher am Meer. In diesen letzteren haben die Indianer Goldwäschereien, und im Gebirge kommen dort reiche Kupfererze vor, die man noch nicht auszubeuten versucht hat. Die alten, längst in Abgang gekommenen Gruben von Aroa wurden auf den Betrieb Don Antonios Henriquez, den wir in San Fernando am Apure trafen, wieder aufgenommen. Nach den Notizen, die er mir gegeben, scheint die Lagerstätte des Erzes eine Art Stockwerk zu seyn, das aus mehreren kleinen Gängen besteht, die sich nach allen Richtungen kreuzen. Das Stockwerk ist stellenweise zwei bis drei Toisen dick. Der Gruben sind drei, und in allen wird von Sklaven gearbeitet. Die größte, die Biscayna, hat nur dreißig Bergleute, und die Gesammtzahl der mit der Förderung und dem Schmelzen des Erzes beschäftigten Sklaven beträgt nur 60–70. Da der Schacht nur dreißig Toisen tief ist, so können, der Wasser wegen, die reichsten Strecken des Stockwerks, die darunter liegen, nicht abgebaut werden. Man hat bis jetzt nicht daran gedacht, Schöpfräder aufzustellen. Die Gesammtausbeute an gediegenem Kupfer beträgt jährlich 1200–1500 Centner. Das Kupfer, in Cadix als Caracaskupfer bekannt, ist ausgezeichnet gut; man zieht es sogar dem schwedischen und dem Kupfer von Coquimbo in Chili vor. Das Kupfer von Aroa wird zum Theil an Ort und Stelle zum Glockenguß verwendet. In neuester Zeit ist zwischen Aroa und Nirgua bei Guanita im Berge San Pablo einiges Silbererz entdeckt worden. Goldkörner kommen überall im Gebirgslande zwischen dem Rio Yaracuy, der Stadt San Felipe, Nirgua und Barquesimeto vor, besonders aber im Flusse Santa Cruz, in dem die indianischen Goldwäscher zuweilen Geschiebe von vier bis fünf Piastern Werth finden. Kommen im anstehenden Glimmerschiefer- und Gneißgestein wirkliche Gänge vor, oder ist das Gold auch hier, wie im Granit von Guadarama in Spanien und im Fichtelgebirg in Franken, durch die ganze Gebirgsart zerstreut? Das durchsickernde Wasser mag die zerstreuten Goldblättchen zusammenschwemmen, und in diesem Fall wären alle Bergbauversuche fruchtlos. In der ***Savana de la Miel*** bei der Stadt Barquesimeto hat man im schwarzen, glänzenden, dem Bergpech (*Ampélite*) ähnlichen Schiefer einen Schacht niedergetrieben. Die Mineralien, die man daraus zu Tage gefördert, und die man mir nach Caracas geschickt, waren Quarz, **nicht goldhaltige** Schwefelkiese und in Nadeln mit Seidenglanz crystallisirtes kohlensaures Blei.

In der ersten Zeit nach der Eroberung begann man trotz der Einfälle des kriegerischen Stammes der Giraharas die Gruben von Nirgua und Buria auszubeuten. Im selben Bezirk veranlaßte im Jahr 1553 die Menge der

Negersklaven einen Vorfall, der, so wenig er an sich zu bedeuten hatte, dadurch interessant wird, daß er mit den Ereignissen, die sich unter unsern Augen auf St. Domingo begeben haben, Aehnlichkeit hat. Ein Negersklave stiftete unter den Grubenarbeitern von San Felipe de Buria einen Aufstand an, zog sich in die Wälder und gründete mit zweihundert Genossen einen Flecken, in dem er zum König ausgerufen wurde. Miguel, der neue König, liebte Prunk und Feierlichkeit; sein Weib **Guiomar** ließ er Königin nennen; er ernannte, wie OVIEDO erzählt, Minister, Staatsräthe, Beamte der *Casa real*, sogar einen schwarzen Bischof. Nicht lange, so war er keck genug, die benachbarte Stadt Nueva Segovia de Barquesimeto anzugreifen; er wurde aber von Diego de Losada zurückgeschlagen und kam im Handgemenge um. Diesem afrikanischen Königreich folgte in Nirgua ein Freistaat der **Zambos**, das heißt der Abkömmlinge von Negern und Indianern. Der ganze Gemeinderath, der **Cabildo**, besteht aus Farbigen, die der KÖNIG VON SPANIEN als seine »lieben und getreuen Unterthanen, die Zambos von Nirgua,« anredete. Nur wenige weiße Familien mögen in einem Lande leben, wo ein mit ihren Ansprüchen so wenig verträgliches Regiment herrscht, und die kleine Stadt heißt spottweise *la republica de Zambos y Mulatos*. Es ist eben so unklug, die Regierung einer einzelnen Kaste zu überlassen, als sie ihrer natürlichen Rechte zu berauben und ihr dadurch eine Einzelnstellung zu geben.

Wenn in den wegen ihres vortrefflichen Bauholzes berühmten Thälern des Aroa, Yaracuy und Tocuyo der üppige Pflanzenwuchs und die große Feuchtigkeit der Luft so viele Fieber erzeugen, so verhält es sich mit den Savanen oder Llanos von Monaï und Caroro ganz anders. Diese Llanos sind durch das Gebirgsland von Tocuyo und Nirgua von den großen **Ebenen an der Portugueza und bei Calabozo** getrennt. Dürre Savanen, auf denen Miasmen herrschen, sind eine sehr auffallende Erscheinung. Sumpfboden kommt daselbst keiner vor, wohl aber mehrere Erscheinungen, die auf die Entbindung von Wasserstoffgas hindeuten.[66] Wenn man Reisende, welche mit den brennbaren Schwaden unbekannt sind, in die Höhle *del Serrito de Monaï* führt, so erschreckt man sie durch Anzünden des Gasgemenges, das sich im obern Theil der Höhle fortwährend ansammelt. Soll man annehmen, daß die ungesunde Luft hier dieselbe Quelle hat, wie auf der Ebene zwischen Tivoli und Rom, Entwicklung von Schwefelwasserstoff?[67] Vielleicht äußert auch das Gebirgsland neben den Llanos von Monaï einen ungünstigen Einfluß auf die anstoßenden Ebenen. Südostwinde mögen die faulen Effluvien herführen, die sich aus der Schlucht Villegas und Sienega de Cabra zwischen Carora und Carache entwickeln. Ich stelle absichtlich Alles zusammen, was auf die Ungesundheit der Luft Bezug haben mag; denn auf einem so dunkeln Gebiete kann man nur durch Vergleichung zahlreicher Beobachtungen hoffen das wahre Sachverhältniß zu ermitteln.

Die dürren und doch so fieberreichen Savanen zwischen Barquesimeto und dem östlichen Ufer des Sees Maracaybo sind zum Theil mit Fackeldisteln bewachsen; aber die gute Bergcochenille, die unter dem unbestimmten Namen *Grana de Carora* bekannt ist, kommt aus einem gemäßigteren Landstrich zwischen Carora und Truxillo, besonders aber aus dem Thal des Rio Mucuju, östlich von Merida. Die Einwohner geben sich mit diesem im Handel so stark gesuchten Produkt gar nicht ab.

51.

Carnes tollendas; Bombax hibiscifolius

52.

Da einigermaßen richtige Begriffe über die astronomische Lage und die Entfernungen der Orte in den spanischen Colonien zuerst und lange Zeit allein durch Seeleute sich verbreiteten, so wurde in Mexico und in Südamerika ursprünglich die *legua nautica* von 6650 Varas oder 2854 Toisen (20 Meilen auf den Grad) eingeführt; aber diese »Seemeile« wurde allmälig um die Hälfte oder um ein Drittheil verkürzt, weil man in den Hochgebirgen, wie auf den dürren, heißen Ebenen sehr langsam reist. Das Volk rechnet unmittelbar nur nach der Zeit und schließt aus der Zeit, nach willkürlichen Voraussetzungen, auf die Länge der zurückgelegten Strecke.

53.

DEPONS, in seiner »*Reise nach Terra Firma*«: »Bei der unbedeutenden Oberfläche des Sees (er mißt übrigens 106,500,000 Quadrattoisen) läßt sich unmöglich annehmen, daß die Verdunstung allein, so stark sie auch unter den Tropen seyn mag, so viel Wasser wegschaffen kann, als die Flüsse hereinbringen.« In der Folge scheint aber der Verfasser selbst wieder »diese geheime Ursache, die Hypothese von einem Abzugsloch« aufzugeben.

54.

KARL RITTER, *Erdkunde* Bd. I.

55.

S. Bd. I. Seite 316.

56.

Auf dem alten Continent kommen in Portugal und am Cantal in den Pyrenäen eben so reine Wasser aus dem Granit. Die Pisciarelli des Agnanosees in Italien sind 93° heiß. Sind etwa diese reinen Wasser verdichtete Dämpfe?

57.

Eigenthümer einer ***Pulperia*** einer kleinen Bude, in der man Eßwaaren und Getränke feil hat.

58.

Sämmtliche *Carolinea princeps* in Schönbrunn stammen aus Samen, die Bose und Bredemeyer von Einem ungeheuer dicken Baum bei Chacao, östlich von Caracas, genommen.

59.

Ein Tablon, gleich 1849 Quadrat-Toisen, entspricht etwa 1-1/5 Morgen.

60.

Essai politique sur la nouvelle Espagne T. I. p. 23, T. II. p. 689.

61.

Nach diesen drei großen Familien kommen die *Papaveraceae*, *Chicoraceae*, *Lobeliaceae*, *Campanulaceae*, *Sapoteae* und *Cucurbitaceae*. Die Blausäure ist der Gruppe der *Rosaceae amygdalaceae* eigenthümlich. Bei den Monocotyledonen kommt kein Milchsaft vor, aber die Fruchthülle der Palmen, die so süße und angenehme Emulsionen gibt, enthält ohne Zweifel Käsestoff. Was ist die Milch der Pilze?

62.

Diese Klebrigkeit bemerkt man auch an der frischen Milch des Kuhbaums. Sie rührt ohne Zweifel daher, daß das Cautschuc sich noch nicht abgesetzt hat und Eine Masse mit dem Eiweiß und dem Käsestoff bildet, wie in der thierischen Milch die Butter und der Käsestoff. Der Saft eines Gewächses aus der Familie der Euphorbien, des *Sapium aucuparia* der auch Cautschuc enthält, ist so klebrig, daß man Papagaien damit fängt.

63.

Der Pater GILI hat aus zwei Stellen bei TORQUEMADA (*Monarquia Indiana*) bündig dargethan, daß die Mexicaner den Aufguß **kalt** machten, und daß erst die Spanier den Brauch einführten, die Cacaomasse im Wasser zu sieden.

64.

Eine Kiste (*caxa*) wiegt 15½–16 Arrobas, die Arroba zu 23 spanischen Pfunden.

65.

Wir wissen aus dem Munde vieler reisenden Mönche, daß der kleine **Paramo de las Rosas**, der in mehr als 1600 Toisen Meereshöhe zu liegen scheint, mit Rosmarin und rothen und weißen europäischen Rosen, die hier verwildert sind, bewachsen ist. Man pflückt die Rosen, um bei Kirchenfesten die Altäre in den benachbarten Dörfern damit zu schmücken. Durch welchen Zufall ist unsere hundertblätterige Rose hier verwildert, da wir sie doch in den Anden von Quito und Peru nirgends angetroffen haben? Ist es auch wirklich unsere Gartenrose? (S. Bd. II. Seite 174).

66.

Was ist die unter dem Namen *Farol* (Laterne) *de Maracaybo* bekannte Lichterscheinung, die man jede Nacht auf der See wie im innern Lande sieht, z. B. in Merida, wo PALACIOS dieselbe zwei Jahre lang beobachtet hat? Der Umstand, daß man das Licht über 40 Meilen weit sieht, hat zu der Vermuthung geführt, es könnte daher rühren, daß in einer Bergschlucht sich jeden Tag ein Gewitter entlade. Man soll auch donnern hören, wenn man dem **Farol** nahe kommt. Andere sprechen in unbestimmtem Ausdruck von einem Luftvulkan; aus asphalthaltigem Erdreich, ähnlich dem bei Mena, sollen brennbare Dünste aufsteigen und daher beständig sichtbar seyn. Der Ort, wo sich die Erscheinung zeigt, ist ein unbewohntes Gebirgsland am Rio Catatumbo, nicht weit von seiner Vereinigung mit dem Rio Sulia. Der Farol liegt fast ganz im Meridian der Einfahrt (*boca*) in den See von Maracaybo, so daß die Steuerleute sich nach ihm richten, wie nach einem Leuchtfeuer.

67.

DON CARLOS DE POZO fand in diesem Bezirk, *Quebrada de Moroturo* eine Schichte schwarzer Thonerde, welche stark abfärbt, stark nach Schwefel riecht und sich von selbst entzündet, wenn man sie, leicht befeuchtet, lange den Strahlen der tropischen Sonne aussetzt; diese schlammigte Materie verpufft sehr heftig.

Siebzehntes Kapitel.

Gebirge zwischen den Thälern von Aragua und den Llanos von Caracas. – Villa de Cura. – Parapara. – Llanos oder Steppen. – Calabozo.

Die Bergkette, welche den See von Tacarigua oder Valencia im Süden begrenzt, bildet gleichsam das nördliche Ufer des großen Beckens der Llanos oder Savanen von Caracas. Aus den Thälern von Aragua kommt man in die Savanen über die Berge von Guigue und Tucutunemo. Aus einer bevölkerten, durch Anbau geschmückten Landschaft gelangt man in eine weite Einöde. An Felsen und schattige Thäler gewöhnt, sieht der Reisende mit Befremden diese baumlosen Savanen vor sich, diese unermeßlichen Ebenen, die gegen den Horizont aufzusteigen scheinen.

Ehe ich die Llanos oder die Region der Weiden schildere, beschreibe ich kürzlich unsern Weg von Nueva Valencia durch Villa de Cura und San Juan zum kleinen, am Eingang der Steppen gelegenen Dorfe Ortiz. Am 6. März, vor Sonnenaufgang, verließen wir die Thäler von Aragua. Wir zogen durch eine gut angebaute Ebene, längs dem südwestlichen Gestade des Sees von Valencia, über einen Boden, von dem sich die Gewässer des Sees zurückgezogen. Die Fruchtbarkeit des mit Calebassen, Wassermelonen und Bananen bedeckten Landes setzte uns in Erstaunen. Den Aufgang der Sonne verkündete der ferne Lärm der Brüllaffen. Vor einer Baumgruppe, mitten in der Ebene zwischen den ehemaligen Eilanden Don Pedro und Negra, gewahrten wir zahlreiche Banden der schon oben beschriebenen *Simia ursina* (*Araguate*), die wie in Procession äußerst langsam von Baum zu Baum zogen. Hinter einem männlichen Thier kamen viele weibliche, deren mehrere ihre Jungen auf den Schultern trugen. Die Brüllaffen, welche in verschiedenen Strichen Amerikas in großen Gesellschaften leben, sind vielfach beschrieben. In der Lebensweise kommen sie alle überein, es sind aber nicht überall dieselben Arten. Wahrhaft erstaunlich ist die Einförmigkeit in den Bewegungen dieser Affen. So oft die Zweige benachbarter Bäume nicht zusammenreichen, hängt sich das Männchen an der Spitze des Trupps mit dem zum Fassen bestimmten schwieligen Theil seines Schwanzes auf, läßt den Körper frei schweben und schwingt denselben hin und her, bis es den nächsten Ast packen kann. Der ganze Zug macht sofort an derselben Stelle dieselbe Bewegung. ULLOA und viele gut unterrichtete Reisende behaupten, die Marimondas [*Simia Belzebuth*], Araguaten und andere Affen mit Wickelschwänzen bilden eine Art Kette, wenn sie von einem Flußufer zum andern gelangen wollen; ich brauche kaum zu bemerken, daß eine solche Behauptung sehr weit geht. Wir haben in fünf Jahren Gelegenheit gehabt,

Tausende dieser Thiere zu beobachten, und eben deßhalb glaubten wir nicht an Geschichten, die vielleicht nur von Europäern erfunden sind, wenn auch die Indianer in den Missionen sie nachsagen, als ob es Ueberlieferungen ihrer Väter wären. Auch der roheste Mensch findet einen Genuß darin, durch Berichte von den Wundern seines Landes den Fremden in Erstaunen zu setzen. Er will selbst gesehen haben, was nach seiner Vorstellung Andere gesehen haben könnten. Jeder Wilde ist ein Jäger, und die Geschichten der Jäger werden desto phantastischer, je höher die Thiere, von deren Listen sie zu erzählen wissen, in geistiger Beziehung wirklich stehen. Dieß ist die Quelle der Mährchen, welche in beiden Hemisphären vom Fuchs und vom Affen, vom Raben und vom Condor der Anden im Schwange gehen.

Die Araguaten sollen, wenn sie von indianischen Jägern verfolgt werden, zuweilen ihre Jungen im Stiche lassen, um sich auf der Flucht zu erleichtern. Man will gesehen haben, wie Affenmütter das Junge von der Schulter rissen und es vom Baum warfen. Ich glaube aber, man hat hier eine rein zufällige Bewegung für eine absichtliche genommen. Die Indianer sehen gewisse Affengeschlechter mit Abneigung oder mit Vorliebe an; den Viuditas, den Titis, überhaupt allen kleinen Sagoins sind sie gewogen, während die Araguaten wegen ihres trübseligen Aeußern und ihres einförmigen Gebrülls gehaßt und dazu verleumdet werden. Wenn ich darüber nachdachte, durch welche Ursachen die Fortpflanzung des Schalls durch die Luft zur Nachtzeit befördert werden mag, schien es mir nicht unwichtig, genau zu bestimmen, in welchem Abstand. namentlich bei nasser, stürmischer Witterung, das Geheul eines Trupps Araguaten zu vernehmen ist. Ich glaube gefunden zu haben, daß man es noch in 800 Toisen Entfernung hört. Die Affen mit ihren vier Händen können keine Streifzüge in die Llanos machen, und mitten auf den weiten, mit Gras bewachsenen Ebenen unterscheidet man leicht eine vereinzelte Baumgruppe, die von Brüllaffen bewohnt ist und von welcher der Schall herkommt. Wenn man nun auf diese Baumgruppe zugeht oder sich davon entfernt, so mißt man das Maximum des Abstandes, in dem das Geheul noch vernehmbar ist. Diese Abstände schienen mir einigemale bei Nacht um ein Drittheil größer, namentlich bei bedecktem Himmel und sehr warmem, feuchtem Wetter.

Die Indianer versichern, wenn die Araguaten den Wald mit ihrem Geheul erfüllen, so haben sie immer einen Vorsänger. Die Bemerkung ist nicht unrichtig. Man hört meistens, lange fort, eine einzelne stärkere Stimme, worauf eine andere von verschiedenem Tonfall sie ablöst. Denselben Nachahmungstrieb bemerken wir zuweilen auch bei uns bei den Fröschen, und fast bei allen Thieren, die in Gesellschaft leben und sich hören lassen. Noch mehr, die Missionäre versichern, wenn bei den Araguaten ein Weibchen im Begriffe sey zu werfen, so unterbreche der Chor sein Geheul, bis das Junge zur Welt gekommen sey. Ob etwas Wahres hieran ist, habe ich nicht selbst ausmachen können, ganz grundlos scheint es aber allerdings nicht zu seyn. Ich habe beobachtet, daß das Geheul einige Minuten aufhört, so oft ein ungewöhnlicher Vorfall, zum Beispiel das Aechzen eines verwundeten Araguate, die Aufmerksamkeit des Trupps in Anspruch nimmt. Unsere Führer versicherten uns allen Ernstes, ein bewährtes Heilmittel gegen kurzen Athem sey, aus der knöchernen Trommel am Zungenbein des Araguate zu trinken. »Da dieses Thier eine so außerordentlich starke Stimme hat, so muß dem Wasser, das man in seinen Kehlkopf gießt, nothwendig die Kraft zukommen, Krankheiten der Lungen zu heilen.« Dieß ist Volksphysik, die nicht selten an die der Alten erinnert.

Wir übernachteten im Dorfe Guigue, dessen Breite ich durch Beobachtungen des Canopus gleich 10° 4' 11" fand. Dieses Dorf auf trefflich angebautem Boden liegt nur tausend Toisen vom See Tacarigua. Wir wohnten bei einem alten Sergeanten, aus Murcia gebürtig, einem höchst originellen Mann. Um uns zu beweisen, daß er bei den Jesuiten erzogen worden, sagte er uns die Geschichte von der Erschaffung der Welt lateinisch her. Er kannte die Namen August, Tiber, und Diocletian. Bei der angenehmen Nachtkühle in einem Bananengehege beschäftigte er sich lebhaft mit Allem, was am Hof der römischen Kaiser vorgefallen war. Er bat uns dringend um Mittel gegen die Gicht, die ihn grausam plagte. »Ich weiß wohl,« sagte er, »daß ein **Zambo** aus Valencia, ein gewaltiger »Curioso,« mich heilen kann; aber der Zambo macht auf eine Behandlung Anspruch, die einem Menschen von seiner Farbe nicht gebührt, und so bleibe ich lieber, wie ich bin.«

Von Guigue an führt der Weg aufwärts zur Bergkette, welche im Süden des Sees gegen Guacimo und la Palma hinstreicht. Von einem Plateau herab, das 320 Toisen hoch liegt, sahen wir zum letztenmale die Thäler von Aragua. Der Gneiß kam zu Tage; er zeigte dieselbe Streichung der Schichten, denselben Fall nach Nordwest. Quarzadern im Gneiß sind goldhaltig; eine benachbarte Schlucht heißt daher Quebrada del Oro. Seltsamerweise begegnet man auf jedem Schritt dem vornehmen Namen »Goldschlucht« in einem Lande, wo ein einziges Kupferbergwerk im Betrieb ist. Wir legten fünf Meilen bis zum Dorfe Maria Magdalena zurück, und weitere zwei zur Villa de Cura. Es war Sonntag. Im Dorfe Maria Magdalena waren die Einwohner vor der Kirche versammelt. Man wollte unsere Maulthiertreiber zwingen anzuhalten und die Messe zu hören. Wir ergaben uns darein; aber nach langem Wortwechsel setzten die Maulthiertreiber ihren Weg fort. Ich bemerke hier, daß dieß das einzigemal war, wo wir einen Streit solcher Art bekamen. Man macht sich in Europa ganz falsche Begriffe von der Unduldsamkeit und selbst vom Glaubenseifer der spanischen Colonisten.

San Luis de Cura, oder, wie es gemeiniglich heißt, Villa de Cura liegt in einem sehr dürren Thale, das von Nordwest nach Südost streicht und nach meinen barometrischen Beobachtungen eine Meereshöhe von 266 Toisen hat. Außer einigen Fruchtbäumen hat das Land fast gar keinen Pflanzenwuchs. Das Plateau ist desto dürrer, da mehrere Gewässer – ein ziemlich seltener Fall im Urgebirge – sich auf Spalten im Boden verlieren. Der Rio de las Minas, nordwärts von Villa de Cura, verschwindet im Gestein, kommt wieder zu Tage und wird noch einmal unterirdisch, ohne den See von Valencia zu erreichen, auf den er zuläuft. Cura gleicht vielmehr einem Dorfe als einer Stadt. Die Bevölkerung beträgt nicht mehr als 4000 Seelen, aber wir fanden daselbst mehrere Leute von bedeutender geistiger Bildung. Wir wohnten bei einer Familie, welche nach der Revolution von Caracas i. J. 1797 von der Regierung verfolgt worden war. Einer der Söhne war nach langer Gefangenschaft nach der Havana gebracht worden, wo er in einem festen Schlosse saß. Wie freute sich die Mutter, als sie hörte, daß wir auf dem Rückweg vom Orinoco nach der Havana kommen würden! Sie übergab mir fünf Piaster, »all ihr Erspartes.« Gern hätte ich sie ihr zurückgegeben, aber wie hätte ich mich nicht scheuen sollen, ihr Zartgefühl zu verletzen, einer Mutter wehe zu thun, die in den Entbehrungen, die sie sich auferlegt, sich glücklich fühlt! Die ganze Gesellschaft der Stadt fand sich Abends zusammen, um in einem Guckkasten die Ansichten der großen europäischen Städte zu bewundern. Wir bekamen die Tuilerien zu sehen und das Standbild des großen Kurfürsten in Berlin. Es ist ein eigenes Gefühl, seine Vaterstadt, zweitausend Meilen von ihr entfernt, in einem Guckkasten zu erblicken.

Ein Apotheker, der durch den unseligen Hang zu bergmännischen Unternehmungen heruntergekommen war, begleitete uns zum Serro de Chacao, der an goldhaltigen Kiesen sehr reich ist. Der Weg läuft immer am südlichen Abhang der Küstencordillere hinab, in welcher die Ebenen von Aragua ein Längenthal bilden. Die Nacht des 11. brachten wir zum Theil im Dorfe San Juan zu, bekannt wegen seiner warmen Quellen und der sonderbaren Gestalt zweier benachbarten Berge, der sogenannten **Morros de San Juan**. Diese Kuppen bilden steile Gipfel, die sich auf einer Felsmauer von sehr breiter Basis erheben. Die Mauer fällt steil ab und gleicht der **Teufelsmauer**, die um einen Strich des Harzgebirges herläuft. Diese Kuppen sieht man sehr weit in den Llanos, sie machen starken Eindruck auf die Einbildungskraft der Bewohner der Ebenen, die an gar keine Unebenheit des Bodens gewöhnt sind, und so kommt es, daß ihre Höhe im Lande gewaltig überschätzt wird. Sie sollten, wie man uns gesagt, mitten in den Steppen liegen, während sie sich am nördlichen Saume derselben befinden, weit jenseits einer Hügelkette, die la Galera heißt. Nach Winkeln, die im Abstand von zwei Seemeilen genommen worden, erheben sich die Kuppen nicht mehr als 156 Toisen über dem Dorf San Juan und 350 über dem Meer. Die warmen Quellen entspringen am Fuß der Kuppen, die aus Uebergangskalkstein bestehen; sie sind mit Schwefelwasserstoff geschwängert, wie die Wasser von Mariara, und bilden einen kleinen Teich oder eine Lagune, in der ich den Thermometer nur auf 31°,3 steigen sah.

In der Nacht vom 9. zum 10. März fand ich durch sehr befriedigende Sternbeobachtungen die Breite von Villa de Cura 10°, 2' 47". Die spanischen Officiere, welche im Jahr 1755 bei der Grenzexpedition mit astronomischen Instrumenten an den Orinoco gekommen sind, können zu Cura nicht beobachtet haben, denn die Karte von CAULIN und die von CRUZ OLMEDILLA setzen diese Stadt einen Viertelsgrad zu weit südwärts.

Villa de Cura ist im Lande berühmt wegen eines wunderthätigen Marienbildes, das Nuestra Sennora de los Valencianos genannt wird. Dieses Bild, das um die Mitte des achtzehnten Jahrhunderts von einem Indianer in einer Schlucht gefunden wurde, gab Anlaß zu einem Rechtshandel zwischen den Städten Cura und San Sebastiano de los Reyes. Die Geistlichen der letzteren Stadt behaupteten, die h. Jungfrau sey zuerst in ihrem Sprengel erschienen. Der Bischof von Caracas, dem langen ärgerlichen Streite ein Ende zu machen, ließ das Bild in das bischöfliche Archiv schaffen und behielt es daselbst dreißig Jahre unter Siegel: es wurde den Einwohnern von Cura erst i. J. 1802 zurückgegeben. DEPONS gibt umständliche Nachricht von diesem seltsamen Handel.

Nachdem wir im kleinen Fluß St. Juan aus einem Bette von basaltischem Grünstein, in frischem, klarem Wasser gebadet, setzten wir um zwei Uhr in der Nacht unsern Weg über Ortiz und Parapara nach **Mesa de Paja** fort. Die Llanos waren damals durch Raubgesindel unsicher, weßhalb sich mehrere Reisende an uns anschlossen, so daß wir eine Art Caravane bildeten. Sechs bis sieben Stunden lang ging es fortwährend abwärts; wir kamen am Cerro de Flores vorbei, wo die Straße zum großen Dorfe San Jose de Tisnao abgeht. An den Höfen Luque und Juncalito vorüber gelangt man in die Gründe, die wegen des schlechten Wegs und der blauen Farbe der Schiefer Malpasso und Piedras Azules heißen. Wir standen hier auf dem alten Gestade des großen Beckens der Steppen, auf einem geologisch interessanten Boden.

Der südliche Abhang der Küstencordillere ist ziemlich steil, da die Steppen nach meinen barometrischen Messungen tausend Fuß tiefer liegen als der Boden des Beckens von Aragua. Vom weiten Plateau von Villa de Cura kamen wir herab an das Ufer des Rio Tucutunemo, der sich ins Serpentingestein ein von Ost nach West streichendes Längenthal gegraben hat, ungefähr im Niveau von la Victoria. Von da führte uns ein Querthal über die Dörfer Parapara und Ortiz in die Llanos. Dieses Thal streicht im Ganzen von Nord nach Süd und verengt sich an mehreren Stellen. Becken mit völlig wagrechtem Boden stehen durch schmale, abschüssige Schluchten mit einander in Verbindung. Es waren dieß einst ohne Zweifel kleine Seen, und durch Aufstauung der Gewässer oder durch eine noch gewaltsamere

Katastrophe sind die Dämme zwischen den Wasserbecken durchbrochen worden. Diese Erscheinung kommt gleichzeitig in beiden Continenten vor, überall wo Längenthäler Pässe über die Anden, die Alpen, die Pyrenäen bilden.[68] Wahrscheinlich rührt die ruinenhafte Gestalt der Kappen von San Juan und San Sebastiano von den gewaltigen Schwemmungen her, die beim Ausbruch der Gewässer gegen die Llanos erfolgten.

Bei der **Mesa de Paja**, unter dem 9. Grad der Breite, betraten wir das Becken der Llanos. Die Sonne stand beinahe im Zenith; der Boden zeigte überall, wo er von Vegetation entblöst war, eine Temperatur von 48–50°. In der Höhe, in der wir uns auf unsern Maulthieren befanden, war kein Lufthauch zu spüren; aber in dieser scheinbaren Ruhe erhoben sich fortwährend kleine Staubwirbel in Folge der Luftströmungen, die dicht am Boden durch die Temperaturunterschiede zwischen dem nackten Sand und den mit Gras bewachsenen Flecken hervorgebracht werden. Diese »Sandwinde« steigern die erstickende Hitze der Luft. Jedes Quarzkorn, weil es wärmer ist als die umgebende Luft, strahlt ringsum Wärme aus, und es hält schwer die Lufttemperatur zu beobachten, ohne daß Sandtheilchen gegen die Kugel des Thermometers getrieben werden. Die Ebenen ringsum schienen zum Himmel anzusteigen, und die weite unermeßliche Einöde stellte sich unsern Blicken als eine mit Tang und Meeralgen bedeckte See dar. Da die Dunstmassen in der Luft ungleich vertheilt waren, und die Temperaturabnahme in den übereinandergelagerten Luftschichtens keine gleichförmige ist, so zeigte sich der Horizont in gewissen Richtungen hell und scharf begrenzt, in andern wellenförmig auf- und abgebogen und wie gestreift. Erde und Himmel schmolzen dort in einander. Durch den trockenen Nebel und die Dunstschichten gewahrte man in der Ferne Stämme von Palmbäumen. Ihrer grünenden Wipfel beraubt, erschienen diese Stämme wie Schiffsmasten, die am Horizont auftauchen.

Der einförmige Anblick dieser Steppen hat etwas Großartiges, aber auch etwas Trauriges und Niederschlagendes. Es ist als ob die ganze Natur erstarrt wäre; kaum daß hin und wieder der Schatten einer kleinen Wolke, die durchs Zenith eilend die nahende Regenzeit verkündet, auf die Savane fällt. Der erste Anblick der Llanos überrascht vielleicht nicht weniger als der der Andeskette. Alle Gebirgsländer, welches auch die absolute Höhe ihrer höchsten Gipfel seyn mag, haben eine gemeinsame Physiognomie; aber nur schwer gewöhnt man sich an den Anblick der Llanos von Venezuela und Casanare, der Pampas von Buenos Ayres und Chaco, die beständig, zwanzig, dreißig Tagereisen lang, ein Bild der Meeresfläche bieten. Ich kannte die Ebenen oder Llanos der spanischen Mancha und die Heiden (*ericeta*), die sich von den Grenzen Jütlands durch Lüneburg und Westphalen bis nach Belgien hinein erstrecken. Letztere sind wahre Steppen, von denen der Mensch seit

Jahrhunderten nur kleine Strecken kulturfähig zu machen im Stande war; aber die Ebenen im Westen und Norden von Europa geben nur ein schwaches Bild von den unermeßlichen Llanos in Südamerika. Im Südosten unseres Continents, in Ungarn zwischen der Donau und der Theiß, in Rußland zwischen dem Dnieper, dem Don und der Wolga treten die ausgedehnten Weideländer auf, die durch langen Aufenthalt der Wasser geebnet scheinen und ringsum den Horizont begrenzen. Wo ich die ungarischen Ebenen bereist habe, an den Grenzen Deutschlands zwischen Preßburg und Oedenburg, beschäftigen sie die Einbildungskraft des Reisenden durch das fortwährende Spiel der Luftspiegelung; aber ihre weiteste Erstreckung ist ostwärts zwischen Czegled, Debreczin und Tittel. Es ist ein grünes Meer mit zwei Ausgängen, dem einen bei Gran und Weitzen, dem andern zwischen Belgrad und Widdin.

Man glaubte die verschiedenen Welttheile zu charakterisiren, indem man sagte, Europa habe **Heiden**, Asien **Steppen**, Afrika **Wüsten**, Amerika **Savanen**; aber man stellt damit Gegensätze auf, die weder in der Natur der Sachen, noch im Geiste der Sprachen gegründet sind. Die asiatischen Steppen sind keineswegs überall mit Salzpflanzen bedeckt; in den Savanen von Venezuela kommen neben den Gräsern kleine krautartige Mimosen, Schotengewächse und andere Dicotyledonen vor. Die Ebenen der Songarei, die zwischen Don und Wolga, die ungarischen **Puszten** sind wahre Savanen, Weideländer mit reichem Graswuchs, während auf den Savanen ost- und westwärts von den Rocky-Mountains und von Neu-Mexico Chenopodien mit einem Gehalt von kohlensaurem und salzsauren Natrum vorkommen. Asien hat ächte pflanzenlose Wüsten, in Arabien, in der Gobi, in Persien. Seit man die Wüsten im Innern Afrika's, was man so lange unter dem allgemeinen Namen Sahara begriffen, näher kennen gelernt hat, weiß man, daß es im Osten dieses Continents, wie in Arabien, Savanen und Weideländer gibt, die von nackten, dürren Landstrichen umgeben sind. Letztere, mit losem Gestein bedeckte, ganz pflanzenlose Wüsten, fehlen nun aber der neuen Welt fast ganz. Ich habe dergleichen nur im niedern Strich von Peru, zwischen Amotape und Coquimbo, am Gestade der Südsee gesehen. Die Spanier nennen sie nicht Llanos, sondern *desiertos* von Sechura und Atacamez. Diese Einöde ist nicht breit, aber 440 Meilen lang. Die Gebirgsart kommt überall durch den Flugsand zu Tag. Es fällt niemals ein Tropfen Regen, und wie in der Sahara nördlich von Tombuctu sindet sich in der peruanischen Wüste bei Huaura eine reiche Steinsalzgrube. Ueberall sonst in der neuen Welt gibt es öde, weil unbewohnte Flächen, aber keine eigentlichen Wüsten.

Dieselben Erscheinungen wiederholen sich in den entlegensten Landstrichen, und statt diese weiten baumlosen Ebenen nach den Pflanzen zu unterscheiden, die auf ihnen vorkommen, unterscheidet man wohl am einfachsten zwischen **Wüsten** und **Steppen** oder **Savanen**, zwischen nackten Landstrichen ohne Spur von Pflanzenwuchs und Landstrichen, die mit Gräsern oder kleinen Gewächsen aus der Classe der Dicotyledonen bedeckt sind. In manchen Werken heißen die amerikanischen Savanen, namentlich die der gemäßigten Zone, **Wiesen** (Prairien); aber diese Bezeichnung paßt, wie mir dünkt, schlecht auf Weiden, die oft sehr dürr, wenn auch mit 4 bis 5 Fuß hohen Kräutern bedeckt sind. Die amerikanischen Llanos oder Pampas sind wahre **Steppen**. Sie sind in der Regenzeit schön begrünt, aber in der trockensten Jahreszeit bekommen sie das Ansehen von Wüsten. Das Kraut zerfällt zu Staub, der Boden berstet, das Krokodil und die großen Schlangen liegen begraben im ausgedörrten Schlamm, bis die ersten Regengüsse im Frühjahr sie aus der langen Erstarrung wecken. Diese Erscheinungen kommen auf dürren Landstrichen von 50–60 Quadratmeilen überall vor, wo keine Gewässer durch die Savane strömen; denn am Ufer der Bäche und der kleinen Stücke stehenden Wassers stößt der Reisende von Zeit zu Zeit selbst in der dürrsten Jahreszeit auf Gebüsche der Mauritia, einer Palmenart, deren fächerförmige Blätter beständig glänzend grün sind.

Die asiatischen Steppen liegen alle außerhalb der Wendekreise und bilden sehr hohe Plateaus. Auch Amerika hat auf dem Rücken der Gebirge von Mexico, Peru und Quito Savanen von bedeutender Ausdehnung, aber seine ausgedehntesten Steppen, die Llanos von Cumana, Caracas und Meta, erheben sich nur sehr wenig über dem Meeresspiegel und fallen alle in die Aequinoctialzone. Diese Umstände ertheilen ihnen einen eigenthümlichen Charakter. Die Seen ohne Abfluß, die kleinen Flußsysteme, die sich im Sand verlieren oder durch die Gebirgsart durchseigen, wie sie den Steppen im östlichen Asien und den persischen Wüsten eigen sind, kommen hier nicht vor. Die amerikanischen Llanos fallen gegen Ost und Süd und ihre strömenden Gewässer laufen in den Orinoco.

Nach dem Lauf dieser Flüsse hatte ich früher geglaubt, daß die Ebenen Plateaus bilden müßten, die mindestens 100 bis 150 Toisen über dem Meer gelegen wären. Ich dachte mir, auch die Wüsten im inneren Afrika müßten beträchtlich hoch liegen und stufenweise von den Küsten bis ins Innere des großen Continents über einander aufsteigen. Bis jetzt ist noch kein Barometer in die Sahara gekommen. Was aber die amerikanischen Llanos betrifft, so zeigen die Barometerhöhen, die ich zu Calabozo, zu Villa del Pao und an der Mündung des Meta beobachtet, daß sie nicht mehr als 40 bis 50 Toisen über dem Meeresspiegel liegen. Die Flüsse haben einen sehr schwachen, oft kaum merklichen Fall. So kommt es, daß beim geringsten Wind, und wenn der Orinoco anschwillt, die Flüsse, die in ihn fallen, rückwärts gedrängt werden. Im Rio Arauca bemerkt man häufig diese Strömung **nach oben**. Die Indianer glauben einen ganzen Tag lang abwärts zu schiffen, während sie von der Mündung gegen die Quellen fahren. Zwischen den abwärtsströmenden und den aufwärtsströmenden Gewässern bleibt eine bedeutende Wassermasse still stehen, in der sich durch Gleichgewichtsstörung Wirbel bilden, die den Fahrzeugen gefährlich werden.

Der eigenthümlichste Zug der Savanen oder Steppen Südamerikas ist die völlige Abwesenheit aller Erhöhungen, die vollkommen wagerechte Lage des ganzen Bodens. Die spanischen Eroberer, die zuerst von Coro her an die Ufer des Apure vordrangen, haben sie daher auch weder Wüsten, noch Savanen, noch Prairien genannt, sondern Ebenen, *los Llanos*. Auf dreißig Quadratmeilen zeigt der Boden oft keine fußhohe Unebenheit. Diese Aehnlichkeit mit der Meeresfläche drängt sich der Einbildungskraft besonders da auf, wo die Ebenen gar keine Palmen tragen, und wo man von den Bergen an der Küste und vom Orinoco so weit weg ist, daß man dieselben nicht sieht, wie in der Mesa de Pavones. Dort könnte man sich versucht fühlen, mit einem Reflexionsinstrument Sonnenhöhen aufzunehmen, wenn nicht der **Land-Horizont**, in Folge des wechselnden Spiels der Refractionen, beständig in Nebel gehüllt wäre. Diese Ebenheit des Bodens ist noch vollständiger unter dem Meridian von Calabozo als gegen Ost zwischen Cari, Villa del Pao und Nueva Barcelona; aber sie herrscht ohne Unterbrechung von den Mündungen des Orinoco bis zur Villa de Araure und Ospinos, auf einem **Parallel** von 180 Meilen, und von San Carlos bis zu den Savanen am Caqueta aus, einem **Meridian** von 200 Meilen. Sie vor Allem ist charakteristisch für den neuen Continent, so wie für die asiatischen Steppen zwischen dem Dnieper und der Wolga, zwischen dem Irtisch und dem Obi. Dagegen zeigen die Wüsten im inneren Afrika, in Arabien, Syrien und Persien, die Cobi und die Casna viele Bodenunebenheiten, Hügelreihen, wasserlose Schluchten und festes Gestein, das aus dem Sand hervorragt.

Trotz der scheinbaren Gleichförmigkeit ihrer Fläche finden sich indessen in den Llanos zweierlei Unebenheiten, die dem aufmerksamen Beobachter nicht entgehen. Die erste Art nennt man *bancos*; es sind wahre Bänke, Untiefen im Steppenbecken, zerbrochene Schichten von festem Sandstein oder Kalkstein, die 4 bis 5 Fuß höher liegen als die übrige Ebene. Diese Bänke sind zuweilen drei bis vier Meilen lang; sie sind vollkommen eben und wagerecht und man bemerkt ihr Vorhandenseyn überhaupt nur dann, wenn man ihre Ränder vor sich hat. Die zweite Unebenheit läßt sich nur durch geodätische oder barometrische Messungen oder am Lauf der Flüsse erkennen; sie heißt Mesa. Es sind dieß kleine Plateaus, oder vielmehr convexe Erhöhungen, die unmerklich zu einigen Toisen Höhe ansteigen. Dergleichen sind ostwärts in der Provinz Cumana, im Norden von Villa de la Merced und Candelaria, die **Mesas Amana, Guanipa und Jonoro**, die von Südwest nach Nordost streichen und trotz ihrer unbedeutenden Höhe die Wasser zwischen dem Orinoco und der Nordküste von Terra firma scheiden. Nur die sanfte Wölbung der Savane bildet die Wasserscheide; hier sind die *divortia aquarum*,[69] wie in Polen, wo fern von den Karpathen die Wasserscheide zwischen dem baltischen und dem schwarzen Meere in der Ebene selbst liegt. Die Geographen setzen da, wo eine Wasserscheide ist, immer Bergzüge voraus, und so sieht man denn auch auf den Karten dergleichen um die Quellen des Rio Neveri, des Unare, des Guarapiche und des Pao eingezeichnet. Dieß erinnert an die mongolischen Priester, die nach einem alten abergläubischen Brauch an allen Stellen, wo die Wasser nach entgegengesetzten Seiten fließen, **Obos** oder kleine Steinhaufen errichten.

Das ewige Einerlei der Llanos, die große Seltenheit von bewohnten Plätzen, die Beschwerden der Reise unter einem glühenden Himmel und bei stauberfüllter Luft, die Aussicht auf den Horizont, der beständig vor einem zurückzuweichen scheint, die vereinzelten Palmstämme, deren einer aussieht wie der andere, und die man gar nicht erreichen zu können meint, weil man sie mit andern Stämmen verwechselt, die nach einander am Gesichtskreis auftauchen – all dieß zusammen macht, daß einem die Steppen noch weit größer vorkommen, als sie wirklich sind. Die Pflanzer am Südabhang des Küstengebirges sehen die Steppen grenzenlos, gleich einem grünen Ocean gegen Süd sich ausdehnen. Sie wissen, daß man vom Delta des Orinoco bis in die Provinz Barinas und von dort über die Flüsse Meta, Guaviare und Caguan, Anfangs von Ost nach West, sodann von Nordost nach Nordwest, 380 Meilen weit in den Steppen fortziehen kann, bis über den Aequator hinaus an den Fuß der Anden von Pasto. Sie kennen nach den Berichten der Reisenden die Pampas von Buenos Ayres, die gleichfalls mit feinem Gras bewachsene, baumlose Llanos sind und von verwilderten Rindern und Pferden wimmeln. Sie sind, nach Anleitung unserer meisten Karten von Amerika, der Meinung, der Continent habe nur Eine Bergkette, die der Anden, die von Süd nach Nord läuft, und nach einem unbestimmten systematischen Begriff lassen sie alle Ebenen vom Orinoco und vom Apure an bis zum Rio de la Plata und der Magellan'schen Meerenge untereinander zusammenhängen.

Ich entwerfe im Folgenden ein möglichst klares und gedrängtes Bild vom allgemeinen Bau eines Festlandes, dessen Endpunkte, unter so verschiedenen Klimaten sie auch liegen, in mehreren Zügen mit einander übereinkommen. Um den Umriß und die Grenzen der Ebenen richtig aufzufassen, muß man die Bergketten kennen, welche den Uferrand derselben bilden. Von der Küstencordillere, deren höchster Gipfel die Silla bei Caracas ist, und die durch den Paramo de las Rosas mit dem Nevado von Merida und den Anden von Neu-Grenada zusammenhängt, haben wir bereits gesprochen. Eine zweite Bergkette, oder vielmehr ein minder hoher, aber weit breiterer Bergstock läuft zwischen dem 3. und 7. Parallelkreise von den Mündungen des Guaviare und Meta zu den Quellen des Orinoco, Marony und Esquibo, gegen das holländische und französische Guyana zu.

Ich nenne diese Kette die **Cordillere der Parime** oder der großen Fälle des Orinoco; man kann sie 250 Meilen weit verfolgen, es ist aber nicht sowohl eine Kette, als ein Haufen granitischer Berge, zwischen denen kleine Ebenen liegen und die nicht überall Reihen bilden. Der Bergstock der Parime verschmälert sich bedeutend zwischen den Quellen des Orinoco und den Bergen von Demerary zu den Sierras von Quimiropaca und Pacaraimo, welche die Wasserscheide bilden zwischen dem Carony und dem Rio Parime oder Rio de Aguas blancas. Dieß ist der Schauplatz der Unternehmungen, um den Dorado aufzusuchen und die große Stadt Manoa, das Tombuctu der neuen Welt. Die Cordillere der Parime hängt mit den Anden von Neu-Grenada nicht zusammen; sie sind durch einen 80 Meilen breiten Zwischenraum getrennt. Dächte man sich, dieselbe sey hier durch eine große Erdumwälzung zerstört worden, was übrigens gar nicht wahrscheinlich ist, so müßte man annehmen, sie sey einst von den Anden zwischen Santa Fe de Bogota und Pamplona abgegangen. Diese Bemerkung mag dazu dienen, die geographische Lage dieser Cordillere, die bis jetzt sehr wenig bekannt geworden, dem Leser besser einzuprägen. – Eine dritte Bergkette verbindet unter dem 16. und 18. Grad südl. Breite (über Santa Cruz de la Sierra, die Serranias von Aguapehy und die vielberufenen Campos dos Parecis) die peruanischen Anden mit den Gebirgen Brasiliens. Dieß ist die **Cordillere von Chiquitos**, die in der Capitania von Minas Geraes breiter wird und die Wasserscheide zwischen dem Amazonenstrom und dem La Plata bildet, nicht nur im innern Lande, im Meridian von Villa Boa, sondern bis wenige Meilen von der Küste, zwischen Rio Janeiro und Bahia.

Diese drei Querketten oder vielmehr diese drei **Bergstöcke**, welche innerhalb der Grenzen der heißen Zone von West nach Ost streichen, sind durch völlig ebene Landstriche getrennt, **die Ebenen von Caracas** oder am untern Orinoco, **die Ebenen des Amazonenstroms** und des Rio Negro, **die Ebenen von Buenos Ayres** oder des La Plata. Ich brauche nicht den Ausdruck **Thäler**, weil der untere Orinoco und der Amazonenstrom keineswegs in einem Thale fließen, sondern nur in einer weiten Ebene eine kleine Rinne bilden. Die beiden Becken an den beiden Enden Südamerikas sind Savanen oder Steppen, baumlose Weiden; das mittlere Becken, in welches das ganze Jahr die tropischen Regen fallen, ist fast durchgängig ein ungeheurer Wald, in dem es keinen andern Pfad gibt als die Flüsse. Wegen des kräftigen Pflanzenwuchses, der den Boden überzieht, fällt hier die Ebenheit desselben weniger auf, und nur die Becken von Caracas und La Plata nennt man **Ebenen**. In der Sprache der Colonisten heißen die drei eben beschriebenen Becken: die **Llanos** von Barinas und Caracas, die **Bosques** oder **Selvas** (Wälder) des Amazonenstromes, und die **Pampas** von Buenos Ayres. Der Wald bedeckt nicht nur größtentheils die **Ebenen des Amazonenstroms** von der Cordillere von Chiquitos bis zu der der Parime, er überzieht auch diese beiden Bergketten, welche selten die Höhe der

Pyrenäen erreichen. Deßhalb sind die weiten Ebenen des Amazonenstromes, des Madeira und Rio Negro nicht so scharf begrenzt wie die **Llanos** von Caracas und die **Pampas** von Buenos Ayres. Da die **Waldregion** Ebenen und Gebirge zugleich begreift, so erstreckt sie sich vom 18° südlicher bis zum 7 und 8° nördlicher Breite, und umfaßt gegen 120,000 Quadratmeilen. Dieser Wald des südlichen Amerika, denn im Grunde ist es nur Einer, ist sechsmal größer als Frankreich; die Europäer kennen ihn nur an den Ufern einiger Flüsse, die ihn durchströmen, und er hat Lichtungen, deren Umfang mit dem des Forstes im Verhältniß steht. Wir werden bald an sumpfigen Savanen zwischen dem obern Orinoco, dem Conorichite und Cassiquiare, unter dem 3. und 4. Grad der Breite, vorüberkommen. Unter demselben Parallelkreise liegen andere Lichtungen oder *Savanas limpias*[70] zwischen den Quellen des Mao und des Rio de Aguas blancas, südlich von der Sierra Pacaraima. Diese letzteren Savanen sind von Caraiben und nomadischen Macusis bewohnt; sie ziehen sich bis nahe an die Grenzen des holländischen und französischen Guyana fort.

Wir haben die geologischen Verhältnisse von Südamerika geschildert; heben wir jetzt die Hauptzüge heraus. Den Westküsten entlang läuft eine ungeheure Gebirgsmauer, reich an edlen Metallen überall, wo das vulkanische Feuer sich nicht durch den ewigen Schnee Bahn gebrochen: dieß ist die **Cordillere der Anden**. Gipfel von Trappporphyr steigen hier zu mehr als 3300 Toisen Höhe auf, und die mittlere Höhe der Kette beträgt 1850 Toisen. Sie streicht in der Richtung eines Meridians fort und schickt in jeder Halbkugel, unter dem 10. Grad nördlicher und unter dem 16. und 18. Grad südlicher Breite einen Seitenzweig ab. Der erstere dieser Zweige, die Küstencordillere von Caracas, ist minder breit und bildet eine eigentliche Kette. Der zweite, die Cordillere von Chiquitos und an den Quellen des Guapore, ist sehr reich an Gold und breitet sich ostwärts, in Brasilien, zu weiten Plateaus mit gemäßigtem Klima aus. Zwischen diesen beiden, mit den Anden zusammenhängenden Querketten liegt vom 3. zum 7. Grad nördlicher Breite eine abgesonderte Gruppe granitischer Berge, die gleichfalls parallel mit dem Aequator, jedoch nicht über den 71. Grad der Länge fortstreicht, dort gegen Westen rasch abbricht und mit den Anden von Neu-Grenada nicht zusammenhängt. Diese drei Querketten haben keine thätigen Vulkane; wir wissen aber nicht, ob auch die südlichste, gleich den beiden andern, keinen Trachyt oder Trappporphyr hat. Keiner ihrer Gipfel erreicht die Grenze des ewigen Schnees, und die mittlere Höhe der Cordillere der Parime und der Küstencordillere von Caracas beträgt nicht ganz 600 Toisen, wobei übrigens manche Gipfel sich doch 1400 Toisen über das Meer erheben. Zwischen den drei Querketten liegen Ebenen, die sämmtlich gegen West geschlossen, gegen Ost und Südost offen sind. Bedenkt man ihre so unbedeutende Höhe über dem Meer, so fühlt man sich versucht, sie als **Golfe** zu betrachten, die in der Richtung des Rotationsstroms fortstreichen. Wenn in Folge einer ungewöhnlichen

Anziehung die Gewässer des atlantischen Meers an der Mündung des Orinoco um fünfzig Toisen, an der Mündung des Amazonenstroms um zweihundert Toisen stiegen, so würde die Fluth mehr als die Hälfte von Südamerika bedecken. Der Ostabhang oder der Fuß der Anden, der jetzt sechshundert Meilen von den Küsten Brasiliens abliegt, wäre ein von der See bespültes Ufer. Diese Betrachtung gründet sich auf eine barometrische Messung in der Provinz Jaen de Bracamoros, wo der Amazonenstrom aus den Cordilleren herauskommt. Ich habe gefunden, daß dort der ungeheure Strom bei mittlerem Wasserstand nur 194 Toisen über dem gegenwärtigen Spiegel des atlantischen Meeres liegt. Und diese in der Mitte gelegenen waldbedeckten Ebenen liegen noch fünfmal höher als die grasbewachsenen Pampas von Buenos Ayres und die Llanos von Caracas und am Meta.

Diese Llanos, welche das Becken des untern Orinoco bilden und die wir zweimal im selben Jahr, in den Monaten März und Juli, durchzogen haben, hängen zusammen mit dem Becken des Amazonenstroms und des Rio Negro, das einerseits durch die Cordillere von Chiquitos, andererseits durch die Gebirge der Parime begrenzt ist. Dieser Zusammenhang vermittelt sich durch die Lücke zwischen den letzteren und den Anden von Neu-Grenada. Der Boden in seinem Anblick erinnert hier, nur daß der Maaßstab ein weit größerer ist, an die lombardischen Ebenen, die sich auch nur 50 bis 60 Toisen über das Meer erheben und einmal von der Brenta nach Turin von Ost nach West, dann von Turin nach Coni von Nord nach Süd streichen. Wenn andere geologische Thatsachen uns berechtigten, die drei großen Ebenen am untern Orinoco, am Amazonenstrom und am Rio de la Plata als alte Seebecken zu betrachten, so ließen sich die Ebenen am Rio Vichada und am Meta als ein Kanal ansehen, durch den die Wasser des oberen Sees, des auf den Ebenen des Amazonenstroms, in das tiefere Becken, in die Llanos von Caracas, durchgebrochen wären und dabei die Cordillere der Parime von der der Anden getrennt hätten. Dieser Kanal ist eine Art Land-Meerenge (*détroit terrestre*). Der durchaus ebene Boden zwischen dem Guaviare, dem Meta und Apure zeigt keine Spur von gewaltsamem Einbruch der Gewässer; aber am Rand der Cordillere der Parime, zwischen dem 4. und 7. Grad der Breite, hat sich der Orinoco, der von seiner Quelle bis zur Einmündung des Guaviare westwärts fließt, auf seinem Lauf von Süd nach Nord durch das Gestein einen Weg gebrochen. Alle großen Katarakte liegen, wie wir bald sehen werden, auf dieser Strecke. Aber mit der Einmündung des Apure, dort, wo im so niedrig gelegenen Lande der Abhang gegen Nord mit dem Gegenhang nach Südost zusammentrifft, das heißt mit der Böschung der Ebenen, die unmerklich gegen die Gebirge von Caracas **ansteigen**, macht der Fluß wieder eine Biegung und strömt sofort ostwärts. Ich glaubte den Leser schon hier auf diese sonderbaren Windungen des Orinoco aufmerksam machen zu müssen, weil er mit seinem Lauf, als zwei Becken zumal angehörend, selbst auf den mangelhaftesten Karten gewissermaßen die Richtung des Theils der

Ebenen bezeichnet, der zwischen die Anden von Neu-Grenada und den westlichen Saum der Gebirge der Parime eingeschoben ist.

Die Llanos oder Steppen am untern Orinoco und am Meta führen, gleich den afrikanischen Wüsten, in ihren verschiedenen Strichen verschiedene Namen. Von den Boccas del Dragon an folgen von Ost nach West auf einander: die Llanos von Cumana, von Barcelona und von Caracas oder Venezuela. Wo die Steppen vom 8. Breitegrad an, zwischen dem 70. und 73. Grad der Länge, sich nach Süd und Süd-Süd-West wenden, kommen von Nord nach Süd die Llanos von Barinas, Casanare, Meta, Guaviare, Caguan und Caqueta. In den Ebenen von Barinas kommen einige nicht sehr bedeutende Denkmäler vor, die auf ein nicht mehr vorhandenes Volk deuten. Man findet zwischen Mijagual und dem Caño de la Hacha wahre Grabhügel, dort zu Lande *Serillos de los Indios* genannt. Es sind kegelförmige Erhöhungen, aus Erde von Menschenhand aufgeführt, und sie bergen ohne Zweifel menschliche Gebeine, wie die Grabhügel in den asiatischen Steppen. Ferner beim Hato de la Calzada, zwischen Barinas und Caragua, sieht man eine hübsche Straße, fünf Meilen lang, vor der Eroberung, in sehr alter Zeit von den Eingeborenen angelegt. Es ist ein Erddamm, fünfzehn Fuß hoch, der über eine häufig überschwemmte Ebene führt. Hatten sich etwa civilisirtere Völker von den Gebirgen von Truxillo und Merida über die Ebenen am Rio Apure verbreitet? Die heutigen Indianer zwischen diesem Fluß und dem Meta sind viel zu versunken, um an die Errichtung von Kunststraßen oder Grabhügeln zu denken.

Ich habe den Flächenraum dieser Llanos von der Caqueta bis zum Apure und vom Apure zum Delta des Orinoco auf 17,000 Quadratmeilen (20 auf den Grad) berechnet. Der von Nord nach Süd sich erstreckende Theil ist beinahe doppelt so groß als der von Ost nach West zwischen dem untern Orinoco und der Küstencordillere von Caracas streichende. Die **Pampas** nord- und nordwestwärts von Buenos Ayres, zwischen dieser Stadt und Cordova, Jujuy und Tucuman, sind ungefähr eben so groß als die Llanos; aber die Pampas setzen sich noch 18 Grad weiter nach Süden fort, und sie erstrecken sich über einen so weiten Landstrich, daß am einen Saume Palmen wachsen, während der andere, eben so niedrig gelegene und ebene, mit ewigem Eis bedeckt ist.

Die amerikanischen Llanos sind da, wo sie parallel mit dem Aequator streichen, viermal schmäler als die große afrikanische Wüste. Dieser Umstand ist von großer Bedeutung in einem Landstrich, wo die Richtung der Winde beständig von Ost nach West geht. Je weiter Ebenen in dieser Richtung sich erstrecken, desto heißer ist ihr Klima. Das große afrikanische Sandmeer hängt über Yemen mit Gedrosia und Beludschistan bis ans rechte

Ufer des Indus zusammen; und in Folge der Winde, die über die ostwärts gelegenen Wüsten weggegangen sind, ist das Becken des rothen Meers, in der Mitte von Ebenen, welche auf allen Punkten Wärme strahlen, eine der heißesten Gegenden des Erdballs. Der unglückliche Capitän Tuckey berichtet, daß der hunderttheilige Thermometer sich dort fast immer bei Nacht auf 34°, bei Tag auf 40 bis 44° hält. Wie wir bald sehen werden, haben wir selbst im westlichsten Theil der Steppen von Caracas die Temperatur der Luft, im Schatten und vom Boden entfernt, selten über 37° gefunden.

An diese physikalischen Betrachtungen über die Steppen der neuen Welt knüpfen sich andere, höhere, solche, die sich auf die Geschichte unserer Gattung beziehen. Das große afrikanische Sandmeer, die wasserlosen Wüsten sind nur von Caravanen besucht, die bis zu 50 Tagen brauchen, sie zu durchziehen. Die Sahara trennt die Völker von Negerbildung von den Stämmen der Araber und Berbern und ist nur in den Oasen bewohnt. Weiden hat sie nur im östlichen Striche, wo als Wirkung der Passatwinde die Sandschicht weniger dick ist, so daß die Quellen zu Tage brechen können. Die Steppen Amerikas sind nicht so breit, nicht so glühend heiß, sie werden von herrlichen Strömen befruchtet und sind so dem Verkehr der Völker weit weniger hinderlich. Die **Llanos** trennen die Küstencordillere von Caracas und die Anden von Neu-Grenada von der Waldregion, von jener Hyläa[71] des Orinoco, die schon bei der Entdeckung Amerikas von Völkern bewohnt war, welche auf einer weit tieferen Stufe der Cultur standen, als die Bewohner der Küsten und vor allen des Gebirgslands der Cordilleren. Indessen waren die Steppen einst so wenig eine Schutzmauer der Cultur, als sie gegenwärtig für die in den Wäldern lebenden Horden eine Schutzmauer der Freiheit sind. Sie haben die Völker am untern Orinoco nicht abgehalten, die kleinen Flüsse hinaufzufahren und nach Nord und West Einfälle ins Land zu machen. Hätte es die mannigfaltige Verbreitung der Thiergeschlechter über die Erde mit sich gebracht, daß das Hirtenleben in der neuen Welt bestehen konnte; hätten vor der Ankunft der Spanier auf den Llanos und Pampas so zahlreiche Heerden von Rindern und Pferden geweidet wie jetzt, so wäre Columbus das Menschengeschlecht hier in ganz anderer Verfassung entgegengetreten. Hirten-Völker, die von Milch und Käse leben, wahre Nomaden hätten diese weiten, mit einander zusammenhängenden Ebenen durchzogen. In der trockenen Jahreszeit und selbst zur Zeit der Ueberschwemmungen hätten sie den Besitz der Weiden einander streitig gemacht, sie hätten einander unterjocht, und vereint durch das gemeinsame Band der Sitten, der Sprache und der Gottesverehrung, sich zu der Stufe von Halbcultur erhoben, die uns bei den Völkern mongolischen und tartarischen Stammes überraschend entgegentritt. Dann hätte Amerika, gleich dem mittleren Asien, seine Eroberer gehabt, welche aus den Ebenen zum Plateau der Cordilleren hinauf stiegen, dem umherschweifenden Leben entsagten, die cultivirten Völker von Peru und Neu-Grenada unterjochten, den Thron der Incas und des Zaque[72] umstürzten und an die Stelle des Despotismus, wie er aus der Theokratie fließt, den Despotismus setzten, wie ihn das patriarchalische Regiment der Hirtenvölker mit sich bringt. Die Menschheit der neuen Welt hat diese großen moralischen und politischen Wechsel nicht durchgemacht, und zwar weil die Steppen, obgleich fruchtbarer als die asiatischen, ohne Heerden waren, weil keines der Thiere, die reichliche Milch geben, den Ebenen Südamerikas eigenthümlich ist, und weil in der Entwicklung amerikanischer Cultur das Mittelglied zwischen Jägervölkern und ackerbauenden Völkern fehlte.

Die hier mitgetheilten allgemeinen Bemerkungen über die Ebenen des neuen Continents und ihre Eigenthümlichkeiten gegenüber den Wüsten Afrikas und den fruchtbaren Steppen Asiens schienen mir geeignet, den Bericht einer Reise durch so einförmige Landstriche anziehender zu machen. Jetzt aber mag mich der Leser auf unserem Wege von den vulkanischen Bergen von Parapara und dem nördlichen Saum der Llanos zu den Ufern des Apure in der Provinz Barinas begleiten.

Nachdem wir zwei Nächte zu Pferde gewesen und vergeblich unter Gebüsch von Murichipalmen Schutz gegen die Sonnengluth gesucht hatten, kamen wir vor Nacht zum kleinen Hofe »*el Cayman*« auch la Guadalupe genannt. Es ist dieß ein *Hato de ganado*, das heißt ein einsames Haus in der Steppe, umher ein paar kleine mit Rohr und Häuten bedeckte Hütten. Das Vieh, Rinder, Pferde, Maulthiere, ist nicht eingepfercht; es läuft frei auf einem Flächenraum von mehreren Quadratmeilen. Nirgends ist eine Umzäunung. Männer, bis zum Gürtel nackt und mit einer Lanze bewaffnet, streifen zu Pferd über die Savanen, um die Heerden im Auge zu behalten, zurückzutreiben, was sich zu weit von den Weiden des Hofes verläuft, mit dem glühenden Eisen zu zeichnen, was noch nicht den Stempel des Eigenthümers trägt. Diese Farbigen, *Peones llaneros* genannt, sind zum Theil Freie oder Freigelassene, zum Theil Sklaven. Nirgends ist der Mensch so anhaltend dem sengenden Strahl der tropischen Sonne ausgesetzt. Sie nähren sich von luftdürrem, schwach gesalzenem Fleisch; selbst ihre Pferde fressen es zuweilen. Sie sind beständig im Sattel und meinen nicht den unbedeutendsten Gang zu Fuß machen zu können. Wir trafen im Hof einen alten Negersklaven, der in der Abwesenheit des Herrn das Regiment führte. Heerden von mehreren tausend Kühen sollten in der Steppe weiden; trotzdem baten wir vergeblich um einen Topf Milch. Man reichte uns in Tutumofrüchten gelbes, schlammigtes, stinkendes Wasser: es war aus einem Sumpf in der Nähe geschöpft. Die Bewohner der Llanos sind so träg, daß sie gar keine Brunnen graben, obgleich man wohl weiß, daß sich fast allenthalben in zehn Fuß Tiefe gute Quellen in einer Schicht von Conglomerat oder rothem Sandstein finden. Nachdem man die eine Hälfte des Jahres durch die Ueberschwemmungen gelitten, erwägt man in der andern geduldig den peinlichsten Wassermangel. Der alte Neger rieth uns, das Gefäß mit einem Stück Leinwand zu bedecken und so gleichsam durch ein Filtrum zu trinken, damit uns der üble Geruch nicht belästigte und wir vom feinen, gelblichten Thon, der im Wasser suspendirt ist, nicht so viel zu verschlucken hätten. Wir ahnten nicht, daß wir von nun an Monate lang auf dieses Hülfsmittel angewiesen seyn würden. Auch das Wasser des Orinoco hat sehr viele erdigte Bestandtheile; es ist sogar stinkend, wo in Flußschlingen todte Krokodile auf den Sandbänken liegen oder halb im Schlamm stecken.

Kaum war abgepackt und unsere Instrumente aufgestellt, so ließ man unsere Maulthiere laufen und, wie es dort heißt, »Wasser in der Savane suchen.« Rings um den Hof sind kleine Teiche; die Thiere finden sie, geleitet von ihrem Instinkt, von den Mauritia-Gebüschen, die hie und da zu sehen sind, und von der feuchten Kühlung, die ihnen in einer Atmosphäre, die uns ganz still und regungslos erscheint, von kleinen Luftströmen zugeführt wird. Sind die Wasserlachen zu weit entfernt und die Knechte im Hof zu faul, um die Thiere zu diesen natürlichen Tränken zu führen, so sperrt man sie fünf, sechs Stunden lang in einen recht heißen Stall, bevor man sie laufen läßt. Der heftige Durst steigert dann ihren Scharfsinn, indem er gleichsam ihre Sinne und ihren Instinkt schärft. So wie man den Stall öffnet, sieht man Pferde und Maulthiere, die letzteren besonders, vor deren Spürkraft die Intelligenz der Pferde zurückstehen muß, in die Savane hinausjagen. Den Schwanz hoch gehoben, den Kopf zurückgeworfen, laufen sie gegen den Wind und halten zuweilen an, wie um den Raum auszukundschaften; sie richten sich dabei weniger nach den Eindrücken des Gesichts als nach denen des Geruchs, und endlich verkündet anhaltendes Wiehern, daß sich in der Richtung ihres Laufs Wasser findet. In den Llanos geborene Pferde, die sich lange in umherschweifenden Rudeln frei getummelt haben, sind in allen diesen Bewegungen rascher und kommen dabei leichter zum Ziele als solche, die von der Küste herkommen und von zahmen Pferden abstammen. Bei den meisten Thieren, wie beim Menschen, vermindert sich die Schärfe der Sinne durch lange Unterwürfigkeit und durch die Gewöhnungen, wie feste Wohnsitze und die Fortschritte der Cultur sie mit sich bringen.

Wir gingen unsern Maulthieren nach, um zu einer der Lachen zu gelangen, aus denen man das trübe Wasser schöpft, das unsern Durst so übel gelöscht hatte. Wir waren mit Staub bedeckt, verbrannt vom Sandwind, der die Haut noch mehr angreift als die Sonnenstrahlen. Wir sehnten uns nach einem Bad, fanden aber nur ein großes Stück stehenden Wassers, mit Palmen umgeben. Das Wasser war trüb, aber zu unserer großen Verwunderung etwas kühler als die Luft. Auf unserer langen Reise gewöhnt, zu baden, so oft sich Gelegenheit dazu bot, oft mehrmals des Tages, besannen wir uns nicht lange und sprangen in den Teich. Kaum war das behagliche Gefühl der Kühlung über uns gekommen, als ein Geräusch am entgegengesetzten Ufer uns schnell wieder aus dem Wasser trieb. Es war ein Krokodil, das sich in den Schlamm grub. Es wäre unvorsichtig gewesen, zur Nachtzeit an diesem sumpfigten Ort zu verweilen.

Wir waren nur eine Viertelmeile vom Hof entfernt, wir gingen aber über eine Stunde und kamen nicht hin. Wir wurden zu spät gewahr, daß wir eine falsche Richtung eingeschlagen. Wir hatten bei Anbruch der Nacht, noch ehe die Sterne sichtbar wurden, den Hof verlassen und waren auf Gerathewohl in der Ebene fortgegangen. Wir hatten, wie immer, einen Compaß bei uns; auch konnten wir uns nach der Stellung des Canopus und des südlichen Kreuzes leicht orientiren; aber all dieß half uns zu nichts, weil wir nicht gewiß wußten, ob wir vom Hof weg nach Ost oder nach Süd gegangen waren. Wir wollten an unsern Badeplatz zurück und gingen wieder drei Viertelstunden, ohne den Teich zu finden. Oft meinten wir Feuer am Horizont zu sehen; es waren aufgehende Sterne, deren Bild durch die Dünste vergrößert wurde. Nachdem wir lange in der Savane umhergeirrt, beschlossen wir, unter einem Palmbaume, an einem recht trockenen, mit kurzem Gras bewachsenen Ort uns niederzusetzen; denn frisch angekommene Europäer fürchten sich immer mehr vor den Wasserschlangen als vor den Jaguars. Wir durften nicht hoffen, daß unsere Führer, deren träge Gleichgültigkeit uns wohl bekannt war, uns in der Savane suchen würden, bevor sie ihre Lebensmittel zubereitet und abgespeist hätten. Je bedenklicher unsere Lage war, desto freudiger überraschte uns ferner Hufschlag, der auf uns zukam. Es war ein mit einer Lanze bewaffneter Indianer, der vom »*Rodeo*« zurückkam, das heißt von der Streife, durch die man das Vieh auf einen bestimmten Raum zusammentreibt. Beim Anblick zweier Weißen, die verirrt seyn wollten, dachte er zuerst an irgend eine böse List von unserer Seite, und es kostete uns Mühe, ihm Vertrauen einzuflößen. Endlich ließ er sich willig finden, uns zum Hof zu führen, ritt aber dabei in seinem kurzen Trott weiter. Unsere Führer versicherten, »sie hätten bereits angefangen besorgt um uns zu werden,« und diese Besorgnis; zu rechtfertigen, zählten sie eine Menge Leute her, die, in den Llanos verirrt, im Zustand völliger Erschöpfung gefunden worden. Die Gefahr kann begreiflich nur dann sehr groß seyn, wenn man weit von jedem Wohnplatz abkommt, oder wenn man, wie es in den letzten Jahren vorgekommen ist, von Räubern geplündert und an Leib und Händen an einen Palmstamm gebunden wird.

Um von der Hitze am Tage weniger zu leiden, brachen wir schon um 2 Uhr in der Nacht auf und hofften vor Mittag **Calabozo** zu erreichen, eine kleine Stadt mit lebhaftem Handel, die mitten in den Llanos liegt. Das Bild der Landschaft ist immer dasselbe. Der Mond schien nicht, aber die großen Haufen von Nebelsternen, die den südlichen Himmel schmücken, beleuchteten im Niedergang einen Theil des Land-Horizonts. Das erhabene Schauspiel des Sternengewölbes in seiner ganzen unermeßlichen

Ausdehnung, der frische Luftzug, der bei Nacht über die Ebene streicht, das Wogen des Grases, überall wo es eine gewisse Höhe erreicht – Alles erinnerte uns an die hohe See. Vollends stark wurde die Täuschung (man kann es nicht oft genug sagen), als die Sonnenscheibe am Horizont erschien, ihr Bild durch die Strahlenbrechung sich verdoppelte, ihre Abplattung nach kurzer Frist verschwand, und sie nun rasch gerade zum Zenith aufstieg.

Sonnenaufgang ist auch in den Ebenen der kühlste Zeitpunkt am Tage; aber dieser Temperaturwechsel macht keinen bedeutenden Eindruck auf die Organe. Wir sahen den Thermometer meist nicht unter 27°,5 [22° Reaumur] fallen, während bei Acapulco in Mexico auf gleichfalls sehr tiefem Boden die Temperatur um Mittag oft 32°, bei Sonnenaufgang 17–18° beträgt. In den Llanos absorbirt die ebene, bei Tag niemals beschattete Fläche so viel Wärme, daß Erde und Luft, trotz der nächtlichen Strahlung gegen einen wolkenlosen Himmel, von Mitternacht bis zu Sonnenaufgang sich nicht merkbar abkühlen können. In Calabozo war im März die Temperatur bei Tag 31–32°,5, bei Nacht 28–29°. Die mittlere Temperatur dieses Monats, der nicht der heißeste im Jahr ist, mag etwa 30°,6 seyn, eine ungeheure Hitze für ein Land unter den Tropen, wo Tage und Nächte fast immer gleich lang sind. In Cairo ist die mittlere Temperatur des heißesten Monats nur 29°,9, in Madras 31°,8, und zu Abushär im persischen Meerbusen, von wo Reihen von Beobachtungen vorliegen, 34°; aber die mittleren Temperaturen des ganzen Jahres sind in Madras und Abushär niedriger als in Calabozo. Obgleich ein Theil der Llanos, gleich den fruchtbaren Steppen Sibiriens, von kleinen Flüssen durchströmt wird, und ganz dürre Striche von Land umgeben sind, das in der Regenzeit unter Wasser steht, so ist die Luft dennoch im Allgemeinen äußerst trocken. Delucs Hygrometer zeigte bei Tag 34°, bei Nacht 36°.

Wie die Sonne zum Zenith aufstieg und die Erde und die über einander gelagerten Luftschichten verschiedene Temperaturen annahmen, zeigte sich das Phänomen der **Luftspiegelung** mit seinen mannichfaltigen Abänderungen. Es ist dieß in allen Zonen eine ganz gewöhnliche Erscheinung, und ich erwähne hier derselben nur, weil wir Halt machten, um die Breite des Luftraumes zwischen dem Horizont und dem aufgezogenen Bilde mit einiger Genauigkeit zu messen. Das Bild war immer hinaufgezogen, **aber nicht verkehrt**. Die kleinen, über die Bodenfläche wegstreichenden Luftströme hatten eine so veränderliche Temperatur, daß in einer Heerde wilder Ochsen manche mit den Beinen in der Luft zu schweben schienen, während andere auf dem Boden standen. Der Luftstrich war, je nach der Entfernung des Thiers, 3–4 Minuten breit. Wo Gebüsche der Mauritiapalme in langen Streifen hinliefen, schwebten die Enden dieser grünen Streifen in der Luft, wie die Vorgebirge, die zu Cumana lange Gegenstand meiner Beobachtungen gewesen.[73] Ein unterrichteter Mann versicherte uns, er habe zwischen Calabozo und Urituru das verkehrte Bild eines Thieres gesehen, ohne direktes Bild. Niebuhr hat in Arabien etwas Aehnliches beobachtet. Oefters meinten wir am Horizont Grabhügel und Thürme zu erblicken, die von Zeit zu Zeit verschwanden, ohne daß wir die wahre Gestalt der Gegenstände auszumitteln vermochten. Es waren wohl Erdhaufen, kleine Erhöhungen, jenseits des gewöhnlichen Gesichtskreises gelegen. Ich spreche nicht von den pflanzenlosen Flächen, die sich als weite Seen mit wogender Oberfläche darstellten. Wegen dieser Erscheinung, die am frühesten beobachtet worden ist, heißt die Luftspiegelung im Sanscrit ausdrucksvoll die **Sehnsucht (der Durst) der Antilope**. Die häufigen Anspielungen der indischen, persischen und arabischen Dichter auf diese magischen Wirkungen der irdischen Strahlenbrechung sprechen uns ungemein an. Die Griechen und Römer waren fast gar nicht bekannt damit. Stolz begnügt mit dem Reichthum ihres Bodens und der Milde ihres Klimas hatten sie wenig Sinn für eine solche Poesie der Wüste. Die Geburtsstätte derselben ist Asien; den Dichtern des Orients wurde sie durch die natürliche Beschaffenheit ihrer Länder an die Hand gegeben; der Anblick der weiten Einöden, die sich gleich Meeresarmen und Buchten zwischen Länder eindrängen, welche die Natur mit überschwenglicher Fruchtbarkeit geschmückt, wurde für sie zu einer Quelle der Begeisterung.

Mit Sonnenaufgang ward die Ebene belebter. Das Vieh, das sich bei Nacht längs der Teiche oder unter Murichi- und Rhopalabüschen gelagert hatte, sammelte sich zu Heerden, und die Einöde bevölkerte sich mit Pferden, Maulthieren und Rindern, die hier nicht gerade als wilde, wohl aber als freie Thiere leben, ohne festen Wohnplatz, der Pflege und des Schutzes des Menschen leicht entbehrend. In diesen heißen Landstrichen sind die Stiere, obgleich von spanischer Race wie die auf den kalten Plateaus von Quito, von sanfterem Temperament. Der Reisende läuft nie Gefahr, angefallen und verfolgt zu werden, was uns bei unsern Wanderungen auf dem Rücken der Cordilleren oft begegnet ist. Dort ist das Klima rauh, zu heftigen Stürmen geneigt, die Landschaft hat einen wilderen Charakter und das Futter ist nicht so reichlich. In der Nähe von Calabozo sahen wir Heerden von Rehen friedlich unter Pferden und Rindern weiden. Sie heißen **Matacani**; ihr Fleisch ist sehr gut. Sie sind etwas größer als unsere Rehe und gleichen Damhirschen mit sehr glattem, fahlbraunem, weiß getupftem Fell. Ihre Geweihe schienen mir einfache Spieße. Sie waren fast gar nicht scheu, und in Rudeln von 30–40 Stück bemerkten wir mehrere ganz weiße. Diese Spielart kommt bei den großen Hirschen in den kalten Landstrichen der Anden häufig vor; in diesen tiefen, heißen Ebenen mußten wir sie auffallend finden. Ich habe seitdem gehört, daß selbst beim Jaguar in den heißen Landstrichen von Paraguay zuweilen **Albinos** vorkommen, mit so gleichförmig weißem Fell, daß man die Flecken oder Ringe nur im Reflex der Sonne bemerkt. Die Matacanis oder kleinen Damhirsche sind so häufig in den Llanos, daß ihre Häute einen Handelsartikel abgeben könnten. Ein gewandter Jäger könnte über zwanzig im Tage schießen. Aber die Einwohner sind so träge, daß man sich oft gar nicht die Mühe nimmt, dem Thier die Haut abzuziehen. Ebenso ist es mit der Jagd auf den Jaguar oder großem amerikanischen Tiger. Ein Jaguarfell, für das man in den Steppen von Barinas nur einen Piaster bezahlt, kostet in Cadix vier bis fünf Piaster.

Die Steppen, die wir durchzogen, sind hauptsächlich mit Gräsern bewachsen, mit Killingia, Cenchrus, Paspalum. Diese Gräser waren in dieser Jahreszeit bei Calabozo und St. Geronimo del Pirital kaum 9 bis 10 Zoll hoch. An den Flüssen Apure und Portuguesa wachsen sie bis 4 Fuß hoch, so daß der Jaguar sich darin verstecken und die Pferde und Maulthiere in der Ebene überfallen kann. Unter die Gräser mischen sich einige Dicotyledonen, wie Turnera, Malvenarten, und was sehr auffallend ist, kleine Mimosen mit reizbaren Blättern, von den Spaniern *Dormideras* genannt. Derselbe Rinderstamm, der in Spanien mit Klee und Esper gemästet wird, findet hier ein treffliches Futter an den krautartigen Sensitiven. Die Weiden, wo diese Sensitiven besonders häufig vorkommen, werden theurer als andere verkauft. Im Osten, in den Llanos von Cari und Barcelona, sieht man Cypura und Craniolaria mit der schönen weißen, 6–8 Zoll langen Blüthe sich einzeln über die Gräser erheben. Am fettesten sind die Weiden nicht nur an den Flüssen, welche häufig austreten, sondern überall, wo die Palmen dichter stehen. Ganz baumlose Flecke sind die unfruchtbarsten, und es wäre wohl vergebliche Mühe, sie anbauen zu wollen. Dieser Unterschied kann nicht daher rühren, daß die Palmen Schatten geben und den Boden von der Sonne weniger ausdörren lassen. In den Wäldern am Orinoco habe ich allerdings Bäume aus dieser Familie mit dicht belaubten Kronen gesehen; aber am Palmbaum der Llanos, der Palmade de Cobija [Dachpalme, *Corypha tectorum*], ist der Schatten eben nicht sehr zu rühmen. Diese Palme hat sehr kleine, gefaltete, handförmige Blätter, gleich denen des Chamärops, und die untern sind immer vertrocknet. Es befremdete uns, daß fast alle diese Coryphastämme gleich groß waren, 20 bis 24 Fuß hoch, bei 8 bis 10 Zoll Durchmesser unten am Stamm. Nur wenige Palmenarten bringt die Natur in so ungeheuren Mengen hervor. Unter Tausenden mit olivenförmigen Früchten beladenen Stämmen fanden wir etwa ein Hundert ohne Früchte. Sollten unter den Stämmen mit hermaphroditischer Blüthe einige mit einhäusigen Blüthen vorkommen? Die Llaneros, die Bewohner der Ebenen, schreiben allen diesen Bäumen von unbedeutender Höhe ein Alter von mehreren Jahrhunderten zu. Ihr Wachsthum ist fast unmerklich, nach zwanzig, dreißig Jahren fällt es kaum auf. Die Palma de Cobija liefert übrigens ein treffliches Bauholz. Es ist so hart, daß man nur mit Mühe einen Nagel einschlägt. Die fächerförmig gefalteten Blätter dienen zum Decken der zerstreuten Hütten in den Llanos, und diese Dächer halten über 20 Jahre aus. Man befestigt die Blätter dadurch, daß man die Enden der Blattstiele umbiegt, nachdem man dieselben zwischen zwei Steinen geschlagen, damit sie sich biegen, ohne zu brechen.

Außer den einzelnen Stämmen dieser Palme findet man hie und da in der Steppe Gruppen von Palmen, wahre Gebüsche (*Palmares*), wo sich zur Corypha ein Baum aus der Familie der Proteaceen gesellt, den die Eingebornen *Chaparro* nennen, eine neue Art *Rhopala* mit harten, rasselnden Blättern. Die kleineren Rhopalagebüsche heißen *Chaparrales* und man kann sich leicht denken, daß in einer weiten Ebene, wo nur zwei oder drei Baumarten wachsen, der Chaparro, der Schatten gibt, für ein sehr werthvolles Gewächs gilt. Der Corypha ist in den Llanos von Caracas von der Mesa de Paja bis an den Guayaval verbreitet; weiter nach Nord und Nordwest, am Guanare und San Carlos, tritt eine andere Art derselben Gattung mit gleichfalls handförmigen, aber größeren Blättern an seine Stelle. Sie heißt *Palma real de los Llanos*. Südlich vom Guayaval herrschen andere Palmen, namentlich der **Piritu** mit gefiederten Blättern und der **Murichi** (Moriche), den Pater GUMILLA als *arbol de la vida* so hoch preist. Es ist dieß der Sagobaum Amerikas; er liefert »victum et amictum«[74] Mehl, Wein, Faden zum Verfertigen der Hängematten, Körbe, Netze und Kleider. Seine tannenzapfenförmigen, mit Schuppen bedeckten Früchte gleichen ganz denen des *Calamus Rotang*; sie schmecken etwas wie Apfel; reif sind sie innen gelb, außen roth. Die Brüllaffen sind sehr lüstern darnach, und die Völkerschaft der Guaranos, deren Existenz fast ganz an die Murichipalme geknüpft ist, bereitet daraus ein gegohrenes, säuerliches, sehr erfrischendes Getränk. Diese Palme mit großen, glänzenden, fächerförmig gefalteten Blättern bleibt auch in der dürrsten Jahreszeit lebhaft grün. Schon ihr Anblick gibt das Gefühl angenehmer Kühlung, und die mit ihren schuppigen Früchten behangene Murichipalme bildet einen auffallenden Contrast mit der trübseligen Palma de Cobija, deren Laub immer grau und mit Staub bedeckt ist. Die Llaneros glauben, ersterer Baum ziehe die Feuchtigkeit der Luft an sich, und deßhalb finde man in einer gewissen Tiefe immer Wasser um seinen Stamm, wenn man den Boden ausgräbt. Man verwechselt hier Wirkung und Ursache. Der Murichi wächst vorzugsweise an feuchten Stellen, und richtiger sagte man, das Wasser ziehe den Baum an. Es ist eine ähnliche Schlußfolge, wenn die Eingeborenen am Orinoco behaupten, die großen Schlangen helfen einen Landstrich feucht erhalten. Ein alter Indianer in Javita sagte uns mit großer Wichtigkeit: »Vergeblich sucht man Wasserschlangen, wo es keine Sümpfe gibt; denn es sammelt sich kein Wasser, wenn man die Schlangen, die es anziehen, unvorsichtigerweise umbringt.«

Auf dem Wege über die Mesa bei Calabozo litten wir sehr von der Hitze. Die Temperatur der Luft stieg merkbar, so oft der Wind zu wehen anfing. Die Luft war voll Staub, und während der Windstöße stieg der Thermometer auf 40 bis 41°. Wir kamen nur langsam vorwärts, denn es wäre gefährlich gewesen, die Maulthiere, die unsere Instrumente trugen, dahinten zu lassen. Unsere Führer gaben uns den Rath, Rhopalablätter in unsere Hüte zu stecken, um die Wirkung der Sonnenstrahlen auf Haare und Scheitel zu mildern. Wir fühlten uns durch dieses Mittel erleichtert, und wir fanden es besonders dann ausgezeichnet, wenn man Blätter von Pothos oder einer andern Arumart haben kann.

Bei der Wanderung durch diese glühenden Ebenen drängt sich einem von selbst die Frage auf, ob sie von jeher in diesem Zustand dagelegen, oder ob sie durch eine Naturumwälzung ihres Pflanzenwuchses beraubt worden? Die gegenwärtige Humusschicht ist allerdings sehr dünn. Die Eingeborenen sind der Meinung, die *Palmares* und *Chaparrales* (die kleinen Gebüsche von Palmen und Rhopala) seyen vor der Ankunft der Spanier häufiger und größer gewesen. Seit die Llanos bewohnt und mit verwilderten Hausthieren bevölkert sind, zündet man häufig die Savane an, um die Weide zu verbessern. Mit den Gräsern werden dabei zufällig auch die zerstreuten Baumgruppen zerstört. Die Ebenen waren ohne Zweifel im fünfzehnten Jahrhundert nicht so kahl wie gegenwärtig; indessen schon die ersten Eroberer, die von Coro herkamen, beschreiben sie als Savanen, in denen man nichts sieht als Himmel und Rasen, im Allgemeinen baumlos und beschwerlich zu durchziehen, wegen der Wärmestrahlung des Bodens. Warum erstreckt sich der mächtige Wald am Orinoco nicht weiter nordwärts auf dem linken Ufer des Flusses? Warum überzieht er nicht den weiten Landstrich bis zur Küstencordillere, da dieser doch von zahlreichen Gewässern befruchtet wird? Diese Frage hängt genau zusammen mit der ganzen Geschichte unseres Planeten. Ueberläßt man sich geologischen Träumen, denkt man sich, die amerikanischen Steppen und die Wüste Sahara seyen durch einen Einbruch des Meeres ihres ganzen Pflanzenwuchses beraubt worden, oder aber, sie seyen ursprünglich der Boden von Binnenseen gewesen, so leuchtet ein, daß sogar in Jahrtausenden Bäume und Gebüsche vom Saume der Wälder, vom Uferrand der kahlen oder mit Rasen bedeckten Ebenen nicht bis zur Mitte derselben vordringen und einen so ungeheuern Landstrich mit ihrem Schattendach überwölben konnten. Der Ursprung kahler, von Wäldern umschlossener Savanen ist noch schwerer zu erklären, als die Thatsache, daß Wälder und Savanen, gerade wie Festländer und Meere, in ihren alten Grenzen verharren.

In **Calabozo** wurden wir im Hause des Verwalters der *Real Hacienda*, Don Miguel Cousin, aufs gastfreundlichste aufgenommen. Die Stadt, zwischen den Flüssen Guarico und Uritucu gelegen, hatte damals nur 5000 Einwohner, aber ihr Wohlstand war sichtbar im Steigen. Der Reichthum der meisten Einwohner besteht in Heerden, die von Pächtern besorgt werden, von sogenannten *Hateros*, von *Hato*, was im Spanischen ein Haus oder einen Hof im Weideland bedeutet. Die über die Llanos zerstreute Bevölkerung drängt sich an gewissen Punkten, namentlich in der Nähe der Städte enger zusammen, und so hat Calabozo in seiner Umgebung bereits fünf Dörfer oder Missionen. Man berechnet das Vieh, das auf den Weiden in der Nähe der Stadt läuft, auf 98,000 Stücke. Die Heerden auf den Llanos von Caracas, Barcelona, Cumana und des spanischen Guyana sind sehr schwer genau zu schätzen. DEPONS, der sich länger als ich in Caracas aufgehalten hat, und dessen statistische Angaben im Ganzen genau sind, rechnet auf den weiten Ebenen von den Mündungen des Orinoco bis zum See Maracaybo 1,200,000 Rinder, 180,000 Pferde und 90,000 Maulthiere. Den Ertrag der Heerden schätzt er auf 5 Millionen Franken, wobei neben der Ausfuhr auch der Werth der im Lande consumirten Häute in Anschlag gebracht ist. In den Pampas von Buenos Ayres sollen 12 Millionen Rinder und 3 Millionen Pferde laufen, ungerechnet das Vieh, das für herrenlos gilt.

Ich lasse mich nicht auf solche allgemeine Schätzungen ein, die der Natur der Sache nach sehr unzuverlässig sind; ich bemerke nur, daß die Besitzer der großen Hatos in den Llanos von Caracas selbst gar nicht wissen, wie viel Stücke Vieh sie besitzen. Sie wissen nur, wie viele junge Thiere jährlich mit dem Buchstaben oder der Figur, wodurch die Heerden sich unterscheiden, gezeichnet werden. Die reichsten Viehbesitzer zeichnen gegen 14,000 Stücke im Jahr und verkaufen 5 bis 6000. Nach den officiellen Angaben belief sich die Ausfuhr an Häuten aus der ganzen *Capitania general* jährlich nur nach den Antillen auf 174,000 Rindshäute und 11,500 Ziegenhäute. Bedenkt man nun, daß diese Angaben sich nur auf die Zollregister gründen, in denen vom Schleichhandel mit Häuten keine Rede ist, so möchte man glauben, daß das Hornvieh auf den Llanos vom Carony und dem Guarapiche bis zum See Maracaybo zu 1,200,000 Stück viel zu niedrig angeschlagen ist. Der einzige Hafen von Guayra hat nach den Zollregistern von 1789–1792 jährlich 70–80,000 Häute ausgeführt, wovon kaum ein Fünftheil nach Spanien. Am Ende des achtzehnten Jahrhunderts belief sich nach Don FELIX D'AZZARA die Ausfuhr von Buenos Ayres auf 800,000 Häute. Man zieht in der Halbinsel die Häute von Caracas denen von Buenos Ayres vor, weil letztere in Folge des weiteren Transports beim Gerben 12 Procent Abgang haben. Der südliche Strich der Savanen, gemeiniglich *Llanos de arriba* genannt, ist ausnehmend reich an Maulthieren und Rindvieh; da aber die Weiden dort im Ganzen minder gut sind, muß man die Thiere auf andere Ebenen treiben, um sie vor dem Verkauf fett zu machen. Die Llanos von Monaï und alle *Llanos de abaxo* haben weniger Heerden, aber die Weiden sind dort so fett, daß sie vortreffliches Fleisch für den Bedarf der Küste liefern. Die Maulthiere, die erst im fünften Jahre zum Dienste taugen, und dann *Mulas de saca* heißen, werden schon an Ort und Stelle für 14–18 Piaster verkauft. Im Ausfuhrhafen gelten sie 25 Piaster, und auf den Antillen steigt ihr Preis oft auf 60–80 Piaster. Die Pferde der Llanos stammen von der schönen spanischen Race und sind nicht groß. Sie sind meist einfarbig, dunkelbraun, wie die meisten wilden Thiere. Bald dem Wassermangel, bald Ueberschwemmungen, dem Stich der Insekten, dem Biß großer Fledermäuse ausgesetzt, führen sie ein geplagtes, ruheloses Leben. Wenn sie einige Monate unter menschlicher Pflege gewesen sind, entwickeln sich ihre guten Eigenschaften und kommen zu Tag. Ein wildes Pferd gilt in den Pampas von Buenos Ayres ½–1 Piaster, in den Llanos von Caracas 2–3 Piaster; aber der Preis des Pferdes steigt, sobald es gezähmt und zum Ackerbau tüchtig ist. Schafe gibt es keine; Schafheerden haben wir nur auf dem Plateau der Provinz Quito gesehen.

Die Rindvieh-Hatos haben in den letzten Jahren viel zu leiden gehabt durch Banden von Landstreichern, die durch die Steppen streifen und das Vieh tödten, nur um die Haut zu verkaufen. Diese Räuberei hat um sich gegriffen, seit der Handel mit dem untern Orinoco blühender geworden ist. Ein halbes Jahrhundert lang waren die Ufer dieses großen Stromes von der Einmündung des Apure bis Angostura nur den Missionären bekannt. Vieh wurde nur aus den Häfen der Nordküste, aus Cumana, Barcelona, Burburata und Porto Cabello ausgeführt. In neuester Zeit ist diese Abhängigkeit von der Küste weit geringer geworden. Der südliche Strich der Ebenen ist in starken Verkehr mit dem untern Orinoco getreten, und dieser Handel ist desto lebhafter, da sich die Verbote dabei leicht umgehen lassen.

Die größten Heerden in den Llanos besitzen die Hatos Merecure, La Cruz, Belen, Alta Gracia und Pavon. Das spanische Vieh ist von Coro und Tocuyo in die Ebenen gekommen. Die Geschichte bewahrt den Namen des Colonisten, der zuerst den glücklichen Gedanken hatte, diese Grasfluren zu bevölkern, auf denen damals nur Damhirsche und eine große Aguti-Art, *Cavia Capybara* im Lande **Chiguire** genannt, weideten. Christoval Rodriguez schickte ums Jahr 1548 das erste Hornvieh in die Llanos. Er wohnte in der Stadt Tocuyo und hatte lange in Neu-Grenada gelebt.

Wenn man von der »unzählbaren Menge« von Hornvieh, Pferden und Maulthieren auf den amerikanischen Ebenen sprechen hört, so vergißt man gewöhnlich, daß es im civilisirten Europa bei ackerbauenden Völkern auf viel kleinerer Bodenfläche gleich ungeheure Mengen gibt. Frankreich hat nach PEUCHET 6 Millionen Stück Hornvieh, wovon 3,500,000 Ochsen zum Ackerbau verwendet werden. In der österreichischen Monarchie schätzt Lichtenstern 13,400,000 Ochsen, Kühe und Kälber. Paris allein verzehrt jährlich 155,000 Stück Rindvieh; nach Deutschland werden alle Jahre aus Ungarn 150,000 Ochsen eingeführt. Die Hausthiere in nicht starken Heerden gelten bei ackerbauenden Völkern als ein untergeordneter Gegenstand des

Nationalreichthums. Sie wirken auch weit weniger auf die Einbildungskraft als die umherschweifenden Rudel von Rindern und Pferden, die einzige Bevölkerung der unangebauten Steppen der neuen Welt. Cultur und bürgerliche Ordnung wirken in gleichem Maaße auf die Vermehrung der menschlichen Bevölkerung und auf die Vervielfältigung der dem Menschen nützlichen Thiere.

Wir fanden in Calabozo, mitten in den Llanos, eine Elektrisirmaschine mit großen Scheiben, Elektrophoren, Batterien, Elektrometern, kurz einen Apparat, fast so vollständig, als unsere Physiker in Europa sie besitzen. Und all dieß war nicht in den Vereinigten Staaten gekauft, es war das Werk eines Mannes, der nie ein Instrument gesehen, der Niemanden zu Rathe ziehen konnte, der die elektrischen Erscheinungen nur aus der Schrift des SIGAUD DE LA FOND und aus FRANKLINs Denkwürdigkeiten kannte. Carlos del Pozo – so heißt der achtungswürdige, sinnreiche Mann – hatte zuerst aus großen Glasgefäßen, an denen er die Hälse abschnitt, Cylindermaschinen gebaut. Erst seit einigen Jahren hatte er sich aus Philadelphia zwei Glasplatten verschafft, um eine Scheibenmaschine bauen und somit bedeutendere elektrische Wirkungen hervorbringen zu können. Man kann sich vorstellen, mit welchen Schwierigkeiten Pozo zu kämpfen hatte, seit die ersten Schriften über Elektricität ihm in die Hände gefallen waren, und er den kühnen Entschluß faßte, Alles, was er in den Büchern beschrieben fand, mit Kopf und Hand nachzumachen und herzustellen. Bisher hatte er sich bei seinen Experimenten nur am Erstaunen und der Bewunderung von ganz rohen Menschen ergötzt, die nie über die Wüste der Llanos hinausgekommen waren. Unser Aufenthalt in Calabozo verschaffte ihm einen ganz neuen Genuß. Er mußte natürlich Werth auf das Urtheil zweier Reisenden legen, die seine Apparate mit den europäischen vergleichen konnten. Ich hatte verschiedene Elektrometer bei mir, mit Stroh, mit Korkkügelchen, mit Goldplättchen, auch eine kleine Leidner Flasche, die nach der Methode von INGENHOUß durch Reibung geladen wurde und mir zu physiologischen Versuchen diente. Pozo war außer sich vor Freude, als er zum erstenmal Instrumente sah, die er nicht selbst verfertigt, und die den seinigen nachgemacht schienen. Wir zeigten ihm auch die Wirkungen des Contakts heterogener Metalle auf die Nerven des Frosches. Die Namen Galvani und Volta waren in diesen weiten Einöden noch nicht gehört worden.

Was nach den elektrischen Apparaten von der gewandten Hand eines sinnreichen Einwohners der Llanos uns in Calabozo am meisten beschäftigte, das waren die Zitteraale, die lebendige elektrische Apparate sind. Mit der Begeisterung, die zum Forschen treibt, aber der richtigen Auffassung des Erforschten hinderlich wird, hatte ich mich seit Jahren täglich mit den Erscheinungen der galvanischen Elektricität beschäftigt; ich hatte, indem ich Metallscheiben aufeinander legte und Stücke Muskelfleisch oder andere feuchte Substanzen dazwischen brachte, mir unbewußt, ächte **Säulen** aufgebaut, und so war es natürlich, daß ich mich seit unserer Ankunft in Cumana eifrig nach elektrischen Aalen umsah. Man hatte uns mehrmals welche versprochen, wir hatten uns aber immer getäuscht gesehen. Je weiter von der Küste weg, desto werthloser wird das Geld, und wie soll man über das unerschütterliche Phlegma des Volkes Herr werden, wo der Stachel der Gewinnsucht fehlt?

Die Spanier begreifen unter dem Namen *tembladores* (Zitterer) alle elektrischen Fische. Es gibt welche im antillischen Meer an den Küsten von Cumana. Die Guayqueries, die gewandtesten und fleißigsten Fischer in jener Gegend, brachten uns einen Fisch, der, wie sie sagten, ihnen die Hände starr machte. Dieser Fisch geht im kleinen Flusse Manzanares aufwärts. Es war eine neue Art *Raja* mit kaum sichtbaren Seitenflecken, dem Zitterrochen Galvanis ziemlich ähnlich. Die Zitterrochen haben ein elektrisches Organ, das wegen der Durchsichtigkeit der Haut schon außen sichtbar ist, und bilden eine eigene Gattung oder doch eine Untergattung der eigentlichen Rochen. Der cumanische Zitterrochen war sehr munter, seine Muskelbewegungen sehr kräftig, dennoch waren die elektrischen Schläge, die wir von ihm erhielten, äußerst schwach. Sie wurden stärker, wenn wir das Thier mittelst der Berührung von Zink und Gold galvanisirten. Andere Tembladores, ächte Gymnoten oder Zitteraale, kommen im Rio Colorado, im Guarapiche und verschiedenen kleinen Bächen in den Missionen der Chaymas-Indianer vor. Auch in den großen amerikanischen Flüssen, im Orinoco, im Amazonenstrom, im Meta sind sie häufig, aber wegen der starken Strömung und des tiefen Wassers schwer zu fangen. Die Indianer fühlen weit häufiger ihre elektrischen Schläge beim Schwimmen, und Baden im Fluß, als daß sie dieselben zu sehen bekommen. In den Llanos, besonders in der Nähe von Calabozo, zwischen den Höfen Morichal und den Missionen *de arriba* und *de abaxo* sind die Gymnoten in den Stücken stehenden Wassers und in den Zuflüssen des Orinoco (im Rio Guarico, in den Caños Rastro, Berito und Paloma) sehr häufig. Wir wollten zuerst in unserem Hause zu Calabozo unsere Versuche anstellen; aber die Furcht vor den Schlägen des Gymnotus ist im Volk so übertrieben, daß wir in den ersten drei Tagen keinen bekommen konnten, obgleich sie sehr leicht zu fangen sind und wir den Indianern zwei Piaster für jeden recht großen und starken Fisch versprochen hatten. Diese Scheu der Indianer ist um so sonderbarer, als sie von einem nach ihrer Behauptung ganz zuverlässigen Mittel gar keinen Gebrauch machen. Sie versichern die Weißen, so oft man sie über die Schläge der Tembladores befragt, man könne sie ungestraft berühren, wenn man dabei Tabak kaue. Dieses Mährchen vom Einfluß des Tabaks auf die thierische Elektricität ist auf dem Continent von Südamerika so weit verbreitet, als unter den Matrosen der Glaube, daß Knoblauch und Unschlitt auf die Magnetnadel wirken.

Des langen Wartens müde, und nachdem ein lebender, aber sehr erschöpfter Gymnotus, den wir bekommen, uns sehr zweifelhafte Resultate geliefert, gingen wir nach dem Caño de Bera, um unsere Versuche im Freien, unmittelbar am Wasser anzustellen. Wir brachen am 19. März in der Frühe nach dem kleinen Dorf Rastro *de abaxo* auf, und von dort führten uns Indianer zu einem Bach, der in der dürren Jahreszeit ein schlammigtes Wasserbecken bildet, um das schöne Bäume stehen, Clusia, Amyris, Mimosen mit wohlriechenden Blüthen. Mit Netzen sind die Gymnoten sehr schwer zu fangen, weil der ausnehmend bewegliche Fisch sich gleich den Schlangen in den Schlamm eingräbt. Die Wurzeln der *Piscidia Erythrina* der *Jacquinia armillaris* und einiger Arten von *Phyllanthus* haben die Eigenschaft, daß sie, in einen Teich geworfen, die Thiere darin berauschen oder betäuben: dieses Mittel, den sogenannten **Barbasco**, wollten wir nicht anwenden, da die Gymnoten dadurch geschwächt worden wären. Da sagten die Indianer, sie wollen **mit Pferden fischen**, *embarbascar con cavallos* [Wörtlich: mit Pferden die Fische einschläfern oder betäuben]. Wir hatten keinen Begriff von einer so seltsamen Fischerei; aber nicht lange, so kamen unsere Führer aus der Savane zurück, wo sie ungezähmte Pferde und Maulthiere zusammengetrieben. Sie brachten ihrer etwa dreißig und jagten sie ins Wasser.

Der ungewohnte Lärm vom Stampfen der Rosse treibt die Fische aus dem Schlamm hervor und reizt sie zum Angriff. Die schwärzlicht und gelb gefärbten, großen Wasserschlangen gleichenden Aale schwimmen auf der Wasserfläche hin und drängen sich unter den Bauch der Pferde und Maulthiere. Der Kampf zwischen so ganz verschieden organisirten Thieren gibt das malerischste Bild. Die Indianer mit Harpunen und langen, dünnen Rohrstäben stellen sich in dichter Reihe um den Teich; einige besteigen die Bäume, deren Zweige sich wagerecht über die Wasserfläche breiten. Durch ihr wildes Geschrei und mit ihren langen Rohren scheuchen sie die Pferde zurück, wenn sie sich aufs Ufer flüchten wollen. Die Aale, betäubt vom Lärm, vertheidigen sich durch wiederholte Schläge ihrer elektrischen Batterien. Lange scheint es, als solle ihnen der Sieg verbleiben. Mehrere Pferde erliegen den unsichtbaren Streichen, von denen die wesentlichsten Organe allerwärts getroffen werden; betäubt von den starken, unaufhörlichen Schlägen, sinken sie unter. Andere, schnaubend, mit gesträubter Mähne, wilde Angst im starren Auge, raffen sich wieder auf und suchen dem um sie tobenden Ungewitter zu entkommen; sie werden von den Indiern ins Wasser zurückgetrieben. Einige aber entgehen der regen Wachsamkeit der Fischer; sie gewinnen das Ufer, straucheln aber bei jedem

Schritt und werfen sich in den Sand, zum Tod erschöpft, mit von den elektrischen Schlägen der Gymnoten erstarrten Gliedern.

Ehe fünf Minuten vergingen, waren zwei Pferde ertrunken; Der fünf Fuß lange Aal drängt sich dem Pferd an den Bauch und gibt ihm nach der ganzen Länge seines elektrischen Organs einen Schlag; das Herz, die Eingeweide und der *plexus coeliacus* der Abdominalnerven werden dadurch zumal betroffen. Derselbe Fisch wirkt so begreiflicherweise weit stärker auf ein Pferd als auf den Menschen, wenn dieser ihn nur mit einer Extremität berührt. Die Pferde werden ohne Zweifel nicht todtgeschlagen, sondern nur betäubt; sie ertrinken, weil sie sich nicht aufraffen können, so lange der Kampf zwischen den andern Pferden und den Gymnoten fortdauert.

Wir meinten nicht anders, als alle Thiere, die man zu dieser Fischerei gebraucht, müßten nach einander zu Grunde gehen. Aber allmählich nimmt die Hitze des ungleichen Kampfes ab und die erschöpften Gymnoten zerstreuen sich. Sie bedürfen jetzt langer Ruhe[75] und reichlicher Nahrung, um den erlittenen Verlust an galvanischer Kraft wieder zu ersetzen. Maulthiere und Pferde verriethen weniger Angst, ihre Mähne sträubte sich nicht mehr, ihr Auge blickte ruhiger. Die Gymnoten kamen scheu ans Ufer des Teichs geschwommen, und hier fing man sie mit kleinen, an langen Stricken befestigten Harpunen. Wenn die Stricke recht trocken sind, so fühlen die Indianer beim Herausziehen des Fisches an die Luft keine Schläge. In wenigen Minuten hatten wir fünf große Aale, die meisten nur leicht verletzt. Auf dieselbe Weise wurden Abends noch andere gefangen.

Die Gewässer, in denen sich die Zitteraale gewöhnlich aufhalten, haben eine Temperatur von 26–27°. Ihre elektrische Kraft soll in kälterem Wasser abnehmen, und es ist, wie bereits ein berühmter Physiker bemerkt hat, überhaupt merkwürdig, daß die Thiere mit elektrischen Organen, deren Wirkungen dem Menschen fühlbar werden, nicht in der Luft leben, sondern in einer die Elektricität leitenden Flüssigkeit. Der Gymnotus ist der größte elektrische Fisch; ich habe welche gemessen, die fünf Fuß und fünf Fuß drei Zoll lang waren; die Indianer wollten noch größere gesehen haben. Ein drei Fuß zehn Zoll langer Fisch wog zehn Pfund. Der Querdurchmesser des Körpers (die kahnförmig verlängerte Afterflosse abgerechnet) betrug drei Zoll fünf Linien. Die Gymnoten aus dem Cerro de Vera sind hübsch olivengrün. Der Untertheil des Kopfes ist röthlich gelb. Zwei Reihen kleiner gelber Flecken laufen symmetrisch über den Rücken vom Kopf bis zum Schwanzende. Jeder Fleck umschließt einen Ausführungskanal; die Haut des Thieres ist auch beständig mit einem Schleim bedeckt, der, wie Volta gezeigt hat, die Elektricität 20–30mal besser leitet als reines Wasser. Es ist überhaupt merkwürdig, daß keiner der elektrischen Fische, die bis jetzt in verschiedenen Welttheilen entdeckt worden, mit Schuppen bedeckt ist.

Den ersten Schlägen eines sehr großen, stark gereizten Gymnotus würde man sich nicht ohne Gefahr aussetzen. Bekommt man zufällig einen Schlag, bevor der Fisch verwundet oder durch lange Verfolgung erschöpft ist, so sind Schmerz und Betäubung so heftig, daß man sich von der Art der Empfindung gar keine Rechenschaft geben kann. Ich erinnere mich nicht, je durch die Entladung einer großen Leidner Flasche eine so furchtbare Erschütterung erlitten zu haben wie die, als ich unvorsichtigerweise beide Füße auf einen Gymnotus setzte, der eben aus dem Wasser gezogen worden war. Ich empfand den ganzen Tag heftigen Schmerz in den Knien und fast in allen Gelenken. Will man den ziemlich auffallenden Unterschied zwischen der Wirkung der Volta'schen Säule und der elektrischen Fische genau beobachten, so muß man diese berühren, wenn sie sehr erschöpft sind. Die Zitterrochen und die Zitteraale verursachen dann ein Sehnenhüpfen vom Glied an, das die elektrischen Organe berührt, bis zum Ellbogen. Man glaubt bei jedem Schlag innerlich eine Schwingung zu empfinden, die zwei, drei Secunden anhält und der eine schmerzhafte Betäubung folgt. In der ausdrucksvollen Sprache der Tamanacos heißt daher der Temblador **Arimna**, das heißt, »der die Bewegung raubt.«

Die Empfindung bei schwachen Schlägen des Gymnotus schien mir große Aehnlichkeit zu haben mit dem schmerzlichen Zucken, das ich fühlte, wenn auf den wunden Stellen, die ich auf meinem Rücken durch spanische Fliegen hervorgebracht, zwei heterogene Metalle sich berührten.[76] Dieser Unterschied zwischen der Empfindung, welche der Schlag des elektrischen Fisches, und der, welche eine Säule oder schwach geladene Leidner Flasche hervorbringt, ist allen Beobachtern aufgefallen; derselbe widerspricht indessen keineswegs der Annahme, daß die Elektricität und die galvanische Wirkung der Fische dem Wesen nach eins sind. Die Elektricität kann beidemal dieselbe seyn, sie mag sich aber verschieden äußern in Folge des Baus der elektrischen Organe, der Intensität des elektrischen Fluidums, der Schnelligkeit des Stroms oder einer eigenthümlichen Wirkungsweise. In holländisch Guyana, zum Beispiel zu Demerary, galten früher die Zitteraale als ein Heilmittel gegen Lähmungen. Zur Zeit, wo die europäischen Aerzte von der Anwendung der Elektricität Großes erwarteten, gab ein Wundarzt in Essequibo, Namens VAN DER LOTT, in Holland eine Abhandlung über die Heilkräfte des Zitteraals heraus. Solche »elektrische Curen« kommen bei den Wilden Amerika's wie bei den Griechen vor. SCRIBONIUS LARGUS, GALENUS und DIOSCORIDES berichten uns, daß der Zitterrochen Kopfweh, Migräne und Gicht heile. In den spanischen Colonien, die ich durchreist, habe ich von dieser Heilmethode nichts gehört; aber soviel ist gewiß, daß Bonpland und ich, nachdem wir vier Stunden lang an Gymnoten experimentirt, bis zum andern Tag Muskelschwäche, Schmerz in den Gelenken, allgemeine Uebligkeit empfanden, eine Folge der heftigen Reizung des Nervensystems.

Während die Gymnoten für die europäischen Naturforscher Gegenstände der Vorliebe und des lebhaftesten Interesses sind, werden sie von den Eingebornen gefürchtet und gehaßt. Ihr Muskelfleisch schmeckt allerdings nicht übel, aber der Körper besteht zum größten Theil aus dem elektrischen Organ, und dieses ist schmierig und von unangenehmem Geschmack; man sondert es daher auch sorgfältig vom Uebrigen ab. Zudem schreibt man es vorzüglich den Gymnoten zu, daß die Fische in den Sümpfen und Teichen der Llanos so selten sind. Sie tödten ihrer viel mehr, als sie verzehren, und die Indianer erzählten uns, wenn man in sehr starken Netzen junge Krokodile und Zitteraale zugleich fange, so sey an letzteren nie eine Verletzung zu bemerken, weil sie die jungen, Krokodile lähmen, bevor diese ihnen etwas anhaben können. Alle Bewohner des Wassers fliehen die Gemeinschaft der Zitteraale. Eidechsen, Schildkröten und Frösche suchen Sümpfe auf, wo sie vor jenen sicher sind. Bei Uritucu mußte man einer Straße eine andere Richtung geben, weil die Zitteraale sich in einem Fluß so vermehrt hatten, daß sie alle Jahre eine Menge Maulthiere, die belastet durch den Fluß wateten, umbrachten.

Am 24. März verließen wir die Stadt Calabozo, sehr befriedigt von unserem Aufenthalt und unsern Versuchen über einen so wichtigen physiologischen Gegenstand. Ich hatte überdieß gute Sternbeobachtungen machen können und zu meiner Ueberraschung gefunden, daß die Angaben der Karten auch hier um einen Viertelsgrad in der Breite unrichtig sind. Vor mir hatte Niemand an diesem Ort beobachtet, und wie denn die Geographen gewöhnlich die Distanzen von der Küste dem Binnenlande zu zu groß annehmen, so hatten sie auch hier alle Punkte zu weit nach Süden gerückt.

Auf dem Wege durch den südlichen Strich der Llanos fanden wir den Boden staubiger, pflanzenloser, durch die lange Dürre zerrissener. Die Palmen verschwanden nach und nach ganz. Der Thermometer stand von 11 Uhr bis zu Sonnenuntergang auf 34–35°. Je ruhiger die Luft in 8–10 Fuß Höhe schien, desto dichter wurden wir von den Staubwirbeln eingehüllt, welche von den kleinen, am Boden, hinstreichenden Luftströmungen erzeugt werden. Gegen 4 Uhr Abends fanden wir in der Savane ein junges indianisches Mädchen. Sie lag auf dem Rücken, war ganz nackt und schien nicht über 12–13 Jahre alt. Sie war von Ermüdung und Durst erschöpft, Augen, Nase, Mund voll Staub, der Athem röchelnd; sie konnte uns keine Antwort geben. Neben ihr lag ein umgeworfener Krug, halb voll Sand. Zum Glück hatten wir ein Maulthier bei uns, das Wasser trug. Wir brachten das Mädchen zu sich, indem wir ihr das Gesicht wuschen und ihr einige Tropfen Wein aufdrangen. Sie war Anfangs erschrocken über die vielen Leute um sie her, aber sie beruhigte sich nach und nach und sprach mit unsern Führern. Sie meinte, dem Stand der Sonne nach müsse sie mehrere Stunden betäubt dagelegen haben. Sie war nicht dazu zu bringen, eines unserer Lastthiere zu besteigen. Sie wollte nicht nach Uritucu zurück; sie hatte in einem Hofe in der Nähe gedient und war von ihrer Herrschaft verstoßen worden, weil sie in Folge einer langen Krankheit nicht mehr soviel leisten konnte als zuvor. Unsere Drohungen und Bitten fruchteten nichts; für Leiden unempfindlich, wie ihre ganze Race, in die Gegenwart versunken ohne Bangen vor künftiger Gefahr, beharrte sie auf ihrem Entschluß, in eine der indianischen Missionen um die Stadt Calabozo her zu gehen. Wir schütteten den Sand aus ihrem Krug und füllten ihn mit Wasser. Noch ehe wir wieder zu Pferd waren, setzte sie ihren Weg in der Steppe fort. Bald entzog sie eine Staubwolke unsern Blicken.

In der Nacht durchwateten wir den Rio Uritucu, in dem zahlreiche, auffallend wilde Krokodile hausen. Man warnte uns, unsere Hunde nicht am Fluß saufen zu lassen, weil es gar nicht selten vorkomme, daß die Krokodile im Uritucu aus dem Wasser gehen und dic Hunde aufs Ufer verfolgen. Solche Keckheit fällt desto mehr auf, da sechs Meilen von da, im Rio Tisnao, die Krokodile ziemlich schüchtern und unschädlich sind. Die Sitten der Thiere einer und derselben Art zeigen Abweichungen nach örtlichen Einflüssen, die sehr schwer aufzuklären sind. Man zeigte uns eine Hütte oder vielmehr eine Art Schuppen, wo unser Wirth in Calabozo, Don Miguel Cousin, einen höchst merkwürdigen Auftritt erlebt hatte. Er schlief mit einem Freunde auf einer mit Leder überzogenen Bank, da wird er früh Morgens durch heftige Stöße und einen furchtbaren Lärm aufgeschreckt. Erdschollen werden in die Hütte geschleudert. Nicht lange, so kommt ein junges 2–3 Fuß langes Krokodil unter der Schlafstätte hervor, fährt auf einen Hund los, der auf der Thürschwelle lag, verfehlt ihn im ungestümen Lauf, eilt dem Ufer zu und entkommt in den Fluß. Man untersuchte den Boden unter der Barbacoa oder Lagerstätte, und da war denn der Hergang des seltsamen Abenteuers bald klar. Man fand die Erde weit hinab aufgewühlt; es war vertrockneter Schlamm, in dem das Krokodil im **Sommerschlaf** gelegen hatte, in welchen Zustand manche Individuen dieser Thierart während der dürren Jahreszeit in den Llanos verfallen. Der Lärm von Menschen und Pferden, vielleicht auch der Geruch des Hundes hatten es aufgeweckt. Die Hütte lag an einem Teich und stand einen Theil des Jahres unter Wasser; so war das Krokodil ohne Zweifel, als die Savane überschwemmt wurde, durch dasselbe Loch hineingekommen, durch das es Don Miguel herauskommen sah. Häufig finden die Indianer ungeheure Boa's, von ihnen Uji oder Wasserschlangen genannt, im selben Zustand der Erstarrung. Man muß sie, sagt man, reizen oder mit Wasser begießen, um sie zu erwecken. Man tödtet die Boa's und hängt sie in einen Bach, um durch die Fäulniß die sehnigten Theile der Rückenmuskeln zu gewinnen, aus denen man in Calabozo vortreffliche Guitarrensaiten macht, die weit besser sind als die aus den Därmen der Brüllaffen.

Wir sehen somit, daß in den Llanos Trockenheit und Hitze auf Thiere und Gewächse gleich dem Frost wirken. Außerhalb der Tropen werfen die Bäume in sehr trockener Luft ihre Blätter ab. Die Reptilien, besonders Krokodile und Boa's, verlassen vermöge ihres trägen Naturels die Lachen, wo sie beim Austreten der Flüsse Wasser gefunden haben, nicht leicht wieder. Je mehr nun diese Wasserstücke eintrocknen, desto tiefer graben sich die Thiere in den Schlamm ein, der Feuchtigkeit nach, die bei ihnen Haut und Decken schmiegsam erhält. In diesem Zustand der Ruhe kommt die Erstarrung über sie; sie werden wohl dabei von der äußern Luft nicht ganz abgesperrt, und so gering auch der Zutritt derselben seyn mag, er reicht hin, den Athmungsprozeß bei einer Eidechse zu unterhalten, die ausnehmend große Lungensäcke hat, die keine Muskelbewegungen vornimmt und bei der fast alle Lebensverrichtungen stocken. Die Temperatur des vertrockneten, dem Sonnenstrahl ausgesetzten Schlammes beträgt im Mittel wahrscheinlich mehr als 40°. Als es im nördlichen Egypten, wo im kühlsten Monat die Temperatur nicht unter 13°,4 sinkt, noch Krokodile gab, wurden diese häufig von der Kälte betäubt. Sie waren einem **Winterschlaf** unterworfen, gleich unsern Fröschen, Salamandern, Uferschwalben und Murmelthieren. Wenn die Erstarrung im Winter bei Thieren mit warmem Blut, wie bei solchen mit kaltem vorkommt, so kann man sich eben nicht wundern, daß in beiden Klassen auch Fälle von **Sommerschlaf** vorkommen. Gleich den Krokodilen in Südamerika liegen die Tenrecs oder Igel auf Madagascar mitten in der heißen Zone drei Monate des Jahres in Erstarrung.

Am 25. März kamen wir über den ebensten Strich der Steppen von Caracas, die **Mesa de Pavones**. Die Corypha- und Murichepalme fehlen hier ganz. Soweit das Auge reicht, gewahrt man keinen Gegenstand, der auch nur fünfzehn Zoll hoch wäre. Die Luft war rein und der Himmel tief blau, aber den Horizont säumte ein blasser, gelblicher Schein, der ohne Zweifel von der Menge des in der Luft schwebenden Sandes herrührte. Wir trafen große Heerden, und bei ihnen Schaaren schwarzer Vögel mit olivenfarbigem Glanz von der Gattung *Crotophoga* die dem Vieh nachgehen. Wir sahen sie häufig den Kühen auf dem Rücken sitzen und Bremsen und andere Insekten suchen. Gleich mehreren Vögeln dieser Einöde scheuen sie so wenig vor dem Menschen, daß Kinder sie oft mit der Hand fangen. In den Thälern von Aragua, wo sie sehr häufig sind, setzten sie sich am hellen Tag auf unsere Hängematten, während wir darin lagen.

Zwischen Calabozo, Uritucu und der Mesa de Pavones kann man überall, wo der Boden von Menschenhand wenige Fuß tief ausgegraben ist, die geologischen Verhältnisse der Llanos beobachten. Ein rother Sandstein[77] (altes Conglomerat) streicht über mehrere tausend Quadratmeilen weg. Wir fanden ihn später wieder in den weiten Ebenen des Amazonenstroms, am östlichen Saum der Provinz Jaen de Bracamoros. Diese ungeheure

Verbreitung des rothen Sandsteins auf den tiefgelegenen Landstrichen ostwärts von den Anden ist eine der auffallendsten geologischen Erscheinungen, die ich unter den Tropen beobachtet.

Nachdem wir in den öden Savanen der Mesa de Pavones lange ohne die Spur eines Pfades umhergeirrt, sahen wir zu unserer freudigen Ueberraschung einen einsamen Hof vor uns, den *Hato de alta Gracia* der von Gärten und kleinen Teichen mit klarem Wasser umgeben ist. Hecken von **Azedarac** liefen um Gruppen von **Icaquesbäumen**, die voll Früchten hingen. Eine Strecke weiter übernachteten wir beim kleinen Dorfe San Geronymo del Guayaval, das Missionäre vom Kapuzinerorden gegründet haben. Es liegt am Ufer des Rio Guarico, der in den Apure fällt. Ich besuchte den Geistlichen, der in der Kirche wohnen mußte, weil noch kein Priesterhaus gebaut war. Der junge Mann nahm uns aufs zuvorkommendste auf und gab uns über Alles die verlangte Auskunft. Sein Dorf, oder, um den officiellen Ausdruck der Mönche zu gebrauchen, seine **Mission**, war nicht leicht zu regieren. Der Stifter, der keinen Anstand genommen, auf seine Rechnung eine **Pulperia** zu errichten, das heißt sogar in der Kirche Bananen und Guarapo zu verkaufen, war auch bei Aufnahme der Colonisten nicht ekel gewesen. Viele Landstreicher aus den Llanos hatten sich in Guayaval niedergelassen, weil die Einwohner einer Mission dem weltlichen Arm entrückt sind. Hier wie in Neu-Holland kann man erst in der zweiten oder dritten Generation auf gute Colonisten rechnen.

Wir setzten über den Rio Guarico und übernachteten in den Savanen südlich vom Guayaval. Ungeheure Fledermäuse, wahrscheinlich von der Sippe der Phyllostomen, flatterten, wie gewöhnlich, einen guten Theil der Nacht über unsern Hängematten. Man meint jeden Augenblick, sie wollen sich einem ins Gesicht einkrallen. Am frühen Morgen setzten wir unsern Weg über tiefe, häufig unter Wasser stehende Landstriche fort. In der Regenzeit kann man zwischen dem Guarico und dem Apure im Kahn fahren, wie auf einem See. Es begleitete uns ein Mann, der alle Höfe (Hatos) in den Llanos besucht hatte, um Pferde zu kaufen. Er hatte für tausend Pferde 2200 Piaster gegeben.[78] Man bezahlt natürlich desto weniger, je bedeutender der Kauf ist. Am 27. März langten wir in der Villa de San Fernando, dem Hauptort der Missionen der Kapuziner in der Provinz Barinas, an. Damit waren wir am Ziel unserer Reise über die Ebenen, denn die drei Monate April, Mai und Juni brachten wir auf den Strömen zu. ,

68. Ich erinnere die Reisenden an den Weg vom Ursernthal zum Gotthardshospiz und von da nach Airolo.

69. LIVIUS, *L. 38*, c. 75

70. Offene baumlose Savanen, *limpias de arboles*

71. Υλαίη. HERODOT, *Melpomene.*

72. Der Zaque war das weltliche Oberhaupt von Cundinamarca. Er theilte die oberste Gewalt mit dem Hohenpriester (Lama) von Iraca.

73. Band I, Seite 216

74. PLINIUS, *L. XII*, c. VII.

75. Die Indianer versichern, wenn man Pferde zwei Tage hinter einander in einer Lache laufen lasse, in der es sehr viele Gymnoten gibt, gehe am zweiten Tag kein Pferd mehr zu Grunde.

76. HUMBOLDTs *Versuche über die gereizte Muskelfaser.* Vol. 1. p. 323–329.

77. Rothes Todtliegendes, oder ältester Flötzsandstein der Freiberger Schule.

78. In den Llanos von Calabozo und am Guayaval kostet ein junger Stier von zwei bis drei Jahren einen Piaster. Ist er verschnitten (in sehr heißen Ländern eine ziemlich gefährliche Operation), so ist er 5 bis 6 Piaster werth. Eine an der Sonne getrocknete Ochsenhaut gilt 2½ Silberrealen (1 Peso = 8 Realen); ein Huhn 2 Realen; ein Schaf, in Barquesimeto und Truxillo, denn ostwärts von diesen Städten gibt es keine, 3 Realen. Da diese Preise sich nothwendig verändern werden, je mehr die Bevölkerung in den spanischen Colonien zunimmt, so schien es mir nicht unwichtig, hier Angaben niederzulegen, die künftig bei nationalökonomischen Untersuchungen als Anhaltspunkte dienen können.